电磁兼容与电磁防护系列著作

雷电回击电磁场建模与计算

Modeling and Calculation of Electromagnetic Field from Lightning Return Stroke

陈亚洲　万浩江　王晓嘉　著

国防工业出版社

·北京·

图书在版编目(CIP)数据

雷电回击电磁场建模与计算 / 陈亚洲, 万浩江, 王晓嘉著. —北京:国防工业出版社, 2020.3

(电磁兼容与电磁防护系列著作)

ISBN 978-7-118-12018-9

Ⅰ. ①雷… Ⅱ. ①陈… ②万… ③王… Ⅲ. ①雷-电磁场-研究 Ⅳ. ①P427.32

中国版本图书馆 CIP 数据核字(2020)第 037670 号

※

国防工业出版社出版发行

(北京市海淀区紫竹院南路 23 号 邮政编码 100048)

三河市腾飞印务有限公司印刷

新华书店经售

*

开本 710×1000 1/16 **插页** 4 **印张** 16 **字数** 300 千字

2020 年 3 月第 1 版第 1 次印刷 **印数** 1—1500 册 **定价** 138.00 元

国防书店:(010)88540777 书店传真:(010)88540776

发行业务:(010)88540717 发行传真:(010)88540762

致　读　者

本书由中央军委装备发展部**国防科技图书出版基金**资助出版。

为了促进国防科技和武器装备发展，加强社会主义物质文明和精神文明建设，培养优秀科技人才，确保国防科技优秀图书的出版，原国防科工委于 1988 年初决定每年拨出专款，设立国防科技图书出版基金，成立评审委员会，扶持、审定出版国防科技优秀图书。这是一项具有深远意义的创举。

国防科技图书出版基金资助的对象是：

1. 在国防科学技术领域中，学术水平高，内容有创见，在学科上居领先地位的基础科学理论图书；在工程技术理论方面有突破的应用科学专著。

2. 学术思想新颖，内容具体、实用，对国防科技和武器装备发展具有较大推动作用的专著；密切结合国防现代化和武器装备现代化需要的高新技术内容的专著。

3. 有重要发展前景和有重大开拓使用价值，密切结合国防现代化和武器装备现代化需要的新工艺、新材料内容的专著。

4. 填补目前我国科技领域空白并具有军事应用前景的薄弱学科和边缘学科的科技图书。

国防科技图书出版基金评审委员会在中央军委装备发展部的领导下开展工作，负责掌握出版基金的使用方向，评审受理的图书选题，决定资助的图书选题和资助金额，以及决定中断或取消资助等。经评审给予资助的图书，由中央军委装备发展部国防工业出版社出版发行。

国防科技和武器装备发展已经取得了举世瞩目的成就，国防科技图书承担着记载和弘扬这些成就，积累和传播科技知识的使命。开展好评审工作，使有限的基金发挥出巨大的效能，需要不断摸索、认真总结和及时改进，更需要国防科技和武器装备建设战线广大科技工作者、专家、教授，以及社会各界朋友的热情支持。

让我们携起手来，为祖国昌盛、科技腾飞、出版繁荣而共同奋斗！

国防科技图书出版基金

评审委员会

国防科技图书出版基金
第七届评审委员会组成人员

前　言

雷电电磁脉冲(LEMP)是自然界中一种典型的强电磁危害源,尤其是在雷电回击过程中,通道中的回击电流可高达几十千安甚至上百千安,电流上升率可达几万安每微秒,这种具有快上升时间的回击大电流将在通道周围产生强烈的电磁辐射,使处在这种瞬变电磁场中的导体上感应出较大的感应电动势,进而对各类敏感的电子器件或设备产生威胁,其危害范围已经涉及电力、通信、航空航天等诸多领域。特别是随着微电子技术和信息技术的快速发展,高度集成化的电子信息产品在各个领域广泛应用,其电磁敏感性很高,较弱的电磁场就可能造成损伤或毁坏,使得由雷电电磁脉冲造成的灾害日益突出,并呈现逐年加剧的趋势。因此,有关雷电电磁脉冲的特性、耦合、效应和防护等问题已成为国内外学者研究的热点之一,并已取得了不少的成果,尤其是在回击通道、雷电流、回击电磁场等方面更是积累了丰富的实测数据,这些实测结果为雷电回击电磁场的理论计算、环境模拟和效应评估等研究工作提供了良好的数据支撑和参考依据。

本书是在国家自然科学基金项目(项目编号:51077132、51377171)研究成果的基础上,经过进一步的补充、完善而成的,主要针对雷电回击过程产生的电磁场特征及其模拟方法展开论述。全书以雷电回击电磁场的理论建模、近似计算、模拟应用为主线,在吸收国内外雷电回击电磁场解析计算与环境模拟研究最新成果的基础上,重点阐述了雷电回击电磁场的解析和数值计算方法、地表雷电回击电磁场的近似解析计算方法以及雷电回击电磁场的环境模拟技术等几个方面。

在雷电回击电磁场的解析和数值计算方法方面,本书阐述了几种常见的雷电通道底部电流模型和回击工程模型,针对大地为理想导体的情况,系统介绍了垂直放电通道雷电回击电磁场的解析计算方法,并对雷电回击工程模型的有效性,垂直通道雷电回击电磁场的波形特征、空间分布规律和影响因素等进行了讨论。在此基础上,将垂直通道雷电回击电磁场的解析计算方法推广应用至倾斜甚至随机弯曲的雷电回击通道中,并对倾斜和弯曲通道所产生的雷电回击电磁场特征进行了分析。对于有耗大地的情况,阐述了垂直和倾斜通道条件下雷电回击电磁场的时域有限差分(FDTD)计算方法,并对其产生的回击电磁场特征进行了讨论。

在雷电回击电磁场的近似解析计算方法方面,本书以人工引雷的实测数据和雷电回击电磁场的解析计算方法为基础,分别对近场区和远场区雷电回击电磁场与通道底部电流波形之间的近似特性进行了讨论，并分析了回击电流波形、回击速度对回击电磁场与通道底部电流波形之间近似性的影响。尤其是针对回击速度等于光速时的特殊情况，还从理论上对雷电回击电磁场与通道底部电流波形之间的一致性进行了证明。

在雷电回击电磁场模拟与应用方面，主要是针对目前有关标准中对绝大多数的电子设备或系统缺乏雷电电磁脉冲场环境模拟和安全性评价要求的现状，阐述了雷电回击电场和磁场环境的模拟实现技术。在此基础上，对典型电子设备或系统的雷电电磁脉冲场效应试验方法和结果进行了介绍。

全书共分6章。第2、3、6章由陈亚洲撰写，第1、4章由万浩江撰写，第5章由王晓嘉撰写。全书由陈亚洲审阅定稿。在本书相关课题的研究中，作者的研究生们做了大量的试验研究和图片制作工作，在此深表感谢。

由于作者的学识水平和写作经验有限，书中难免出现错误、疏漏和不妥之处，敬请各位读者批评指正。

作者

2019年9月于石家庄

目　录

Contents

第1章 概　述

闪电，俗称雷电，是自然界中一种规模宏大的超长距离放电现象，作为一种典型的自然电磁危害源，发生的频率较高。据统计，全球每年约有10亿次雷暴发生，每秒发生的云对地闪电就有30～100次。闪电发生时，闪电回击通道中的电流可高达几十安乃至上百千安，电流上升率可达几万安每微秒，在微秒量级的瞬间可释放出上百兆焦耳的能量，这样强大的瞬态电流会在回击通道周围产生强烈的电磁辐射效应、电磁感应效应、热效应和电动力效应等。尤其是近几十年来，随着现代电子技术在以电磁信息为载体的电子设备和系统中的广泛应用，雷电电磁脉冲的辐射及次生效应日趋明显，已被中国电工委员会称为“电子时代的一大公害”，成为雷电理论与防护研究的热点内容之一。

1.1 雷电的形成

1.1.1 雷暴云的起电

雷暴云是闪电产生的主要源头，通过对雷暴云的大量观测发现，雷暴云内部的电荷分布十分复杂，不同地域、不同阶段均存在一定的差异性。图1-1给出了一个比较典型的雷暴云内部电荷分布模式图。从图1-1中可以发现，该雷暴云内部主要包含3个电荷中心，上部8～12km处主要带有正电荷，负电荷则主要集中在云的中下部5～7km的高度范围内，在云层底部的对流层则存在着正电荷相对集中的多个电荷密集中心，每个电荷中心的电荷量为0.1～10C，而一块雷暴云中同极性电荷的总电荷量可以达到数百库，因此雷暴云的对地电位可达到数千万伏甚至上亿伏。

雷暴云的起电机理十分复杂，目前虽已提出了许多起电机制，但还没有一个能够完整地解释自然界中雷暴云起电的所有现象。此外，由于人们还没有能力系统地对云中情况做实地测量，对云中电荷的了解仅仅局限于一个大概的分布图像，尚不清楚其细微结构及其演化过程。因此，一般认为，雷暴云的起电是多种起电机制综合作用的结果（尽管可能存在一些目前尚未探知的起电机制）。基于雷暴云发展的观测结果和基本的物理定律，人们对雷暴云的起电过程有以下共识[1-2]。

（1）起电过程主要发生在积雨云的初始阶段和成熟阶段。

（2）发展着云中的初始起电通常为指数增长，每2min左右增至e倍。

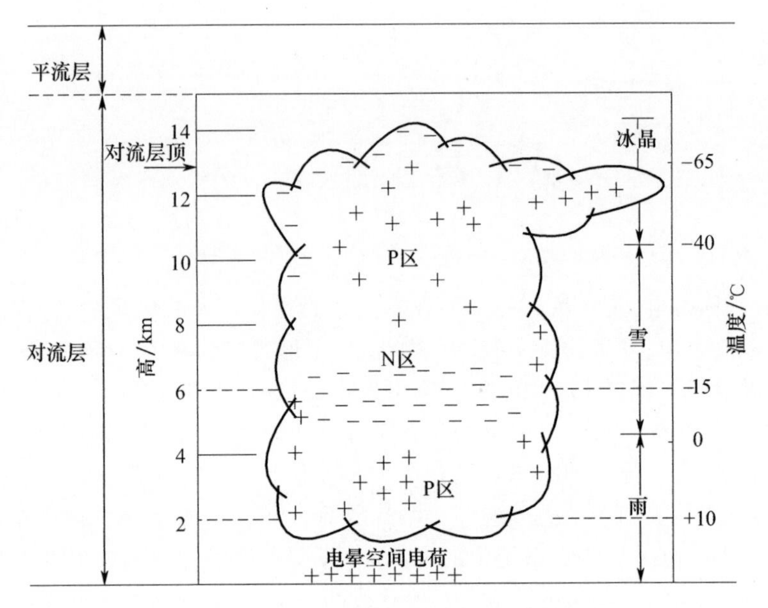

图 1-1　雷暴云中电荷的典型分布

(3) 雷暴中产生闪电的平均速率为数次每分,要求的起电电流约为 1A。

(4) 起电过程能够产生大于 400kV/m 的云内电场,能够产生大于 $20\times10^{-9}\mathrm{C/m^3}$ 的空间电荷。

(5) 为了产生强起电或闪电,云的厚度至少需要达到 3～4km。

(6) 云内电场发展与云的垂直发展之间有密切的联系。

(7) 由闪电放电频数所表示的起电强度,与当时的降水强度或以前的降水量或强度几乎无关。

(8) 云中不存在冰相粒子时,或云中温度低至只有冰相粒子存在的区域内能够产生强起电。

(9) 在云之上,强电场主要在穿透的对流单体上空观测到。

(10) 云中电场通常比周围晴空电场要强得多,在云的边界上电场强度增大。

从本质上讲,雷暴云的起电过程即为正、负自由电荷在云中介质上的分离、聚集过程。目前比较流行的起电机制主要包括感应起电机制、温差起电机制、破碎起电机制和对流起电机制等[3-4]。

1.1.1.1　感应起电机制

感应起电机制是雷暴云的主要起电机制之一,包括极化降水粒子选择捕俘大气离子的起电机制、云粒子与极化降水粒子碰撞并弹离的起电机制等。

极化降水粒子选择捕俘大气离子的起电机制如图 1-2 所示。当积雨云形成时,云内存在初始垂直大气电场。假设该电场方向为垂直向下,当云中的降水粒子在该大气电场中降落时，由于感应形成上半部带负电荷、下半部带正电荷的极化降水粒子，其极化强度取决于所涉及粒子的介电常数。极化降水粒子在下降的过程中，不断地去捕获大气中的负离子，中和本身下半部的正电荷，而将正离子排斥在外，结果使降水粒子最终带有净负电荷。由于云粒子比大气离子重好几个数量级，导致云粒子的惯性也比大气离子大得多。所以，极化降水粒子对荷电云粒子的选择捕俘可以忽略，而主要考虑对大气离子的选择捕俘。于是，在电荷重力分离的过程中，云中较轻的大气正离子将随上升气流到达云体上部形成正荷电区，而携带净负电荷的较重降水粒子则因重力沉降而聚集在云体下部形成负荷电区。

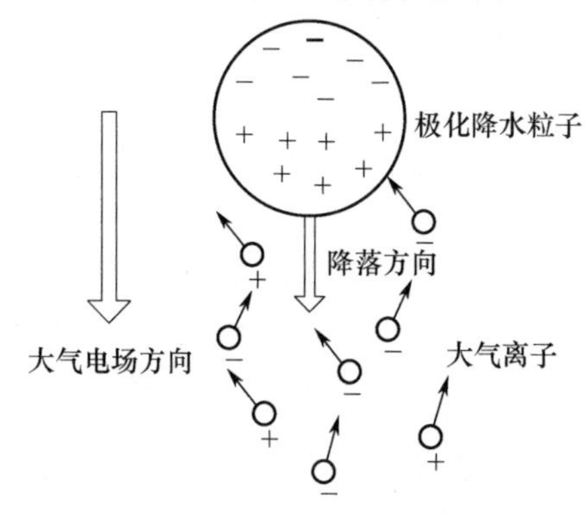

图 1－2　极化降水粒子选择捕俘大气离子的起电机制

一般认为，极化降水粒子选择捕俘大气离子的起电机制，最多只能形成几十千伏每米的云中大气电场，即这种起电机制主要是在雷暴云起电过程的开始阶段有贡献。

云粒子与极化降水粒子碰撞并弹离的起电机制如图 1－3 所示。如前所述，积雨云内的极化降水粒子在云中初始大气电场的降落过程中会与中性云粒子碰撞，当中性云粒子与极化降水粒子的下半部相碰后又弹离时，只要它们碰撞的接触时间超过两粒子间电荷传递所需弛豫时间（0.01～0.1s），弹离的云粒子将带走极化降水粒子下半部所带的部分正电荷，从而使极化降水粒子携带净负电荷。于是，在云中上升气流和重力分离的共同作用下，这些带正电荷的云粒子将随上升气流到达云体上部使

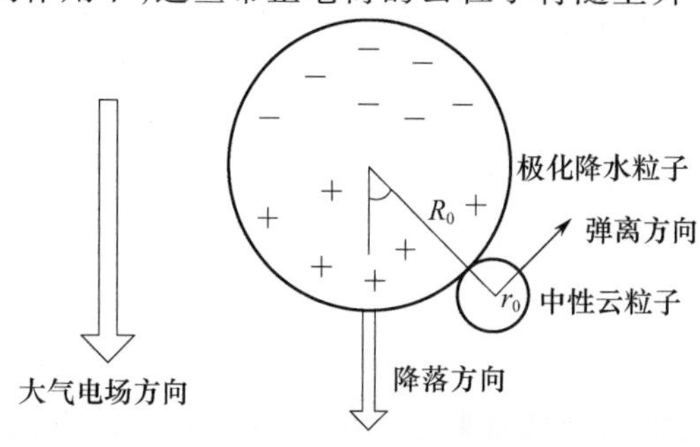

图 1－3　云粒子与极化降水粒子碰撞并弹离的起电机制

云体上部形成正荷电区，而携带净负电荷的降水粒子则因重力沉降而聚集在云体下部使云体下部形成负荷电区。

云粒子与极化降水粒子碰撞并弹离的起电机制可以在降水形成后 10min 左右的时间内，在云中较大范围内产生高达 300kV/m 以上的大气电场，并以足够的电荷产生率和电荷分离速率，提供实际大气中连续闪电所需的电能。

1.1.1.2 温差起电机制

温差起电机制的物理基础是冰的热电效应，如图 1－4 所示。冰分子中有一部分处于电离状态，形成较轻的正氢离子（H^+）和较重的负氢氧根离子（OH^-）。正氢离子和负氢氧根离子的浓度随冰温的升高而递增，且正氢离子在冰晶格中的扩散速度要比负氢氧根离子的扩散速度快。当冰的两端温差稳定时，热端的离子浓度要大于冷端离子浓度。于是，热端的正氢离子和负氢氧根离子有向冷端扩散的趋势。由于较轻的正氢离子的扩散速度要大于较重的负氢氧根离子，使冰的冷端具有较多的正氢离子，热端具有较多的负氢氧根离子，从而形成冰条的冷端为正、热端为负的电极化现象。这就形成了一个电场，其方向由冰的冷端指向热端。同时，这一电场的形成将阻止电荷分离的继续，最终达到平衡状态，使冰内建立起稳定的电位差。

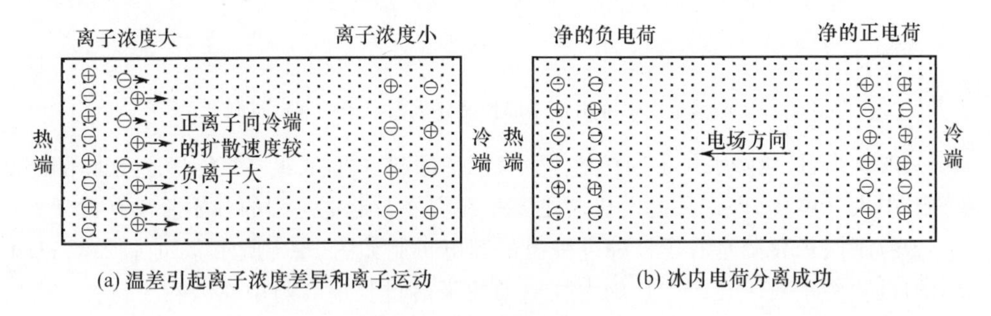

(a) 温差引起离子浓度差异和离子运动　　(b) 冰内电荷分离成功

图 1－4　温差起电原理

⊕—较轻的 H^+；⊖—较重的 OH^-。

雷暴云中的温差起电机制包括摩擦温差起电机制和碰冻温差起电机制两种。前者是指云中冰晶与雹粒碰撞摩擦而引起的温差起电机制，后者是指较大过冷云滴与雹粒碰冻时释放潜热并产生冰屑的温差起电机制。

1.1.1.3 破碎起电机制

大量观测表明，雷暴云的底部聚集着相当数量的液态大雨滴，由于水分子具有电偶极性，在大雨滴表面会形成一个电偶极层，如图 1－5(a)所示。当这些液态大雨滴的半径超过几毫米时，在重力和上升气流的共同作用下，很容易产生形变并导致破碎。开始时大雨滴因气流作用而呈扁球状，然后大雨滴的底面在上升气流的作用下被吹得向上凸起，并逐渐发展成很薄的水囊，水囊口的边缘近似呈圆环状，此时由于液面产生切变而使电偶极层受破坏，导致圆环状水囊口的边缘带正电荷，而水囊的其他薄膜部分带负电荷，见图1－5(b)。水囊继续形变直至最后发生破裂，当水囊破碎时，圆环状水囊口的边缘便破碎成若干个带正电的较大水滴，而水囊的其他薄膜部分则破碎成许多带负电的小水滴，见图1－5(c)、(d)。之后，在重力和上升气流的共同作用下，带负电荷的小水滴在上升气流作用下集中到云体某部位形成负电荷区，带正电荷的大水滴则因重力沉降而聚集在0℃层以下的云底附近，使云底附近形成正电荷区。因此，雨滴的破碎起电机制可能是在雷暴云云底附近形成小正荷电区的主要机制。

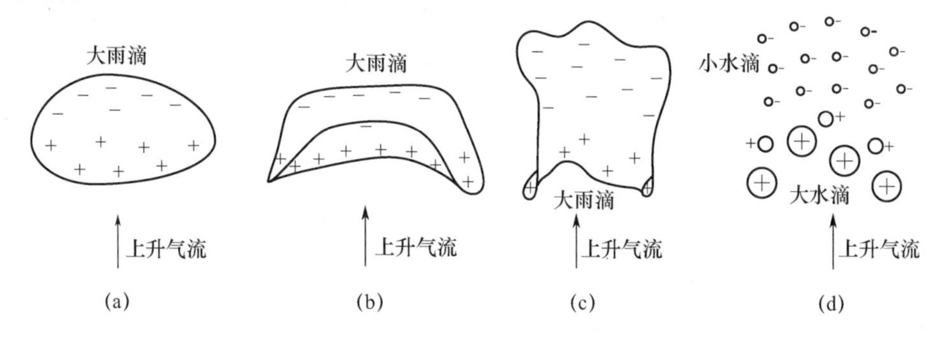

图1－5　雨滴破碎起电机制的剖面

实验表明，雨滴破碎起电与其破碎的剧烈程度、雨滴的纯度以及背景大气电场等因素密切相关，具有很大的时间和地域差异性。雨滴破碎较强烈时，形成的电荷较多；反之，形成的电荷就较少。雨滴为溶液时，由于水囊液膜的电荷传导作用会使雨滴破碎形成的电荷减少。大雨滴所处的背景大气电场对增加雨滴破碎的起电量具有十分明显的作用，通常可使雨滴破碎所产生的电荷量增大两个数量级左右。

1.1.1.4　对流起电机制

雷暴云的对流起电机制是由Grenet于1947年提出的，后经Vonnegut独立发展的机制。它与雷暴云中各种水成物的电荷产生机制和云中正、负电荷重力分离的起电机制不同。在对流起电机制中，假定云中电荷来自云外的大气离子和地面尖端放电产生的大气离子，即正、负电荷均来自云外，而云中正、负荷电区的形成则取决于云中上升气流和下沉气流。图1－6给出了对流起电机制的示意图。在雷暴云的形成过程中，低层大气中由大气正离子所组成的大气体电荷在上升气流的作用下反抗局地电场，被携带到云体上部，这些大气正离子很快便附着在云粒子上，增加了云的电位能量。当雷暴云发展到一定程度后，云体上部便聚集了大量正电荷，从而在云顶上方形成方向朝上的大气传导电流，使云顶上方大气中的大量大气负离子向云体上部迁移，这些到达云体上层的大气负离子并未能与云体上部的正电荷中和，而是被云体侧面的强烈下沉气流带到云体下部，并很快附着在云粒子上。于是，云体侧下方不断聚集的大量负电荷，使地面产生尖端放电，形成更多的大气正离子。这样就形成了云体起电的正反馈。

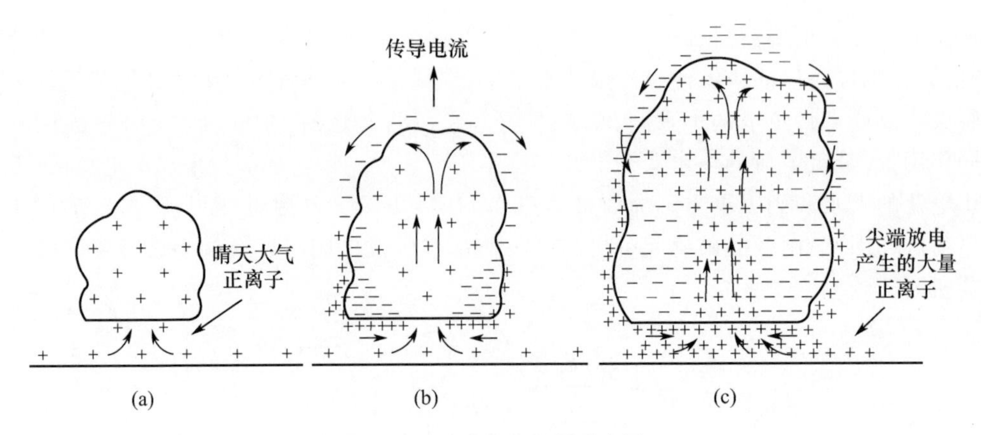

图 1-6　对流起电机制示意图

这种具有正反馈的过程是自增强的,直至在云体上部形成正荷电区,云体下部形成负荷电区,并使云中大气电场迅速增长而形成闪电。为了在云发展的初期使这个过程能够起始,需要有以电场或空间电荷形式存在的初始起电。这种初始起电可能包括晴天电、起电的海水溅沫、带电的降水以及附近已经起电的云等。

1.1.2　雷暴云的放电

1.1.2.1　闪电的始发条件

在电学上,带电的雷暴云会处于一种不稳定的状态,此时如果在云中或地面能够始发一个持续向前传输的先导,就会导致云中、云间或者云地不同极性电荷之间的放电,从而形成闪电。闪电的始发过程会牵涉两个主要基本过程:一个是初始流光的始发;另一个是流光的持续传输。

关于初始流光的始发,一般认为源自云中粒子因局部电场畸变而导致的电晕放电。例如,对于雷暴云中的负电荷中心区,其强电场一般位于0℃层附近或者以上区域。若云中强电场位于0℃层以上,由于该区域中存在大量固态水成物,而固态水成物常具有突出的棱角形状,当局部地区的大气电场达到近 10^6V/m 时,即可在固态水成物的棱角附近形成很强的电场,产生电晕放电。若云中强电场区位于0℃层附近,由于该区域中存在大量大水滴,大水滴便会沿电力线方向向两端伸长并最终破碎,大水滴伸长的两端附近也将形成很强的电场,产生电晕放电。在云中局部强电场区中,特别是在云体下部负荷电中心与其下方较弱正荷电中心之间的强电场区中,无论是固态水成物还是大水滴形成的电晕放电,都可导致云雾大气击穿放电,形成流光。

关于流光的持续传输问题,早在1971年,Phelps 通过在平板电极之间引入初始流光的实验测量发现,正流光持续传输所需要的环境电场在 $6.3\times10^5\sim7.4\times10^5$V/m 之间,而负流光持续传输所需要的环境电场要大于 8×10^5V/m。1974年,Crabb 和 Latham 测量到由雨滴碰撞所产生的正初始流光持续传输时所需要的环境电场在

250～500kV/m 之间。1976 年,Griffiths 和 Phelps 通过实验测量到正流光持续传输所需要的环境电场与气压之间成正比例关系。气压越低,流光持续传输所需要的环境电场也越低。当气压低到 300mbar 时,该环境电场可低于 100kV/m。此外,流光持续传输所需要的环境电场与湿度之间也存在正比例关系。当云中湿度较大时,在雷暴云中正流光持续传输所需要的环境电场可大到几百千伏每米。但是,根据各国研究人员对雷暴电场的长期监测结果表明,雷暴期间地面大气电场强度和云下方的大气电场强度一般不会超过几十千伏每米,即使在云中,测到的云中电场最大值也不过 300kV/m 左右。也就是说,闪电的先导至少在绝大部分时间是在远远低于流光持续传输所需要的环境电场中传输的。即便是对于雷暴云中粒子尖端局部电场畸变而导致的电场增大现象,其有效距离通常也只有几米的范围。因此,可以得到以下结论:自然闪电始发于其一局部强电场区域,同时靠这一局部强电场区域初始流光演变成可以在低电场区域中持续传输的先导,最终导致闪电。

1.1.2.2　闪电的分类

根据闪电的形状可将闪电划分为线状闪电、带状闪电、联珠状闪电和球状闪电。线状闪电又称为枝状闪电,是最常见的一种,其形状蜿蜒弯曲,具有丰富的分枝结构,一般见到的线状闪电通常包含若干次的闪电放电过程,每次闪电间隔时间仅为几分之一秒,人眼由于视觉暂留效应无法区分。带状闪电是宽度达十几米的一类闪电,通常由多条放电通道组合而成,多是由于强风吹过而导致的后续回击放电通道平移造成的。联珠状闪电较为罕见,一般在强雷暴中一次强线状闪电之后在其原放电通道上偶尔出现,其形状像挂在空中的一长串珍珠般的发光亮斑,有时则为许多长达几十米的发光段,这些亮斑一般较暗淡。球状闪电则是闪电中的一种很特殊现象,也称为球闪,常在雷暴期间与强烈的地闪同时出现,其形状多为球形或环形,直径为 10～100cm,平均为 25cm;颜色大多为橙色或红色,也观测到黄色、蓝色和绿色的球状闪电。球状闪电的寿命在几秒至几分之间,运动路径较为复杂,有时停滞不前,有时从空中直接向下降落并在接近地面时突然改变方向,期间甚至还伴有自旋运动或"嘶嘶"的响声。许多球状闪电会无声无息地消失,但也有不少在消失时发生爆炸,爆炸后有时会有硫黄、臭氧或二氧化氮的气味。目前,关于球闪的形成机理还有待研究。

根据闪电发生的部位可将闪电划分为云闪和地闪两大类。云闪是指不与大地或地物发生接触的闪电,包括云内闪电、云际闪电和云空闪电。云内闪电是指雷暴云中不同符号荷电中心之间的放电过程;云际闪电是指两块雷暴云中不同符号荷电中心之间的放电过程;云空闪电是指云中荷电中心与云外大气不同符号大气体电荷中心之间的放电过程。地闪是指雷暴云中荷电中心与大地和地物之间的放电过程。假定雷电流的正方向为从云层指向大地,若主放电电流方向从雷暴云指向大地则称为正地闪;反之则称为负地闪。同时,地闪的起始(即雷电先导)也有向上方向和向下方向之分，雷电先导从雷暴云出发向大地发展的称为下行雷，雷电先导从地面出发向上发展的称为上行雷。如果只考虑电流的方向和先导的方向，则地闪可以分为4类，即向下正闪电（downward positive lightning）、向下负闪电（downward negative lightning）、向上正闪电（upward positive lightning）和向上负闪电（upward negative lightning）。但是，闪电除了先导放电过程外，还可能存在回击过程，如果再考虑闪电是否存在回击，并将无回击的闪电记为a、有回击的闪电记为b，则可将地闪分为图1－7所示的8类。

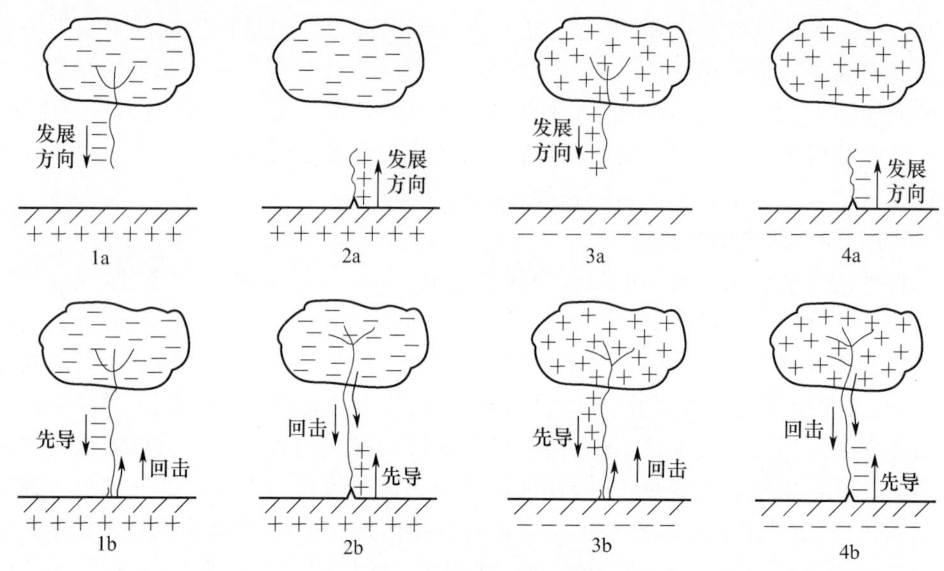

图1－7　地闪的8种类型

1a型和3a型的云地闪电主要发生在没有极高建筑物的开阔地区。其中：1a型先导带负电；3a型先导带正电。如果先导没有落地就没有回击，这两种类型的闪电就会成为云闪。

2a型和4a型的先导始于极高的接地体，如塔尖、高层大厦顶尖等处。其中：2a型先导带正电，被称为向上正先导－连续负放电；4a型的先导带负电，流入大地的电荷为正，持续时间相当长，为连续电流，被称为向上负先导－连续正电流闪电。

1b型和3b型的云地闪电分别被定名为向下负闪电（或下行负闪电）和向下正闪电（或下行正闪电）。其中：1b型云地闪电具有向下负先导和向上回击，较为常见，占全部地闪的70%～90%；3b型云地闪电为向下正先导着地，引发向上正回击，较为少见。

2b型和4b型的云地闪电被称为向上正先导－负闪电（或上行负闪电）和向上负先导－脉冲正电流闪电（或上行正闪电）。这两类闪电一般比较罕见，通常发生在较高的山顶或人工的高建筑物上。

从上述的描述中可以发现真正的云地闪电其实只有 6 种,1a 型和 3a 型闪电由于先导没有落地,属于云闪的范畴。

1.1.2.3 地闪放电过程

下面重点介绍最常见的 1b 型云地闪电的物理过程,其单次回击过程如图 1-8 所示。

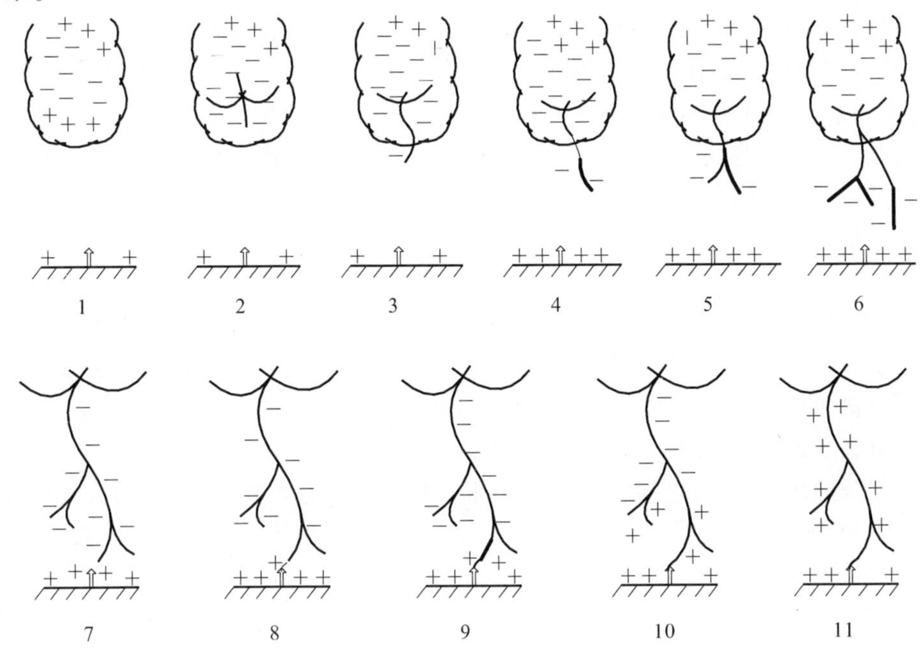

图 1-8 云地闪电过程

1) 闪电的初始击穿

由图 1-1 所示的雷暴云中电荷的典型分布可知,雷暴云的中间部位负电荷相对集中,而云层底部正电荷相对集中。在通常情况下,大气的导电性极弱,击穿场强也非常大,约为 3×10^3kV/m,但是随着空气湿度的增加,大气的击穿场强也逐渐降低。当负电荷中心与其底部正电荷中心附近局部地区的电场强度达到 10^3kV/m 左右时,云雾大气就会发生电子雪崩击穿并产生局部导电通道,此时负电荷沿导电通道向下运动中和掉云层底部的正电荷,导致从云层下部到云层底部全部为负电荷区。

2) 梯式(级)先导

在电子雪崩击穿的同时,会有大量低能电子(1keV~1MeV)迅速倍增,浓度迅速增加,当雪崩区域电导率足够高时就会形成高电导率的等离子体,并且会有气体发光现象,即形成所谓的流光或者流注。由于雷暴云负电荷中心的电场方向是垂直地面向上的,因此由电子雪崩击穿所产生的导电通道在电场力的作用下逐级向大地延伸,这就是闪电的初级阶段,称为梯式(级)先导或者阶跃先导。由于电子碰撞是随机现象，每个电子的运动方向并不是垂直向下，因此会导致放电通道并不是完全垂直于大地，而是出现分叉、弯曲现象。梯式先导的平均传播速度为 3.0×10^5m/s 左右，变化范围为 $1.0\times10^5\sim2.6\times10^6$m/s。梯式先导由若干个单级先导组成，而单级先导的传播速度则快得多，一般为 5×10^7m/s 左右，单个梯级的长度平均为 50m 左右，其变化范围为 30 ~ 120m，梯式先导通道的直径较大，变化范围为 1 ~ 10m。

梯式先导可分为 α 型梯式先导和 β 型梯式先导。α 型梯式先导的平均传播速度较低，约为 10^5m/s，其单个梯级较短、亮度较暗淡，比较稳定。β 型梯式先导的平均传播速率较高，开始时可高达 $8.0\times10^5\sim2.4\times10^6$m/s，而后随时间的推移逐渐下降，当 β 型梯式先导接近地面时其速度与 α 型梯式先导的速度相差无几。β 型梯式先导的特点是：上部有丰富的分支，单个梯级的长度较长，也较为明亮；但随着先导的发展，其单个梯式先导的长度逐渐变短，亮度逐渐减弱。

3）电离通道与连接先导

梯式先导向下发展的过程是一个电离过程。在电离过程中形成成对的正、负离子，其正离子被云中向下输送的负电荷不断中和，从而形成一条以负电荷为主的电离通道（针对负地闪而言），称为闪电通道。闪电通道由主通道、失光通道（仅第一次闪击）和分叉通道组成，在闪电放电过程中主通道起主要作用。当具有负电势的梯式先导到达地面附近时，会在地表附近（尤其是地面凸起物处）形成很强的大气电场，使得地面的正电荷向上运动，引起地面空气产生向上的流光，这就是连接先导。

4）回击

当连接先导与下行的梯式先导接通时，就会形成大地与云体之间的导电通道，在导电通道形成后，地面的电荷迅速通过此通道流向云中，与云中的异号电荷中和，此过程称为回击过程。回击过程的亮度要比先导过程的亮度高得多，原因是当下雨时大地为良导体，地表电荷能够全部集中到通道，导致通道电流很大，其峰值电流的强度可达 10^4A 的量级甚至更高，因此会形成非常亮的光柱。回击过程是中和云中电荷的主要过程，在此期间回击通道温度能够达到 10^4K 的量级，回击速度接近光速的 1/3 ~ 1/2 且随着通道高度的上升而减小。

在回击过程之后，云中的电荷经过几十毫秒的迁移会重新聚集在放电通道周围的云层中，由于先前的放电使通道周围空气电离，因此云中电荷可以循已有的离子通道发生第二次闪击，而此次闪击的先导要比第一次快得多，所以称这种先导为箭式先导或直窜先导。由于箭式先导是沿先前的电离通道进行的，因此它没有梯式先导的梯级结构。箭式先导的平均速度约为 2.0×10^6m/s，变化范围为 $1.0\times10^6\sim2.1\times10^7$m/s，其直径的变化范围为 1 ~ 10m。当箭式先导发展到地面上空一定距离时引发后续回击，由箭式先导到后续回击形成一个完整的放电过程，称为第二次闪击。在此之后可能不断重复上述过程，个别地闪的回击次数可达 26 次之多。

在有些地区，一次地闪可能只包含一个放电闪击，称为单闪击地闪。多闪击地闪的各个闪击间隔平均为50ms左右，变化范围为3～380ms。一次地闪的平均持续时间为0.2s左右，其变化范围为0.01～2s。有关地闪放电过程的一些相关参数如表1－1所列[5-8]。

表1－1　地闪放电过程的相关参数

参数		最小值	代表值	最大值
初始击穿				
持续时间/ms			100	
梯式先导				
梯级步长/m		3	50	200
梯级间时间间隔/μs		30	50	125
梯级先导传播平均速度/(m/s)		1.0×10^5	3.0×10^5	2.6×10^6
梯级通道储存电荷/C		3	5	20
箭式(直窜)先导				
传播速度/(m/s)		1.0×10^6	2.0×10^6	2.1×10^7
箭式先导通道上累积电荷/C		0.2	1	6
回击				
传播速度/(m/s)		2.0×10^7	5.0×10^7	2.0×10^8
电流增加率/(kA/μs)		1	10	210
峰值电流/kA		1	30	250
峰值电流时间/μs		0.5	2	30
半峰值电流时间/μs		10	40	250
不包括连续电流的电荷转移量/C		0.2	2.5	20
温度/K		0.8×10^4	2.0×10^4	3.0×10^4
电子密度/(m^{-3})		1.0×10^{23}	3.0×10^{23}	3.0×10^{24}
通道长度/km		2	5	14
连续电流				
峰值电流/A		30	150	1600
持续时间/ms		50	150	500
传送电荷/C		3	25	330
闪电				
每次闪电的闪击数/次		1	3	26
无连续电流时两次闪击之间的时间/ms		3	40	380
闪电持续时间/s		0.01	0.3	2
包括连续电流的转移量/C		1	20	400
J过程	持续时间/ms	30	60	200
	发展速度/(m/s)	1.0×10^5	1.0×10^6	3.0×10^6
	传送电荷/C	2.4	3	3.4
	电矩/(C·km)	1	8	16

（续）

参数		最小值	代表值	最大值
K 过程	持续时间/ms	0.1	1	2.7
	间歇时间/ms	1	5	33
	电矩/(C·km)	0.01	~0.1	1
C 过程	持续时间/ms	50	150	500
M 过程	持续时间/ms		1	
	间歇时间/ms	1	7	33
F 过程	持续时间/ms		85~145	

1.1.3 雷电电磁脉冲的形成机理

雷电电磁脉冲(Lightning Electromagnetic Pulse,LEMP)是雷电放电过程的产物,云闪和地闪均可产生。根据国际电工委员会《雷电防护　第一部分:总则》(IEC 62305-1)标准的定义,LEMP 是指雷击电流的电磁效应,包括电气和电子的设备中形成的浪涌和直接对设备本身的电磁场效应[9]。以此为依据,LEMP 可以划分为 3 种形式,即静电脉冲、地电流瞬变和电磁场辐射[10]。

1.1.3.1 静电脉冲

大气电离层带正电荷,与大地之间形成大气静电场,通常情况下,平原地区地面附近电场强度约 150V/m。雷暴云的下部净电荷较为集中,其电位较高,因此其下方地面局部静电场强远高于平时的大气静电场强,雷雨降临之前,该区域地面场强可达 10~30kV/m。

雷暴云形成的电场,在地面物体表面感应出异号电荷,其电荷密度和电位随附近大气场强变化而变化。例如,地面上 10m 处的架空线,可感应出 100~300kV 的对地电压。落雷的瞬间,雷暴云电荷被释放,大气静电场急剧减小,地面物体的感应电荷失去束缚,会沿接地通路流向大地,由于电流流经的通道存在电阻,因而出现电压,这种瞬时高电压称静电脉冲(electrostatic pulse),也称天电瞬变(atmospheric transients),其形成原理见图 1-9。对于接地良好的导体而言,静电脉冲极小,可以忽略。但静电接地电阻较大的孤立导体,其放电时间常数大于雷电持续时间,静电脉冲的危害尤为明显。

静电脉冲的危害形式,主要表现为以下两种:

(1) 电压(流)浪涌。输电线路上的静电高压脉冲会沿导线向两边传播,形成高压浪涌,对相连的电气设备造成危害。

(2) 高压电击。垂直安放的导体,如果接地电阻较大,会在尖端出现火花放电,能点燃易燃易爆物品,如果人、畜在闪电过后的短暂时间内触摸或接近这类物体(如木门框上的铁门),可能遭电击身亡。

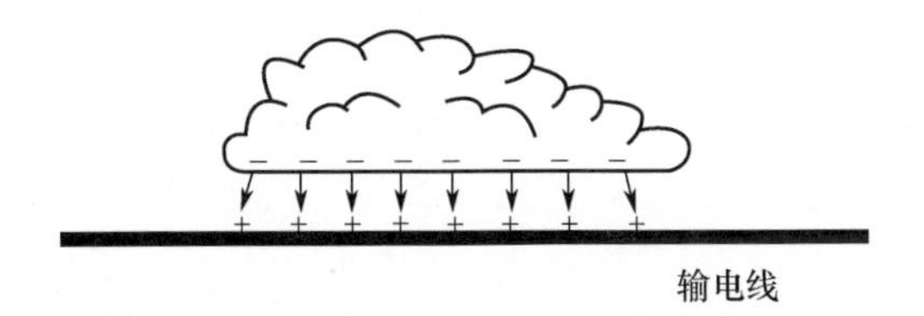

图 1-9　静电脉冲的形成原理

1.1.3.2　地电流瞬变

地电流瞬变是由落雷点附近区域的地面电荷中和过程形成的。以常见的负地闪为例(图 1-10),主放电通道建立后,产生回击电流,即雷暴云中的负电荷会流向大地,同时地面的感应正电荷也流向落雷点与负电荷中和,形成瞬变地电流。地电流流过的地方,会出现瞬态高电位;不同位置之间也会有瞬时高电压,即跨步电压,如图1-10中A、B 两点所示。

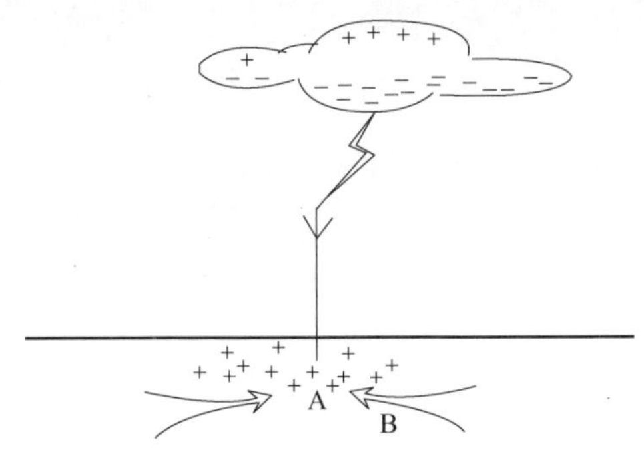

图 1-10　地电流瞬变

地电流瞬变的危害形式包括以下 3 种:

(1) 地电位反击。地电位的瞬时高压会使接地的仪器金属外壳与不接地的电路板之间出现火花放电。

(2) 跨步电压电击。附近的直击雷可能造成站在地面上的人、畜被跨步电压电击致死。

(3) 传导和感应浪涌电压。埋于地下的金属管道、电缆或其他导体,构成电荷流动的低阻通道,其表面有瞬变电流流过,造成导体两端出现电压浪涌;对屏蔽线而言,地电流虽只流经屏蔽层表面,但由于存在互感,在内芯导线上会感应出瞬变电压,其数值正比于屏蔽层电流的一阶导数。由于地电流上升沿很陡,上升时间有时仅数百纳秒,故感应电压峰值极大,不但会干扰信息传输,还可能造成电路硬损伤。

1.1.3.3　电磁场辐射

主放电通道一旦建立,云层电荷迅速与大地或云层异号电荷中和,回击电流急剧上升,受电荷电量、电位和通道阻抗影响,其上升速率最大可达 500kA/μs。此时,放电通道构成等效天线,产生强烈的瞬态电磁辐射。无论是闪电在空间的先导通道或回击通道中产生的瞬变电磁场,还是闪电电流进入地上建筑物的避雷针系统以后所产生的瞬变电磁场,都会在一定范围产生电磁作用,对三维空间内的各种电子设备产生干扰和破坏作用。图 1-11 是雷电放电各个阶段辐射电场强度波形,可见从雷暴云起电、预放电、阶跃先导到回击、后续回击等所有过程都伴随着电磁辐射,主要频率成分分布在极低频段(ELF,0~3kHz)和甚低频段(VLF,3~30kHz),以长波干扰为主。

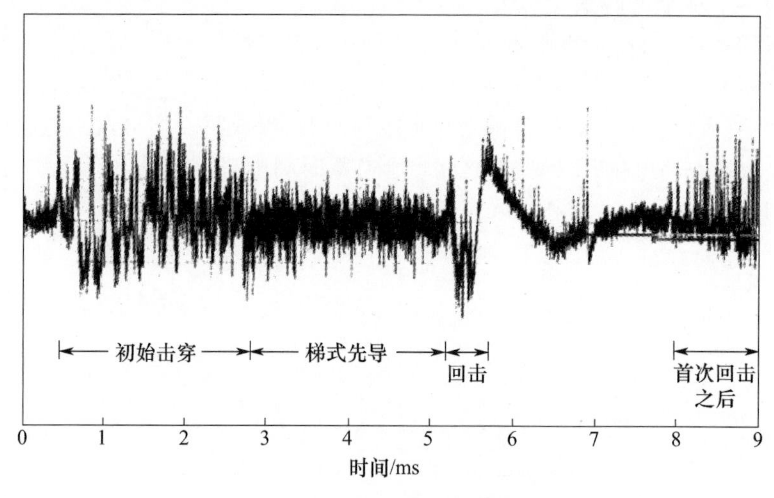

图 1-11　雷电辐射电场强度波形

1.2　雷电的观测

对雷电过程的观测是研究雷电的最直接、有效的手段,也是对雷电进行理论研究的基本依据,观测内容涉及从雷云起电直至雷电放电结束的全过程。本节主要介绍与雷电放电相关的先导过程、通道底部电流和辐射电磁场的观测。

1.2.1　先导过程的观测

Corray 等对先导过程的实验测量表明,先导中的电流沿细导电通道传播,通道中心直径不超过几厘米。但是由先导带下的电荷并不会停留在导电通道中;相反,它将向外扩散。由于电场很强,所以将产生流注。流注的扩展存在一个临界场强,负流注的临界场强为 10^6V/m,所以流注的径向扩展存在一个边界,这样就在这边界以内的区域形成一个同轴套,同轴套内存在空间电荷,一般称为电晕套[11]。由于还缺乏实验依据,电晕套具体的形成机制目前还不是很清楚。

当具有负电位的梯级先导到达地面附近时，可在地面凸起物附近形成很强的地面大气电场，使凸起物附近的大气被击穿，引起地面产生向上连接先导。当向上先导与梯级先导相遭遇时，先导通道中的电荷迅速被中和，产生强大的回击电流。同样，目前对电晕套中空间电荷的中和机制也未有准确的认识，所以只能根据适当的实验加以类比猜测，并建立模型来分析，得出初步的猜想。国外一些学者在这方面做了一些先行的研究工作。

Orvile 等[12-13]对梯级先导过程进行了光谱分析，表明在梯级先导电晕套中存在两个导电性不同的区域。在距中心线 0.1m 半径范围内的区域温度较高，在 4000K 以上，是良导电区域，称为热电晕套；而在外层则温度较低，导电性也较差，称为冷电晕套。Cabrera 等[14]对电晕套中电晕空间电荷的中和机理开展了实验研究，他们在一个直径为 0.3m 的圆柱体内的同轴中心线上（直径为 1mm）加负极性高电压，以在中心线上引发径向流注，从而在圆柱体内也就是在中心导线和外层导体之间充满负的空间电荷，然后撤去电压源并使中心导体突然接地。实验表明，由于接地而在中心线处引发了正流注，使圆柱体内的负空间电荷几乎全部被中和，中和空间电荷所需时间近似等于正流注覆盖空间电荷边界所需时间。由于热电晕套中的电导率比较高，使得正流注在热电晕套中传播速度更快些，所以热电晕套中负空间电荷相对冷电晕套而言被更快地中和。因此，回击通道中任一点的电流均有一个快速上升的成分和随后较慢的成分。快速部分代表从热电晕套中释放的电流；较慢部分代表从冷电晕套中释放的电流。这也验证了 Lin 等[15]关于雷电流是由两部分组成的设想。此外，Maslowski 等[16]还对近年来人们对雷电电晕套的动力学研究进行了综述，给出了电晕套内的电流状态，指出了放射状电晕电流在通道纵向扩展中的作用。

1.2.2 通道底部电流的测量

闪电电流是造成现代雷电灾害的重要源头之一，本书所研究的雷电回击电磁场就是由闪电通道中的回击电流激发产生的。因此，国内外的雷电研究者都非常重视对闪电电流的研究。传统工程应用中所需的雷电参数主要包括雷电流峰值、电流导数峰值、平均电流上升率、上升时间、持续时间和转移电荷量等，这些参数均可通过对雷电流波形的直接测量来获得。目前，大多数雷电标准中采用电流参数都是基于 Berger 团队在瑞士的测量数据[17-18]。近年来，鉴于雷电流参数分布的地域差异性，各国研究人员采用在高塔上架设测量设备的方法，分别对俄罗斯、南非、加拿大、德国、巴西、日本和澳大利亚等地的雷电流参数进行了测量。例如，在巴西，Visacro 等[19]对 60m 高 Morro do Cachimbo 塔上长达 13 年的雷电流测量数据进行了统计分析，其首次和后续回击的电流峰值中值分别为 45kA 和 16kA，比 Berger 等报道的 30kA 和 12kA 要高。可能的原因是：①巴西测量的雷电流样本数较少；②雷电流参数存在地域差异；③雷电流传感器放置位置的差异。在日本，Takami 等[20]在 1994—

2004 年间对日本 60 座传输线高塔顶部的雷电回击电流进行了测量，获得了迄今为止最多的 120 个负闪首次回击样本，其电流峰值的中值为 29kA，与 Berger 等的测量结果基本一致。在澳大利亚，Diendorfer 等[21]分析了 100m 高 Gaisberg 塔在 2000—2007 年间的 457 个向上负闪的电流参数，其回击电流峰值的中值为 9.2kA（样本数为 615，是迄今为止向上负闪的最大样本数）。在加拿大，Hussein 等[22]报道的 553m 高 CN 塔顶上 1992—2001 年间测量的电流脉冲初始峰值的中值为 5.1kA，大大低于 Gaisberg 塔向下闪电的后续回击和人工引雷的统计值。造成这种差异的主要原因可能是在加拿大测量的雷电包含许多峰值小于 1kA 的电流，这些电流中有些可能仅是雷电在起始阶段产生的脉冲，而非回击电流。

但是，由于测量自然闪电会受到地域和季节的限制，还有许多测量雷电流的试验是利用人工引雷进行的。在国外，Schoene 等[23]对 1999—2004 年间在 Camp Blanding 得到的 46 次人工引雷的 206 个回击电流参数特征进行了统计分析，其回击电流峰值的几何平均为 12kA，与其他人工引雷报道的数据基本一致。因此，人工引雷的电流参数受雷击点几何形状或人工接地极的影响较小（与 Rakov 等的研究结果一致）。在国内，1998—2000 年，受国家电力公司的委托，广东电力试验研究所与原中国科学院兰州高原大气物理研究所及原武汉水利电力大学合作，在广东从化及韶关等地区进行了火箭引雷试验，对闪电通道底部电流进行测量，并研究半导体消雷器的防雷效果[24]。试验采用火箭拖带的细钢丝直接接地和通过 100m 左右的绝缘尼龙线再经电流测量装置与大地连接两种方式。前者称为传统引雷方式，可以模拟高建筑物激发的上行雷；后者称为空中引雷方式，可以模拟下行雷与地面目标物的连接。在 1998 年的防雷装置效果检验试验中，共引发了 5 次地闪，其中有 3 次空中引雷被高速摄像机记录到。1999 年试验地点与 1998 年相同，重点是研究半导体消雷器的防雷效果，共有效发射 20 枚火箭，都是采用细钢丝经 6m 的尼龙线和消雷器相连接的方式以保证人工引雷能击中消雷器，试验记录到有意义的数据或图像 11 次，其中 8 次成功地将雷电引到消雷器上，5 次形成放电主通道（1 次引起消雷针的表面爆裂损坏），取得了雷电流、电网地电位升高、快慢电场变化、宽带闪电干涉仪、常规摄像摄影及高速摄像等一批综合观测资料。2010 年，郄秀书等[25]还报道了 2009 年利用人工引雷在山东成功引发的 3 次负极性云对地放电过程，共包括 6 次大电流回击过程。采用 0.5mΩ 的大功率同轴分流器和宽带光纤传输技术测量到了 0.1μs 时间分辨力的雷电流波形，以及距雷电通道 30m、60m 和 480m 处的电磁场和 6000 帧/s 的高速摄像观测资料。6 次回击的电流峰值分布范围为 11.2 ~ 16.3 kA，几何平均值为 12.8 kA；半峰值宽度为 7.4 ~ 34.9μs，几何平均值为 21.6μs；10% ~ 90% 峰值的上升时间为 0.5 ~ 1.4μs，几何平均值为 1.0μs。

除了对自然雷电和人工引雷的雷电流进行试验观测外，许多研究人员还利用一些宝贵的测试数据对闪电电流进行理论研究。例如，利用基于多传感器的现代雷电定位系统,就可以根据测量的辐射磁场峰值和与雷击点的距离,反演给出雷电峰值电流。美国国家雷电监测网(NLDN)的电流评估算法就已通过肯尼迪航天中心(KSC)和福罗里达 Camp Blanding 的人工引雷数据进行了标定,Jerauld 等[26]和 Nag 等[27]在 2001—2007 年间得到的电流评估绝对误差的中值为 20%,最大值为 50%。

1.2.3 电磁场的观测

由雷电放电产生的电场和磁场的特征是研究雷电电磁场对各种电路或系统耦合的基本依据。而且,实测的雷电回击电磁场还可用于反演多种雷电参数或检验雷电回击模型。关于雷电电磁场的测量主要包括以下内容。

1.2.3.1 几十至几百米内的电场与磁场

在距离通道几十至几百米的范围内,由先导-回击产生的垂直电场波形外形犹如一个不对称的 V 形脉冲,且脉冲波形的回击边缘要比先导边缘更陡峭。V 形脉冲的底部是先导向回击的转化阶段,且波形的幅度随着观测点与通道距离的增加而减小,波形的持续时间随着观测点与通道距离的增加而增加。除个别情况外,幅度的变化与距离近似成反比,这与先导电荷在通道底部约 1km 范围内近似呈均匀分布的结论基本一致[28]。Jerauld 等[29]在 Camp Blanding 用一个占地约 $1km^2$ 的电磁场及其导数传感器阵列测量了 18 次自然负地闪的梯级先导和首次回击的近区场。统计结果表明,近场波形的统计特征是距离的函数。这些统计数据包括:先导-回击电场波形的半峰值宽度;梯式先导电场的变化量;回击起始后 20μs、100μs、1000μs 时电场的变化量;电场导数峰值;电场导数波形的上升时间以及磁场的初始峰值、最大峰值、上升时间和半峰值宽度。

1.2.3.2 1km 及以外的电场与磁场

近十几年来,这个范围内的试验数据主要集中在云内初始击穿过程、袖珍云闪(Compact Intracloud Discharge,CID)、梯级先导的后期以及回击的前期产生的电磁场测量上。

(1) 云内初始击穿过程。Nag 等[30-31]研究了 Florida 负地闪中与初始击穿过程相关的电场脉冲串的特点,并将其与可产生云地先导的脉冲串的特征相对比[32]。结果表明,初始击穿中脉冲的最大幅度可以超过随后的首次回击脉冲。Nag 等[33]和 Makela 等[34]观测了亚微秒范围内的脉冲,这部分脉冲与云地放电相关,而与形成先导无关。Hayakawa 等[35]建立了雷电起始击穿过程中甚高频(VHF)/超高频(UHF)辐射的仿真模型。Gomes 等[36-37]和 Sharma 等[38]分别研究了云闪产生的电场脉冲、“混沌”脉冲串和正地闪的初始击穿脉冲。Sonnadara 等[39]和 Villanueva 等[40]还给出了云闪的辐射场谱(20kHz~20MHz),并指出云闪中最大的脉冲经常与初始击穿相关,且“混沌”脉冲串经常比后续回击先发生。

(2) CID。云闪既会产生典型宽度为 10~25μs 的单个双极性电场脉冲(Narrow

Bipolar Pulse,NBP),又会产生强烈的高频(HF)/VHF 辐射(大大高于云地闪和正常的云闪),称为袖珍云闪(CID)或活跃的云内放电事件。CID 是一种神秘并具有潜在威胁的闪电现象。大多数强烈的 VHF 辐射是相对其他闪电过程孤立产生的,但也有一些在云地闪或正常云闪放电之前、期间或之后发生。CID 这一术语是由 Smith 等[41]基于一个简单模型的推断提出的,该模型认为云内过程产生 NBP 的空间范围应该相对较小(300~1000m)。Nag 等[42]通过对多次反射的试验验证和建模,认为所谓的 CID 本质上是一种"反弹波"现象,在辐射通道的两端可能会发生几十次的反射,这些反射不会影响 NBP 的整体场信号,但会影响其精细结构、电场导数的噪声并造成 HF-VHF 辐射爆发。

Rison 等[43]报道的由 NBP 源产生的 VHF 辐射峰值比其他雷电放电过程产生的 VHF 辐射要强约 30dB,其在中心频率为 63MHz、带宽为 6MHz 范围内的源功率超过 100kW。Thomas 等[44]报道的源功率峰值超过了 300kW。

正、负极性的 NBP 通常分别发生在 13km 和 18km 的中心高度上[45]。Sharma 等[46]考虑到斯里兰卡的云顶通常大于 15km,而瑞典的云顶通常小于 10km,选择在斯里兰卡对 NBP 进行观测,结果表明 NBP 趋于在较高的高度上发生。

(3) 先导与回击。1979 年,Lin 等[15]利用两个测试站同时观测到的闪电电磁场数据,总结了闪电电磁场所具有的 4 个主要特征,包括:一个快速上升的电磁场初始峰值,在 1km 距离以外其幅度与距离基本成反比;几十千米距离以内的电场在初始峰值之后具有一个缓慢上升斜坡,其持续时间达 100μs 以上;几十千米距离以内的磁场在初始峰值以后具有一个弧形凸起,其峰值出现在 10~40μs 之间;50~200km 之间的电磁场在初始峰值之后都具有一个零交叉点,其一般发生于初始峰值之后几十微秒之内。2004 年,Cooray 等[47]研究了由北海正闪回击产生的电场波形的精细结构,其时间分辨力为 10ns,波形在快转变时的上升时间平均约为 260ns。2005 年,Murray 等[48]分析了在美国佛罗里达州测量的云对海洋闪电首次回击初期产生的 131 个电场及其导数波形的精细结构。这种精细结构包括在慢前沿起始附近的快脉冲、慢前沿与快转变期间波形的峰值、电场导数积分波形的窄峰值等。2007 年,Jerauld 等[49]利用一次具有向下箭式先导和向上连接先导的火箭引雷试验,观测到了 dE/dt 与 dI/dt 波形精细结构的近似性。

1.3 雷电的危害

雷电的危害主要源于雷电放电过程中的热效应、电动力效应、电磁感应效应、高电压波入侵和电磁辐射效应等,可对建筑物、人员和电子设备构成严重威胁。雷电的危害可分为直击雷的危害和雷电电磁脉冲的危害两大类[50]。但在实际情况中,两种危害形式往往是共存的。

1.3.1 直击雷的危害

云地闪电是与人类活动最易接触的一种闪电类型。在其回击阶段，其对地放电的峰值电流可达几万安甚至几十万安，在这一瞬间，它将在其通路上造成强烈的加热效应，使其通道附近的空气温度瞬间上升到 3×10^4℃以上，其产生的能量将以热能、机械能（包括冲击波、声波）及电磁能（包括光能）等方式散发出来。直击雷的危害主要是其电流通道的这种机械效应、加热效应等引发的，可以造成构建物损毁、人畜伤亡以及爆炸、起火等事故。

雷电对人类造成的灾害自古就有记载，早在东汉时期，哲学家王充在《论衡》中对雷电就做了以下描述："雷者火也。以人中雷而死，即询其身，中火则须发烧焦……"。但是人们一直解不开雷电产生的谜，而且有些统治者别有用心地利用这些自然现象来愚弄百姓，加强其统治，于是雷电被披上了一层神秘的外衣。直到18世纪，人类对电的本性建立了科学的认识，许多学者对雷电进行了试验观察，在此基础上基本揭开了雷电神秘的外衣，并初步建立起雷电科学，相关的雷灾统计才开始逐步科学化。根据美国的统计结果，雷击在美国每年造成100余人死亡，另约有500人受伤。这类伤亡，以户外受雷击为主。国外的研究也说明，城市化使得户外雷灾受害率在下降。而在发达国家，没有防护的户外活动主要是与体育或休闲活动有关；在一些地方，还与露天矿山作业有关。对发展中国家而言，农牧活动场所仍是户外雷害的主要区域。随着工业化特别是电引入人类生活以来，雷击引起的破坏日趋严重。直到1753年富兰克林发明了避雷针，人类对于直击雷的危害才有了初步的遏制手段。经过长达260多年的实践检验，避雷针系统及其变形（避雷线、避雷带、避雷网）在直击雷防护方面已经得到了国内外的广泛公认。

直击雷通过合格的避雷（或引雷）系统入地，就不再会造成任何直接破坏。但如果没有避雷（或引雷）系统，或者由于某种原因避雷（或引雷）系统不完善，就会因雷击的能量耗散在不设防的地方而造成破坏。这其中就可包括以下几种情况：

（1）由于雷电的机械效应等导致建筑物或设备损坏。例如，1991年3月，信阳地区遭受雷雨大风天气，在一阵炸雷声中，鸡公山微波站10kV电源线路进站电缆的内侧电缆头发生爆炸，瓷瓶飞出站外达30m远，使微波站供电中断。同时，山上的另一座邮电系统的微波站和10kV配电所都同时遭到雷击。该事故原因就是由于微波站供电线缆避雷器的接地电阻过大所导致的。2001年8月13日，广州五羊雕塑遭雷击，最高处巨型山羊的羊角被雷劈掉，如图1-12所示。图1-13所示为武汉黄陂一民房屋顶被雷击裂的照片。此外，由于雷电的机械效应导致飞机雷达罩、风力发电机叶轮叶片等非金属部件损毁的事故也时有发生，图1-14所示为飞机头部受雷击损毁的图片。雷电除了对飞机表面结构造成机械损伤外，还经常会导致坠机事故的发生。美国军方在20世纪70年代10年间的雷击事故统计表明，10年间平均每年有 1 架飞机遭雷击而坠毁，各种等级事故每年则不下百起。据美国联邦航空局（FAA）统计，商用飞机平均每飞行 3000h 就会遭受 1 次雷击。一架军用飞机，在其寿命周期内，平均要遭到 2 次雷击。迄今为止，至少有 2500 架飞机被雷电击毁。但是，对于大部分雷击导致飞机损毁或坠毁的事故而言，其根源往往是雷电的机械效应、热烧蚀效应、电磁感应效应等共同作用的结果。

图 1－12　五羊雕塑遭雷击损坏

图 1－13　民房遭雷击损坏

（2）由雷电通道电流的热烧蚀效应造成的设备或器件毁坏。闪电电流可产生焦耳－楞次热效应，对于半峰值时间较大的闪电电流，其产生的局部瞬时高温可以使局部金属熔化。雷电流的热烧蚀效应在飞行器雷灾上表现得尤为明显，经常发生飞机因雷击导致雷达罩、机壳等外部构件的烧蚀损坏的案例。图 1－15 所示为一架飞机遭雷击后的电弧烧蚀损伤情况。在航天领域，1987 年 3 月 26 日，在美国佛罗里达州卡纳维拉尔角的火箭发射场，一枚载有军用通信卫星的“大力神”运载火箭在点火约 1min，突然失去控制不得不遥控引爆，从 4700m 高空坠落，损失高达 1.7 亿美元，从运

图 1－14　飞机头部遭雷击受损

图 1－15　飞机遭受雷击电弧的烧蚀损伤

载火箭残骸明显烧焦的痕迹分析是雷电所致。在风力发电领域，我国迄今也已发生了多起风机遭雷击事故。1995 年 8 月，浙江苍南风电场一台 FD16 型 55kW 风机受雷击，从叶尖到叶根开裂损坏报废；2005 年，山东长岛风电场多个箱式变电站因雷击导致熔丝熔断；2008 年，牛头山风电场也因雷击造成电气设备烧毁。

（3）由雷电通道放电火花或热效应引燃易燃易爆物而导致火灾。雷电对易燃易爆物质存在潜在的危害，仅仅传导 1A 电流的电弧或火花就足以引燃易燃蒸气，而雷电可能向地面油库设施或飞机油箱中注入数千安的电流。不论是雷电电弧直接与燃气混合物接触，还是雷电电弧在金属油箱蒙皮上附着时形成的热点或完全击穿或熔穿，或者是雷电流流过搭接不好的油箱内部的组件时产生热颗粒簇射，均有可能使燃气混合物发生燃烧爆炸。因此，在易燃易爆物聚集的场所，极易由雷电诱发燃爆事故。例如，1989 年 8 月 12 日 9 时 55 分，中国石油总公司黄岛油库因雷击发生震惊国内外的特大火灾爆炸事故，见图 1－16，造成 19 人死亡，直接经济损失 3540 万元，引起国家对防雷工作的高度重视。1994 年 4 月 7 日晚，上海市郊青浦县商榻沙田湖的商榻针织厂遭雷击，使针织成品、缝纫机及半成品烧毁，并因高温导致超过 $500m^2$ 的厂房倒塌，直接损失 300 余万元。1998 年 8 月 22 日 21 时，湖北省商漳县化建公司所属炸药库被雷击引爆，22.5t 铵锑炸药、146.5km 导火索和近万枚雷管被炸毁，伤亡 97 人，直接经济损失 800 万元。另外，由雷击引起的森林火灾而导致的损失也是极其严重的。

图 1－16　黄岛油库雷击爆炸事故

1.3.2　雷电电磁脉冲的危害

事物的发展总是螺旋式上升的，针对直击雷的危害，富兰克林避雷针系统的发明及其后续改进为人类的直击雷防护提供了一种较为可靠的手段，已成为目前国际公认的最成熟、应用最广泛的直击雷防护方法。但随着微电子技术的发展，电路的集成度越来越高，各种电子及电气设备的电磁敏感性也随之提高，在 20 世纪 60 年代前后又出现了一种用传统避雷针系统不能提供保护的新型雷灾,表现为建筑物安然无恙,但是室内的一些电子设备发生了故障,后来被认定是由雷电电磁脉冲造成的。根据雷电电磁脉冲传播方式的不同可以将其分为两种类型,即传导形式的雷电电磁脉冲和辐射形式的雷电电磁脉冲。传导形式的雷电电磁脉冲主要指静电脉冲和地电流浪涌,辐射形式的雷电电磁脉冲则主要指雷电电磁脉冲辐射场。辐射形式的雷电电磁脉冲:一方面可以通过电磁感应效应转化成为传导形式的雷电电磁脉冲,通过浪涌电压或浪涌电流等形式侵入到敏感电子设备内部,对电磁敏感设备造成干扰或损伤;另一方面还可以直接作用耦合在敏感设备或器件上,对敏感设备或器件造成干扰或损伤。

20 世纪后期,由雷电电磁脉冲所造成的损失在逐年增加。德国慕尼黑 TELA 保险公司对 1978—1994 年的理赔案件统计表明,雷电电磁脉冲所造成的直接经济损失由 1978 年不足理赔总额的 4% 上升到 1994 年的 16% ,受灾害最严重的是电力部门和通信行业,主要是雷电在各种传输线上感应出过电压波,然后侵入敏感设备,造成危害,这是传导形式的雷电电磁脉冲。另外,雷电电磁脉冲还能以电磁脉冲辐射的方式对敏感器件造成损伤,美国研究报告(AD - 722675)指出[3],当雷电电磁脉冲磁场达到 0. 07Gs 时,即可导致运行中的无屏蔽的计算机发生误动作等类型的软损伤;当雷电电磁脉冲磁场达到 2. 4Gs 时,可以造成计算机的硬损伤。如果按照安培环路定律估算:离无屏蔽的计算机 2800m 处发生一个峰值电流为 100kA 的闪电,那么计算机就会发生误动作;离落雷点 83m 处的计算机就会发生硬损伤。这个结果是美国通用研究公司于 1971 年用仿真实验建立精确的类闪电模型,在未考虑磁场随时间变化和脉冲磁场波形的情况下得出的结论。虽然这只是一种模型推测,但在数量级上应该是可信的。随着芯片集成度的不断提高,雷电电磁脉冲所造成的危害也更加广泛、更加严重。据美国学者的估计,由于雷电电磁脉冲导致计算机网络失效或损坏约占每年计算机全部故障的 70%[24]。我国近年来因雷电电磁脉冲造成的损失也在逐年增加,根据一些省市信息部门的统计数据,信息系统设备因雷电电磁脉冲侵害而造成的直接损失约占总损失的 80% 。由雷电电磁脉冲造成的一个典型的新型雷电灾害事故为 1992 年夏季某日 20 时左右,一次闪电击中国家气象中心大楼楼顶,楼内的大型计算机与小型计算机网络中断,6 条同步线路和 1 条国际同步线路被中断。整个计算机系统停止工作 46h,气象业务受到严重影响,损失巨大。调查原因时发现大楼的避雷针设计正常,符合规范,闪电由避雷针引入大地,大楼、人员和普通设备安然无恙,但强大的雷电流在避雷针周围产生强电磁脉冲场,雷电电磁脉冲造成了含有灵敏微电子器件的计算机系统的损坏。此外,在航空航天和军事领域,雷电电磁脉冲造成的危害事故和损失更是触目惊心。例如,1969 年 11 月 14 日,土星 5 号火箭上的“阿波罗”12 号宇宙飞船在发射时遭到 2 次雷击(图 1 - 17):第 1 次雷击使飞船的燃料电池保护电路受到干扰,导致航天员将 3 个燃料电池全部断开,使舱内电气设备失去了可靠的供电;第 2 次雷击使高度表损坏,遥测系统也中断工作,是地面飞行控制员和航天员的绝妙配合才拯救了“阿波罗”12 号免于灾难。1984 年 5 月,我国云南薄竹箐地区的一个火箭炮阵地上,由于雷电电磁感应致使 3 枚 107mm 火箭弹自行飞出阵地,其余 9 枚散落在弹药掩体及阵地上,全部报废。1987 年,肯尼迪航天中心的火箭发射场上有 3 枚小型火箭在一声雷响之后,自行点火,升空而去。

图 1 – 17 “阿波罗”12 号发射时遭受雷击

雷电危害不断引起人们的重视,也促进了世界各国对雷电防护研究的进一步深化。目前,随着避雷器的发明和广泛应用,传导形式的雷电电磁脉冲造成的危害也在可控范围之内,逐渐减少,但是对辐射形式的雷电电磁脉冲的防护和研究还不够深入。尤其是随着微电子技术和信息技术的不断推广和发展,辐射形式的雷电电磁脉冲造成的威胁将更加严重,已成为雷电电磁脉冲防护研究的重点。鉴于地闪在回击过程中产生的电磁辐射尤为强烈,本书的重点也就主要集中在不同通道形式和大地参数下地闪回击过程产生的电磁脉冲场上,并不涉及云闪、地闪先导以及连接过程中产生的电磁辐射。

第2章　雷电回击过程建模

雷电回击是一个复杂的过程,其中涉及的参数多、分布范围广,难以在大尺度空间内进行系统、全面的测量,为此,许多学者通过对雷电回击过程进行建模来对其进行理论研究。雷电回击模型将回击过程中所关心的物理量描述成沿回击通道时空分布的函数,主要用于预测或反推雷电回击电磁场、通道半径、通道电流等与回击过程相关的物理参量,帮助人们理解雷电回击的特性及其相关现象。Rakov 和 Uman 根据雷电回击模型控制方程的不同,将其划分为气动力模型、电磁模型、分布电路模型和工程模型四类。其中,工程模型作为一种高度简化的模型,涉及的变量相对较少,更加注重简洁性和模型预测的电磁场与实际测量电磁场的一致性,在回击电磁场计算中应用广泛。本章将从雷电回击通道底部电流出发,着重介绍几种常见的雷电回击工程模型。

2.1　雷电通道底部电流的特征参数

2.1.1　实测雷电流的统计特性

回击电流特征不仅与地闪的类型有关,还与地形地貌、海拔高度和土壤电导率等地理条件以及不同类型的气象条件等因素有关。一般而言,回击电流为具有单峰形式的脉冲电流波形,电流波形的前沿十分陡峭,而波形尾部的变化则较为缓慢。

目前,对雷电通道底部电流数据进行的较为全面也是最具代表性的观测是 Berger 等[17]利用矮塔上安装的同轴分流器等雷电流测量设备进行的,观测点位置位于瑞士 Lugano 的 San Salvatore 山的两座高 70m 的塔上,山顶海拔高度为 915m,比位于山脚的 Lugano 湖水面要高出 640m。尽管该塔的高度属于中等高度,但是由于山体对塔高的增加效应,Eriksson 认为其有效高度已经达到了 350m,从而导致测量到的雷电有很大一部分是上行雷。此处,主要关注向下负地闪。图 2 - 1 所示为 Berger 等测量的由下行先导激发的平均地闪回击电流波形。在图 2 - 1 中,横坐标表示时间,纵坐标表示归一化的回击电流幅度,实线和虚线分别为对同一个波形在不同时间尺度上的描绘,实线对应的是图中下侧的时间轴,虚线对应的是图中上侧的时间轴。从图 2 - 1 中可以看出,回击电流波形的整体持续时间为几百微秒。此外,由于对回击电流波形采取了平均处理,由通道分支而使首次回击电流波形中经常出现的二次峰值便难以再出现了。

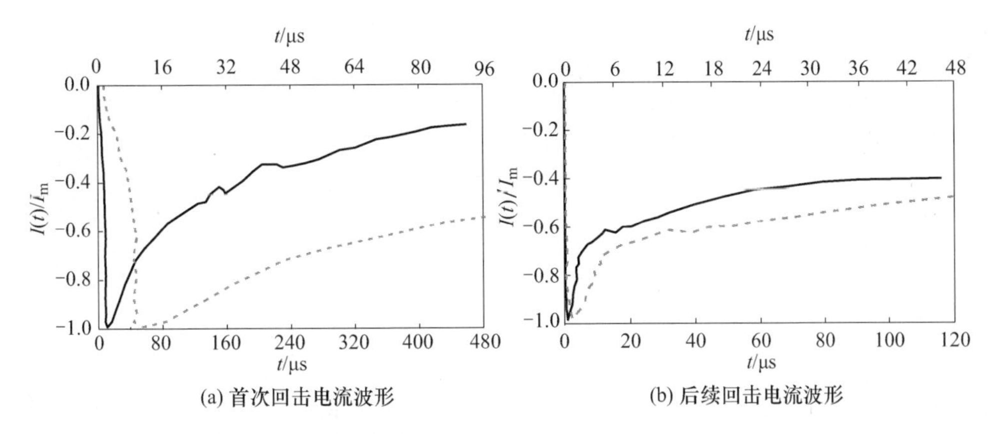

图 2－1　Berger 等测量的典型地闪回击电流波形（1975 年）

图 2－2 所示为 Berger 等测量的回击电流峰值的统计分布情况，包括负地闪的首次回击、负地闪的后续回击和正地闪三类情况。图中实线表示在塔顶测得的峰值回击电流，虚线表示它们的对数正态分布近似曲线。

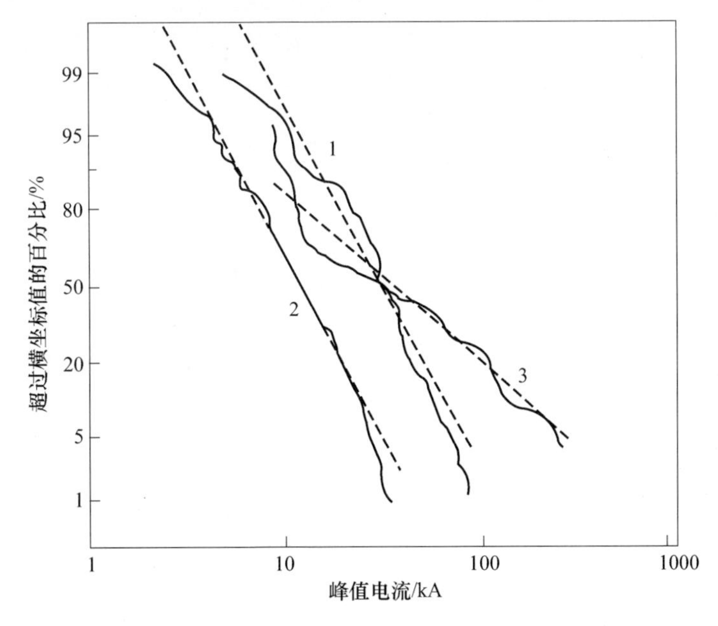

图 2－2　Berger 等测量的回击电流峰值分布（1975 年）

1—负地闪的首次回击；2—负地闪的后续回击；3—正地闪。

表 2－1 列出了 Berger 等测量统计的向下负地闪通道底部电流参数。结合图 2－2和表 2－1 可以看出，首次回击电流的中值要比后续回击电流高 2～3 倍，负

首次回击转移的总电荷约是负后续回击转移总电荷的 4 倍。另外，后续回击的最大电流变化率是首次回击的 3 ~4 倍。需要注意的是，由于受所用观测设备时间分辨力的限制，表 2 -1 中给出的最大电流变化率要比实际值低。

表 2 -1 Berger 等测量统计的向下负地闪通道底部电流参数(1975 年)

参数	样本数	超过表中数值的百分比		
		95%	50%	5%
峰值电流(最小 2kA)/kA				
负首次回击	101	14	30	80
负后续回击	135	4.6	12	30
电荷(总电荷)/C				
负首次回击	93	1.1	5.2	24
负后续回击	122	0.2	1.4	11
整个负闪电过程	94	1.3	7.5	40
脉冲电荷(包括连续电流)/ C				
负首次回击	90	1.1	4.5	20
负后续回击	117	0.22	0.95	4
前沿时间(从 2kA 到峰值)/μs				
负首次回击	89	1.8	5.5	18
负后续回击	118	0.22	1.1	4.5
最大电流变化率 $\frac{di}{dt}$/(kA/μs)				
负首次回击	92	5.5	12	32
负后续回击	122	12	40	120
回击持续时间(从 2kA 到半峰值)/μs				
负首次回击	90	30	75	200
负后续回击	115	6.5	32	140
能量积分 $\int i^2 dt$ /($A^2 \cdot s$)				
负首次回击	91	6.0×10^3	5.5×10^4	5.5×10^5
负后续回击	88	5.5×10^2	6.0×10^3	5.2×10^4
回击之间的时间间隔/ms	133	7	33	150
闪电持续时间/ms				
负闪击	94	0.15	13	1100
不包含单次负闪击	39	31	180	900

2.1.2 标准规定的雷电流波形

资料表明,每次雷电回击电流的大小和波形都相差很大,尤其是在不同的地理位置、地质、季节和放电类型条件下,差别就更大了。因此,标准规定的雷电流波形参数是在对大量实际观测数据进行综合分析后给出的。值得注意的是,某些文献将一些用于防雷设计和保护装置抗冲击试验的标准过电压(或过电流)波形也混同为直击雷电流波形,其实两者在概念上还是存在很大区别的。此处,针对雷电回击电磁场的计算,重点介绍标准中规定的几种短时雷电回击电流波形。

2.1.2.1 IEC 62305-1 中规定的雷电流波形[9]

在 IEC 62305-1 中,雷电流短冲击波形参数的定义如图 2-3 所示。

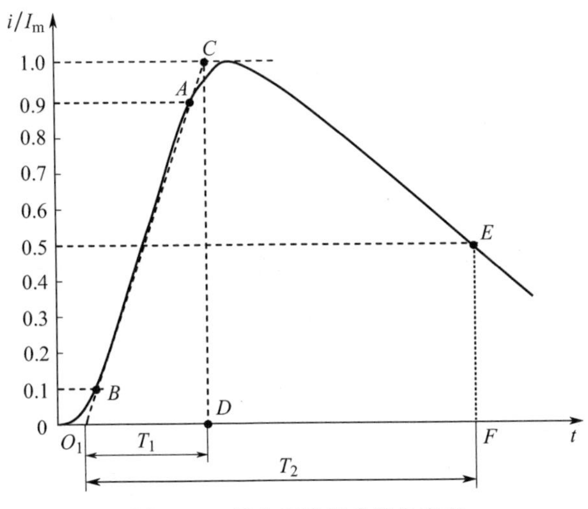

图 2-3 雷电流波形参数的定义

相关参数定义如下:

i——雷电回击电流,表示流过雷击点的电流。

I_m——雷电回击电流的最大值。

O_1——虚拟原点,冲击电流前段连接 10% 和 90% 两个参考点的直线在时间轴上截交的点。

T_1——波头时间,是一个虚拟参数,由电流从峰值的 10% 到 90% 之间的时间间隔乘以 1.25 所定义。

T_2——半值时间,是一个虚拟参数,由电流从虚拟原点 O_1 起至电流回降至峰值一半的时间间隔所定义。

在 IEC 62305-1 中,对用于分析目的的雷击电流,首次回击电流波形采用 10/350μs,后续回击电流波形采用 0.25/100μs。对不同的雷击防护等级(Lightning Protection Level,LPL),首次回击和后续回击电流波形所采用参数参见表 2-2。

表 2-2 不同的雷击防护等级下的雷电流波形参数

参数	首次回击			后续回击		
	LPL Ⅰ	LPL Ⅱ	LPL Ⅲ-Ⅳ	LPL Ⅰ	LPL Ⅱ	LPL Ⅲ-Ⅳ
I_m/kA	200	150	100	50	37.5	25
T_1/μs	10	10	10	0.25	0.25	0.25
T_2/μs	350	350	350	100	100	100

2.1.2.2 《建筑物防雷设计规范》(GB 50057—2010)中规定的雷电流波形[51]

在 GB 50057—2010 中,短时雷击电流波形参数的定义与 IEC 62305-1 一致,同样如图 2-3 所示。GB 50057—2010 同样规定了不同类型防雷建筑物所对应的短时雷电流波形参数,但与 IEC 62305-1 不同,GB 50057—2010 中将首次雷击又划分为正极性和负极性两类,具体雷电流波形参数如表 2-3 所列。

表 2-3 不同类型防雷建筑物对应的雷电流波形参数

参数		首次回击			后续回击		
		防雷建筑物类别			防雷建筑物类别		
		一类	二类	三类	一类	二类	三类
正极性	幅值 I_m/kA	200	150	100	—	—	—
	波头时间 T_1/μs	10	10	10	—	—	—
	半值时间 T_2/μs	350	350	350	—	—	—
	电荷量 Q/C	100	75	50	—	—	—
	单位能量(W/R)/(MJ/Ω)	10	5.6	2.5	—	—	—
负极性	幅值 I_m/kA	100	75	50	50	37.5	25
	波头时间 T_1/μs	1	1	1	0.25	0.25	0.25
	半值时间 T_2/μs	200	200	200	100	100	100
	平均陡度(I_m/T_1)/(kA/μs)	100	75	50	200	150	100
注:首次负极性雷击的雷电流波形仅供计算用,不供做试验用							

2.2 雷电通道底部电流模型

合适的通道底部电流函数应该可以描述出观测到的雷电流的基本特征。首先,它能产生与在回击通道底部观测的波形相一致的波形;其次,它的一些参数与通常测到的一些闪电电流参数(如峰值电流、最大电流梯度以及转移电荷量等)近似。另外,在雷电回击电磁场的研究中,为了计算场导数,求解电流的二次时间导数是必要的。因此,电流函数必须能够微分两次,也就是说电流的一次时间导数不允许有不连续点。另外,对于工程技术人员来说,能够既快速又容易地求出电流参数很重要。

2.2.1 双指数函数模型

Bruce 和 Golde[52]于 1941 年提出了底部电流的最初的双指数函数模型，即

$$i(0,t)=\left(\frac{I_0}{\eta}\right)[\exp(-\alpha t)-\exp(-\beta t)] \tag{2-1}$$

式中：I_0 为电流的峰值；t 为时间；η 为电流峰值修正因子；α、β 为确定电流下降、上升时间以及最大电流陡度的时间常数。因为这种模型基本能够反映实测底部电流的状况，而且该函数易于微分和积分，所以工程上常用双指数函数的形式来表示通道底部电流。

对于式(2-1)的底部电流的模型参数的选择，文献[53]建议对于首次回击可以选取 $\alpha=2\times10^4/\mathrm{s}$，$\beta=2\times10^5/\mathrm{s}$；对于后续回击则可选取 $\alpha=1.4\times10^4/\mathrm{s}$，$\beta=6\times10^6/\mathrm{s}$。当首次回击和后续回击的电流峰值分别取 $I_0=30\mathrm{kA}$ 和 $I_0=12\mathrm{kA}$ 时，用双指数函数由上述参数得到的通道底部电流及其导数的波形分别如图 2-4 和图 2-5 所示。

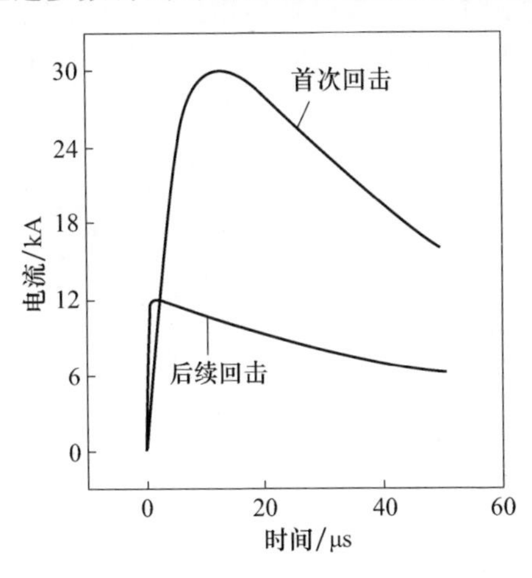

图 2-4 双指数函数模型的电流波形

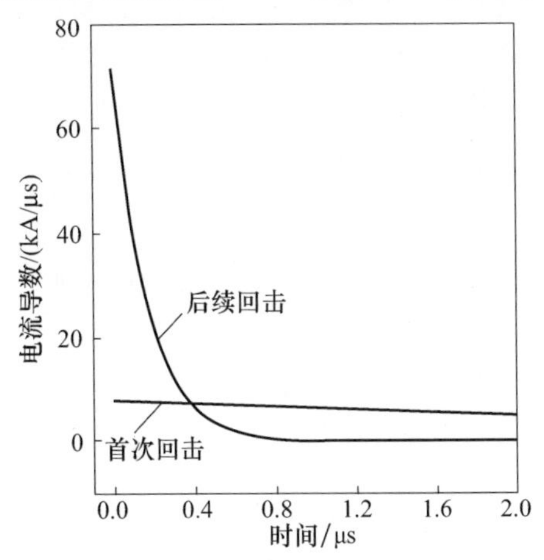

图 2-5 双指数函数模型导数波形

值得注意的是，双指数函数在 $t=0$ 时电流导数达到最大值，这对于回击击穿过程在物理上是解释不通的。其次，电流导数有不连续点，不便于计算雷电回击电磁场。

2.2.2 Heidler 函数模型

Heidler 于 1985 年提出了一种新的通道底部电流函数[54]。该电流函数为两个函数的乘积：一为描述电流上升时间的函数(电流上升函数 $x(t)$)；二为描述电流下降时间的函数(电流衰减函数 $y(t)$)。电流函数的形式为

$$i(0,t)=I_0x(t)y(t) \tag{2-2}$$

式中：I_0 为电流峰值。在电流脉冲的衰减段，电流上升函数的值 $x(t)\approx 1$；同样地，在电流脉冲的上升段，电流衰减函数 $y(t)\approx 1$。另外，电流上升函数中包含了在 $t=0$ 时没有不连续点的一次电流导数。电流上升和下降函数分别用乘幂函数和指数函数表示，即

$$x(t)=K_s^n/(1+K_s^n),\quad y(t)=\exp(-t/\tau_2) \tag{2-3}$$

式中：$K_s=t/\tau_1$；τ_1、τ_2 分别为电流上升、衰减时间常数；n 为电流陡度因子。由于当 $t>0$，$x(t)<1$ 时，电流峰值变得小于 I_0。因此，引入电流最大值的修正因子 η，它的值由式(2-4)求出，即

$$\eta=\exp[-(\tau_1/\tau_2)(n\tau_2/\tau_1)^{1/n}] \tag{2-4}$$

最后，通道底部电流的表达式可表示为

$$i(0,t)=(I_0/\eta)[K_s^n/(1+K_s^n)]\exp(-t/\tau_2) \tag{2-5}$$

在 IEC 62305-1 中，用于分析目的的雷击电流波形便是采用式(2-5)定义的。对于电流陡度因子的最小值 $n>1$，很容易证明一次电流导数在 $t=0$ 时是连续的。

一般地，取 $n=2$，式(2-5)即为

$$i(0,t)=\frac{I_0}{\eta}\frac{(t/\tau_1)^2}{[(t/\tau_1)^2+1]}\cdot e^{-t/\tau_2} \tag{2-6}$$

Heilder 于 1987 年提出对上述模型的一种改进模型，用上述模型和一个双指数波形的叠加来描述通道底部电流的波形。函数表达式为

$$i(0,t)=\frac{I_1}{\eta}\frac{(t/\tau_1)^2}{[(t/\tau_1)^2+1]}\cdot e^{-t/\tau_2}+I_2(e^{-t/\tau_3}-e^{-t/\tau_4}) \tag{2-7}$$

实际上，Heidler 底部电流函数比双指数函数更适合描述通道底部电流。这是因为通过独立地调整 Heidler 函数中的 I_0、τ_1、τ_2 可以分别改变电流幅度、最大电流导数和电荷转移量；在 $t=0$ 时，Heidler 函数的电流导数为 0，而双指数函数的电流导数在 $t=0$ 时却为最大。但是，Heidler 函数是不可积的，所以用于求解雷电回击电磁场会显得繁琐。

2.2.3 脉冲函数模型

脉冲函数的一般表达式可以写为

$$y=y_0+A(1-e^{-\frac{x-x_0}{t_1}})^p e^{-\frac{x-x_0}{t_2}} \tag{2-8}$$

根据雷电流的波形特征，把自变量 x 取为时间 t，选取式(2-8)中的参数：$y_0=0$；$A=I_0/\xi$；$t_1=\tau_1$；$t_2=\tau_2$，$x_0=0$；$p=n$。得到脉冲函数表达式[55]为

$$i(0,t)=\frac{I_0}{\xi}[1-\exp(-t/\tau_1)]^n\exp(-t/\tau_2) \tag{2-9}$$

把式(2-9)作为雷电回击电流波形的解析表达式。其中 $\xi=[n\tau_2/(\tau_1+n\tau_2)]^n\times[\tau_1/(\tau_1+n\tau_2)]^{\tau_1/\tau_2}$ 为峰值修正因子。

在式(2-9)两边均对 t 求导,可以得到

$$\frac{\mathrm{d}i(0,t)}{\mathrm{d}t}=\frac{I_0}{\xi}[1-\exp(-t/\tau_1)]^{n-1}\exp(-t/\tau_2)\left[\left(\frac{n}{\tau_1}+\frac{1}{\tau_2}\right)\exp(-t/\tau_1)-\frac{1}{\tau_2}\right] \tag{2-10}$$

在 $n>1$ 时,令 $t=0$,可得

$$\left.\frac{\mathrm{d}i(0,t)}{\mathrm{d}t}\right|_{t=0}=0 \tag{2-11}$$

式(2-11)表明,脉冲函数在 $t=0$ 时刻的电流导数为 $0(n>1)$。

为求 $i(0,t)$ 对时间的积分,将式(2-9)中的第一个指数项 $[1-\exp(-t/\tau_1)]^n$ 展开,得到

$$[1-\exp(-t/\tau_1)]^n=\sum_{k=0}^{n}\frac{(-1)^k n!}{k!(n-k)!}\exp(-kt/\tau_1) \tag{2-12}$$

式中:$k!=k\cdot(k-1)\cdots2\times1$。

对式(2-9)所示的 $i(0,t)$ 求时间的积分,可以得到

$$\begin{aligned}Q(t)&=\int_{-\infty}^{t}i(0,\tau)\mathrm{d}\tau\\&=\int_{0}^{t}i(0,\tau)\mathrm{d}\tau\\&=\frac{I_0}{\xi}\sum_{k=0}^{n}\frac{(-1)^k n!}{k!(n-k)!}\tau_k^*[1-\exp(-t/\tau_k^*)]\end{aligned} \tag{2-13}$$

式中:$\tau_k^*=\tau_1\tau_2/(\tau_1+k\tau_2)$。

由式(2-13)可知,脉冲函数电流模型对时间是可积的。

针对不同试验条件下测量得到的雷电回击通道底部电流波形,一些文献中给出了用 Heidler 函数表示时的参数值。为了更精确地用脉冲函数表示这些波形,采取非线性曲线拟合的方法来进行拟合,得到了相应脉冲函数的参数,表 2-4 所列为式(2-9)中 $n=2$ 时几种常用雷电流波形用 Heidler 函数(A 列)和脉冲函数(B 列)表示的参数以及二者波形之间的误差。

表 2-4　Heidler 函数和脉冲函数参数的比较($n=2$)

参数	Ⅰ		Ⅱ		Ⅲ		Ⅳ		Ⅴ	
	A	B	A	B	A	B	A	B	A	B
I_0/kA	9.9	10.6	10.7	11.4	6.5	6.92	13	14	7	7.45
n	2	2	2	2	2	2	2	2	2	2
τ_1/μs	2	0.06	0.25	0.2	2.1	1.72	0.15	0.12	5	3.94
τ_2/μs	5	5.2	2.5	2.61	230	239	3	3.14	50	52
相对误差/%	0.7		0.3		0.1		0.5		0.2	

从表 2-4 可以看出，这两种函数模型表示下的电流波形符合程度非常好，这说明用脉冲函数来代替 Heidler 函数作为雷电回击电流的解析表达式是合适的。从表中还可以看出，用脉冲函数和 Heidler 函数表示同一波形时，τ_2 的差别并不大。但 τ_1 的差别较大(如表中的Ⅰ列和Ⅴ列)。这是因为脉冲函数展开式的第一项正是决定函数衰减的主要项，因此脉冲函数的 τ_2 必然接近于 Heidler 函数的 τ_2，而对双指数函数有 $\alpha \approx 1/\tau_2$。实际上，当 $n=1$ 时脉冲函数即双指数函数，一般的脉冲函数可以看作是双指数函数的修正。

表 2-5 是根据 IEC 62305-1 标准，把 Heidler 函数的指数项定义为 $n=10$ 时用脉冲函数拟合得到的参数。从表中可以看到，当 $n=10$ 时，Heidler 函数和脉冲函数的误差也比较小，主要是 n 的变化范围比较大。

表 2-5　Heidler 函数和脉冲函数参数的比较($n=10$)

参数	Ⅰ		Ⅱ		Ⅲ		Ⅳ		Ⅴ	
	A	B	A	B	A	B	A	B	A	B
I_0/kA	9.9	10.85	10.7	10.24	6.5	6.51	13	12.67	7	6.78
n	10	12	10	14	10	60	10	16	10	50
τ_1/μs	0.072	0.02	0.25	0.08	2.1	0.46	0.15	0.046	5	1.16
τ_2/μs	5	4.98	2.5	2.46	230	312	3	2.95	30	27.7
相对误差/%	1		3		4		2		5	

下面针对一个典型的底部电流波形，分别用脉冲函数、双指数函数和 Heidler 函数表示，并将不同函数表示的底部电流及其导数波形做一比较。对于脉冲函数，此处取 $n=2$，即

$$i(0,t)=\frac{I_0}{\xi}(1-e^{-t/\tau_1})^2 \cdot e^{-t/\tau_2} \tag{2-14}$$

不同函数模型下的波形对比结果如图 2-6 和图 2-7 所示。从图中的对比可以看出，当用这 3 种函数模型表示同一电流波形时：用脉冲函数表示的通道底部电流波形与双指数函数和 Heidler 函数表示的通道底部电流波形基本一致；双指数函数表示

的电流导数在0时刻达到最大;其余两种函数表示的电流导数在初始时刻为0,两者的导数波形基本类似,电流导数峰值略有偏差。

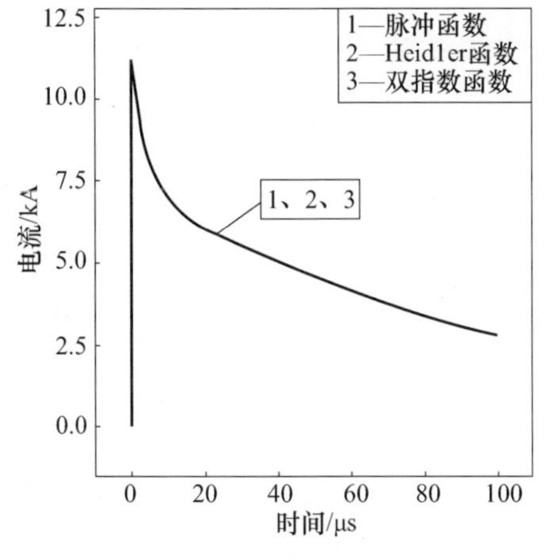

图2-6 通道底部电流波形比较

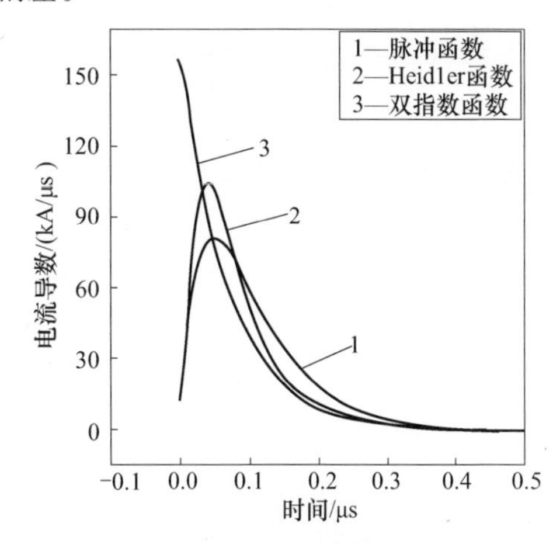

图2-7 底部电流导数波形的比较

对这3种函数模型表示的电流波形进行频谱分析,得到图2-8至图2-10所示的结果。由频谱图可以看出,这3种函数表示的回击通道底部电流的频率分布基本一致,主要集中在几十千赫的频段。根据对这3种函数波形及其导数以及频谱的对比,基本上可以认为脉冲函数表示的底部电流波形既具有双指数函数和Heidler函数模型的优点,又克服了其不利的因素。把这种函数应用于雷电回击模型来计算雷电回击电磁场,得到的结果与双指数函数模型的计算结果也基本一致。

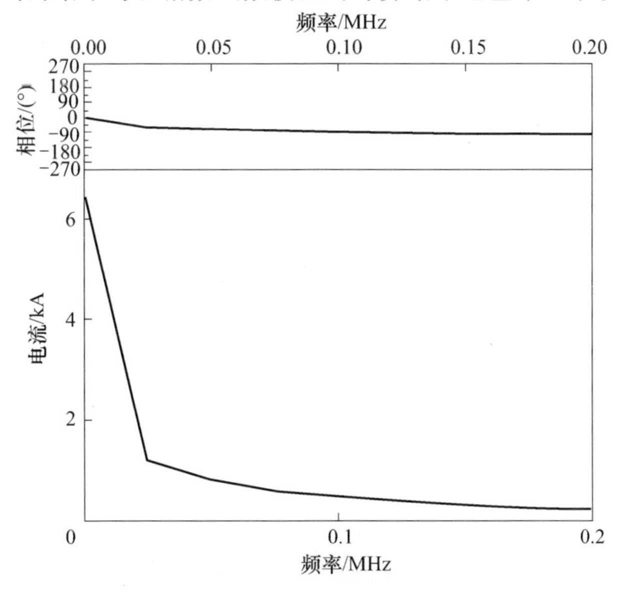

图2-8 Heidler函数的频谱

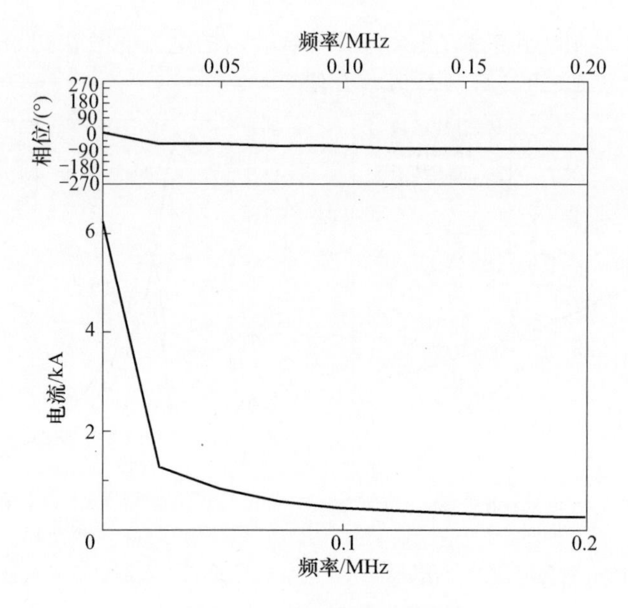

图 2-9 脉冲函数的频谱

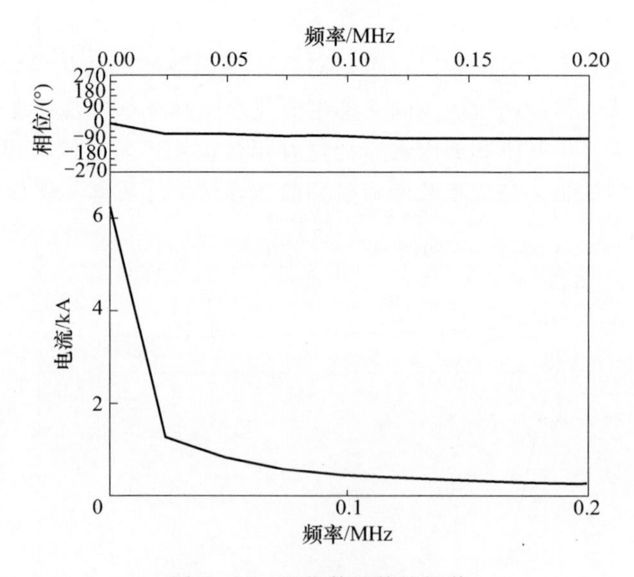

图 2-10 双指数函数的频谱

2.2.4 其他底部电流函数模型

许多学者使用了一些特殊函数、数值技术和方法来绕过闪电电流研究中的不连续问题。例如,为了消除电流一次导数在 $t=0$ 时不连续性,Jones[56] 提出了一种修正函数,表达式为

$$i(0,t)=(I_0/\eta)[\exp(-t^*/\tau_1)-\exp(-t^*/\tau_2)^2] \quad (2-15)$$

式中：$t^*=\tau_2^2/\tau_1+t$；I_0 为电流波形的峰值；η 为峰值修正因子；τ_1、τ_2 分别是反映电流上升、衰减的时间常数。

Gardner[57]提出了与式(2-15)类似的电流函数，即

$$i(0,t)=(I_0/\eta)\{\exp[-(t-\tau_1)/\tau_2]+\exp[(t-\tau_1)/\tau_3]\}^{-1} \quad (2-16)$$

式中：I_0 为电流波形的峰值；η 为峰值修正因子；τ_1、τ_2、τ_3 均为时间常数。

为了在理论推导中进行拉普拉斯变换，Amoruso 和 Lattarulo[58]采用了以下非常复杂的式子，即

$$i(0,t)=I_0\left\{\frac{1-\exp(-\beta t)}{1-\exp(-\beta t_m)}+u(t-t_m)\left[\sum_{i=1}^{q}A_i\exp[-\alpha_i(t-t_m)]-k_f\frac{1-\exp[-\beta(t-t_m)]}{1-\exp(-\beta t_m)}\right]\right\} \quad (2-17)$$

式中：I_0 为电流波形的峰值；t_m 为波形达到峰值的时间；$u(t)$ 为单位阶跃函数；A_i、α_i、β、k_f、q 为与波形相匹配的参数。

Rajičić[59]提出在 $t=0$ 处无不连续点的电流函数为

$$i(0,t)=(I_0/\eta)\sqrt{\tau_1/t}\exp(-\tau_2/2t) \quad (2-18)$$

式中：I_0 为电流波形的峰值；η 为峰值修正因子；τ_1、τ_2 为时间常数。

对于式(2-15)至式(2-18)给出的通道底部电流函数的形式，它们的主要缺点是电流参数计算太复杂，不能得到显式的积分表达式，且不能独立研究闪电电流参数。因此，在利用这些函数求电流沿回击通道的分布和计算雷电回击电磁场时，经常需要进行数值处理。

此外，还有学者利用分段函数对电流波形的上升沿和下降沿分别进行描述。例如，Javor 和 Rančić[60]针对传统电流函数在表示雷电流峰值时均需要一个修正系数的问题，提出了以下的分段函数，即

$$i(0,t)=\begin{cases}I_0\cdot\tau^{\alpha}\cdot e^{\alpha\cdot(1-\tau)} & 0\leqslant\tau\leqslant 1\\ I_0\sum_{i=1}^{k}\gamma_i\cdot\tau^{\beta_i}\cdot e^{\beta_i\cdot(1-\tau)} & 1\leqslant\tau<\infty\end{cases} \quad (2-19)$$

式中：α、β_i 为可调参数；γ_i 为加权系数且有 $\sum_1^k\gamma_i=1$；$\tau=t/t_m$ 为归一化变量，t_m为电流到达峰值 I_0 的上升时间；k 为波形衰减部分的可调自然数。式(2-19)的一阶导数在任意时刻都是连续的，并且 I_0 和 t_m是与其他参数无关的任意可调参数。之后，Javor[61]还提出了一个可表示多峰值回击电流的分段函数，但表达式过于复杂。

需要指出的是，对于上述所有的电流函数模型，在给定电流波形的条件下（即已知上升时间和半峰值时间），要想获得相应表达式中的模型参数值，都需要求解一个比较复杂的方程。为此，D. Rajičić和 L. Grčev 提出了一个通过简单公式就可以获得模型参数的分段函数[62]，即

$$i(0,t)=\begin{cases} I_0\left[1-\mathrm{e}^{-(t/t_a)^{\alpha}}\right] & 0\leqslant t<t_{ms} \\ I_0\mathrm{e}^{-\beta(1-t/t_m)^{\alpha}} & t_{ms}\leqslant t<t_m \\ I_0\mathrm{e}^{-(\tau/t)\cdot(t/t_m-1)^2} & t\geqslant t_m \end{cases} \tag{2-20}$$

式中：t_m为电流到达峰值 I_0 的上升时间；t_{ms}为电流在上升沿到达最大变化率的时间；α、β、τ、t_a 是可调参数。

总之，采用分段函数的优势在于可以更加精确地调节电流波形的一些细节特征。但同时，采用分段函数会在一定程度上增加雷电回击电磁场解析计算的繁琐程度。

2.2.5 底部电流模型的拆分形式

2.2.5.1 DU 模型中的底部电流模型

研究人员对闪电的研究表明，通道底部电流可被分成两部分，即击穿电流和电晕电流[63]。电晕电流在击穿电流后被触发。DU 模型所用的通道底部电流模型即由两部分组成[64]，即击穿电流 i_{bd}和电晕电流 i_c，如图 2-11 所示。图中的通道底部电流组成可以用式(2-6)来计算，其中 τ_1、τ_2 等参数见表 2-6。其波形如图 2-11 和图 2-12 所示。

表 2-6 首次回击和后续回击电流参数

参数	首次回击 $I_{max}=30\mathrm{kA}$ $(\mathrm{d}i/\mathrm{d}t)_{max}=80\mathrm{kA}/\mu\mathrm{s}$		后续回击 $I_{max}=14\mathrm{kA}$ $(\mathrm{d}i/\mathrm{d}t)_{max}=75\mathrm{kA}/\mu\mathrm{s}$	
	i_{bd}	i_c	i_{bd}	i_c
I_0/kA	28	16	13	7
$\tau_1/\mu\mathrm{s}$	0.3	10	0.15	5
$\tau_2/\mu\mathrm{s}$	6.0	50	3.0	50
η	0.73	0.53	0.73	0.64

Lin 是最早设想回击电流由两种成分构成的学者。他认为，击穿电流是沿通道内核产生的，通道上部中的电流径向流向通道中心。这个猜想后来被用于精确地计算雷电辐射电磁场。击穿电流的幅度比电晕电流大几倍，但持续时间却很短。因此，闪击点处的电荷转移量主要取决于电晕电流，击穿电流产生雷电辐射电磁场的峰值

和场导数的峰值。典型的负后续回击的击穿电流峰值为 5 ~ 30kA,击穿电流的导数峰值为 12 ~ 120kA/μs,导数的上升时间为 0.2 ~ 4.5μs。

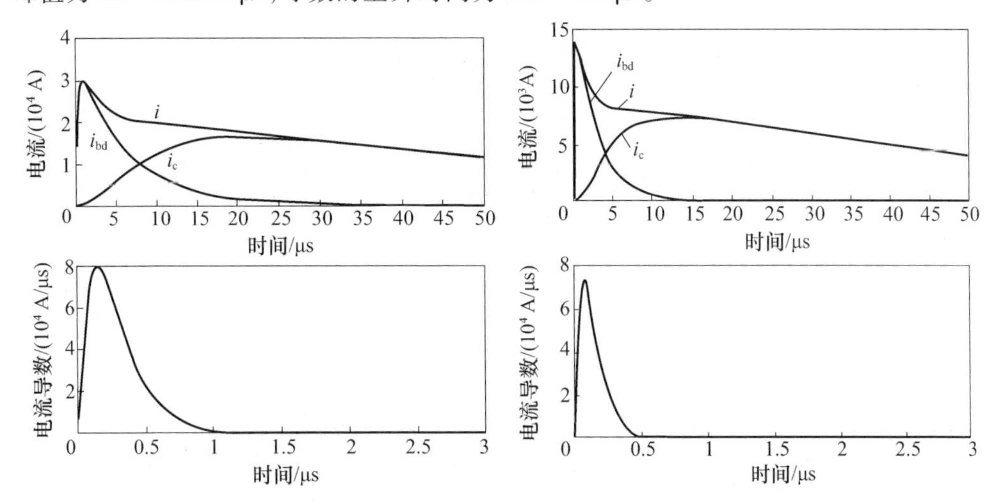

图 2-11 首次回击的底部电流及其导数波形　　图 2-12 后续回击的底部电流及其导数波形

2.2.5.2 MULS 模型中的底部电流模型

这种模型所用的底部电流由三部分组成,即击穿电流 i_{bd}、电晕电流 i_c、均匀电流 i_u[63]。与 DU 模型所用的底部电流的区别不仅在于多了一项均匀电流,其电晕电流是采用下式表示,即

$$i_c(0,t) = \frac{I_0^d}{p_1}\{\exp[-t/\lambda_c(1/v+1/c)] - \exp(-t/\tau_2)\} + \frac{I_0^d}{p_2}\{\exp(-t/\tau_1) - \exp[-t/\lambda_c(1/v+1/c)]\} \quad (2-21)$$

式中:I_0^d 为单位长度的峰值注入电流;λ_c 为高度衰减常数;τ_1、τ_2 为电晕电流的时间常数;$p_1 = (1/c+1/v)/\tau_2 - 1/\lambda_c$;$p_2 = (1/c+1/v)/\tau_1 - 1/\lambda_c$。

击穿电流用式(2-6)计算。其典型参数如表 2-7 所列,其波形如图 2-13 所示。

表 2-7 MULS 模型所用底部电流的典型参数

击穿电流 i_{bd}		电晕电流 i_c		均匀电流 i_u	
I_0	6900A	I_0^d	30A/m	i_u	3000A
τ_1	0.054μs	τ_1	0.02μs		
τ_2	2.0μs	τ_2	2μs		
η	0.79	λ_c	3000m		

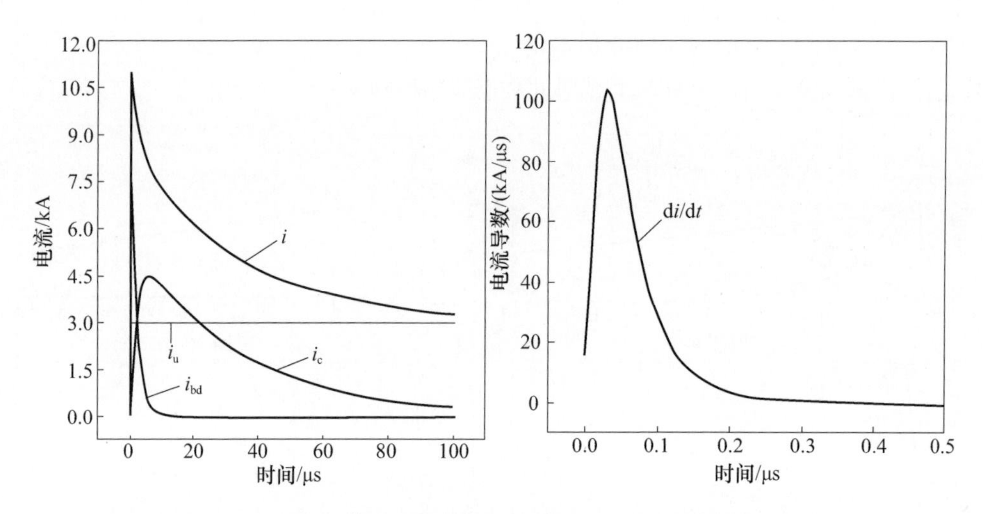

图 2－13　MULS 模型的底部电流波形构成及总电流的导数波形

2.3　标准雷电流的拆分拟合

在 IEC 62305－1 标准中，用 10 阶的 Heidler 函数表示短时雷电流，表 2－8 是标准中Ⅰ级防护所对应首次回击和后续回击雷电流的参数值（采用式(2－5)所示的 Heidler 函数，取 $n=10$）[9]。

表 2－8　首次回击和后续回击雷电流参数值

电流参数	首次回击(10/350μs)	后续回击(0.25/100μs)
I_0/kA	200	50
η	0.930	0.993
τ_1/μs	19.0	0.454
τ_2/μs	485	143

按照标准所给的参数，绘制出相应雷电流的全波形、波形前沿和电流的时间导数。分别如图 2－14 至图 2－16 和图 2－17 至图 2－19 所示。

通常来讲，在雷电回击电磁场的解析表达式中，电磁场的计算结果只与雷电通道底部电流和电流的导数有关。因此，将按以下原则对 IEC 标准规定的雷电流进行拆分拟合，用击穿电流和电晕电流的组合来表示雷电回击标准电流。拆分拟合的原则如下：

（1）击穿电流和电晕电流的总电流波形要与标准波形相一致，即首次回击电流波形符合 10/350μs、后续回击电流波形符合 0.25/100μs 的要求。

（2）拟合电流的导数和标准电流的导数要近似一致。

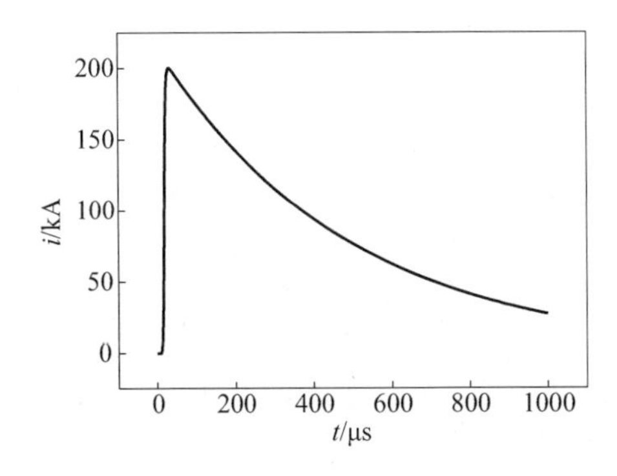

图 2 - 14　首次回击标准雷电流波形

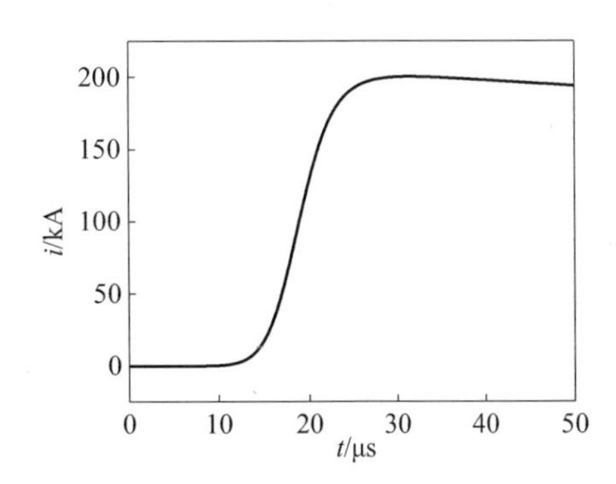

图 2 - 15　首次回击标准雷电流波形前沿

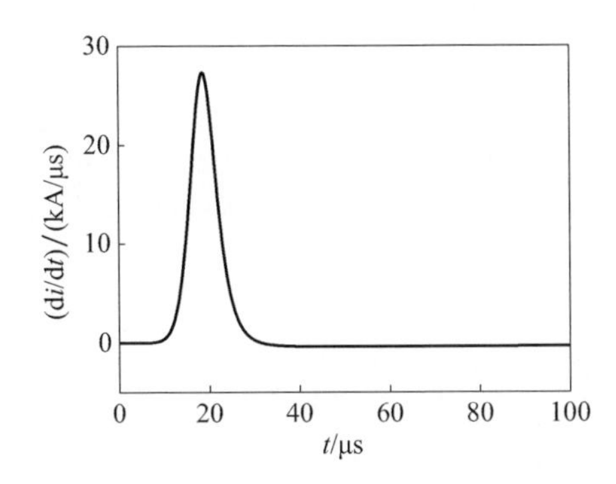

图 2 - 16　首次回击标准雷电流时间导数波形

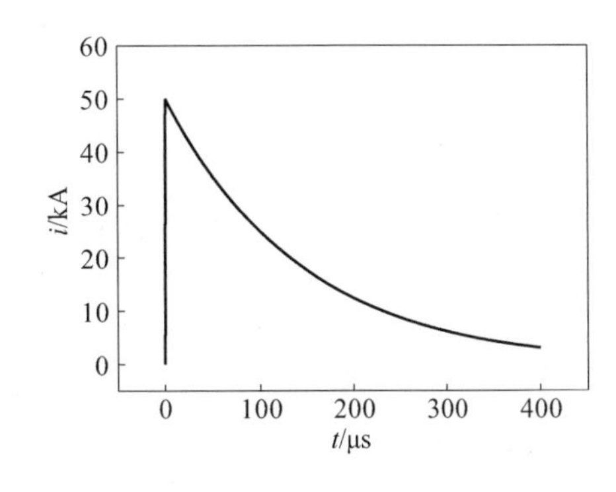

图 2 - 17　后续回击标准雷电流波形

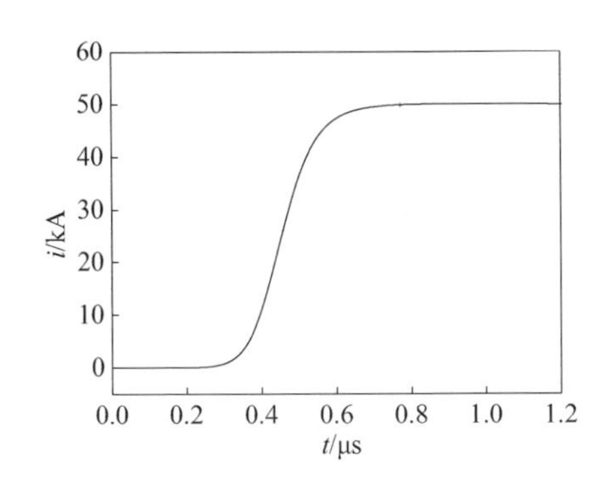

图 2 - 18　后续回击标准雷电流波形前沿

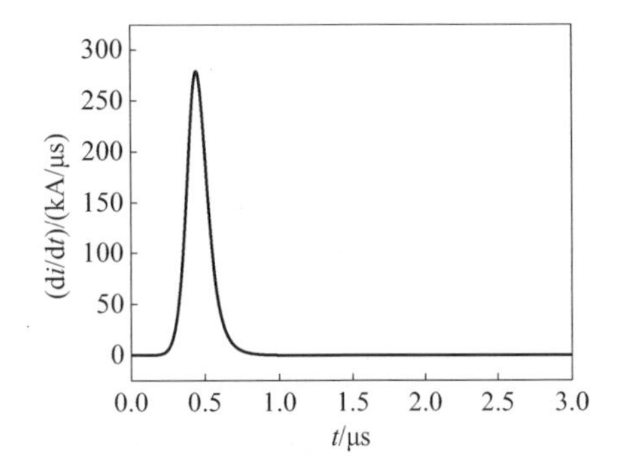

图 2 - 19　后续回击标准雷电流时间导数波形

从图 2 - 15 和图 2 - 18 可以发现，首次回击标准电流大约在前 14μs、后续回击标准电流大约在前 0.3μs 都近似为零。为了便于拟合，把首次回击标准电流减去前 14μs，后续回击标准电流减去前 0.3μs。上述处理对电磁场的计算几乎没有影响，因为电磁场计算结果显示两者在所剔除时间段内的电磁场幅值几乎为零，处理后的计算结果相当于把电磁场向时间轴负方向平移相应的时间。拟合中采用下式拆分标准雷电流[65]，即

$$i(0,t)=\frac{I_{\mathrm{bd}}}{\eta}\left[1-\exp\left(-\frac{t}{\tau_1}\right)\right]^2\exp\left(-\frac{t}{\tau_2}\right)+I_{\mathrm{c}}\left[\exp\left(-\frac{t}{\kappa_2}\right)-\exp\left(-\frac{t}{\kappa_1}\right)\right]$$

(2-22)

式(2-22)的前半部分表示击穿电流,用脉冲函数表示,$\eta=[2\tau_2/(\tau_1+2\tau_2)]^2\times[\tau_1/(\tau_1+2\tau_2)]^{\tau_1/\tau_2}$为击穿电流的峰值修正因子,后半部分表示电晕电流,用双指数函数表示。

根据最小二乘法对标准中雷电Ⅰ级防护首次回击和后续回击通道底部电流进行拆分拟合,表2-9是拟合所得的式(2-22)中相应的参数值。根据表2-9中拟合得到的电流参数,图2-20至图2-23给出了首次回击和后续回击拟合电流及其导数波形与标准中采用10阶Heidler函数表示的电流及其导数波形的比较情况。

表2-9 标准雷电流的拟合参数

电流参数	首次回击(10/350μs)	后续回击(0.25/100μs)
I_{bd}/kA	163.7959	52.3189
I_{c}/kA	212.3222	53.6951
τ_1/μs	3.8586	0.0960
τ_2/μs	76.4401	25.7655
κ_1/μs	80.1955	26.0203
κ_2/μs	480.1116	142.6755

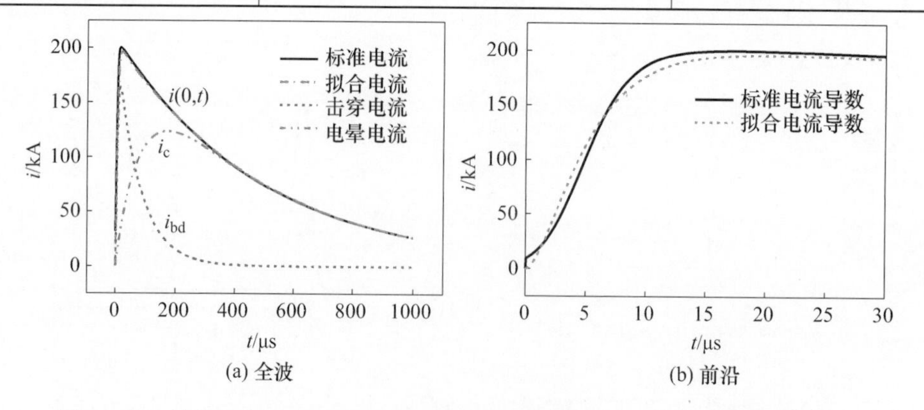

图2-20 首次回击电流的拆分拟合结果及其与标准中Heidler函数的对比情况

图2-20(a)给出了首次回击电流的拆分拟合结果,i_{c}表示电晕电流,i_{bd}表示击穿电流。从图2-20中可以看出,拟合电流波形和标准中函数的电流波形基本一致,仅在波形的前沿部分存在略微的差别。从图2-21中可以看出,首次回击拟合电流导数相当于把标准电流导数向前平移了大约14μs,但拟合电流导数波形与标准电流导数波形的起始值略有差别。这主要是由于2阶脉冲函数与2阶Heidler函数一样,

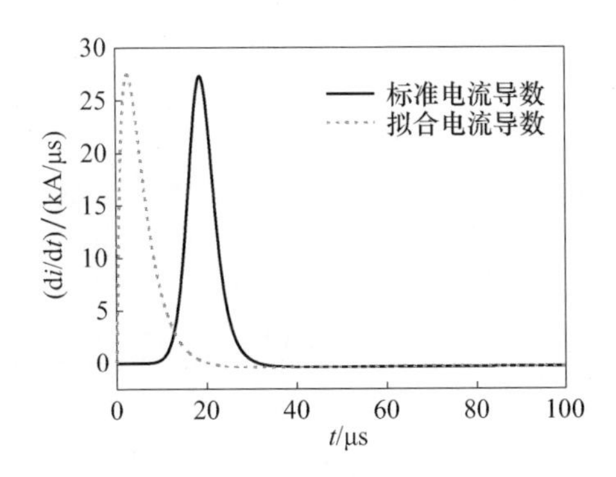

图 2-21　首次回击拟合电流导数与标准中 Heidler 函数电流导数的对比

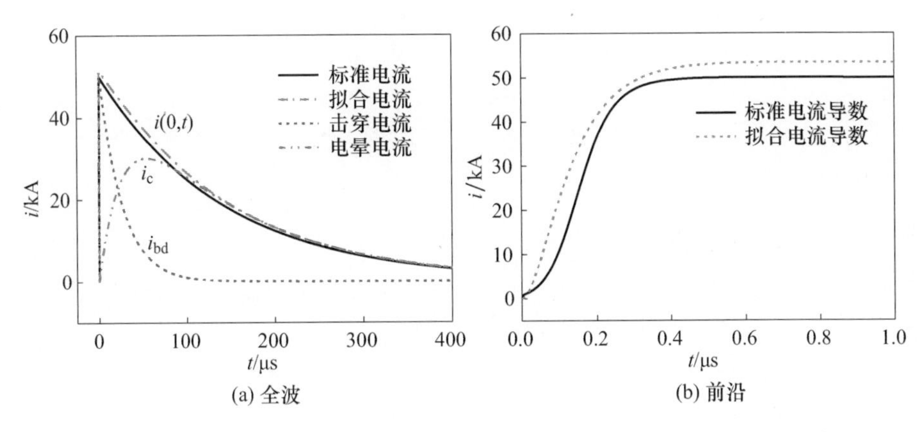

图 2-22　后续回击电流的拆分拟合结果及其与标准中 Heidler 函数的对比情况

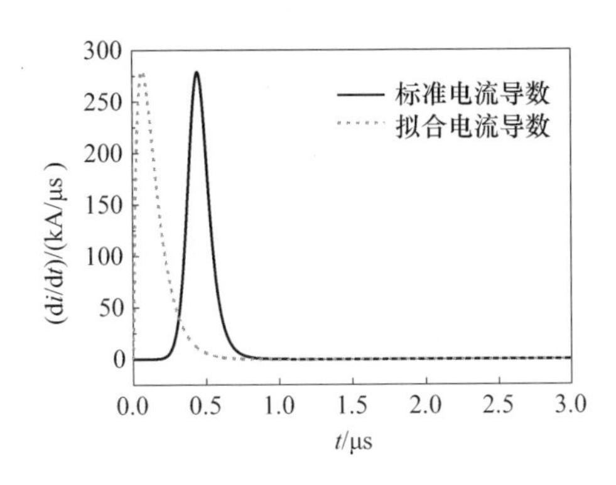

图 2-23　后续回击拟合电流导数与标准中 Heidler 函数电流导数的对比

电流导数波形前沿虽然从零起始，但上升到最大值时间较短，中间这一过渡过程表现不如 10 阶 Heidler 函数明显。IEC 标准雷电流采用 10 阶 Heidler 函数表示可能是为了突出电流或电流导数波形前沿过渡段渐变情况。由于在电流拟合时同时考虑了电流及其导数波形的一致性,导致拟合电流波形的峰值出现一定的偏差。计算结果显示,首次回击拟合电流波形的峰值误差约为 1.90% ,拟合电流导数波形的峰值误差约为 0.66% 。

同样,图 2 - 22(a)也给出了后续回击电流的拆分拟合结果。从图 2 - 22 和图 2 - 23中可以看出,后续回击拟合电流及其导数的波形与标准中规定电流及其导数波形也基本一致,但为了同时保证拟合电流及其导数波形与标准中规定电流及其导数波形的一致性,后续回击拟合电流波形峰值的偏差要比首次回击略大。后续回击拟合电流波形的峰值误差约为 2.77% ,拟合电流导数波形的峰值误差约为 0.43% 。另外,从图 2 - 23 可以看出,后续回击拟合电流的导数波形基本上相当于把标准电流导数波形向前平移了 0.3μs。

由以上结果可以看出,无论是首次回击还是后续回击,采用式(2 - 22)拆分拟合的结果均能满足本节提出的拆分拟合的两个原则,拆分效果比较理想。

2.4 雷电回击模型

2.4.1 回击模型的分类

回击过程是雷电各种效应最为强烈的阶段,国内外雷电研究者们对回击速度、回击电磁场及其传播进行了大量的测试与理论研究工作。Rakov 和 Uman[66]根据控制方程的不同,将雷电回击模型划分为 4 类。

2.4.1.1 气体动力学模型

气体动力学模型主要描述的是一小段等离子圆柱体具有受特定的时变电流作用而引起电阻发热的性质。这类模型通常用来描述空气中试验火花放电,也可用于雷电回击的分析,可以通过观测实际闪电的光强和光谱来对模型进行验证。

1951 年,Drabkina[67]假设火花通道的压强远大于大气压强(即强冲击近似),将火花通道的径向演变及其产生的冲击波用注入通道中能量的函数来描述,且注入能量随时间而变化。1958 年,Braginskii[68]同样使用了这种强冲击近似,并发展了一种火花通道模型,将半径、温度和压强等时变参数用输入电流来表示。对于随着时间 t 线性增长的电流 $i(t)$,Braginskii 给出的通道半径 $r(t)$的表达式为[69]:

$$r(t) \approx 9.35[i(t)]^{1/3}t^{0.5} \qquad (2-23)$$

式中:$r(t)$的单位是 cm;$i(t)$的单位是 A;t 的单位是 s。该通道半径的表达式可能主要适用于放电的早期阶段。在该公式的推导过程中,Braginskii 假设通道的电导率为 $\sigma = 2.22 \times 10^4$ S/m,周围环境的空气密度为 1.2×10^{-3} g/cm³。根据通道半径 $r(t)$,可以将单位通道长度的电阻值表示为

$$R(t) = [\sigma \pi r^2(t)]^{-1} \qquad (2-24)$$

同时，单位长度上的注入能量可以表示为

$$W(t) = \int_0^t i^2(\tau)R(\tau)\mathrm{d}\tau \tag{2-25}$$

之后，Hill、Plooster、Strawe、Paxton 等，Bizjaev 等以及 Dubovoy 等[70-78]也提出了一些物理模型算法，这些算法的假设如下：①等离子体呈笔直且圆柱形对称结构；②在等离子体的任意体积微元内正负电荷的代数和均为 0；③等离子体中始终存在局部的热力学平衡。反映由雷电先导创造的通道特征的初始条件包括温度（10000K 的数量级）、通道半径（1mm 的数量级）、压强等于环境大气压（1atm①）或者质量密度等于环境大气密度（10^{-3}g/cm^3 的数量级）。其中，后面的两个条件分别用来反映之前的和新产生通道段的情况。这里，对于假定压强的初始条件，可能较好地反映先导通道上部的情况，因为这部分通道有充足的扩张时间来与环境大气达到平衡；而对于假定质量密度的初始条件，更适合于较新产生的、底部的先导通道。对于后者，研究表明初始通道半径和初始温度的变化对模型的预测结果基本不会产生影响。

在气体动力学模型中，每个时间段内注入通道内的电能、辐射能量甚至洛伦兹力都是可以计算的，通过对气体动力学方程的数值求解可以获得等离子体的热力学和流量参数。不同学者对气体动力学方程的具体形式以及求解方程所使用的变量集各不相同。例如，Plooster[69,72]使用了 5 个方程，包括质量守恒方程、动量守恒方程、能量守恒方程、径向气体速度的定义以及气体状态方程，方程求解的 5 个变量包括径向坐标、径向速度、压强、质量密度和单位质量的内能。

目前，比较先进和完整的气体动力学模型是由 Paxton 等[74-75]于 1986 年提出的。在不同时刻下，该模型中温度、质量密度、压强和电导率随径向坐标变化的计算结果如图 2-24 所示。表 2-10 则给出了不同研究人员对雷电回击输入能量的预测评估结果[66]。其中，包括由各种物理模型预测的回击输入能量、Krider 等基于试验火花放电与雷电产生的光学辐射的对比预测的回击输入能量以及 Borovsky 和 Uman 从静电角度考虑预测的回击输入能量。

2.4.1.2 电磁模型

电磁模型通常是把闪电通道近似为一根有损天线，可通过矩量法得到麦克斯韦方程组的数值解，进一步可以得到回击电流沿回击通道的分布，进而对回击电磁场进行计算和预测。电磁模型的难点主要包括：①有耗大地的建模；②电流传播衰减和回击速度的建模。

---

① 1atm ≈ 1.01325×10^5 Pa。

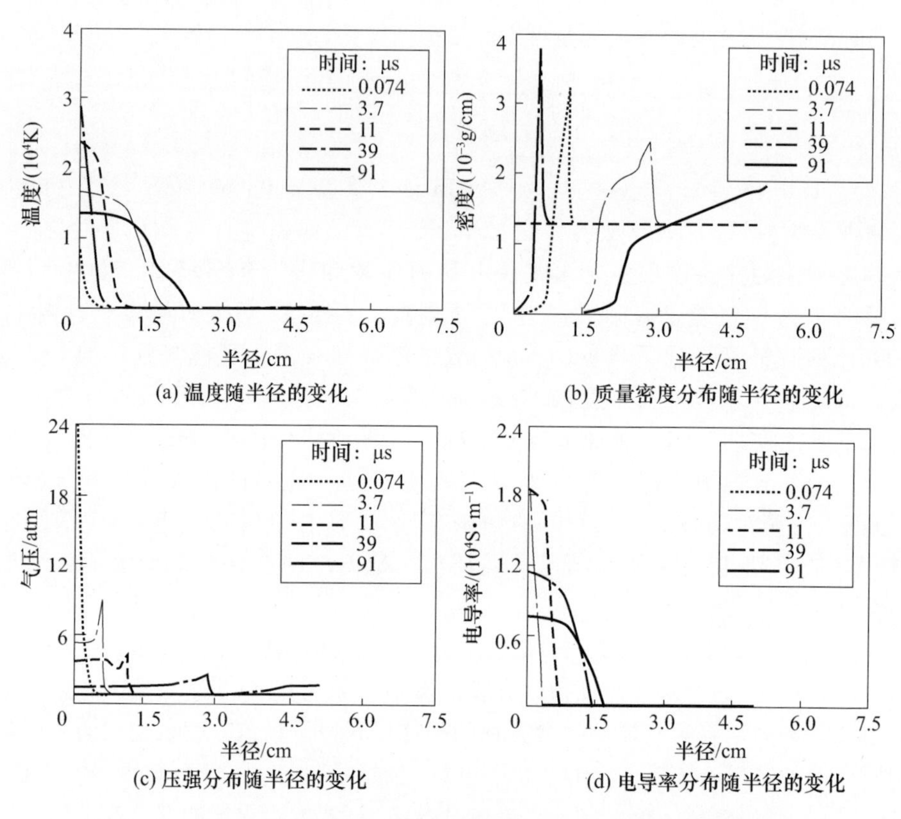

图 2-24 Paxton 等提出的气体动力学模型在 5 个不同时刻的计算结果

表 2-10 雷电能量评估

研究人员	电流峰值/kA	输入能量/(J/m)	输入能量转化为动能的百分比	通道辐射能量的百分比/%	备注
Plooster[69]	20	2.4×10^3	4 (35μs 时)	约 50 (35μs 时)	辐射传输机制调整为了预期的温度曲线
Hill[70-71]	21	1.5×10^4 (约 3×10^3)	9① (25μs 时)	约 2①② (25μs 时)	低估的电导率导致输入能量高估约 5 倍，其校正值在括号中给出
Paxton 等[74-75]	20	4.0×10^3	2 (64μs 时)	69 (64μs 时)	几个波长间隔下个体温度依赖性的不透明度
Dubovoy 等[77-78]	20	3.0×10^3	—	25 (≥55μs 时)	10 个波长间隔下个体温度依赖性的不透明度。考虑了磁收缩效应

（续）

研究人员	电流峰值/kA	输入能量/(J/m)	输入能量转化为动能的百分比	通道辐射能量的百分比/%	备注
Krider 等[79]	单次闪击	2.3×10^5	—	0.38③	采用实验室火花试验中观测的能量比将测量的光能换算成总能量
Borovsky[80]	—	$2\times10^2\sim1\times10^4$	—	—	静电能量存储在垂直通道中（假设电荷线密度为 $100\sim500\mu C/m$）
Uman[81]	—	$(2\sim20)\times10^5$	—	—	从静电角度考虑，将数十库仑电荷从5km的高度输送至地面（假设电荷中心对地的电势差为 $10^2\sim10^3$ MV）

① 由于电导率的误差，结果可能不准确；

② 通过输入能量减去内部能量和动能进行的估计；

③ 仅包含波长为 $0.4\sim1.1\mu m$ 范围内的辐射

对于电磁模型：Podgorski 和 Landt[82] 采用的电阻性负载是 $0.7\Omega/m$；Moini 等[83] 采用的则是 $0.065\Omega/m$；Baba 和 Ishii[84] 采用的是电阻率为 $1\Omega/m$ 和电感率为 $3\mu H/m$ 的负荷。为了模拟在电流移动通道中心附近的放射状电晕的回击速度和包含大量通道电荷的效应，Moini 等用等效天线周围空气的介电常数 ε（大于空气中的介电常数 ε_0）来计算天线上电流分布，因此，即使没有电阻性负载，通过天线引导的电磁波的速度 $v_p=\sqrt{\mu_0\varepsilon}$ 也会低于光速，而有电阻性负载时的速度 v_p 将会减小得更多，Moini 等运用 $\varepsilon=5.3\varepsilon_0$ 及 $R=0.7\Omega/m$ 计算得到 $v_p=1.3\times10^8m/s$。在 Baba 和 Ishii 的模型中，运算电阻和电感相连的结果得出 $v_p=1.5\times10^8m/s$[84]。Moini 等、Baba 和 Ishii 根据他们的模型认为通道垂直且可以忽略非线性效应，而 Podgorski 和 Landt 的模型解决了任意形状三维空间结构的问题，据报道此结构包括分支、击中的物体、上行连接闪电以及连接过程中非线性效应[82-84]。Borovsky[85] 用麦克斯韦方程将箭式先导和回击过程描述为沿着圆柱形通道传播的定向波，并将回击通道在单位长度内的电阻假设为 $16\Omega/m$。由于箭式先导和回击均可用简单的正弦信号分别表示且在不受通道两端干扰的条件下只考虑雷电通道的中间部分，因此不需要计算通道的电流分布情况。

近年来，随着数值编码和计算机计算能力的增强，人们对电磁模型的关注度日益提高。与分布电路模型和工程模型相比，电磁模型对雷电流分布及其产生的电磁场均可得到一个自相容的全波解。

2.4.1.3 分布电路模型

分布电路模型与电磁模型的描述有些类似，将回击过程描述为一个垂直传输线上的瞬态过程，垂直传输线用单位长度的分布参数 R、L、C 来表示，其控制方程为电报方程，在确定回击通道底部电流的条件下，可以通过求解回击电流沿回击通道的分布计算周围的回击电磁场。

分布电路模型中 R－L－C 传输线上电压 U 和电流 I 的电报方程为

$$-\frac{\partial U(z',t)}{\partial z'}=L\frac{\partial I(z',t)}{\partial t}+RI(z',t) \tag{2-26}$$

$$-\frac{\partial I(z',t)}{\partial z'}=C\frac{\partial U(z',t)}{\partial t} \tag{2-27}$$

式中：R、L、C 分别为单位长度电阻、电感和分路电容；z'为雷电通道方位纵坐标；t 为时间，对于垂直雷电通道，电流路径是回击通道的镜像（假定是完整地传导到地面）；L 和 C 为 z'的函数。然而，由于它们的相关性很弱（对数的），所以通常被忽略。1990年，Baum 和 Baker[86]用一个同轴圆柱来描述雷电通道的“回击路径”。显而易见，尽管相关性很弱，但是这种圆柱形回击路径的半径会影响同轴 R－L－C 传输线模型中 L 和 C 的值。式（2－26）和式（2－27）中电报方程对于任何双导体传输线（包括同轴线）都适用。实际上，传输线的几何信息都已经包含在了参数 L 和 C 中。等效传输线模型经常被认为是由之前的先导对通道充电到一定电压，而后接近地面末端存在的接地电阻从而引发回击。第二个电报方程与连续方程等价。式（2－26）和式（2－27）源于麦克斯韦方程，并假设沿传输线传播的电磁场为准横电磁波（TEM）结构，且 R、L、C 都是固定的常数。值得注意的是，术语“准横电磁波结构”表示总场横向分量比 z 方向分量大得多，与非零电阻 R 有关。这些电报方程也可由基尔霍夫定律得出，用图 2－25 所示的等效电路表示，当 $\Delta z'\to 0$ 时，由基尔霍夫定律即可推导获得电报方程式（2－26）和式（2－27）。

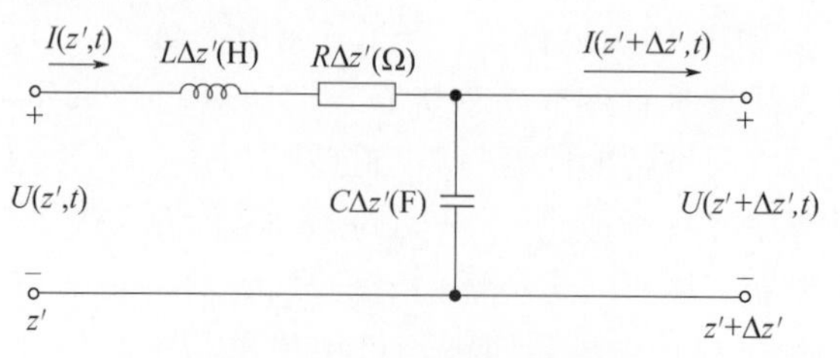

图 2－25 传输线等效电路

通常情况下，表示回击通道的传输线参数会随着时间和空间发生变化。也就是说，传输线路是非线性且不均匀的。通道电感随着通道中心部分携带的 z 方向电流的时间变化而变化；通道电阻随着电子密度、重离子密度以及通道中心半径的时间变化而变化；通道电容随着时间变化，主要是由于在通道中部附近形成径向电晕鞘和可能包含大部分在先导发生之前储存在通道中的电荷的中和而引起的。对于非线性传输线路而言,如果 L 和 C 是动态的电感 $L=\partial\Phi/\partial I$ 和电容 $C=\partial\rho/\partial U$($\Phi$ 为单位长度通道内的磁通量,ρ 为单位长度通道内的电荷),式(2-26)和式(2-27)仍然是成立的。

在 R、L 和 C 为固定常数的情况下,可得到电报方程的精确解,但也有特例。如 Baum 和 Baker[86,87] 描述的非线性分布式的电路模型,为模拟通道的径向电晕鞘效应,C 被定义为电荷密度的函数。然而,这个电报方程所呈现的模型仅在 $R=0$ 的情况下才能得到准确结果。人们也采用线性分布电路模型,Rakov[66,88] 发现了由线性 R-L-C 传输线路再现的先于回击通道形成的箭式先导引导下的电磁波行为,并且和 $R=3.5\Omega/\mathrm{m}$ 所观察的回击光照度分布一致。如果考虑线路的非线性因素,求解电报方程则需要采用数值技术。

近年来,雷电回击的分布电路模型重新引起了研究人员的兴趣,用于研究雷电通道的电晕套效应以及转移电导对波沿通道传播特性的影响。此外,值得注意的是,大多数分布电路模型是基于均匀的传输线近似,这对于地面以上的垂直导体并不适用,原因是这些垂直导体的特征阻抗随着高度的升高而增加(尤其是在地面附近)。为此,Visacro 和 De Conti[89] 还提出了一种基于非均匀传输线近似的 R-L-C 雷电通道模型。在该模型中,假设 L 为常量,C 和 R 是时间的函数,模型预测的电场和磁场与测量结果基本一致。

2.4.1.4 工程模型

工程模型是回击通道参数被充分简化了的模型,它弱化了回击过程的物理特征,更多地强调模型预测的电磁场与实测电磁场的一致性[90-91]。工程模型通常将纵向电流表示成通道底部电流 $i(0,t)$ 相对于高度 z' 和时间 t 的函数 $i(z',t)$,通道底部电流的起始点可以是地面,也可以是接地高建筑物的顶端,通道上的等效线电荷密度 $\rho_L(z',t)$ 可以通过连续性方程获得。

为建立实用的回击模型,工程模型一般采取以下假设:①回击通道是垂直的,没有分支;②大地是理想的平面导体;③闪击点的瞬时电流是已知的,且在闪击点没有电流反射;④认为回击速度、通道高度等都是常数;⑤忽略雷云对回击电磁场的影响。

在工程回击模型中,除 DU 模型外,都可以用一个统一的表达式来描述,即

$$i(z',t)=\mu(t-z'/v_f)P(z')i(0,t-z'/v) \tag{2-28}$$

式中:μ 为阶跃函数,在 $t\geqslant z'/v_f$ 时为 1,否则为 0;$P(z')$ 为由高度确定的电流衰减因子;v_f 为回击速度;v 为电流波传播速度。由不同的 $P(z')$ 和 v,可得到不同的模型。表 2-11 总结了 5 种工程模型的 $P(z')$ 和 v。其中 H 为通道的总高度,λ 为衰减系数(一般取 $\lambda=2000\mathrm{m}$)。除非特别指出,设 v_f 为常数。

表 2-11　工程回击模型的参数

模型	$P(z')$	v
传输线(TL)模型	1	v_f
线性衰减的传输线(MTLL)模型	$1-z'/H$	v_f
指数衰减的传输线(MTLE)模型	$\exp(-z'/\lambda)$	v_f
Bruce-Golde(BG)模型	1	∞
传输电流源(TCS)模型	1	$-c$

上述 5 种工程模型分别是传输线(TL)模型(不同于之前的 R-L-C 传输线模型)[92]、线性衰减的传输线(MTLL)模型(电流随高度线性减小)[93]、指数衰减的传输线(MTLE)模型(电流随高度以指数形式衰减)[94]、Bruce-Golde(BG)模型[52]以及传输电流源(TCS)模型[54]。其中,TCS、BG、TL 是 3 种最简单的模型,如图 2-26 所示。图 2-27 中进一步给出了 TCS 和 TL 模型的情况。在图 2-26 中,对于这 3 种模型,假定通道底部有相同的电流波形和相同的回击速度 v_f。斜线标记的 v_f 代表向

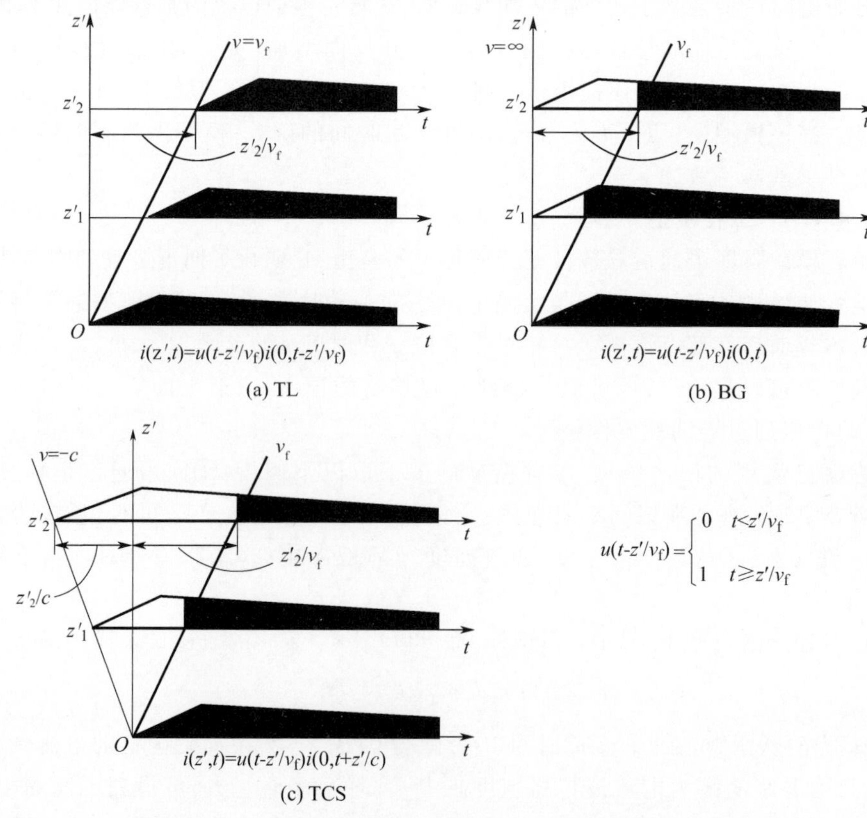

图 2-26　3 种工程回击模型在不同回击通道高度处的电流波

v_f—回击速度；v—电流波传播速度；c—光速。

上传播的回击速度，标记 v 的线代表电流波的传播速度。在 BG 模型中，v 线与垂直轴重合；在 TL 模型中，v 线与 v_f 线重合。在图中，对于每一个模型都给出了通道底部（$z'=0$）和 z_1' 与 z_2' 高度上的电流相对时间变化的波形。由于回击速度 v_f 有限，高度 z_2' 处的电流相对于通道底部电流会有 z_2'/v_f 的延时。图中的阴影部分是指实际沿通道传输的电流，空白部分只是起到说明的作用。如图 2－26 所示，TCS、BG 和 TL 模型在通道中的电流特征不同，从数学角度上讲，其不同之处在于使用了不同的 v 值（参见表 2－11 和式（2－28））。从图 2－26 中也可看出，如果通道底部的电流是阶梯函数，那么 TCS、BG 和 TL 模型中通道电流分布特征将是一致的。

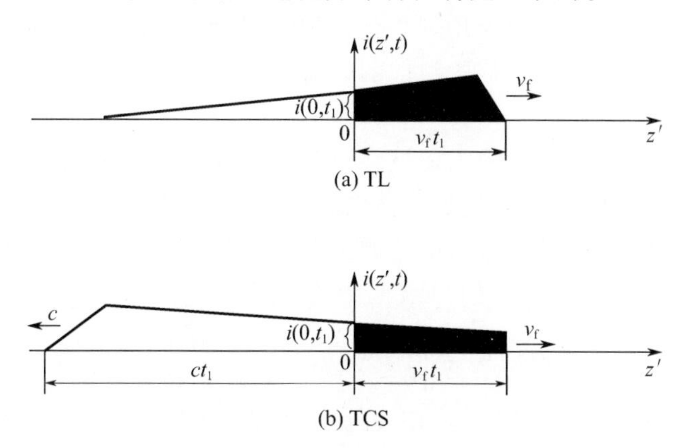

图 2－27　在 $t=t_1$ 时刻 TCS 和 TL 模型在地面上方 z' 高度处的电流波

（在地表面处这两种模型的电流波和回击速度相同）

在图 2－27 中，进一步阐述了 TL 和 TCS 模型的关系，图中描述了 TL 模型中向正 z' 方向移动和 TCS 模型中向负 z' 方向移动的电流波。值得注意的是，在图 2－27 中，TL 模型和 TCS 模型在地面处的电流和向上移动的回击速度 v_f 是相同的，与图 2－26一样，图中的阴影部分是指实际沿通道传输的电流，空白部分只是起到说明的作用。

通常情况下，按照电流的运动方向以及电流的产生方式，可以将最常用的工程模型分为两大类，即传输线型模型和传输电流源型模型，下面分别进行详细介绍。

2.4.2　传输电流源类型的工程模型

传输电流源类型的工程模型主要包括 BG 模型、TCS 模型、DU 模型。该类工程模型的回击电流可以看成是由上行移动的回击前沿产生，然后沿回击通道向下传输。

BG 模型是初期的、最简单的回击模型。该模型认为回击波前向上传输，回击通道中的电流等于回击波前以下的通道中的电流，而回击波前上方的通道中的电流为 0。用公式表示为[52]

$$i(z',t)=\begin{cases} i(0,t) & z'\leqslant vt \\ 0 & z'>vt \end{cases} \tag{2-29}$$

式中:v 为回击波前向上传输速度。式(2-29)所描述的电流在回击波前所在点处是不连续的,这就意味着在回击波前所到的任一通道高度时,该高度的通道截面微元体积内的电荷都是被瞬时转移的。而这个不连续的波前产生的电磁场可以通过回击模型的电荷表达式来求解,这也是 LEMP 解的一般表达式,能深入回击过程的物理机制,本书主要从电流模型来考虑,二者的本质是一致的。

BG 模型的描述可能与真实情况近似,但是在物理上却存在不合理的一面。因为要让通道中回击波前下方电流均匀分布,就只有让回击波前下方通道的每一点的电流在任意时刻都是瞬时等于回击波前的电流,也就是说电流的传输速度为无穷大,这显然是不合理的。

TCS 模型认为先导通道中的电荷被穿过的回击波前瞬时中和,所以当回击波前到达某一高度的回击通道截面时,这个截面高度上的回击电流元是瞬时产生的,是不连续的一个突变,如图 2-26 所示,电流源形成的瞬间以光速向下运动,它到达通道底部时比在 z'处有一个 z'/c 的时间延迟。用公式表示为[54]

$$i(z',t)=\begin{cases} i(0,t+z'/c) & z'\leqslant vt \\ 0 & z'>vt \end{cases} \tag{2-30}$$

虽然 TCS 和 BG 是出于不同的物理过程考虑独立得出的,但是如果把 TCS 模型中的电流向下的运动速度设为无穷大(即把上式中的 c 当成无穷大),则 TCS 模型就简化为 BG 模型了。

DU 模型的回击电流与 TCS 模型的回击电流产生不太一样。TCS 模型的回击电流是当回击波前通过时瞬时产生的,所以在回击波前电流有不连续的突变。而 DU 模型的电流是逐渐产生的,它包括两部分,一部分是与 TCS 模型的向下传输的电流类似,有不连续的前沿,另一部分是极性相反的、与回击波前所到处引起的向下电流同时瞬时产生的、幅度与第一部分电流相等的电流,但是第二部分的电流会有一个衰减常数为 τ_D 的指数衰减因子,第二项可以看成是第一项的修正,消除回击前沿处的电流不连续。如果忽略第二项,即取 τ_D 为 0,那么 DU 模型就变成 TCS 模型。DU 模型设想:①在先导尖端和先导中心区域(其实这个区域现在并不能确定)的电荷放电时间常数为 τ_{bd};②在先导中心周围几米范围的电晕套中电荷的放电时间常数 τ_c,它比 τ_{bd}大得多。DU 模型用公式表示为[64]

$$i(z',t)=i(0,t+z'/c)-\mathrm{e}^{-(t-z'/v_f)\tau_D^{-1}}i(0,z'/v^*) \tag{2-31}$$

式中:$v^*=v_f/(1+v_f/c)$。

DU 模型建立基础更类似于后续回击,它设想先导中的电荷被上升的回击前沿所中和,然后电流以光速向下传播,这与 TCS 的假设是一致的。但是,它们假设这个中和电荷的过程是缓慢的,而不像 TCS 中假设的瞬时中和。假设先导尖端和先导中心的电荷被很快中和所形成的上升时间较快的电流为击穿电流，其余电荷被缓慢中和，形成上升时间较慢的电晕电流。这种模型需要规定通道底部电流、回击速度、地面接闪物的高度。可以由测量的远处电磁场的特征和通道底部电流来导出单位长度的通道电荷密度和两个放电时间常数（击穿电流和电晕电流的放电时间常数）。在这些参数确定后，DU 模型就已经确定。

为便于对比，表 2－12 给出了上述 3 种传输电流源类型工程模型的通道电流和等效线电荷密度。

表 2－12　传输电流源类工程模型通道中的电流和等效线电荷密度方程（$t\geqslant z'/v_f$）

模型	电流与等效线电荷密度
BG 模型	$i(z',t)=i(0,t)$ $\rho_L(z',t)=\dfrac{i(0,z'/v_f)}{v_f}$
TCS 模型	$i(z',t)=i(0,t+z'/c)$ $\rho_L(z',t)=-\dfrac{i(0,t+z'/c)}{c}+\dfrac{i(0,z'/v^*)}{v^*}$
DU 模型	$i(z',t)=i(0,t+z'/c)-e^{-(t-z'/v_f)\tau_D^{-1}}i(0,z'/v^*)$ $\rho_L(z',t)=-\dfrac{i(0,t+z'/c)}{c}-e^{-(t-z'/v_f)\tau_D^{-1}}\left[\dfrac{i(0,z'/v^*)}{v_f}+\dfrac{\tau_D}{v^*}\dfrac{di(0,z'/v^*)}{dt}\right]+$ $\dfrac{i(0,z'/v^*)}{v^*}+\dfrac{\tau_D}{v^*}\dfrac{di(0,z'/v^*)}{dt}$

2.4.3　传输线类型的工程模型

传输线类型的工程模型主要包括 TL 模型、MTLL 模型和 MTLE 模型。传输线类模型可以认为是在通道底部接入一个指定电流源来向通道中注入特定的电流波形。在 TL 模型中，这些向上传输的电流波不会出现失真和衰减；在 MTLL、MTLE 模型中，这个电流波同样不会出现失真，但会有一定的衰减。

TL 传输线模型认为，回击电流就像在一根无损传输线上流动，通道电流的表达式为[92]

$$i(z',t)=\begin{cases}i\left(0,t-\dfrac{z'}{v}\right) & z'\leqslant vt\\ 0 & z'>vt\end{cases} \tag{2-32}$$

对于 TL 模型而言，可以从电磁场的一般表达式中导出一种简单的关于远处辐射电场及其导数与地表电流之间的关系式，即

$$\begin{cases}i(0,t)=-\dfrac{2\pi\varepsilon_0c^2r}{v}E_{far}(r,t+r/c)\\ \dfrac{di(0,t)}{dt}=-\dfrac{2\pi\varepsilon_0c^2r}{v}\dfrac{dE_{far}(r,t+r/c)}{dt}\end{cases} \tag{2-33}$$

但是,Rakov 认为,只有当大地电导率为无限大、电场为完全辐射场时,式(2-33)才有效。这样,就可以通过测量峰值电流和峰值电场或峰值电流导数和电场导数来得到回击速度。式(2-33)的适用范围不仅仅局限于远区的完全辐射场的情况,对于几千米左右的过渡场区,导数形式的方程就能够得到较好的满足。

由于 TL 模型不认为有净电荷从先导通道中被中和,所以它计算长时间的场是不切实际的。因此,Rakov 等[93]于 1987 年提出一种改进的 TL 模型,即 MTLL 模型,这种模型的回击电流幅度随高度的上升而呈线性衰减,这种衰减是由于先导通道中的电荷被中和而造成的,所以适合于计算较长时间的电磁场。这种模型用公式表示为

$$i(z',t)=\begin{cases}(1-z'/H)i(0,t-z'/v) & z'\leqslant vt\\ 0 & z'>vt\end{cases}\tag{2-34}$$

式中:H=常数。

针对同样的原因,Nucci[94]于 1988 年提出另一种改进的 TL 模型,即 MTLE 模型。这种回击模型的电流幅度会随着高度的上升而呈指数衰减,考虑了回击阶段中电晕电荷的作用,电流形式为

$$i(z',t)=\begin{cases}\mathrm{e}^{-z'/\lambda}i(0,t-z'/v) & z'\leqslant vt\\ 0 & z'>vt\end{cases}\tag{2-35}$$

由于式(2-35)中电流会随高度变化,所以先导通道中就可以有电荷被中和。MTLE 中的高度衰减常数 λ 是 Nucci 等考虑到先导通道中被中和电荷的垂直分布效应,并根据 Lin 等的试验数据得出的,大约为 2000m。MTLE 模型认为先导通道电荷的中和过程从回击波前通过时开始,一直持续到由此产生的电晕电流到达大地为止。

为便于对比,表 2-13 给出了传输线类工程模型通道中电流及其等效线电荷密度 $\rho_{\mathrm{L}}(z',t)$ 的表达式。值得注意的是,虽然从数学表达式上看,当 v 趋向无穷大时,BG 模型是 TL 模型的一个特例,但仍然把 BG 模型归入到传输电流源类型中。

表 2-13　传输线类工程模型通道中的电流和等效线电荷密度方程($t\geqslant z'/v_{\mathrm{f}}$)

模型	电流与等效线电荷密度
传输线模型 (TL)	$i(z',t)=i(0,t-z'/v)$ $\rho_{\mathrm{L}}(z',t)=\dfrac{i(0,t-z'/v)}{v}$
线性衰减的传输线模型 (MTLL)	$i(z',t)=(1-z'/H)i(0,t-z'/v)$ $\rho_{\mathrm{L}}(z',t)=(1-z'/H)\dfrac{i(0,t-z'/v)}{v}+\dfrac{Q(z',t)}{H}$

（续）

模型	电流与等效线电荷密度
指数衰减的传输线模型（MTLE）	$i(z',t)=\mathrm{e}^{-z'/\lambda}i(0,t-z'/v)$ $\rho_{\mathrm{L}}(z',t)=\mathrm{e}^{-z'/\lambda}\dfrac{i(0,t-z'/v)}{v}+\dfrac{\mathrm{e}^{-z'/\lambda}}{\lambda}Q(z',t)$
注：$Q(z',t)=\int_{z'/v}^{t}i(0,\tau-z'/v)\mathrm{d}\tau$，$v=v_{\mathrm{f}}=$常数	

实际上，对于传输电流源类和传输线类工程模型而言，它们的主要区别在于电流传播方向的不同。认为传输线模型的电流由地面向上传播（$v=v_{\mathrm{f}}$），而传输电流源模型的电流由通道向地面传播（$v=-c$，BG 模型除外），分别对应于 TL 和 TCS 模型，如图 2－27 所示。此外，如前所述，从表达式上分析，可以认为 BG 模型是 TCS 或 TL 模型的一个特例。BG 模型中假设通道中电流以无穷大速度传播，但方向不确定。与其他所有模型一样，BG 模型中包含一个以一定速度 v_{f} 向前传播的回击前沿。但需注意的是，虽然一个模型中的电流波传播方向可以向上或向下，但电流的实际传播方向是相同的。在这两种工程模型中，同一极性的电荷都会被导入大地。另外，回击波前处有无电流波的突变也是区分这两大类工程模型的一个特征。传输线类型的工程模型的电流是连续变化的，而传输电流源类型的工程模型在回击波前的电流波是不连续的，所以两者的回击电磁场的前沿上升陡度也是不一样的。

综上所述，工程模型可调参数较少，除了通道底部电流的参量以外，通常只有 1 个或 2 个变量，在实际研究中应用比较广泛。

第 3 章　垂直放电通道雷电回击电磁场的计算

垂直放电通道,作为雷电回击放电通道的一种高度简化,是雷电回击电磁场计算中最常见、也是最经典的一种模型。而用于电磁场的计算方法则主要有数值方法和解析方法。其中,数值方法包括矩量法、有限差分法、有限元法和边界元法等,解析方法有分离变量法、保角变换法、单极子法、偶极子法等。鉴于偶极子法仅要求知道电流密度的时空分布,在计算推迟势时非常有效,为此,本章将基于偶极子法和雷电回击的工程模型,对垂直放电通道下的雷电回击电磁场进行解析计算和特征分析。

3.1　麦克斯韦方程组与达朗贝尔方程

3.1.1　麦克斯韦方程组与势函数

麦克斯韦方程组的微分形式为

$$\nabla \times \boldsymbol{E} = -\frac{\partial \boldsymbol{B}}{\partial t} \tag{3-1}$$

$$\nabla \times \boldsymbol{H} = \boldsymbol{J} + \frac{\partial \boldsymbol{D}}{\partial t} \tag{3-2}$$

$$\nabla \cdot \boldsymbol{D} = \rho \tag{3-3}$$

$$\nabla \cdot \boldsymbol{B} = 0 \tag{3-4}$$

式中:$\boldsymbol{E}$ 为电场强度(V/m);$\boldsymbol{H}$ 为磁场密度(A/m);$\boldsymbol{D}$ 为电通密度($\mathrm{C/m^2}$);$\boldsymbol{B}$ 为磁通密度($\mathrm{Wb/m^2(T)}$);ρ 为自由电荷体密度($\mathrm{C/m^3}$);$\boldsymbol{J}$ 为体电流密度($\mathrm{A/m^2}$)。

在线性、均匀、各向同性的介质中,电磁场各场量之间的本构关系可表示为

$$\boldsymbol{D} = \varepsilon \boldsymbol{E} = \varepsilon_r \varepsilon_0 \boldsymbol{E} \tag{3-5}$$

$$\boldsymbol{B} = \mu \boldsymbol{H} = \mu_r \mu_0 \boldsymbol{H} \tag{3-6}$$

式中:ε 为电导率(F/m);ε_0 为真空中的电导率,$\varepsilon_0 = 8.854 \times 10^{-12}$ F/m;ε_r 为介质的相对介电常数;μ 为磁导率(H/m);μ_0 为真空中的磁导率,$\mu_0 = 4\pi \times 10^{-7}$ H/m;μ_r 为介质的相对磁导率。

特殊地,在各向同性的导体内部,如果有外加激励源的存在,传导电流和电场强

度之间满足

$$\boldsymbol{J} = \sigma \boldsymbol{E} + \boldsymbol{J}_{\mathrm{s}} \tag{3-7}$$

式中:σ 为电导率(S/m);$\boldsymbol{J}_{\mathrm{s}}$ 为导体上可能存在的外加激励电流源。该式在时域有限差分方法的加源公式推导中有重要应用。

因此,在线性、均匀、各向同性的介质中,利用本构关系可将麦克斯韦方程组仅用 $\boldsymbol{E}$ 和 $\boldsymbol{H}$ 两个场量表示,即

$$\nabla \times \boldsymbol{E} = -\mu \frac{\partial \boldsymbol{H}}{\partial t} \tag{3-8}$$

$$\nabla \times \boldsymbol{H} = \boldsymbol{J} + \varepsilon \frac{\partial \boldsymbol{E}}{\partial t} \tag{3-9}$$

$$\nabla \cdot \boldsymbol{E} = \frac{\rho}{\varepsilon} \tag{3-10}$$

$$\nabla \cdot \boldsymbol{H} = 0 \tag{3-11}$$

在雷电回击电磁场的理论计算过程中,为了便于求解麦克斯韦方程组的解,一般引入势函数。势函数包括标量势函数和矢量势函数[95]。

3.1.1.1 矢量势函数

由于磁场 $\boldsymbol{B}$ 是无源场,而无源场必可以表示为某一矢量函数的旋度。因此,可以引入一个矢量函数 $\boldsymbol{A}$ 来对它进行描述,使得

$$\boldsymbol{B} = \nabla \times \boldsymbol{A} \tag{3-12}$$

式中:$\boldsymbol{A}$ 为磁场的矢量势函数,简称矢势。为了得到矢势 $\boldsymbol{A}$ 的意义,考虑式(3-12)的积分形式,把 $\boldsymbol{B}$ 对任一以回路 L 为边界的曲面 s 积分,可得

$$\int_s \boldsymbol{B} \cdot \mathrm{d}\boldsymbol{s} = \int_s (\nabla \times \boldsymbol{A}) \cdot \mathrm{d}\boldsymbol{s} = \oint_L \boldsymbol{A} \cdot \mathrm{d}\boldsymbol{l} \tag{3-13}$$

式(3-13)的左边是通过曲面 s 的磁通量。从式(3-13)可知,$\boldsymbol{A}$ 的物理意义在于它沿任意闭合回路的环量代表通过以该回路为边界的任一曲面的磁通量。一般认为,对于宏观电磁场理论,空间每点 $\boldsymbol{A}$ 无直接物理意义。

3.1.1.2 标量势函数

电场的特点与磁场不同,在一般情况下磁场是无源场,磁感应线总是闭合的,因此可以引入矢量函数对其进行描述。但是,电场一方面可以通过电荷激发产生,另一方面也可以通过变化磁场激发产生,而磁场所激发的电场是有旋的。因此,一般情况下,电场是有源、有旋场,不能单独用一个标量势函数对其进行描述。

为此,将(3-12)式代入电场的旋度方程式(3-1),可得

$$\nabla \times \boldsymbol{E} = -\frac{\partial}{\partial t}(\nabla \times \boldsymbol{A}) \tag{3-14}$$

整理后得

$$\nabla \times \left(\boldsymbol{E} + \frac{\partial \boldsymbol{A}}{\partial t} \right) = 0 \tag{3-15}$$

由于式(3-15)括号中的矢量场 $\boldsymbol{E} + \partial \boldsymbol{A} / \partial t$ 的旋度为零,因此可以用一个标量函数 φ(简称标势)来对其进行描述,则电场强度可表示为

$$\boldsymbol{E} = -\nabla \varphi - \frac{\partial \boldsymbol{A}}{\partial t} \tag{3-16}$$

式中:标势梯度前加一个负号,主要是为了使场量不随时间变化时,引入的标量势函数与电磁学中的电势一致。需要指出的是,这里引入的标势,在变化的宏观电磁场中同样没有任何物理意义。

3.1.2 洛伦兹规范与达朗贝尔方程

在引入势函数后,对于任意一个标量函数 φ,因为 $\nabla \times (\nabla \varphi) = 0$,这使得矢势 $\boldsymbol{A}$ 有很大的任意性,即给定的 $\boldsymbol{E}$ 和 $\boldsymbol{B}$ 并不对应于唯一的 $\boldsymbol{A}$ 和 φ。为了使势函数与电磁场之间具有对应性,可以通过定义矢势的散度 $\nabla \cdot \boldsymbol{A}$ 来实现,称之为规范条件,如库仑规范、洛伦兹规范等。从计算方便的角度考虑,不同的问题可以采用不同的规范条件,在本书的雷电回击电磁场解析计算中主要采用洛伦兹规范[96]。

3.1.2.1 洛伦兹规范

洛伦兹规范的条件为

$$\nabla \cdot \boldsymbol{A} + \frac{1}{c^2} \frac{\partial \varphi}{\partial t} = 0 \tag{3-17}$$

在洛伦兹规范中,φ 满足的方程为

$$\nabla^2 \varphi - \frac{1}{c^2} \frac{\partial^2 \varphi}{\partial t^2} = 0 \tag{3-18}$$

式(3-18)为齐次波动方程,它体现了电磁场的波动性。

3.1.2.2 洛伦兹规范下的达朗贝尔方程

下面由麦克斯韦方程组来推导势 $\boldsymbol{A}$ 和 φ 所满足的基本方程。将式(3-12)和式(3-16)代入式(3-9)和式(3-10)中,结合电磁场的本构关系,可得

$$\nabla \times (\nabla \times \boldsymbol{A}) = \mu_0 \boldsymbol{J} - \mu_0 \varepsilon_0 \frac{\partial}{\partial t} \nabla \varphi - \mu_0 \varepsilon_0 \frac{\partial^2 \boldsymbol{A}}{\partial t^2} \tag{3-19}$$

$$-\nabla^2 \varphi - \frac{\partial}{\partial t} \nabla \cdot \boldsymbol{A} = \frac{\rho}{\varepsilon_0} \tag{3-20}$$

应用 $\mu_0 \varepsilon_0 = 1/c^2$ 和矢量微分公式 $\nabla \times (\nabla \times \boldsymbol{A}) = \nabla (\nabla \cdot \boldsymbol{A}) - \nabla^2 \boldsymbol{A}$,将式(3-19)、式(3-20)整理可以得到 $\boldsymbol{A}$ 和 φ 满足的方程,即

$$\nabla^2 \varphi + \frac{\partial}{\partial t}(\nabla \cdot \boldsymbol{A}) = -\frac{\rho}{\varepsilon_0} \tag{3-21}$$

$$\nabla^2 \boldsymbol{A} - \frac{1}{c^2}\frac{\partial^2 \boldsymbol{A}}{\partial t^2} - \nabla\left(\nabla \cdot \boldsymbol{A} + \frac{1}{c^2}\frac{\partial \varphi}{\partial t}\right) = -\mu_0 \boldsymbol{J} \tag{3-22}$$

式(3－21)和式(3－22)即为适用于一般规范的方程组,也就是真空中势函数满足的达朗贝尔方程。

将洛伦兹规范条件代入式(3－21)和式(3－22),达朗贝尔方程便可表示为

$$\nabla^2 \varphi - \frac{1}{c^2}\frac{\partial^2 \varphi}{\partial t^2} = -\frac{\rho}{\varepsilon_0} \tag{3-23}$$

$$\nabla^2 \boldsymbol{A} - \frac{1}{c^2}\frac{\partial^2 \boldsymbol{A}}{\partial t^2} = -\mu_0 \boldsymbol{J} \tag{3-24}$$

用洛伦兹规范时,$\boldsymbol{A}$ 和 φ 的方程具有相同的形式,其意义也特别明显。洛伦兹规范下的达朗贝尔方程是非齐次的波动方程,其自由项为电流密度和电荷密度。尽管电磁场的波动性与规范无关,但是,从洛伦兹规范下的达朗贝尔方程的形式上看,电荷产生标势波动,电流产生矢势波动,在离开电荷和电流分布区域后矢势和标势都以波动形式在空间中传播,由它们导出的电磁场 $\boldsymbol{E}$ 和 $\boldsymbol{B}$ 也以波动形式在空中传播。

3.1.3 洛伦兹规范下达朗贝尔方程的解

下面求解洛伦兹规范下达朗贝尔方程的解。由于直接求解比较困难,可以先考虑某一体元内变化电荷所激发的标势,然后由叠加原理对电荷分布区域进行积分得到式(3－23)中标势 φ 的解,最后根据两个方程的对称性直接给出式(3－24)的解。

3.1.3.1 标势 φ 的解

设原点处有一变化电荷 $Q(t)$,其电荷密度为 $\rho(\boldsymbol{x},t) = Q(t)\delta(\boldsymbol{x})$,此电荷辐射的势的达朗贝尔方程为

$$\nabla^2 \varphi - \frac{1}{c^2}\frac{\partial^2 \varphi}{\partial t^2} = -\frac{1}{\varepsilon_0}Q(t)\delta(\boldsymbol{x}) \tag{3-25}$$

由于点电荷产生的场是球对称的,因此在球坐标系中空间电势 φ 只依赖于 r 和 t,故式(3－25)在球坐标系下可转化为

$$\frac{1}{r^2}\frac{\partial}{\partial r}\left(r^2\frac{\partial \varphi}{\partial r}\right) - \frac{1}{c^2}\frac{\partial^2 \varphi}{\partial t^2} = -\frac{1}{\varepsilon_0}Q(t)\delta(\boldsymbol{x}) \tag{3-26}$$

当 $r \neq 0$ 时,φ 满足齐次波动方程,即

$$\frac{1}{r^2}\frac{\partial}{\partial r}\left(r^2\frac{\partial \varphi}{\partial r}\right) - \frac{1}{c^2}\frac{\partial^2 \varphi}{\partial t^2} = 0, \quad r \neq 0 \tag{3-27}$$

式(3－27)的解是球面波。考虑到当 r 增大时势减弱,作变量代换,令

$$\varphi(r,t)=\frac{u(r,t)}{r} \tag{3-28}$$

将式(3－28)代入式(3－27),得 u 的方程为

$$\frac{\partial^2 u}{\partial r^2}-\frac{1}{c^2}\frac{\partial^2 u}{\partial t^2}=0 \tag{3-29}$$

其通解为

$$u(r,t)=f(t-r/c)+g(t+r/c) \tag{3-30}$$

式中:f 和 g 为两个任意函数,由式(3－28)可得

$$\varphi(r,t)=\frac{f(t-r/c)}{r}+\frac{g(t+r/c)}{r},\quad r\neq 0 \tag{3-31}$$

此解中第一项代表向外发射的球面波,第二项代表向内收敛的球面波。本书中,仅讨论向外辐射的电磁场问题,可以取 $g=0$,并与静电场情况下点电荷的情况类比,可以证明式(3－25)的解即为

$$\varphi(r,t)=\frac{Q(t-r/c)}{4\pi\varepsilon_0 r} \tag{3-32}$$

如果点电荷不在原点,而在空间点 $\boldsymbol{x}'$上,令 $r=|\boldsymbol{x}-\boldsymbol{x}'|$表示点 $\boldsymbol{x}'$到观测点 $\boldsymbol{x}$ 的距离,则有

$$\varphi(\boldsymbol{x},t)=\frac{Q(\boldsymbol{x}',t-r/c)}{4\pi\varepsilon_0 r} \tag{3-33}$$

那么,对于电荷连续分布 $\rho(\boldsymbol{x}',t)$的带电体而言,根据场的叠加性,该连续分布电荷所激发的标势为

$$\varphi(\boldsymbol{x},t)=\int_{V'}\frac{\rho(\boldsymbol{x}',t-r/c)}{4\pi\varepsilon_0 r}\mathrm{d}V' \tag{3-34}$$

式中:V'为连续电荷 $\rho(\boldsymbol{x}',t)$分布的空间区域。

3.1.3.2 矢势 A 的解

根据洛伦兹规范下达朗贝尔方程的对称性,对照式(3－34)可以得到变化电流分布 $\boldsymbol{J}(\boldsymbol{x}',t)$所激发的矢势为

$$\boldsymbol{A}(\boldsymbol{x},t)=\frac{\mu_0}{4\pi}\int_{V'}\frac{\boldsymbol{J}(\boldsymbol{x}',t-r/c)}{r}\mathrm{d}V' \tag{3-35}$$

可以证明 $\boldsymbol{A}$ 和 δ 满足洛伦兹条件,证明过程如下:

设 $t'=t-r/c$,对 r 的函数而言,有 $\nabla=-\nabla'$,因此有

$$\nabla\cdot\boldsymbol{A}(\boldsymbol{x},t)=\frac{\mu_0}{4\pi}\int_{V'}\nabla\cdot\frac{\boldsymbol{J}(\boldsymbol{x}',t')}{r}\mathrm{d}V'=\frac{\mu_0}{4\pi}\int_{V'}\frac{1}{r}\nabla'\cdot\boldsymbol{J}(\boldsymbol{x}',t')_{t'\text{不变}}\mathrm{d}V' \tag{3-36}$$

$$\frac{\partial\varphi(\boldsymbol{x},t)}{\partial t} = \frac{1}{4\pi\varepsilon_0}\int_{V'}\frac{1}{r}\frac{\partial}{\partial t}\rho(\boldsymbol{x}',t')\mathrm{d}V' = \frac{1}{4\pi\varepsilon_0}\int_{V'}\frac{1}{r}\frac{\partial}{\partial t'}\rho(\boldsymbol{x}',t')\mathrm{d}V' \quad (3-37)$$

式(3－37)乘以一个系数 $1/c^2$,并与式(3－36)相加,可得

$$\nabla\cdot\boldsymbol{A}(\boldsymbol{x},t) + \frac{1}{c^2}\frac{\partial\varphi(\boldsymbol{x},t)}{\partial t} = \frac{\mu_0}{4\pi}\int_{V'}\frac{1}{r}\left(\nabla'\cdot\boldsymbol{J}(\boldsymbol{x}',t')_{t'\text{不变}} + \frac{\partial\rho(\boldsymbol{x}',t')}{\partial t'}\right)\mathrm{d}V' \quad (3-38)$$

由电荷守恒定律可知

$$\nabla'\cdot\boldsymbol{J}(\boldsymbol{x}',t')_{t'\text{不变}} + \frac{\partial\rho(\boldsymbol{x}',t')}{\partial t'} = 0 \quad (3-39)$$

将式(3－39)代入式(3－38),即可得出 $\boldsymbol{A}$ 和 δ 满足洛伦兹条件。

式(3－34)和式(3－35)给出空间 $\boldsymbol{x}$ 点在 t 时刻的势,从式(3－34)和式(3－35)可以看出,这两个势是由自由电荷和电流分布激发的,这两个公式的重要意义在于,它反映了电磁作用具有一定的传播速度。因为空间某点 $\boldsymbol{x}$ 在 t 时刻的场值不是依赖于同一时刻的电荷、电流分布,而是决定于较早时刻 $t-r/c$ 的电荷、电流分布。也就是说,电荷产生的物理作用不能立刻传到观测点,而是要推迟一定的时刻才能传到观测点,而所推迟的时间正是电磁作用从源点 $\boldsymbol{x}'$ 传到场点 $\boldsymbol{x}$ 所需的时间,在真空中即为 r/c。因此,将具有上述特性的势称为推迟势。

3.2 垂直通道雷电回击电磁场的建模与推导

3.2.1 计算模型

为降低雷电回击电磁场解析计算的难度,本节对雷电回击过程的建模做以下假设或近似。

(1) 认为雷电回击放电通道是垂直的,没有分支,并忽略通道的直径。

(2) 大地为理想导体,即电导率为无穷大。

(3) 回击电流从通道底部向上传播。

(4) 回击速度不随高度发生变化。

在上述假设条件下,垂直通道条件下雷电回击电磁场的计算模型如图 3－1 所示,图中各参数的具体含义参见后续章节的介绍。

此外,在视距传播中,从通道电流辐射源到观测点,除了直达波外,地面等物体还会造成电磁波的反射,从而会形成一条经由地面反射的反射波,直达波与反射波将在观测点处叠加,即存在多径效应。同时,由于频率不同,直达波和反射波在观测点处的相位差也可能不同,两者相位同向时场强相加、反向时场强抵消。因此,它们的合

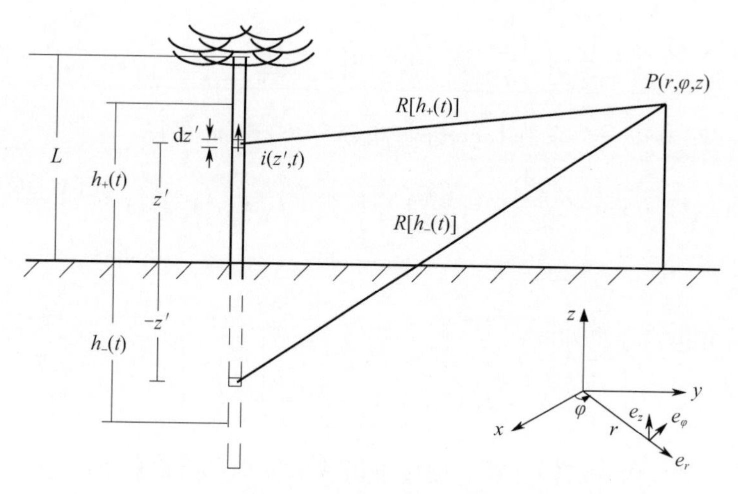

图 3－1　垂直通道雷电回击电磁场计算模型

成场强可能会被增强,也可能会被减弱。但是,考虑到雷电回击电磁场的能量以低频为主,且主要集中在 100kHz 以下,即波长在 3000m 以上,地面上物体造成的反射基本可以不予考虑,所以在本书中忽略了地面等物体造成的多径效应。

3.2.2　单极子法

根据矢量恒等式,矢量旋度的散度恒等于零[95]。据此,将式(3－8)的两边分别取散度,并对时间 t 积分,即可以推导得出式(3－11)。这样麦克斯韦方程组就共有 7 个独立的微分方程,但是包含了 10 个独立的未知量:电场强度 $\boldsymbol{E}$ 的 3 个分量,磁场强度 $\boldsymbol{H}$ 的 3 个分量,电流密度 $\boldsymbol{J}$ 的 3 个分量和电荷密度 $\boldsymbol{\rho}$。如果要用麦克斯韦方程来解这 10 个未知量,那么得有 3 个未知量被确定或者与其他未知量相关。常用的方法是把电荷和电流或者单独把电流当成产生电磁场的源,并且忽略电磁场对源本身的影响。

如果既知道电荷密度又知道各方向的电流密度,即知道了 10 个未知量中的 4 个,那么由上述 7 个独立的方程来确定剩下的 6 个未知量,这个方程组是超定的,这就形成了单极子法的基础,由于方程的超定,可以选择以下所述的方法来解方程[97]。需要注意的是,此处所提的单极子法指的是一种电磁场计算方法,并非表示辐射源是单极子阶辐射。

为推导雷电回击电磁场的解析表达式,以图 3－1 中的雷电回击通道为 z 轴建立柱坐标系,用 $\boldsymbol{e}_r$、$\boldsymbol{e}_\varphi$、$\boldsymbol{e}_z$ 分别表示径向、角向、垂直方向的单位矢量。假设通道长度为 L,回击电流以匀速 v 沿通道向上传输。在高度 vt 的下方,回击电流和电荷在通道中均匀分布,在高度 vt 的上方,电荷和电流均为 0。那么,回击电流和线电荷用数学表达式可以写为

$$i(z',t)=I_0u\left(t-\frac{|z'|}{v}\right) \tag{3-40}$$

$$q(z',t)=q_0u\left(t-\frac{|z'|}{v}\right) \tag{3-41}$$

上述方程满足连续性方程式(3－39)。式(3－40)、式(3－41)中的 $u(\xi)$ 为阶跃函数,定义为

$$u(\xi)=\begin{cases}0 & \xi\leqslant 0\\ 1 & \xi>0\end{cases}$$

将式(3－40)、式(3－41)代入式(3－35)、式(3－34),得到地面上方的源产生的势为

$$\boldsymbol{A}_{\text{real}}(\boldsymbol{r},t)=\frac{\mu}{4\pi}\int_0^h\frac{I_0u\left(t-\frac{R}{c}-\frac{z'}{v}\right)}{R}\boldsymbol{e}_z\mathrm{d}z' \tag{3-42}$$

$$\varphi_{\text{real}}(\boldsymbol{r},t)=\frac{1}{4\pi\varepsilon}\int_0^h\frac{q_0u\left(t-\frac{R}{c}-\frac{z'}{v}\right)}{R}\mathrm{d}z' \tag{3-43}$$

式中:下标"real"表示该项是地面上方源的贡献;$R=|\boldsymbol{r}-\boldsymbol{r}'|$,$\boldsymbol{r}=r\boldsymbol{e}_r+\varphi\boldsymbol{e}_\varphi+z\boldsymbol{e}_z$、$\boldsymbol{r}'=r'\boldsymbol{e}_r+\varphi'\boldsymbol{e}_\varphi+z'\boldsymbol{e}_z$ 分别为观测点和源点的矢径;h 为阶跃函数发生突变时的通道高度。

由于 $\boldsymbol{J}\mathrm{d}v'=I_0\mathrm{d}z'\boldsymbol{e}_z$,$\rho\mathrm{d}v'=q_0\mathrm{d}z'$。这样,$h$ 就可以通过下式求解,即

$$t-\frac{(r^2+(z-h)^2)^{1/2}}{c}-\frac{h}{v}=0 \tag{3-44}$$

求解式(3－44),可得

$$h=\beta\frac{ct-\beta z-[(\beta ct-z)^2+r^2(1-\beta^2)]^{1/2}}{1-\beta^2} \tag{3-45}$$

式中:$\beta=v/c$。

对式(3－42)、式(3－43)积分,得

$$\boldsymbol{A}_{\text{real}}(r,z,t)=\frac{I_0\mu}{4\pi}\ln\left[\frac{(h-z)+((h-z)^2+r^2)^{1/2}}{-z+(z^2+r^2)^{1/2}}\right]\boldsymbol{e}_z \tag{3-46}$$

$$\varphi_{\text{real}}(r,z,t)=\frac{q_0}{4\pi\varepsilon}\ln\left[\frac{(h-z)+((h-z)^2+r^2)^{1/2}}{-z+(z^2+r^2)^{1/2}}\right] \tag{3-47}$$

把式(3－45)代入式(3－46)、式(3－47),得

$$\boldsymbol{A}_{\text{real}}(r,z,t)=\frac{I_0\mu}{4\pi}\ln\left[\frac{(\beta ct-z)+((\beta ct-z)^2+(1-\beta^2)r^2)^{1/2}}{[-z+(z^2+r^2)^{1/2}](1+\beta)}\right]\boldsymbol{e}_z \tag{3-48}$$

$$\varphi_{\text{real}}(r,z,t)=\frac{q_0}{4\pi\varepsilon}\ln\left[\frac{(\beta ct-z)+((\beta ct-z)^2+(1-\beta^2)r^2)^{1/2}}{[-z+(z^2+r^2)^{1/2}](1+\beta)}\right] \tag{3-49}$$

这样,就得出了地面上方实电流源和电荷源产生的标势和矢势,根据电流和电荷的镜像对应关系,可以得到镜像虚电流源和电荷源产生的势,即

$$\varphi_{\text{image}}(z)=-\varphi_{\text{real}}(-z) \tag{3-50}$$

$$\boldsymbol{A}_{\text{image}}(z)=\boldsymbol{A}_{\text{real}}(-z) \tag{3-51}$$

下标“image”表示该项是镜像的贡献。这样总的标势和矢势为

$$\varphi_{\text{sum}}(z)=\varphi_{\text{real}}(z)-\varphi_{\text{real}}(-z) \tag{3-52}$$

$$\boldsymbol{A}_{\text{sum}}(z)=\boldsymbol{A}_{\text{real}}(z)+\boldsymbol{A}_{\text{real}}(-z) \tag{3-53}$$

把式(3-48)、式(3-49)代入式(3-52)、式(3-53),然后代入式(3-16)和式(3-12),结合本构关系并令 $z=0$,得地表处的电磁场为

$$\boldsymbol{E}(r,0,t)=\frac{q_0}{4\pi\varepsilon}\left\{\frac{2(1-\beta^2)}{[(\beta ct)^2+(1-\beta^2)r^2]^{1/2}}-\frac{2}{r}\right\}\boldsymbol{e}_z \tag{3-54}$$

$$\boldsymbol{H}(r,0,t)=\frac{I_0}{2\pi}\left\{\frac{1}{r}-\frac{(1-\beta^2)r}{\beta ct[(\beta ct)^2+(1-\beta^2)r^2]^{1/2}+(\beta ct)^2+(1-\beta^2)r^2}\right\}\boldsymbol{e}_\varphi \tag{3-55}$$

3.2.3 偶极子法

由电荷守恒定律式(3-39)可知,电流密度 $\boldsymbol{J}$ 和电荷密度 ρ 只需一个就能确定另一个。因此,如果仅给出电流密度 $\boldsymbol{J}$,那么麦克斯韦方程组就可以正常求解,这就构成了偶极子法的基础[98]。

3.2.3.1 垂直通道电流微元产生的电磁场

在柱坐标系下,求解洛伦兹条件式(3-17),得

$$\varphi(\boldsymbol{r},t)=-\frac{1}{\mu\varepsilon}\int_{-\infty}^{t}\nabla\cdot\boldsymbol{A}\mathrm{d}t'+\varphi(t=-\infty) \tag{3-56}$$

式中:t 为时间。这样,标势 φ 就可用矢势 $\boldsymbol{A}$ 表示。

首先,求解垂直通道电流微元产生的电场。假设雷电发生之前回击通道处无自由电荷分布,即 $\varphi(t=-\infty)=0$,将式(3-56)代入式(3-16),得

$$\boldsymbol{E}(r,\varphi,z,t)=c^2\int_{-\infty}^{t}\nabla(\nabla\cdot\boldsymbol{A})\mathrm{d}t'-\frac{\partial\boldsymbol{A}}{\partial t} \tag{3-57}$$

根据式(3-35),矢势 $\boldsymbol{A}(r,t)$ 由在源点 $\boldsymbol{r}'$ 处的 $\boldsymbol{J}$ 决定。假设在 $\boldsymbol{r}'$ 处有一电流微元段 $\mathrm{d}\boldsymbol{l}$,可表示为

$$\mathrm{d}\boldsymbol{l} = \mathrm{d}r'\boldsymbol{e}_r + r'\mathrm{d}\varphi'\boldsymbol{e}_\varphi + \mathrm{d}z'\boldsymbol{e}_z \tag{3-58}$$

则 $\boldsymbol{r}'$处的电流微元段 d$\boldsymbol{l}$ 在观测点 $P(r,\varphi,z)$产生的矢势为

$$\mathrm{d}\boldsymbol{A}(r,\varphi,z,t) = \frac{\mu_0}{4\pi}\frac{i(r',\varphi',z',t-R/c)}{R}\mathrm{d}\boldsymbol{l} \tag{3-59}$$

由于垂直放电通道回击电流只分布在 $\boldsymbol{e}_z$ 方向上,所以在 z'处的无穷小偶极子在观测点 $P(r,\varphi,z)$的矢势为

$$\mathrm{d}\boldsymbol{A}(r,\varphi,z,t) = \frac{\mu_0}{4\pi}\frac{i(z',t-R/c)}{R}\boldsymbol{e}_z\mathrm{d}z' = A_z(r,\varphi,z,t)\boldsymbol{e}_z\mathrm{d}z' \tag{3-60}$$

式中:R 为观测点到无限小电流微元的距离,且有

$$R = |\boldsymbol{r}-\boldsymbol{r}'| = \sqrt{(z-z')^2+r^2} \tag{3-61}$$

由式(3-61)可见,R 是 r 的函数,所以

$$\frac{\partial}{\partial r}\left(\frac{1}{R}\right) = -\frac{r}{R^3} \tag{3-62}$$

由于 R 也是 z 的函数,所以

$$\frac{\partial}{\partial z}\left(\frac{1}{R}\right) = -\frac{z-z'}{R^3} \tag{3-63}$$

而

$$\frac{\partial i(z',t-R/c)}{\partial r} = \frac{\partial i(z',t-R/c)}{\partial(t-R/c)}\frac{\partial(t-R/c)}{\partial r} = -\frac{r}{cR}\frac{\partial i(z',t-R/c)}{\partial t} \tag{3-64}$$

$$\frac{\partial i(z',t-R/c)}{\partial z} = \frac{\partial i(z',t-R/c)}{\partial(t-R/c)}\frac{\partial(t-R/c)}{\partial z} = -\frac{z-z'}{cR}\frac{\partial i(z',t-R/c)}{\partial t} \tag{3-65}$$

所以,由式(3-62)至式(3-65)得

$$\frac{\partial i^2(z',t-R/c)}{\partial z\partial r} = \frac{r(z-z')}{cR^3}\frac{\partial i(z',t-R/c)}{\partial t} + \frac{r(z-z')}{c^2R^2}\frac{\partial^2 i(z',t-R/c)}{\partial t^2} \tag{3-66}$$

$$\frac{\partial i^2(z',t-R/c)}{\partial z^2} = \frac{(z-z')^2-R^2}{cR^3}\frac{\partial i(z',t-R/c)}{\partial t} + \frac{(z-z')^2}{c^2R^2}\frac{\partial^2 i(z',t-R/c)}{\partial t^2} \tag{3-67}$$

由于矢势只在 $\boldsymbol{e}_z$ 方向上不为0,则

$$\begin{aligned}\nabla\cdot\mathrm{d}\boldsymbol{A} &= \frac{\partial A_z}{\partial z}\mathrm{d}z' \\ &= \frac{\mu_0}{4\pi}\frac{\partial}{\partial z}\left[\frac{i(z',t-R/c)}{R}\right]\mathrm{d}z'\end{aligned}$$

$$= \frac{\mu_0}{4\pi}\left[\frac{1}{R}\frac{\partial i(z',t-R/c)}{\partial z} + \frac{\partial}{\partial z}\left(\frac{1}{R}\right)i(z',t-R/c)\right]\mathrm{d}z'$$

$$= \frac{\mu_0}{4\pi}\left[\frac{1}{R}\frac{\partial i(z',t-R/c)}{\partial z} - \frac{z-z'}{R^3}i(z',t-R/c)\right]\mathrm{d}z' \qquad (3-68)$$

由于 R 中仅包含变量 r 和 z,与 φ 无关,因此梯度算符可变为

$$\nabla = \frac{\partial}{\partial r}\boldsymbol{e}_r + \frac{\partial}{\partial z}\boldsymbol{e}_z \qquad (3-69)$$

所以

$$\nabla(\nabla\cdot\mathrm{d}\boldsymbol{A}) = \frac{\mu_0}{4\pi}\left\{\frac{\partial}{\partial r}\left[\frac{1}{R}\frac{\partial i(z',t-R/c)}{\partial z}\right] - \frac{\partial}{\partial r}\left[\frac{z-z'}{R^3}i(z',t-R/c)\right]\right\}\mathrm{d}z'\boldsymbol{e}_r +$$

$$\frac{\mu_0}{4\pi}\left\{\frac{\partial}{\partial z}\left[\frac{1}{R}\frac{\partial i(z',t-R/c)}{\partial z}\right] - \frac{\partial}{\partial z}\left[\frac{z-z'}{R^3}i(z',t-R/c)\right]\right\}\mathrm{d}z'\boldsymbol{e}_z$$

$$= \frac{\mu_0}{4\pi}\left[\left(-\frac{r}{R^3}\right)\frac{\partial i(z',t-R/c)}{\partial z} + \frac{1}{R}\frac{\partial^2 i(z',t-R/c)}{\partial r\partial z} +\right.$$

$$\left.(z-z')\frac{3r}{R^5}i(z',t-R/c) - \frac{z-z'}{R^3}\frac{\partial i(z',t-R/c)}{\partial r}\right]\mathrm{d}z'\boldsymbol{e}_r +$$

$$\frac{\mu_0}{4\pi}\left[-\frac{z-z'}{R^3}\frac{\partial i(z',t-R/c)}{\partial z} + \frac{1}{R}\frac{\partial i^2(z',t-R/c)}{\partial z^2} - \frac{1}{R^3}i(z',t-R/c) -\right.$$

$$\left.(z-z')\left(-\frac{3(z-z')}{R^5}\right)i(z',t-R/c) - \frac{z-z'}{R^3}\frac{\partial i(z',t-R/c)}{\partial z}\right]\mathrm{d}z'\boldsymbol{e}_z$$

$$(3-70)$$

把式(3-64)至式(3-67)代入式(3-70),化简可得

$$\nabla(\nabla\cdot\mathrm{d}\boldsymbol{A}) = \frac{\mu_0}{4\pi}\left[\frac{3(z-z')r}{R^5}i(z',t-R/c) + \frac{3(z-z')r}{cR^4}\frac{\partial i(z',t-R/c)}{\partial t} +\right.$$

$$\left.\frac{(z-z')r}{c^2R^3}\frac{\partial^2 i(z',t-R/c)}{\partial t^2}\right]\mathrm{d}z'\boldsymbol{e}_r + \frac{\mu_0}{4\pi}\left\{\left[\frac{3(z-z')^2}{R^5} - \frac{1}{R^3}\right]i(z',t-R/c) +\right.$$

$$\left.\left[\frac{3(z-z')^2}{cR^4} - \frac{1}{cR^2}\right]\frac{\partial i(z',t-R/c)}{\partial t} + \frac{(z-z')^2}{c^2R^3}\frac{\partial^2 i(z',t-R/c)}{\partial t^2}\right\}\mathrm{d}z'\boldsymbol{e}_z$$

$$(3-71)$$

于是

$$c^2\int_{-\infty}^{t}\nabla(\nabla\cdot\mathrm{d}\boldsymbol{A})\mathrm{d}t' = c^2\frac{\mu_0}{4\pi}\left[\frac{3(z-z')r}{R^5}\int_{-\infty}^{t}i(z',t'-R/c)\mathrm{d}t' +\right.$$

$$\frac{3(z-z')r}{cR^4}i(z',t-R/c)+\frac{(z-z')r}{c^2R^3}\frac{\partial i(z',t-R/c)}{\partial t}\Bigg]\mathrm{d}z'\boldsymbol{e}_r+$$

$$c^2\frac{\mu_0}{4\pi}\Bigg[\left(\frac{3(z-z')^2}{R^5}-\frac{1}{R^3}\right)\int_{-\infty}^{t}i(z',t'-R/c)\mathrm{d}t'+$$

$$\left[\frac{3(z-z')^2}{cR^4}-\frac{1}{cR^2}\right]i(z',t-R/c)+$$

$$\frac{(z-z')^2}{c^2R^3}\frac{\partial i(z',t-R/c)}{\partial t}\Bigg]\mathrm{d}z'\boldsymbol{e}_z \tag{3-72}$$

由式(3－60)可得

$$-\frac{\partial\mathrm{d}\boldsymbol{A}}{\partial t}=-\frac{\mu_0}{4\pi}\frac{\partial}{\partial t}\left(\frac{i(z',t-R/c)}{R}\right)\mathrm{d}z'\boldsymbol{e}_z=-\frac{\mu_0}{4\pi}\left(\frac{1}{R}\frac{\partial i(z',t-R/c)}{\partial t}\right)\mathrm{d}z'\boldsymbol{e}_z \tag{3-73}$$

联立式(3－57)、式(3－72)、式(3－73)并化简,得

$$\mathrm{d}\boldsymbol{E}(r,\varphi,z,t)=\frac{1}{4\pi\varepsilon_0}\Bigg[\frac{3(z-z')r}{R^5}\int_{-\infty}^{t}i(z',\tau-R/c)\,\mathrm{d}\tau+$$

$$\frac{3(z-z')r}{cR^4}i(z',t-R/c)+\frac{(z-z')r}{c^2R^3}\frac{\partial i(z',t-R/c)}{\partial t}\Bigg]\mathrm{d}z'\boldsymbol{e}_r+$$

$$\frac{1}{4\pi\varepsilon_0}\Bigg\{\left[\frac{3(z-z')^2}{R^5}-\frac{1}{R^3}\right]\int_{-\infty}^{t}i(z',\tau-R/c)\mathrm{d}\tau+$$

$$\left[\frac{3(z-z')^2}{cR^4}-\frac{1}{cR^2}\right]i(z',t-R/c)+$$

$$\frac{(z-z')^2-R^2}{c^2R^3}\frac{\partial i(z',t-R/c)}{\partial t}\Bigg\}\mathrm{d}z'\boldsymbol{e}_z \tag{3-74}$$

式(3－74)即为垂直通道电流微元产生的电场表达式。

令 $\mathrm{d}\boldsymbol{E}=\mathrm{d}E_r\boldsymbol{e}_r+\mathrm{d}E_z\boldsymbol{e}_z+\mathrm{d}E_\varphi\boldsymbol{e}_\varphi$,由式(3－74)得到电场在各方向的分量为

$$\mathrm{d}E_r=\frac{1}{4\pi\varepsilon_0}\Bigg[\frac{3(z-z')r}{R^5}\int_{-\infty}^{t}i(z',\tau-R/c)\mathrm{d}\tau+\frac{3(z-z')r}{cR^4}i(z',t-R/c)+$$

$$\frac{(z-z')r}{c^2R^3}\frac{\partial i(z',t-R/c)}{\partial t}\Bigg]\mathrm{d}z' \tag{3-75}$$

$$\mathrm{d}E_z=\frac{1}{4\pi\varepsilon_0}\Bigg\{\left[\frac{3(z-z')^2}{R^5}-\frac{1}{R^3}\right]\int_{-\infty}^{t}i(z',\tau-R/c)\mathrm{d}\tau+$$

$$\left[\frac{3(z-z')^2}{cR^4}-\frac{1}{cR^2}\right]i(z',t-R/c)+\frac{(z-z')^2-R^2}{c^2R^3}\frac{\partial i(z',t-R/c)}{\partial t}\Bigg\}\mathrm{d}z' \tag{3-76}$$

$$\mathrm{d}E_\varphi=0 \tag{3-77}$$

下面求解垂直通道电流微元产生的磁场。由式(3－12)、式(3－6)和式(3－60)得

$$\mathrm{d}\boldsymbol{H}(r,\varphi,z,t)=\frac{1}{\mu_0}\nabla\times\mathrm{d}\boldsymbol{A}=-\frac{1}{\mu_0}\frac{\partial A_z}{\partial r}\mathrm{d}z'\boldsymbol{e}_\varphi=-\frac{1}{4\pi}\frac{\partial}{\partial r}\left[\frac{i(z',t-R/c)}{R}\right]\mathrm{d}z'\boldsymbol{e}_\varphi \tag{3-78}$$

把式(3－62)、式(3－64)代入式(3－78)并化简,得

$$\mathrm{d}\boldsymbol{H}(r,\varphi,z,t)=\frac{1}{4\pi}\left[\frac{r}{cR^2}\frac{\partial i(z',t-R/c)}{\partial t}+\frac{r}{R^3}i(z',t-R/c)\right]\mathrm{d}z'\boldsymbol{e}_\varphi \tag{3-79}$$

式(3－79)即为垂直通道电流微元产生的磁场表达式。

令 $\mathrm{d}\boldsymbol{H}=\mathrm{d}H_r\boldsymbol{e}_r+\mathrm{d}H_z\boldsymbol{e}_z+\mathrm{d}H_\varphi\boldsymbol{e}_\varphi$,则磁场在各方向的分量为

$$\mathrm{d}H_\varphi=\frac{1}{4\pi}\left(\frac{r}{R^3}i(z',t-R/c)+\frac{r}{cR^2}\frac{\partial i(z',t-R/c)}{\partial t}\right)\mathrm{d}z' \tag{3-80}$$

$$\mathrm{d}H_r=\mathrm{d}H_z=0 \tag{3-81}$$

3.2.3.2 整个通道周围电磁场的计算

由电磁场理论可知,整个回击通道在空间中任意一点激发的电磁场由通道无限多个电流微元激发的电磁场和导体(大地)上感应电荷(电流)所激发的电磁场叠加而成。而导体面上感应电荷(电流)对空间中电磁场的影响可用一个假想电荷(电流)来代替,这个代替并没有改变空间中电荷(电流)的分布,并不改变边界条件。这个假想电荷(电流)就是镜像电流微元。那么,空间中的电磁场可以看作由实际通道中无限多个电流微元及其镜像电流微元共同作用而成。将式(3－75)至式(3－77)和式(3－80)、式(3－81)在整个通道及其镜像中对 z' 积分,即可求得回击电流通过整个放电通道时产生的电磁场。如图3－1所示,$h_+(t)$ 表示从观测点看到的电流波前沿高度,$h_-(t)$ 表示从观测点看到的镜像电流波前沿高度,$i(z',t)$ 为回击电流,z' 为实际无限小电流微元的高度,$-z'$ 为镜像无限小电流微元的高度,$\mathrm{d}z'$ 为通道高度微元,$P(r,\varphi,z)$ 为观测点,$R[h_+(t)]$ 为实际电流微元与观测点的距离,$R[h_-(t)]$ 为镜像电流微元与观测点的距离。

从观测点看到的电流波前沿高度 $h_+(t)$ 由式(3－82)确定,即

$$t_+=\frac{h_+(t)}{v}+\frac{R[h_+(t)]}{c} \tag{3-82}$$

式(3－82)与式(3－44)相同,故可得

$$h_{+}(t)=\frac{\beta}{1-\beta^{2}}\left(ct-\beta z-\sqrt{(ct\beta-z)^{2}+(1-\beta^{2})r^{2}}\right) \tag{3-83}$$

镜像通道中镜像电流的高度 $h_{-}(t)$ 由式(3－84)确定,即

$$t_{-}=\frac{h_{-}(t)}{v}+\frac{R[h_{-}(t)]}{c} \tag{3-84}$$

求解式(3－84)可得

$$h_{-}(t)=\frac{\beta}{1-\beta^{2}}\left[ct+\beta z-\sqrt{(ct\beta+z)^{2}+(1-\beta^{2})r^{2}}\right] \tag{3-85}$$

这里,考虑到 $t_{+}=t_{-}$,即有

$$\frac{h_{+}(t)}{v}+\frac{R[h_{+}(t)]}{c}=\frac{h_{-}(t)}{v}+\frac{R[h_{-}(t)]}{c} \tag{3-86}$$

由图3－1可以显而易见,实际电流微元到观测点的距离 $R[h_{+}(t)]$ 与镜像电流微元到观测点的距离 $R[h_{-}(t)]$ 一般不相等,且有 $R[h_{+}(t)]\leqslant R[h_{-}(t)]$。此时,由式(3－86)可知

$$h_{+}(t)\geqslant h_{-}(t) \tag{3-87}$$

当观测点在远场区,即 $r>>H$ 时,由于 $R[h_{+}(t)]\approx R[h_{-}(t)]$,故有

$$h_{+}(t)\approx h_{-}(t) \tag{3-88}$$

当观测点在地面上时,有 $R[h_{+}(t)]=R[h_{-}(t)]$,此时

$$h_{+}(t)=h_{-}(t)=h \tag{3-89}$$

综上所述,雷电回击所产生的径向电场 E_r、垂直电场 E_z 和角向磁场 H_φ 可分别表示为

$$E_{r}=\frac{1}{4\pi\varepsilon_{0}}\int_{-h_{-}}^{h_{+}}\left[\frac{3(z-z')r}{R^{5}}\int_{-\infty}^{t}i(z',\tau-R/c)\,\mathrm{d}\tau+\frac{3(z-z')r}{cR^{4}}i(z',t-R/c)+\frac{(z-z')r}{c^{2}R^{3}}\frac{\partial i(z',t-R/c)}{\partial t}\right]\mathrm{d}z' \tag{3-90}$$

$$E_{z}=\frac{1}{4\pi\varepsilon_{0}}\int_{-h_{-}}^{h_{+}}\left\{\left[\frac{3(z-z')^{2}}{R^{5}}-\frac{1}{R^{3}}\right]\int_{-\infty}^{t}i(z',\tau-R/c)\,\mathrm{d}\tau+\left[\frac{3(z-z')^{2}}{cR^{4}}-\frac{1}{cR^{2}}\right]\times i(z',t-R/c)+\frac{(z-z')^{2}-R^{2}}{c^{2}R^{3}}\frac{\partial i(z',t-R/c)}{\partial t}\right\}\mathrm{d}z' \tag{3-91}$$

$$H_{\varphi} = \frac{1}{4\pi}\int_{-h_-}^{h_+}\left(\frac{r}{R^3}i(z',t-R/c) + \frac{r}{cR^2}\frac{\partial i(z',t-R/c)}{\partial t}\right)\mathrm{d}z' \tag{3-92}$$

式(3－90)至式(3－92)即为雷电回击电磁场的通解。其中,电场的第一项为静电场分量;第二项为感应电场分量;第三项为辐射电场分量。磁场的第一项为感应磁场分量;第二项为辐射磁场分量。

如果观测点 $P(r,\varphi,z)$ 在地面上,即 $z=0$,由式(3－61)可知

$$R = \sqrt{z'^2 + r^2} \tag{3-93}$$

由式(3－89)至式(3－92),可得地表的雷电回击电磁场表达式为

$$E_r = 0 \tag{3-94}$$

$$E_z = \frac{1}{4\pi\varepsilon_0}\int_{-h}^{h}\left[\frac{3z'^2 - R^2}{R^5}\int_{-\infty}^{t}i(z',\tau-R/c)\mathrm{d}\tau + \frac{3z'^2 - R^2}{cR^4}i(z',t-R/c) - \frac{r^2}{c^2R^3}\frac{\partial i(z',t-R/c)}{\partial t}\right]\mathrm{d}z' \tag{3-95}$$

$$H_{\varphi} = \frac{1}{4\pi}\int_{-h}^{h}\left(\frac{r}{R^3}i(z',t-R/c) + \frac{r}{cR^2}\frac{\partial i(z',t-R/c)}{\partial t}\right)\mathrm{d}z' \tag{3-96}$$

3.2.4 单极子法与偶极子法等价性的证明

单极子法和偶极子法是常用的电磁场计算方法,对相同的问题,二者的结果看上去差异比较大,容易引起误解,其实其结果应该是一致的。下面就以上面的模型为例来比较两者在计算地面雷电回击电磁场时的结果。

为便于比较两种方法,在计算雷电回击电磁场时,采用式(3－40)所示的阶跃函数表示回击电流。

对于单极子法,由式(3－45),很容易得到

$$[(\beta ct)^2 + (1-\beta^2)r^2]^{1/2} = R + \beta h \tag{3-97}$$

由于高度 h 满足式(3－44),并且对于地面而言,有 $z=0$。此时,将式(3－97)、式(3－44)和 $z=0$ 代入由单极子法得到的地面电磁场表达式(3－54)和式(3－55)中,可以得到由单极子法得到的地表处雷电回击电磁场,即

$$E_z(r,0,t) = \frac{q_0}{2\pi\varepsilon_0}\left(\frac{1-\beta^2}{R+\beta h} - \frac{1}{r}\right) \tag{3-98}$$

$$H_{\varphi}(r,0,t) = \frac{I_0}{2\pi}\left[\frac{1}{r} - \frac{(1-\beta^2)r}{(h+\beta R)(R+\beta h) + (R+\beta h)^2}\right]$$

$$=\frac{I_0}{2\pi}\frac{(h+\beta R)(R+\beta h)+(R+\beta h)^2-(1-\beta^2)r^2}{r(R+\beta h)[(h+\beta R)+(R+\beta h)]}$$

$$=\frac{I_0}{2\pi}\frac{(h+\beta R)(R+\beta h)+(h+\beta R)^2}{r(R+\beta h)[(h+\beta R)+(R+\beta h)]}$$

$$=\frac{I_0}{2\pi}\frac{(h+\beta R)}{r(R+\beta h)} \tag{3-99}$$

对于偶极子法,同样取观察点位于地面,即 $z=0$,则积分高度 h 可由式(3-45)求得。把式(3-40)代入式(3-95)和式(3-96),可以计算得到电磁场的各分量。注意,下面式中的上标"~"只是为了区分由单极子法和偶极子法得到的结果,即

$$\widetilde{E}_z(\mathrm{ele})=\frac{I_0}{2\pi\varepsilon_0}\left\{\frac{-th+\frac{2h^2}{v}+\frac{r^2}{v}}{(h^2+r^2)^{3/2}}-\frac{1}{rv}-\frac{1}{2cr}\left[\arctan\left(\frac{h}{r}\right)-\frac{3hr}{h^2+r^2}\right]\right\} \tag{3-100}$$

$$\widetilde{E}_z(\mathrm{ind})=\frac{I_0}{4\pi\varepsilon_0 rc}\left[\arctan\left(\frac{h}{r}\right)-\frac{3hr}{h^2+r^2}\right] \tag{3-101}$$

$$\widetilde{E}_z(\mathrm{rad})=-\frac{I_0}{2\pi\varepsilon_0}\frac{r^2}{\left[\frac{1}{v}+\frac{h}{c(h^2+r^2)^{1/2}}\right]c^2(h^2+r^2)^{3/2}} \tag{3-102}$$

$$\widetilde{H}_\varphi(\mathrm{ind})=\frac{I_0}{2\pi}\frac{h}{r(h^2+r^2)^{1/2}} \tag{3-103}$$

$$\widetilde{H}_\varphi(\mathrm{rad})=\frac{I_0}{2\pi}\frac{r}{\frac{c}{v}(h^2+r^2)+h(h^2+r^2)^{1/2}} \tag{3-104}$$

把电磁场的各分量分别相加,得到总电磁场为

$$\widetilde{\boldsymbol{E}}(r,0,t)=\frac{I_0}{2\pi\varepsilon_0}\left[\frac{-th+\frac{2h^2}{v}+\frac{r^2}{v}}{(h^2+r^2)^{3/2}}-\frac{1}{rv}-\frac{r^2}{c^2(h^2+r^2)^{3/2}\left(\frac{1}{v}+\frac{h}{c\sqrt{h^2+r^2}}\right)}\right]\boldsymbol{e}_z \tag{3-105}$$

$$\widetilde{\boldsymbol{H}}(r,0,t)=\frac{I_0}{2\pi}\left[\frac{h}{r(h^2+r^2)^{1/2}}+\frac{r}{\frac{c}{v}(h^2+r^2)+h(h^2+r^2)^{1/2}}\right]\boldsymbol{e}_\varphi \tag{3-106}$$

下面证明由偶极子法得到的电磁场的解,即式(3-105)和式(3-106)可以推导出单极子法得到的解,即式(3-98)和式(3-99)。根据式(3-105),有

$$\widetilde{E}_z(r,0,t)=\frac{I_0}{2\pi\varepsilon_0}\left[\frac{R-\beta h}{vR^2}-\frac{1}{vr}-\frac{vr^2}{c^2R^2(R+\beta h)}\right]$$

$$=\frac{I_0}{2\pi\varepsilon_0}\frac{c^2r(R+\beta h)(R-\beta h)-c^2R^2(R+\beta h)-v^2r^3}{c^2R^2vr(R+\beta h)}$$

$$=\frac{I_0}{2\pi\varepsilon_0}\frac{c^2R^2[r-(R+\beta h)]-v^2R^2r}{c^2R^2vr(R+\beta h)}$$

$$=\frac{I_0}{2\pi\varepsilon_0}\frac{r-R-\beta h-\beta^2r}{vr(R+\beta h)}$$

$$=\frac{I_0}{2\pi\varepsilon_0 v}\left(\frac{1-\beta^2}{R+\beta h}-\frac{1}{r}\right) \tag{3-107}$$

对比式(3-107)与式(3-98)可见,只要让 $q_0=I_0/v$,就可以得到 $E_z=\widetilde{E}_z$。

对于$\widetilde{H}_\varphi$,根据式(3-106),可以推导得到

$$\widetilde{H}_\varphi(r,0,t)=\frac{I_0}{2\pi}\left(\frac{h}{rR}+\frac{r}{\dfrac{cR^2}{v}+hR}\right)$$

$$=\frac{I_0}{2\pi R}\left(\frac{h}{r}+\frac{\beta r}{R+\beta h}\right)$$

$$=\frac{I_0}{2\pi R}\frac{h(R+\beta h)+\beta r^2}{r(R+\beta h)}$$

$$=\frac{I_0}{2\pi R}\frac{hR+\beta R^2}{r(R+\beta h)}$$

$$=\frac{I_0}{2\pi}\frac{h+\beta R}{r(R+\beta h)}$$

$$=H_\varphi(r,0,t) \tag{3-108}$$

综上可知,尽管单极子法和偶极子法计算得到的电磁场表达式从表面上看差异很大,但是从物理本质上看,两者的结果是一致的。

3.3 几种回击工程模型有效性的比较

在2.4节中介绍了几种常见的雷电回击工程模型,本节主要对这些回击工程模

型的有效性进行评价。而对于回击模型有效性评价的主要依据就是看其能否比较准确、有效地预测雷电回击电磁场。目前验证回击工程模型有效性的方法主要有两种[99]:第一种是以典型的通道底部电流和回击速度作为模型的输入参量计算雷电回击电磁场,然后将其与典型实测电磁场进行比较;第二种是对某一次回击而言,以实测通道底部电流和实测回击传播速度为输入参量,计算出雷电回击电磁场,并将其与该次回击的实测电磁场比较。由于回击电流不易于测量,数据比较宝贵,只有在人工引雷或自然闪电击中高塔时才可能采集到回击通道底部电流的数据,所以第一种方法更为常用和方便。此处,对于几种回击工程模型有效性的比较也是采用第一种方法,典型实测电磁场主要是采用 Lin 等于 1979 年在两个测试站同时观测闪电的电磁场数据,如图 3-2 所示(包括垂直电场强度和水平磁通密度,实线表示首次回击,虚线表示后续回击)。

根据 Lin 等的测试结果,闪电电磁场具有以下特征,且在不同场区电磁场的这些特征已得到了广泛的认同[15,66]。

(1) 一个快速上升的电磁场初始峰值,在 1km 距离以外其幅度与距离基本成反比。

(2) 几十千米距离以内的电场在初始峰值之后具有一个缓慢上升的斜坡,其持续时间达 100μs 以上。

(3) 几十千米距离以内的磁场在初始峰值以后具有一个弧形凸起,其峰值出现在 10~40μs 之间。

(4) 50~200km 之间的电磁场在初始峰值之后都具有一个零交叉点,其一般发生于初始峰值之后几十微秒之内。

本节将以脉冲函数为底部电流模型,利用偶极子法对 2.4 节介绍的几种工程模型在不同区域的地表雷电回击电磁场进行计算,而后将计算结果与实测不同场区的电磁场进行比较,以分析这几种模型的优劣性。在具体计算过程中,需要把几种工程模型的电流导数项、积分项和电流项代入式(3-95)和式(3-96)中得到地表雷电回击电磁场的解。对于传输电流源类型的回击模型而言,由于在回击前沿有不连续的电流,因此在求导时会产生 δ 函数(也称为狄拉克函数或冲激函数),这样会涉及 δ 函数的积分。

3.3.1 含有 δ 函数的积分计算

设函数 $g(x)$、$q(x)$ 均连续,且 $g(x_0)=0$。求积分 $I=\int\delta[g(x)]q(x)\mathrm{d}x$。

令 $g(x)=y$,则有

$$x=g^{-1}(y) \tag{3-109}$$

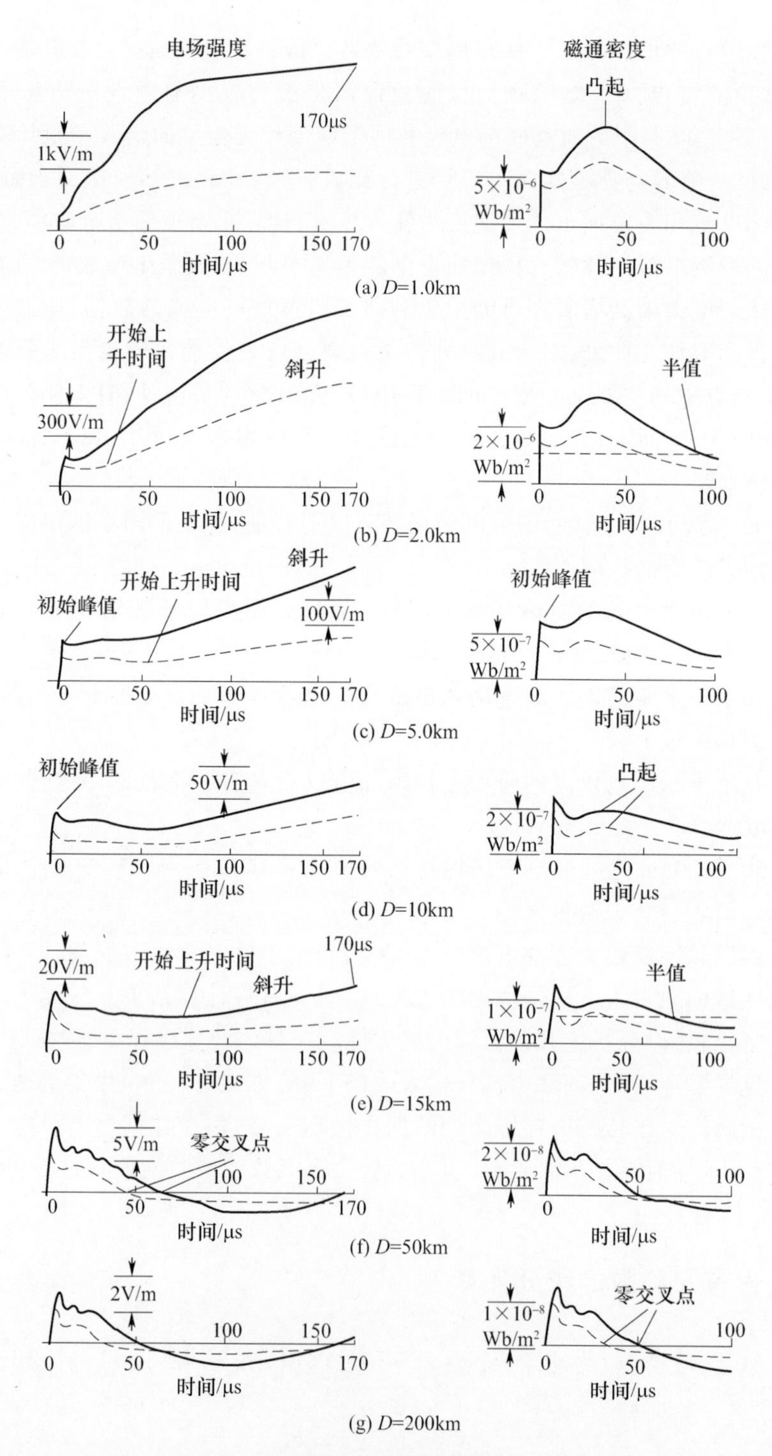

图 3-2 地表雷电回击电磁场的典型观测波形

将式(3-109)代入积分式中,可得

$$I = \int \delta[g(x)]q(x)\mathrm{d}x = \int \delta(y)q[g^{-1}(y)]\left|\frac{\mathrm{d}x}{\mathrm{d}y}\right|\mathrm{d}y$$

$$= \int \delta(y)q[g^{-1}(y)]\frac{1}{|\mathrm{d}y/\mathrm{d}x|}\mathrm{d}y = \int \delta(y)q[g^{-1}(y)]\frac{1}{|\mathrm{d}g/\mathrm{d}x|}\mathrm{d}y$$

$$= \left.\frac{q[g^{-1}(y)]}{|\mathrm{d}g/\mathrm{d}x|}\right|_{y=0} = \left.\frac{q(x)}{|\mathrm{d}g/\mathrm{d}x|}\right|_{x=x_0} \tag{3-110}$$

下面对几种工程模型的电流及其积分项和微分项进行推导计算。

3.3.2 传输电流源类工程模型的电磁场计算

对于 BG 模型,根据式(2-29),得 z'高度处的电流和导数及其积分为

$$i(z',t-R/c) = u(t-z'/v_{\mathrm{f}}-R/c)i(0,t-R/c) \tag{3-111}$$

$$\frac{\partial i(z',t-R/c)}{\partial t} = \frac{\partial[u(t-z'/v_{\mathrm{f}}-R/c)i(0,t-R/c)]}{\partial t}$$
$$= \delta(t-z'/v_{\mathrm{f}}-R/c)i(0,t-R/c) + u(t-z'/v_{\mathrm{f}}-R/c)\cdot\frac{\partial i(0,t-R/c)}{\partial t} \tag{3-112}$$

$$\int_{-\infty}^{t} i(z',\tau-R/c)\mathrm{d}\tau = \int_{-\infty}^{t} u(\tau-z'/v_{\mathrm{f}}-R/c)i(0,\tau-R/c)\mathrm{d}\tau$$
$$= \int_{z'/v_{\mathrm{f}}+R/c}^{t} i(0,\tau-R/c)\mathrm{d}\tau \tag{3-113}$$

把式(3-112)代入式(3-95)中的第三项得辐射电场为

$$E_{\mathrm{rad}} = -\frac{1}{2\pi\varepsilon_0}\int_0^h \frac{r^2}{c^2R^3}\frac{\partial i(z',t-R/c)}{\partial t}\mathrm{d}z'$$
$$= -\frac{1}{2\pi\varepsilon_0}\frac{r^2}{c^2R(h)^3}\frac{1}{1/v_{\mathrm{f}}+h/(cR(h))}i(0,t-R(h)/c) -$$
$$\frac{1}{2\pi\varepsilon_0}\int_0^h u(t-z'/v_{\mathrm{f}}-R/c)\frac{\partial i(0,t-R/c)}{\partial t}\mathrm{d}z' \tag{3-114}$$

同理,把式(3-113)代入式(3-95)的第一项得静电场,把式(3-111)代入式(3-95)的第二项可得感应电场。

对于 TCS 模型而言,z'高度处的电流及其导数和积分项为

$$i(z',t-R/c) = u(t-z'/v_{\mathrm{f}}-R/c)i(0,t+z'/c-R/c) \tag{3-115}$$

$$\frac{\partial i(z',t-R/c)}{\partial t}=\frac{\partial[u(t-z'/v_{\mathrm{f}}-R/c)i(0,t+z'/c-R/c)]}{\partial t}$$

$$=\delta(t-z'/v_{\mathrm{f}}-R/c)i(0,t+z'/c-R/c)+u(t-z'/v_{\mathrm{f}}-R/c)\cdot\frac{\partial i(0,t+z'/c-R/c)}{\partial t}\tag{3-116}$$

$$\int_{-\infty}^{t}i(z',\tau-R/c)\mathrm{d}\tau=\int_{-\infty}^{t}u(\tau-z'/v_{\mathrm{f}}-R/c)i(0,\tau+z'/c-R/c)\mathrm{d}\tau$$

$$=\int_{z'/v_{\mathrm{f}}+R/c}^{t}i(0,\tau+z'/c-R/c)\mathrm{d}\tau\tag{3-117}$$

把式(3-116)代入式(3-95)中的第三项得辐射电场为

$$E_{\mathrm{rad}}=-\frac{1}{2\pi\varepsilon_0}\int_0^h\frac{r^2}{c^2R^3}\frac{\partial i(z',t-R/c)}{\partial t}\mathrm{d}z'$$

$$=-\frac{1}{2\pi\varepsilon_0}\frac{r^2}{c^2R(h)^3}\frac{1}{1/v_{\mathrm{f}}+h/(cR(h))}i(0,t+z'/c-R(h)/c)-$$

$$\frac{1}{2\pi\varepsilon_0}\int_0^h u(t-z'/v_{\mathrm{f}}-R/c)\frac{\partial i(0,t-R/c)}{\partial t}\mathrm{d}z'\tag{3-118}$$

同理,把式(3-117)代入式(3-95)的第一项可得静电场,把式(3-115)代入式(3-95)的第二项可得感应电场。

对于 DU 模型,根据式(2-31)求得z'高度处的电流及其导数和积分项为

$$i(z',t-R/c)=u(t-R/c-z'/v_{\mathrm{f}})[i(0,t+z'/c-R/c)-i(0,z'/v^*)\cdot\mathrm{e}^{-(t-z'/v_{\mathrm{f}}-R/c)/\tau_{\mathrm{D}}}]\tag{3-119}$$

$$\frac{\partial i(z',t-R/c)}{\partial t}=\delta(t-R/c-z'/v_{\mathrm{f}})[i(0,t+z'/c-R/c)-i(0,z'/v^*)\cdot\mathrm{e}^{-(t-z'/v_{\mathrm{f}}-R/c)/\tau_{\mathrm{D}}}]+u(t-R/c-z'/v_{\mathrm{f}})\cdot\left[\frac{\partial i(0,t+z'/c-R/c)}{\partial t}+\frac{i(0,z'/v^*)}{\tau_{\mathrm{D}}}\cdot\mathrm{e}^{-(t-z'/v_{\mathrm{f}}-R/c)/\tau_{\mathrm{D}}}\right]\tag{3-120}$$

$$\int_0^t i(z',\tau-R/c)\mathrm{d}\tau=\int_0^t u(\tau-z'/v_{\mathrm{f}}-R/c)[i(0,\tau+z'/c-R/c)-i(0,z'/v^*)\mathrm{e}^{-(\tau-z'/v_{\mathrm{f}}-R/c)/\tau_{\mathrm{D}}}]\mathrm{d}\tau$$

$$=\int_{z'/v_{\mathrm{f}}+R/c}^{t}[i(0,\tau+z'/c-R/c)-i(0,z'/v^*)\mathrm{e}^{-(\tau-z'/v_{\mathrm{f}}-R/c)/\tau_{\mathrm{D}}}]\mathrm{d}\tau\tag{3-121}$$

把式(3－120)代入式(3－95)的第三项,得辐射电场为

$$E_{\mathrm{rad}} = -\frac{1}{2\pi\varepsilon_0}\int_0^h \frac{r^2}{c^2R^3}\frac{\partial i(z',t-R/c)}{\partial t}\mathrm{d}z'$$

$$= -\frac{1}{2\pi\varepsilon_0}\frac{r^2}{c^2R(h)^3}\frac{1}{1/v_{\mathrm{f}}+h/(cR(h))}i(0,t-z'/v_{\mathrm{f}}-R(h)/c) -$$

$$\frac{1}{2\pi\varepsilon_0}\frac{r^2}{c^2}\int_0^h \frac{1}{R^3}u(t-z'/v_{\mathrm{f}}-R/c)\frac{\partial i(0,t-R/c-z'/v_{\mathrm{f}})}{\partial t}\mathrm{d}z' \quad (3-122)$$

同理,把式(3－119)代入式(3－95)第二项可得感应电场,把式(3－121)代入式(3－95)第一项可得静电场。

3.3.3 传输线类工程模型的电磁场计算

对于 TL 模型,根据式(2－32)求得 z'高度处的电流及导数项为

$$i(z',t-R/c) = u(t-z'/v_{\mathrm{f}}-R/c)i(0,t-R/c-z'/v) \quad (3-123)$$

$$\frac{\partial i(z',t-R/c)}{\partial t} = \frac{\partial u(t-z'/v_{\mathrm{f}}-R/c)i(0,t-z'/v_{\mathrm{f}}-R/c)}{\partial t}$$

$$= \delta(t-z'/v_{\mathrm{f}}-R/c)i(0,t-z'/v_{\mathrm{f}}-R/c) + u(t-z'/v_{\mathrm{f}}-R/c)\cdot$$

$$\frac{\partial i(0,t-z'/v_{\mathrm{f}}-R/c)}{\partial t} \quad (3-124)$$

辐射电场为

$$E_{\mathrm{rad}} = -\frac{1}{2\pi\varepsilon_0}\int_0^h \frac{r^2}{c^2R^3}\frac{\partial i(z',t-R/c)}{\partial t}\mathrm{d}z'$$

$$= -\frac{1}{2\pi\varepsilon_0}\frac{r^2}{c^2R(h)^3}\frac{1}{1/v_{\mathrm{f}}+h/(cR(h))}i(0,t-z'/v_{\mathrm{f}}-R(h)/c) -$$

$$\frac{1}{2\pi\varepsilon_0}\frac{r^2}{c^2R^3}\int_0^h u(t-z'/v_{\mathrm{f}}-R/c)\frac{\partial i(0,t-R/c-z'/v_{\mathrm{f}})}{\partial t}\mathrm{d}z'$$

$$(3-125)$$

另外,由于

$$i(0,t-R(h)/c-z'/v_{\mathrm{f}}) = i_0(\mathrm{e}^{-\alpha(t-z'/v_{\mathrm{f}}-R(h)/c)} - \mathrm{e}^{-\beta(t-z'/v_{\mathrm{f}}-R(h)/c)}) = 0$$

$$(3-126)$$

所以

$$E_{\mathrm{rad}} = -\frac{1}{2\pi\varepsilon_0}\frac{r^2}{c^2}\int_0^h \frac{1}{R^3}u(t-z'/v_{\mathrm{f}}-R/c)\frac{\partial i(0,t-z'/v_{\mathrm{f}}-R/c)}{\partial t}\mathrm{d}z'$$

$$(3-127)$$

其实，对于所有的传输线类型的工程模型而言，由于电流波是连续的，在回击波头处的电流为0，所以涉及δ函数的项为0。TL模型的静电场为

$$\begin{aligned}E_{\text{ele}} &= \frac{1}{4\pi\varepsilon}\int_0^h \frac{2R^2 - 3r^2}{R^5}\mathrm{d}z' \int_{-\infty}^t i(z',\tau - R/c)\,\mathrm{d}\tau \\ &= \frac{1}{4\pi\varepsilon}\int_0^h \frac{2R^2 - 3r^2}{R^5}\mathrm{d}z' \int_{-\infty}^t u(\tau - z'/v_{\mathrm{f}} - R/c)\,i(0,\tau - z'/v_{\mathrm{f}} - R/c)\,\mathrm{d}\tau \\ &= \frac{1}{4\pi\varepsilon}\int_0^h \frac{2R^2 - 3r^2}{R^5}\mathrm{d}z' \int_{z'/v_{\mathrm{f}}+R/c}^t i(0,\tau - z'/v_{\mathrm{f}} - R/c)\,\mathrm{d}\tau \end{aligned} \quad (3-128)$$

MTLE和MTLL模型电流的积分项和微分项与TL模型的上述表达式一致。

3.3.4 回击工程模型有效性的比较

选择回击通道底部电流为击穿电流和电晕电流的叠加形式，均用式(2-14)所示的脉冲函数来描述，即

$$i(0,t) = \frac{I_{\mathrm{bd}}}{\eta_1}(1 - \mathrm{e}^{-t/\tau_{\mathrm{b1}}})^2 \cdot \mathrm{e}^{-t/\tau_{\mathrm{b2}}} + \frac{I_{\mathrm{c}}}{\eta_2}(1 - \mathrm{e}^{-t/\tau_{\mathrm{c1}}})^2 \cdot \mathrm{e}^{-t/\tau_{\mathrm{c2}}} \quad (3-129)$$

式中参数选择分别为：$I_{\mathrm{bd}} = 9.9\mathrm{kA}$，$\tau_{\mathrm{b1}} = 0.072\mu\mathrm{s}$，$\tau_{\mathrm{b2}} = 5\mu\mathrm{s}$，$\eta_1 = 0.845$，$I_{\mathrm{c}} = 7.5\mathrm{kA}$，$\tau_{\mathrm{c1}} = 5.99\mu\mathrm{s}$，$\tau_{\mathrm{c2}} = 100\mu\mathrm{s}$。

由该函数得出的典型回击通道底部电流及其导数波形如图3-3所示。

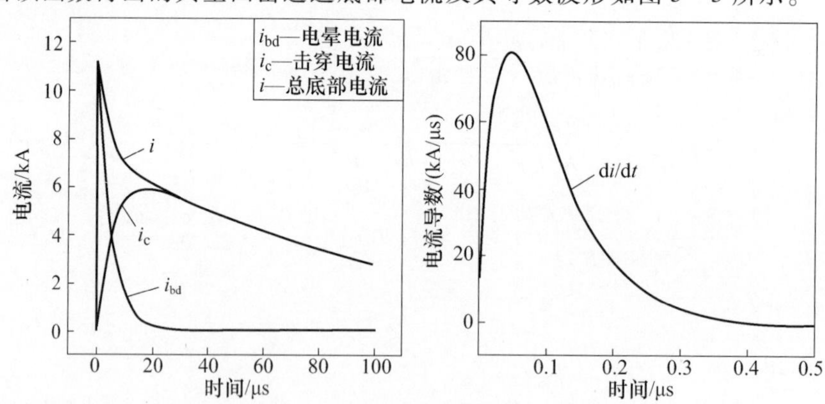

图3-3 典型回击通道底部电流及其导数波形

使用图3-3所示的电流波形作为回击通道底部电流波形，将式(3-129)代入回击工程模型的电流表达式中，然后对各种回击模型电流求导数及积分，再将所得结果分别代入式(3-95)和式(3-96)所示的地表雷电回击电磁场一般表达式中，对近场区、中间场区和远场区的电磁场进行计算，结果如图3-4至图3-9所示。

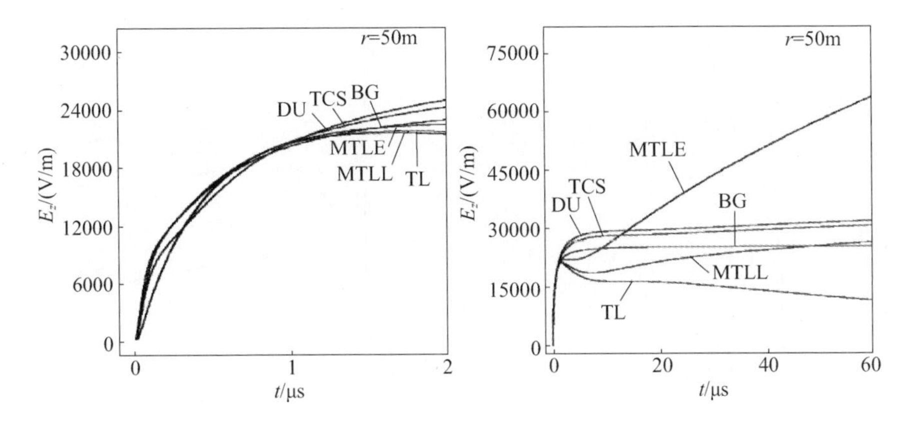

图 3－4　50m 距离处的初始 2μs 和 60μs 时间内的电场波形

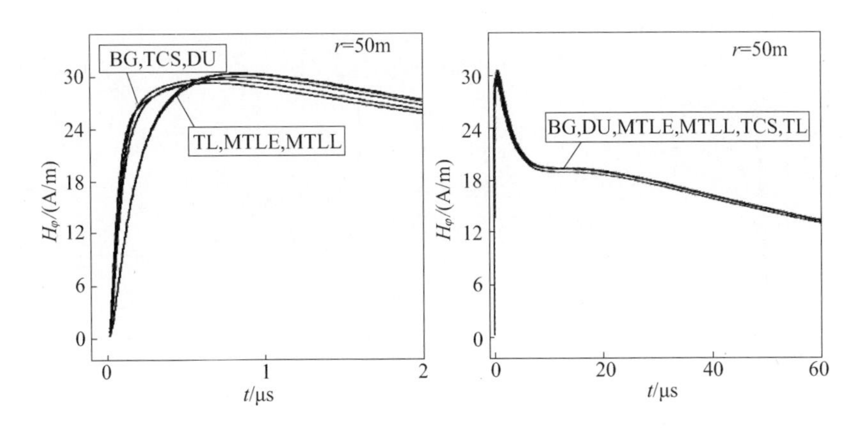

图 3－5　50m 距离处的初始 2μs 和 60μs 时间内的磁场波形

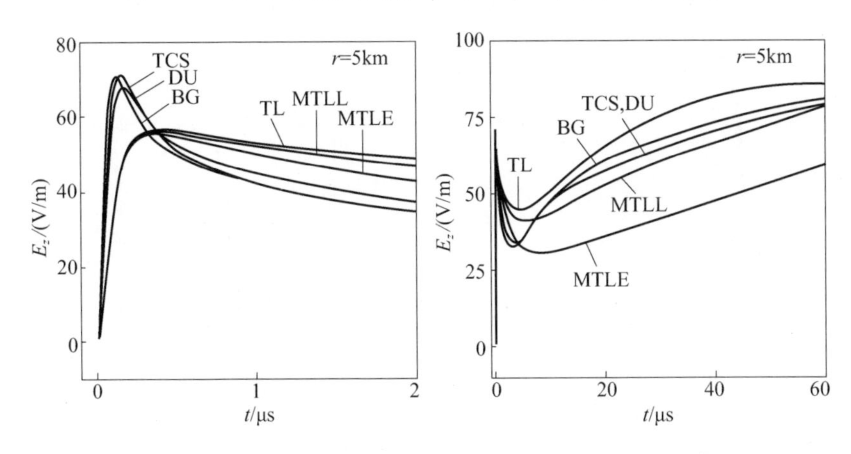

图 3－6　5km 距离处的初始 2μs 和 60μs 时间内的电场波形

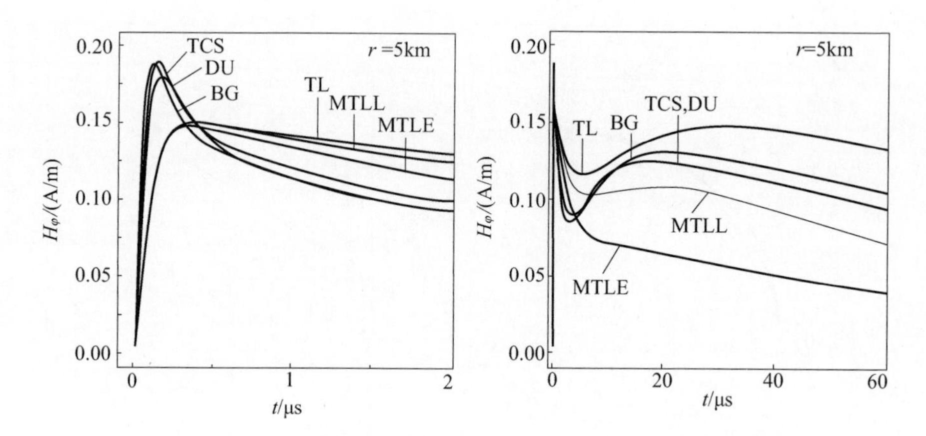

图 3-7　5km 距离处的初始 2μs 和 60μs 时间内的磁场波形

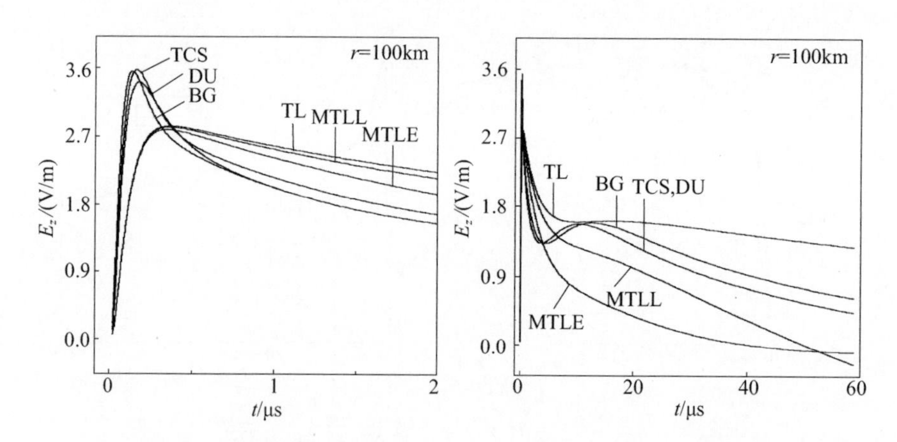

图 3-8　100km 距离处的初始 2μs 和 60μs 时间内的电场波形

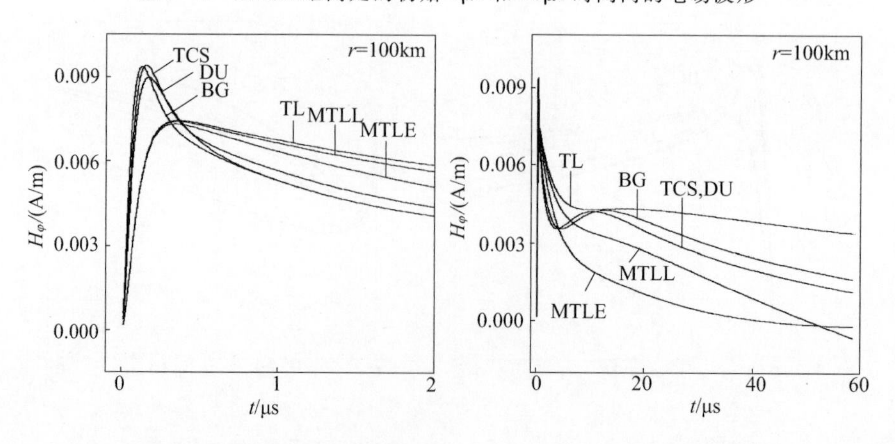

图 3-9　100km 距离处的初始 2μs 和 60μs 时间内的磁场波形

从图 3－4 和图 3－5 可以发现，这 6 种模型在近距离处的电磁场均有一个快速上升的初始峰值，且近区磁场与电流源的波形基本一致。这是因为近距离的磁场主要是感应场，由距离最近的电流源确定，所以与通道底部的电流波形基本一致。从图 3－4还可以发现，除 TL 模型外，其他模型近距离处的电场在初始峰值之后会出现持续几十微秒以上的缓慢上升斜坡。从图 3－7 中可以看到几千米距离处的回击磁场会在初始峰值之后在几十微秒内有一个凸线，但是 MTLE 模型没有这个特性。而图 3－8和图 3－9 所示的远处电磁场的波形基本一致，因为远距离的电磁场基本是辐射场，它们之间满足 $E(t)=cB(t)$ 的关系。此外，在远距离处，由 MTLL 和 MTLE 模型所计算得到的电磁场会在几十微秒内与时间轴有一个零交叉点，其余模型计算产生的电磁场没有这个特性。

从上述分析可以得到基于这 6 种工程模型的计算电磁场与实际测量雷电回击电磁场的特征对比如表 3－1 所列。

表 3－1　模型计算电磁场与实测电磁场特征比较

模型	初始峰值	近距离电场的上升斜坡	近距离磁场的凸起	远场的零交叉点
BG	有	有	有	无
TL	有	无	有	无
DU	有	有	有	无
TCS	有	有	有	无
MTLE	有	有	无	有
MTLL	有	有	有	有

根据电磁场计算结果与实际测量回击电磁场的特征对比，结合表 3－1 分析工程模型的有效性，结果表明以下几点。

（1）TL 回击工程模型不适于计算距离回击通道近距离处的雷电回击电场，其不能出现在初始峰值后的缓慢上升斜坡。

（2）MTLE 回击工程模型不适于计算距离回击通道几千米处的雷电回击磁场，在初始峰值之后不能再次上升，并出现一个凸起。

（3）只有 MTLE 和 MTLL 模型适于计算远距离处的电磁场，其余模型得到的远距离电磁场没有出现与时间轴的零交叉点。

（4）不同的回击工程模型适合不同场区的电磁场计算，但是只有 MTLL 模型能够完全反映不同场区的实测电磁场特征。

3.4　回击参数对垂直通道地面雷电回击电磁场的影响

确定闪电回击在地表产生的电磁场对研究敏感设备的防护和确定合适的防护措

施有重要的指导意义，对研究闪电回击过程也可提供一定的依据。但是，实际测量的雷电回击电磁场数据很有限，而且闪击强度具有一定的随机性和不可控性。理论计算雷电回击电磁场可以灵活地选取雷电流的强度以及其他回击参数和观测点距闪击点的距离。计算雷电回击电磁场时，在确定回击通道底部电流波形和回击模型后，地面雷电回击电磁场的计算结果还受回击速度和回击通道高度的影响[100]。本节将重点对回击通道高度和回击速度对地面雷电回击电磁场的影响进行研究，并计算标准规定波形在地表产生的雷电回击电磁场，为后面章节的模拟试验提供数据。

3.4.1 通道高度的影响

通道高度一般被认为是几千米，但是没有一个固定的标准，不同研究人员选取的通道高度值可能会有差异。此外，回击速度也是影响回击电磁场的另一个变量，许多学者的研究表明，回击速度一般为光速的1/3左右，但是有些学者也会选择不同的回击速度。下面就以MTLL模型为例，用脉冲函数表示通道底部电流波形，电流参数与3.3.4节中对几种工程模型进行比较时所用参数相同，研究通道高度和回击速度对回击电磁场的影响。

固定回击速度为1.3×10^8m/s，研究回击通道高度对不同区域的雷电回击电磁场的影响。图3-10至图3-12所示为50m、5km、100km距离处不同回击通道高度所对应的雷电回击电磁场。

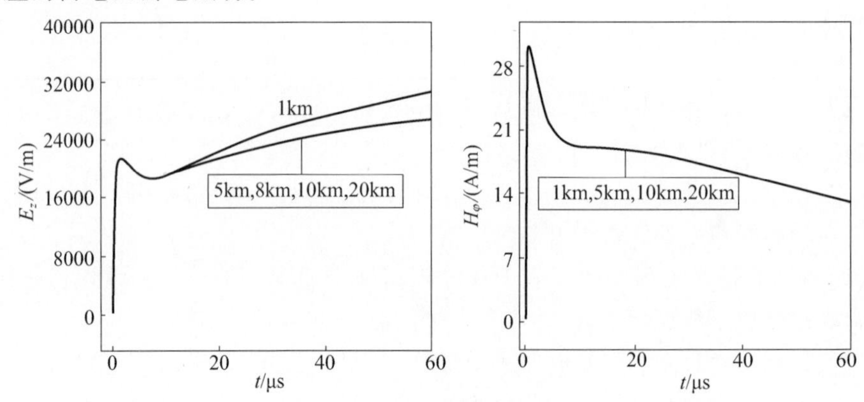

图3-10　50m距离处的不同回击通道长度所对应的电磁场

从图3-10中可以看到，在几十米的观测距离上，回击通道高度的选取从1km到几十千米基本对磁场没有影响，而对于近距离的电场而言，回击通道高度在1km以下时，电场在初始峰值之前基本没有影响，但是在初始峰值之后的上升斜坡会随着通道高度的增加而趋于平缓，且当回击通道高度选取大于5km时，上升斜坡就基本没有变化了。

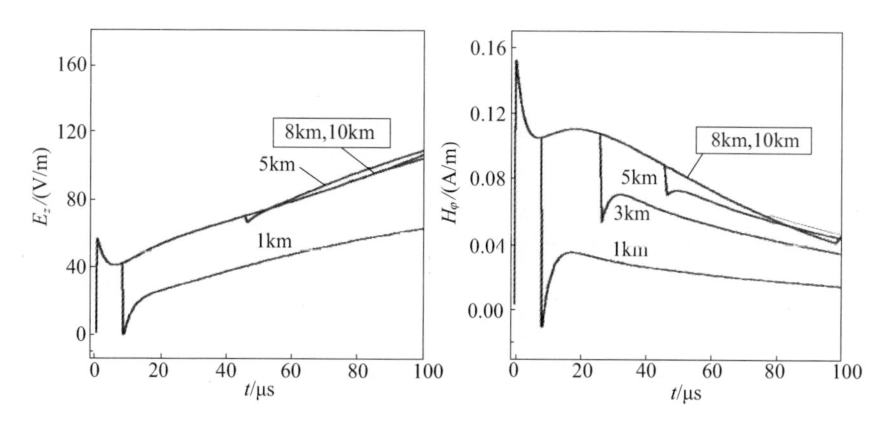

图 3-11　5km 距离处的不同回击通道长度所对应的电磁场

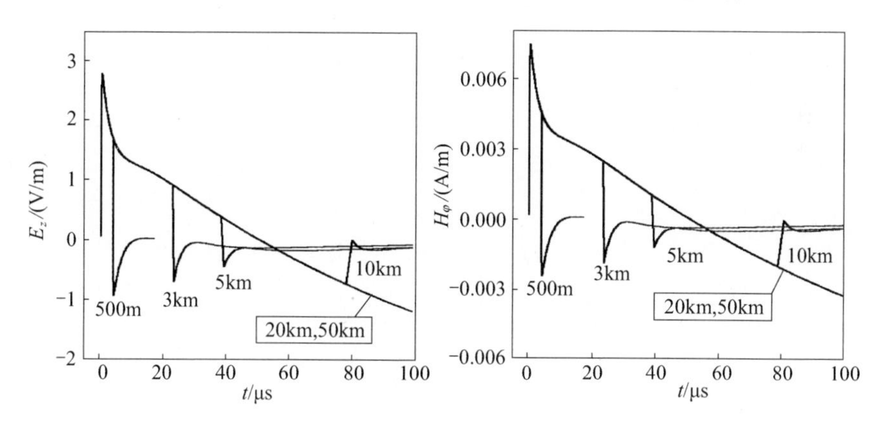

图 3-12　100km 距离处的不同回击通道长度所对应的电磁场

从图 3-11 中可以看到，在 5km 的观测距离上，回击通道高度对电磁场的影响与电流到达通道顶端的时间相关。在电流未到达顶部之前，不同回击通道所对应的电磁场的波形是一致的，图 3-11 中出现的差异主要是由于回击波前在到达通道顶部以后超出通道高度的波前电流部分瞬间消失所引起的（可等效为此时存在一个反射电流，不断中和掉回击电流超过通道高度的波前部分），在电流到达回击通道顶部之后，随着通道高度的增加，磁场波形反射造成的二次峰值也在加强。

从图 3-12 中可以看到，在 100km 左右的观测距离上，通道高度的变化对电磁场的影响同样与电流到达通道顶端的时间相关。在电流未到达通道顶部之前，不同通道高度所对应的电磁场波形基本重合；在回击电流到达通道顶部之后，电磁场会由于等效反射电流的出现而突然下降，下降的幅度随着通道高度的增加而减小。

3.4.2　回击速度的影响

尽管前面在雷电回击电磁场的建模中已经假设雷电回击过程中回击速度保持不

变,但是实际的雷电流回击速度并非恒量,观测结果表明,其回击速度基本为 1×10^8 ~ 2×10^8 m/s 甚至更高。为了研究回击速度对雷电回击电磁场的影响,将回击通道的高度固定为7500m,计算回击速度分别为 1×10^8 m/s、1.3×10^8 m/s、1.8×10^8 m/s、2×10^8 m/s 时不同场区内的雷电回击电磁场。

图 3-13 至图 3-15 所示为不同回击速度下观测点在距闪击通道 50m、5km、100km 距离处所对应的雷电回击电磁场。

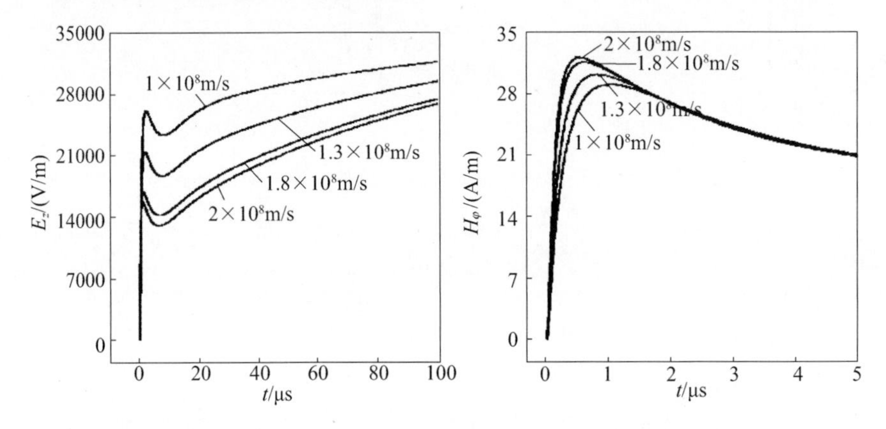

图 3-13　50m 距离处的不同回击速度对应的电磁场

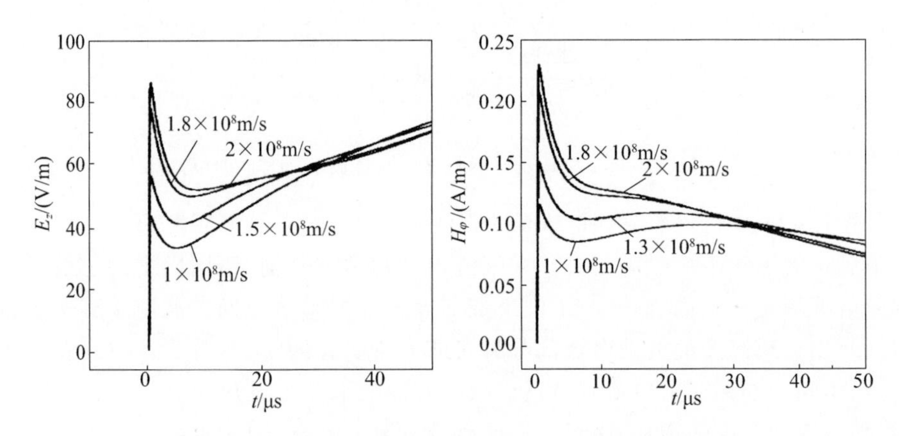

图 3-14　5km 距离处的不同回击速度对应的电磁场

从图 3-13 至图 3-15 可以看到,对于近距离处的电场而言,初始峰值会随着回击速度的增加而降低,但是初始峰值后的斜坡会随着回击速度的增加而变陡,而近距离处磁场的初始峰值则随着回击速度的增加而增加,在初始峰值之后,回击速度高的磁场则衰减得较快,不同回击速度所对应的磁场波形在初始峰值之后基本重合。对于几千米左右的过渡场区而言,电磁场的初始峰值都会随着回击速度的增加而增加,但是在初始峰值之后,回击速度大的衰减也相对较快,所以会出现不同回击速度的电

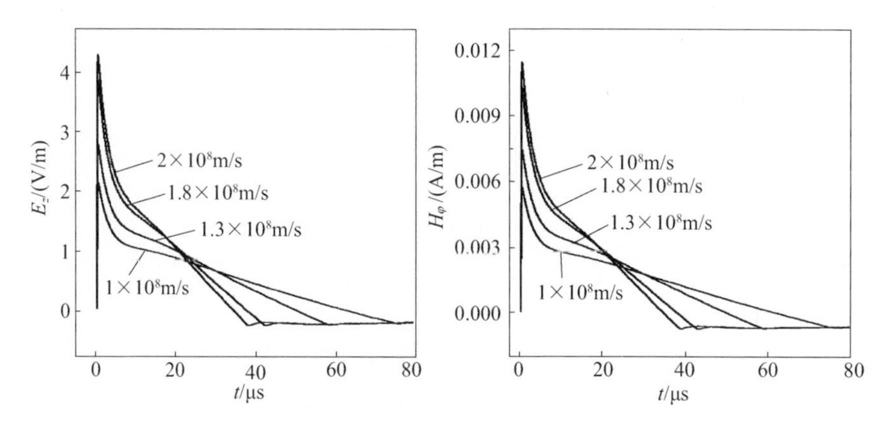

图 3－15　100km 距离处的不同回击速度对应的电磁场

磁场波形交叉。远场区电磁场和回击速度之间的关系与几千米的过渡场区基本相同。

综合通道高度和回击速度对雷电回击电磁场的影响,可以得出以下结论。

（1）通道高度在 1km 到几十千米的范围内时对雷电回击电磁场计算的影响比较小,只是电流到达不同回击通道高度的时间不同,所以反射电流引起雷电回击电磁场反转的时间也不同,这一点对不同的通道高度来说是有一定差异的。

（2）回击速度对雷电回击电磁场的影响相对而言就明显一些,近场区的电场初始峰值会随着回击速度的增加而减小,其他场区的雷电回击电磁场的初始峰值都会随着回击速度的增加而增加,但是所有场区的雷电回击电磁场的初始峰值与随后的衰减是对应的,初始峰值越大的随之衰减也越快,所以不同回击速度所对应的雷电回击电磁场波形会形成交叉。

3.4.3　回击电流波形的影响

雷电回击电磁场由回击电流产生,其波形特征与回击电流波形之间具有密切的联系。此处给出标准规定电流波形下地面雷电回击电磁场的波形特征。根据 IEC 62305－1 对首次回击的规定,按照一级防护标准,选择首次回击电流波形为 10/350μs,电流的峰值取 200kA;对于上升沿比较陡的后续回击,同样依据 IEC 62305－1 标准,选择的波形为 0.25/100μs,电流的峰值取 30kA。此外,我国各行业广泛使用的标准雷电流波形还有 8/20μs 和 1.2/50μs 的波形。针对上述 4 种电流波形,采用 TL 模型和脉冲函数底部电流模型分别计算了其在不同距离处的回击电磁场。用于产生上述波形的脉冲函数参数如表 3－2 所列。

考虑到 LEMP 在近场的强度较大,当观测点与回击通道的距离大于 100m 时,LEMP 的效应将大大减弱,所以本节仅对 100m 距离以内的 LEMP 环境特征进行计算。

表 3－2　产生各种波形所用的脉冲函数参数

参数	I_0/kA	η	n	τ_1/μs	τ_2/μs	(dI/dt)/(kA/μs)
10/350μs	200	0.95	2	3.79	488	27.5
0.25/100μs	30	0.99	2	0.029	143	840
8/20μs	30	0.25	2	6.17	10.64	9.6
1.2/50μs	200	0.95	2	0.54	66.7	48

3.4.3.1　10/350μs 波形产生的电磁场

由于回击通道底部电流的波形是通过曲线拟合产生的，所以很难完全与理论完全符合。对于10/350μs 波形，采用表 3－2 所列的参数实际计算时的电流波形为10.4/368μs，电流峰值为200kA。表 3－3 和表 3－4 分别为选用该底部电流波形计算的近场区不同距离处电场和磁场的主要波形特征及其导数的峰值。

表 3－3　通道底部电流波形为 10/350μs 时电场与距离的关系

距离/m	5	8	10	20	50	100
电场峰值/(kV/m)	5500	3446	2756	1373	543	267
电场导数峰值/(kV/(m·μs))	748	461	367	178	66	30
上升时间/μs	10.51	10.63	10.75	11.09	11.98	13.08
半波宽度/μs	—	224	361	379	401	444

表 3－4　通道底部电流波形为 10/350μs 时磁场与距离的关系

距离/m	5	8	10	20	50	100
磁场峰值/(A/m)	6366	3979	3185	1591	636	318
磁场导数峰值/(A/(m·μs))	873	545	437	218	85	41
上升时间/μs	10.26	10.41	10.34	10.44	10.63	10.94
半波宽度/μs	362	363	361	360	365	363

3.4.3.2　0.25/100μs 波形产生的电磁场

由表 3－2 所列的参数模拟 0.25/100μs 波形时产生的回击通道底部电流波形为0.18/99μs，所用电流峰值为30kA。表 3－5 和表 3－6 分别为计算的近场区不同距离处电场和磁场的主要波形特征及其导数的峰值。

表 3－5　通道底部电流为 0.25/100μs 时电场与距离的关系

距离/m	5	7	10	20	50	100
电场峰值/(kV/m)	814	574	399	197	76	36.8
电场导数峰值/(kV/(m·μs))	6000	3660	2119	816	285	137
上升时间/μs	0.24	0.35	0.46	0.84	1.71	2.8
半波宽度/μs	—	77	94	96	101	106

表 3 - 6 通道底部电流为 0.25/100μs 时磁场与距离的关系

距离/m	5	7	10	20	50	100
磁场峰值/(A/m)	950	677	471	235	93	46
磁场导数峰值/(A/(m·μs))	11665	7633	4881	2107	756	362
上升时间/μs	0.17	0.17	0.16	0.23	0.48	0.94
半波宽度/μs	95	98	96	92	95	97

3.4.3.3 8/20μs 波形产生的磁场

对于 8/20μs 波形,采用表 3 - 2 所列的参数实际计算产生的波形为 7.7/22.6μs,电流峰值为 30kA。表 3 - 7 是选用该底部电流波形计算的近场区不同距离处磁场的主要波形特征及其导数的峰值。

表 3 - 7 通道底部电流为 8/20μs 时磁场与距离的关系

距离/m	5	8	10	20	50	100
磁场峰值/(A/m)	954	597	476	238	95	47
磁场导数峰值/(A/(m·μs))	148	92	75	37	14.7	7.2
上升时间/μs	7.8	7.7	7.8	7.8	7.8	8.0
半波宽度/μs	22.5	22.5	22.5	22.5	22.8	23.0

3.4.3.4 1.2/50μs 波形产生的电磁场

1.2/50μs 波形是目前国内广泛使用的一种雷电流波形,在电力部门的架空线路防雷中得到广泛认同。对于该波形,采用表 3 - 2 所列的参数实际计算产生的波形为 1.12/50μs,电流幅值为 200kA。表 3 - 8 和表 3 - 9 分别为选择该底部电流波形计算得到的近场区不同距离处电场和磁场的主要波形特征及其导数的峰值。

表 3 - 8 通道底部电流为 1.2/50μs 时电场与距离的关系

距离/m	5	7	10	20	50	100
电场峰值/(kV/m)	5419	3865	2687	1315	504	240
电场导数峰值/(kV/(m·μs))	6193	4246	2814	1209	352	125
上升时间/μs	1.27	1.38	1.41	1.59	2.16	3.07
半波宽度/μs	48.60	51.6	52.3	53.97	57.1	61.3

表 3 - 9 通道底部电流为 1.2/50μs 时磁场与距离的关系

距离/m	5	7	10	20	50	100
磁场峰值/(A/m)	6359	4542	3176	1586	628	308
磁场导数峰值/(A/(m·μs))	7999	5656	3894	1837	631	265
上升时间/μs	1.12	1.13	1.19	1.28	1.41	1.54
半波宽度/μs	49.9	49.5	50.25	50.17	51.00	49.64

3.5 垂直通道空间雷电回击电磁场的计算

目前,尽管最常见的雷电灾害发生在地表,但是随着各种飞行器和信息产业的发展,雷电产生的空中电磁场的威胁也越来越严重。与之相对,由于空中电磁场的测量很困难,目前还没有完整的同时测量的空中雷电回击电磁场数据。为此,本节对雷电回击产生的空间电磁场做了初步的探索。

3.5.1 不同高度处的电磁场比较

首先计算近场区的情况。由于 $z \neq 0$,径向电场 E_r 不为 0。因此需要计算垂直电场 E_z、水平电场 E_r 与磁场 H_φ。应该注意的是,在通道的镜像中应有 $v = -v_f$。因此对于任意 z'有以下公式:

电流为

$$i(z',t) = i\left(0, t - \frac{|z'|}{v_f}\right)$$

电荷为

$$\int_{-\infty}^{t} i(z', \tau - R/c)\mathrm{d}\tau = Q\left(t - R/c - \frac{|z'|}{v_f}\right)$$

电流导数为

$$\frac{\partial i(z', t - R/c)}{\partial t} = \frac{\partial i\left(0, t - R/c - \frac{|z'|}{v_f}\right)}{\partial t}$$

为了书写简便,在不致引起混淆的地方,仍用 v 表示 v_f。对式(3-90)至式(3-92)在由式(3-83)和式(3-85)定义的积分区间$[-h_-, h_+]$积分,就可以得到 E_z、E_r 和 H_φ 随时间的变化情况。

取通道高度 $H = 5000\text{m}$,回击电流峰值 $I = 30\text{kA}$,回击速度 $v = 1.3 \times 10^8 \text{m/s}$。用 TL 模型对不同场区的不同高度观测点的电磁场进行计算,结果如图 3-16 至图 3-24 所示。其中横坐标表示从回击电磁场传播至观测点时刻起算的时间,图中数值表示观测点所在高度(单位为 m)。

从图 3-16 至图 3-18 可以看到:对于 20m 近距离处的垂直电场,随着观测点高度的上升,电场的上升沿会变得越来越陡,峰值越来越强,在达到峰值之后逐渐衰减到 0;在几十米的高度时,垂直电场的极性也发生变化,形成一个很尖的峰值,峰值大致在回击波前传播到观测点所在高度的时刻出现,然后衰减,与时间轴形成一个过零点,然后再次衰减到零;当观测点的高度超过通道高度时,垂直的电场波形会发生较大的变化,随着高度的继续上升,电场的上升沿会变得越来越缓,峰值也越来越小。水平电场也与垂直电场一样,上升沿会随着高度的上升变得越来越陡,峰值也会逐渐

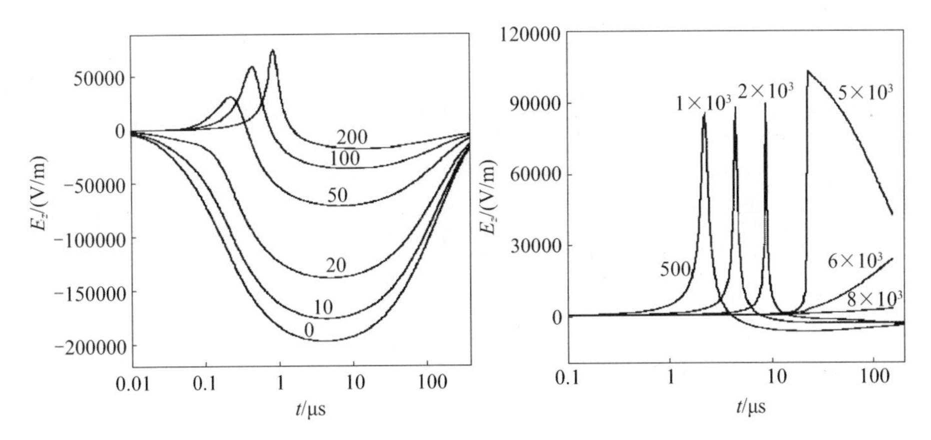

图 3－16　20m 距离时垂直电场与观测点所在高度的关系

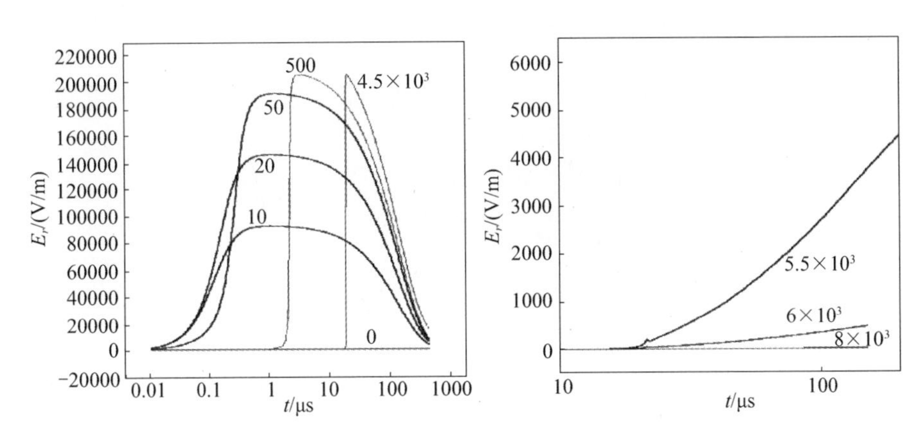

图 3－17　20m 距离时水平电场与观测点所在高度的关系

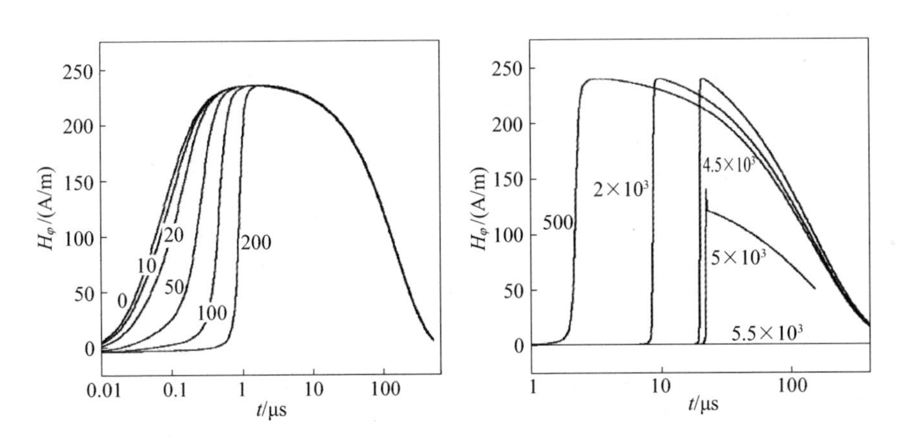

图 3－18　20m 距离处角向磁场与观测点所在高度的关系

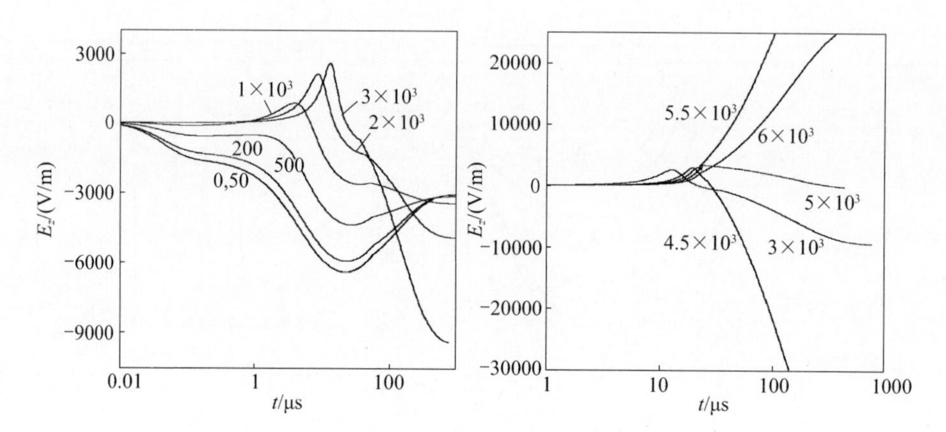

图 3－19　500m 距离处不同高度的垂直电场波形比较

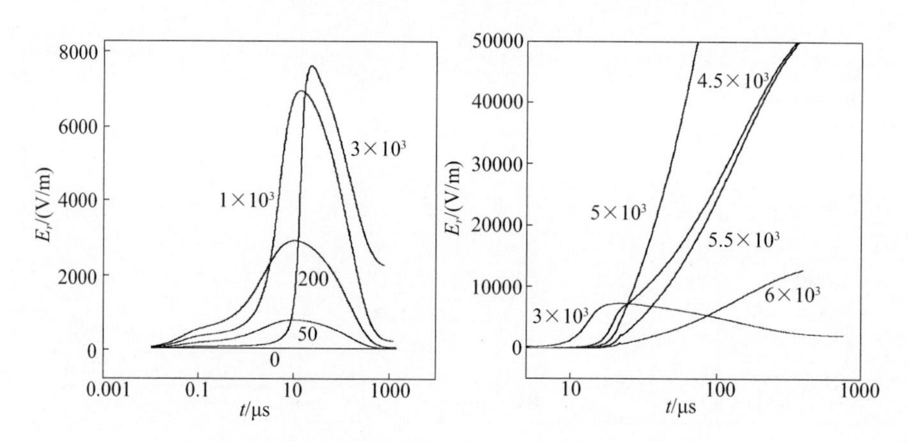

图 3－20　500m 距离处不同高度的水平电场波形比较

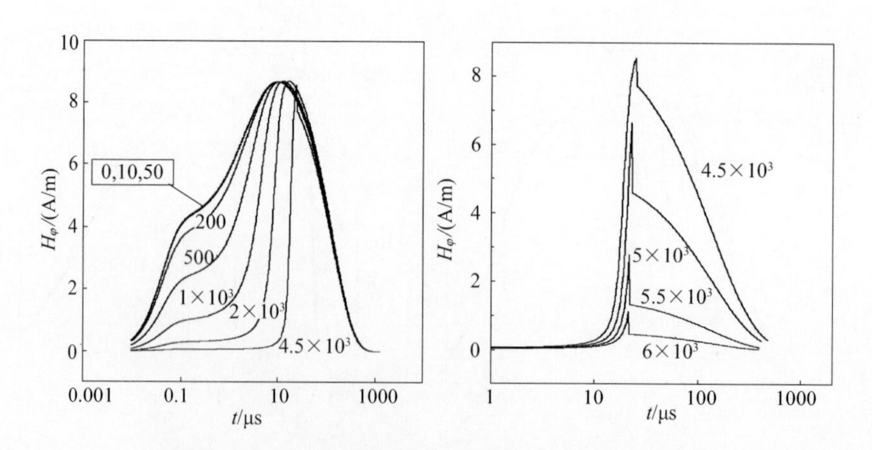

图 3－21　500m 距离处不同高度的磁场波形比较

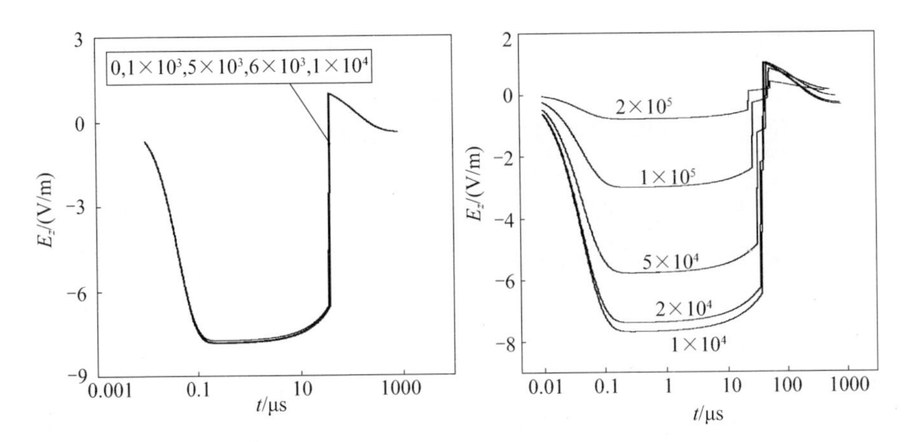

图 3-22　100km 距离处不同高度的垂直电场波形比较

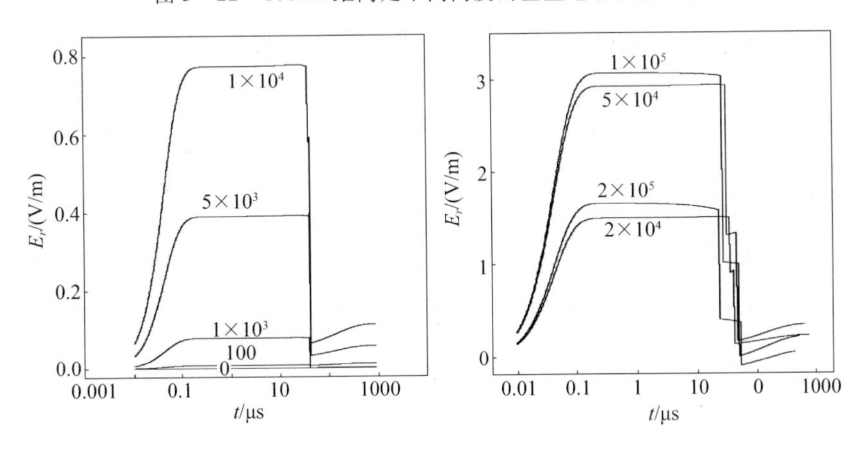

图 3-23　100km 距离处不同高度的水平电场波形比较

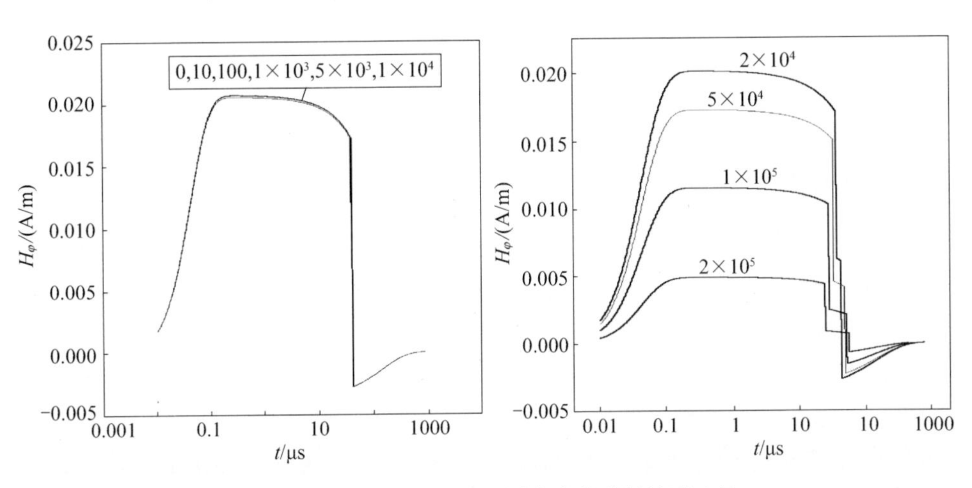

图 3-24　100km 距离处不同高度的磁场波形比较

增加;在几百米的高度上方基本保持一个稳定的峰值,在到达通道高度以后,水平电场的上升沿变得越来越缓。磁场的波形与水平电场的波形基本类似,在通道高度的下方,磁场的峰值基本稳定,但是上升沿会随着观测点的升高逐渐变陡;在通道高度上方的空间,磁场的峰值会急剧衰减。

从图 3 - 19 至图 3 - 21 可以看到:对于 500m 过渡场区的电磁场,在通道高度下方,几十米高度之内的垂直电场基本一致;在几十米上方的高度,垂直电场的峰值会随着观测点高度的上升而增加,上升沿也会变得陡峭,而且当观测点高度达到 1km 左右时,垂直电场的初始极性会与下方观测点的相反,但是在峰值之后又会很快衰减,在几十微秒到几百微秒之后又会改变极性,且观测点的位置越高,在达到越强的初始峰值之后,发生的衰减也越快,所以不同曲线之间在初始峰值之后会产生交叉。当观测点到达通道顶部的高度时,初始峰值达到最大值,但是这个高度的垂直电场在初始峰值之后的衰减也最快。在通道高度的上方,随着观测点位置的上升,初始峰值会逐渐降低;水平电场与观测点高度的关系与 20m 处的基本相同,但是当观测点的位置达到几千米时,初始峰值就已经越来越不明显,只是看到陡峭的上升,在通道高度所在的位置,上升陡度达到最大,然后随着观测点位置的升高而逐渐趋缓。与 20m 处的磁场相比,500m 处的磁场在初始几十米的高度范围内差别很小;低于通道顶部超过 500m 的观测点处的磁场峰值基本相同,但是位置越高的观测点处的磁场上升越陡,衰减也越快;当观测点高度接近通道高度时,磁场的峰值会快速降低,但是比近场衰减得要缓。

从图 3 - 22 至图 3 - 24 可以看到,在 100km 的远场区:对于垂直电场而言,在几千米高度下方的观测点处的电场波形基本重合,当观测点的高度超过 10km 以后,垂直电场的峰值会随着高度的上升而下降;对于水平电场而言,其峰值会随着高度的上升逐渐增大,直到观测点高度与距离相近时达到最大值,然后随着高度的进一步上升而下降。远场区磁场与观测点高度的关系与垂直电场基本一致,它们的波形也一致。

3.5.2 不同场区的电磁场空间分布及其特征

为了更清楚地了解不同场区的电磁场在空间的分布特征,对不同场区的雷电回击电磁场在三维空间进行计算[101],采用 TL 模型,取通道高度为 5000m,回击电流峰值为 200A,回击速度为 1.3×10^8 m/s,计算结果如图 3 - 25 至图 3 - 33 所示。

从图 3 - 25 至图 3 - 27 可以看到:相同水平距离处、相同时刻、不同高度的近场区的水平电场会随着观测点高度的上升而增强,在接近通道高度附近的空间会有明显的上升,在与通道相同高度时到达最大值,然后随着高度的进一步上升水平电场急剧下降;在相同高度、相同距离、不同时刻的水平电场会随着时间的延长而逐渐增加,

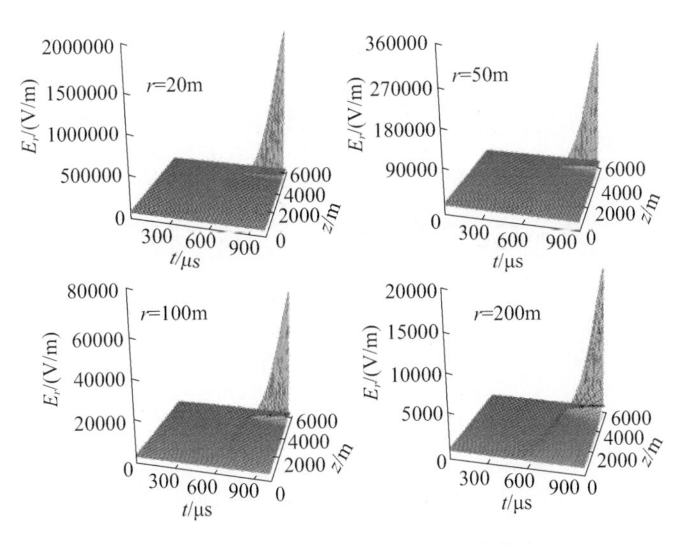

图 3－25　近场区水平电场的空中分布

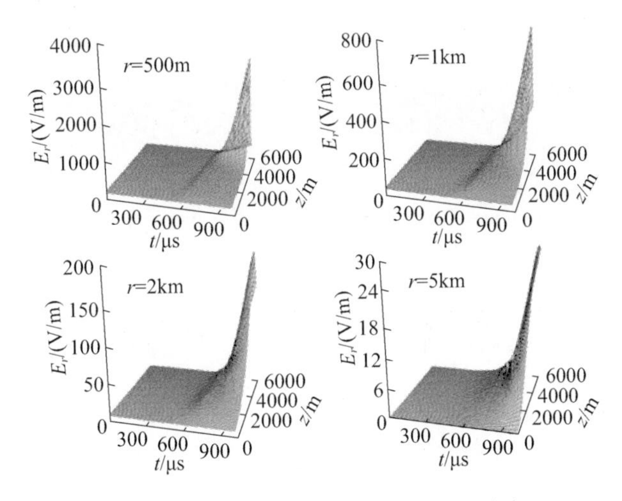

图 3－26　过渡场区水平电场的空中分布

在几百微秒才达到峰值，因为近场区的电场主要是静电场，所以经过长时间的积累后才能达到峰值。过渡场区的水平电场进一步延续了近场区水平电场的趋势；远场区的水平电场会出现初始峰值，而且会持续几微秒后急剧衰减，而后再次缓慢上升。从图 3－27 中可以看到一个明显的峰脊，也就是初始峰值之后的急剧衰减，这是由于回击电流波已经传播到通道顶部所引起的反射；对于远场区而言，水平电场达到初次峰值的时间会比过渡场区的时间提前，因为远场区的电场以辐射场为主，在初始峰值后会再次上升是因为静电场的作用。

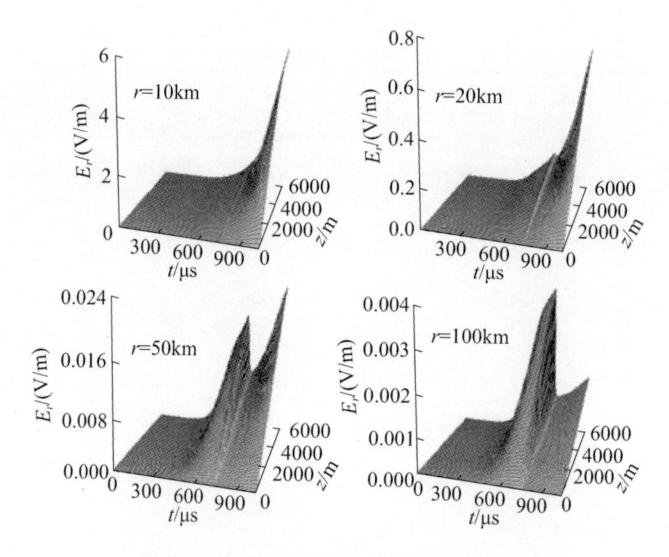

图 3-27　远场区水平电场的空中分布

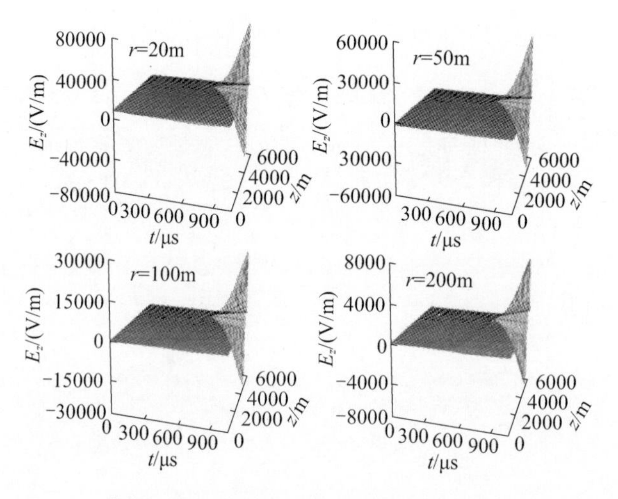

图 3-28　近场区垂直电场的空中分布

从图 3-28 至图 3-30 可以看到：近场区的空中垂直电场在通道高度以下时先逐渐增强，在通道高度附近达到峰值，然后很快衰减，在通道高度时达到最小，然后会随着高度的上升改变极性并再次急剧增强；对于过渡场区的空间垂直电场而言，随着径向距离的增加，在通道高度位置时的极性改变会消失，电场会在地表面时峰值达到最大，随着高度的上升而衰减；对于远场区而言，垂直电场随高度的变化不明显，主要是随时间而变化，当回击波前达到通道顶部时（几百微秒）垂直电场会产生急剧的衰减。

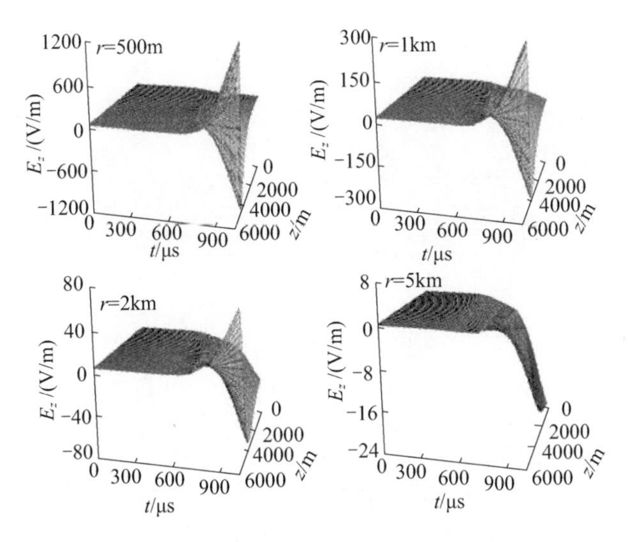

图 3 - 29　过渡场区垂直电场的空中分布

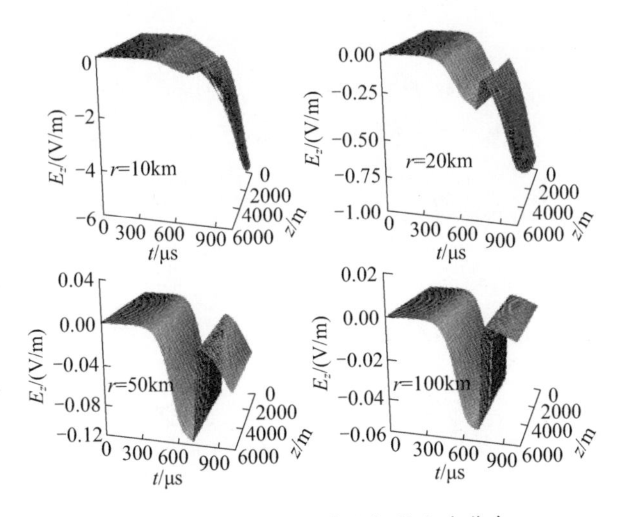

图 3 - 30　远场区垂直电场的空中分布

从图 3 - 31 至图 3 - 33 可以看到:近场区的磁场峰值在观测点达到通道顶部之前基本保持不变,但是随着高度的上升,波前会变得越来越陡,在高度达到顶部上方后,磁场峰值会急剧衰减,很快衰减到 0;对于过渡场区,在观测点未达到通道高度之前,磁场的峰值就会随着高度的上升而衰减,但是衰减的速度比较缓慢,在通道顶部上方也不会很快衰减到 0;随着水平距离的进一步增加,远场区的磁场变得与近场区的磁场很类似,峰值基本没有变化,只是在回击波前达到通道顶部之后会有急剧衰减。

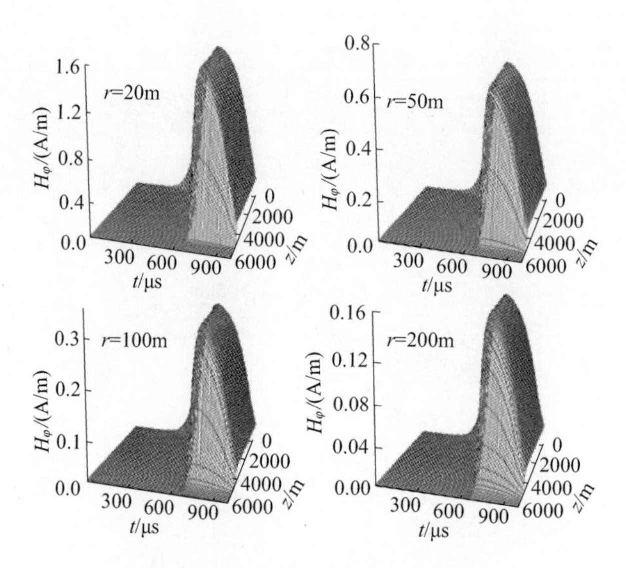

图 3-31　近场区磁场的空中分布

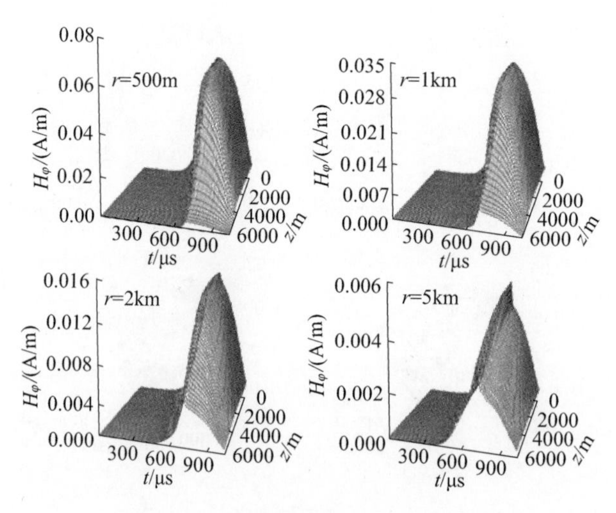

图 3-32　过渡场区磁场的空中分布

3.5.3 标准规定波形产生的空间电磁场

依据 IEC 62305-1 中的一级防护标准，对于首次回击和后续回击，分别取电流波形为 10/350μs 和 0.25/100μs、电流峰值为 200kA 和 50kA，取回击通道高度为 5km，回击速度为 1.3×10^{8}m/s。分别对 20m、50m 和 100m 距离处空中 200m、500m、1000m 高度处的雷电回击电磁场进行计算，并提取了电磁场的波形参数，结果如表 3-10 和表 3-11所列。由于近场区的垂直电场会改变极性，其波形参数不便确定。

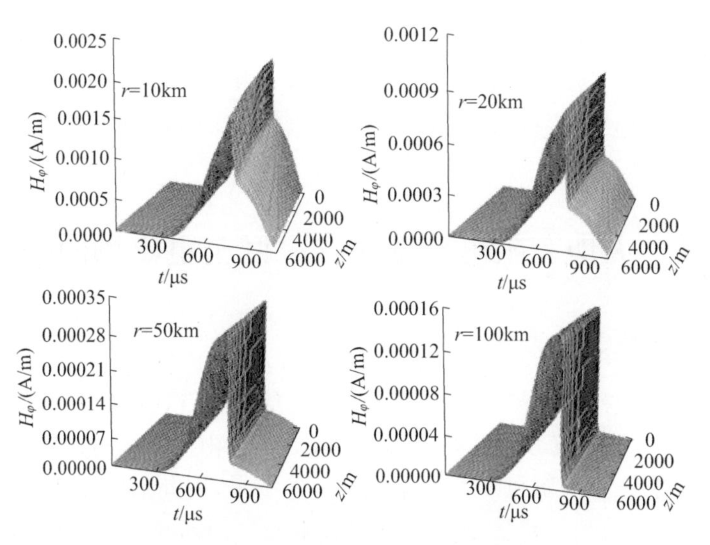

图 3-33 远场区磁场的空中分布

表 3-10 近场区首次回击空中电磁场及其波形

(r,z)/m	E_z/(kV/m)	E_r/(kV/m)	E_r 波形/μs	H/(kA/m)	H 波形/μs
(20,200)	29	1380	11/362	1.58	10/362
(50,200)	11	551	12/356	0.64	12/368
(100,200)	31	247	11/366	0.32	13/371
(20,500)	54	1380	11/362	1.58	10/362
(50,500)	33	551	12/356	0.64	12/368
(100,500)	17	271	12/366	0.32	13/371
(20,1000)	68	1380	11/362	1.58	10/362
(50,1000)	46	551	12/356	0.64	12/368
(100,1000)	2	275	14/374	0.32	13/371

表 3-11 近场区后续回击空中电磁场及其波形

(r,z)/m	E_z/(kV/m)	E_r/(kV/m)	E_r 波形/μs	H/(kA/m)	H 波形/μs
(20,200)	124	340	0.3/104	393	0.4/100
(50,200)	35	132	0.8/104	156	0.9/106
(100,200)	6	60	1.2/102	77	1.5/109
(20,500)	140	342	0.3/105	393	0.3/100
(50,500)	50	135	0.9/106	156	0.9/106
(100,500)	20	65	1.0/110	77	1.5/109
(20,1000)	146	342	0.4/105	393	0.4/100
(50,1000)	55	136	0.8/106	156	0.8/106
(100,1000)	25	66	0.9/112	77	1.5/109

值得注意的是，对于空间雷电回击电磁场而言，由于空间水平电场比垂直电场强，且垂直电场对电子设备的效应试验已有地面的效应试验作为保证，故空间雷电回击电磁场的辐射效应一般更加关注水平电场。表3-10和表3-11的计算结果可以为空间雷电电磁脉冲场环境的模拟提供依据。

3.6 大地有限电导率对雷电回击电磁场的影响

3.6.1 时域有限差分方法

当考虑大地的有限电导率时，回击通道可近似看成有耗地面上的垂直电偶极子，在求解这样一个电偶极子所产生的电磁场时，由于其中的Sommerfeld积分存在奇点且收敛速度很慢，很难由解析方法计算得出精确结果，因此通常采用Yee于1966年提出的一种电磁场数值计算方法——时域有限差分(Finite Difference Time Domain，FDTD)方法，对麦克斯韦方程组进行数值求解[102]。该方法对电磁场 $\boldsymbol{E}$、$\boldsymbol{H}$ 分量在空间和时间上采取交替抽样的离散方式，每一个 $\boldsymbol{E}$(或 $\boldsymbol{H}$)场分量周围有4个 $\boldsymbol{H}$(或 $\boldsymbol{E}$)场分量环绕，应用这种离散方式将含时间变量的麦克斯韦旋度方程转化为一组差分方程，并在时间轴上逐步推进地求解空间电磁场。对于垂直通道产生的雷电回击电磁场，考虑到问题的轴对称性，可在柱坐标系下建立雷电回击电磁场的二维计算模型，仅计算包含回击通道在内的半个平面空间内的电磁场，如图3-34所示。图3-35还给出了柱坐标系下二维FDTD网格的分布情况。

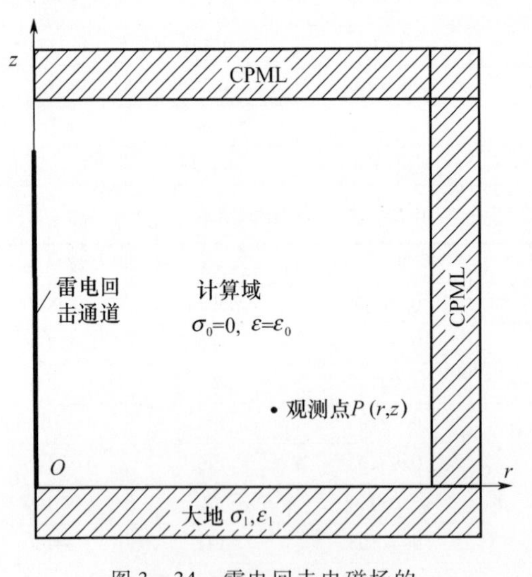

图3-34 雷电回击电磁场的FDTD计算模型

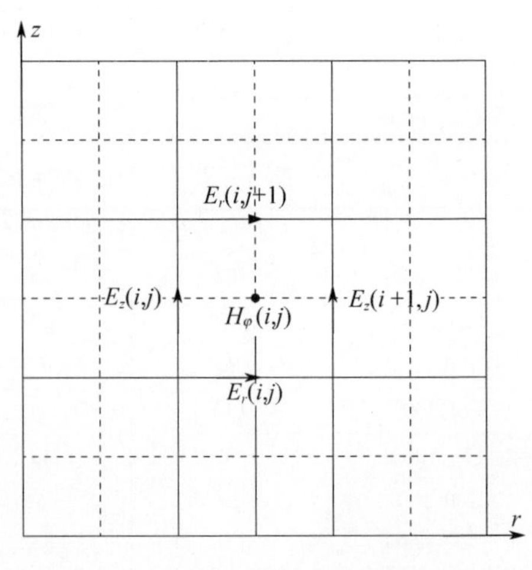

图3-35 柱坐标下二维FDTD网格

对于图3-34所示的回击电磁场计算模型，其在柱坐标系下的差分方程可表示为[103]

$$E_r^{n+1}\left(i+\frac{1}{2},j\right)=\frac{2\varepsilon-\sigma\Delta t}{2\varepsilon+\sigma\Delta t}E_r^n\left(i+\frac{1}{2},j\right)-\frac{2\Delta t}{(2\varepsilon+\sigma\Delta t)\Delta z}\left[H_\varphi^{n+1/2}\left(i+\frac{1}{2},j+\frac{1}{2}\right)-H_\varphi^{n+1/2}\left(i-\frac{1}{2},j+\frac{1}{2}\right)\right] \tag{3-130}$$

$$E_z^{n+1}\left(i,j+\frac{1}{2}\right)=\frac{2\varepsilon-\sigma\Delta t}{2\varepsilon+\sigma\Delta t}E_z^n\left(i,j+\frac{1}{2}\right)+\frac{2\Delta t}{(2\varepsilon+\sigma\Delta t)r_i\Delta r}\left[r_{i+1/2}H_\varphi^{n+1/2}\left(i+\frac{1}{2},j+\frac{1}{2}\right)-r_{i-1/2}H_\varphi^{n+1/2}\left(i-\frac{1}{2},j+\frac{1}{2}\right)\right] \tag{3-131}$$

$$H_\varphi^{n+1/2}\left(i+\frac{1}{2},j+\frac{1}{2}\right)=H_\varphi^{n-1/2}\left(i+\frac{1}{2},j+\frac{1}{2}\right)+\frac{\Delta t}{\mu_0\Delta r}\left[E_z^n\left(i+1,j+\frac{1}{2}\right)-E_z^n\left(i,j+\frac{1}{2}\right)\right]-\frac{\Delta t}{\mu_0\Delta z}\left[E_r^n\left(i+\frac{1}{2},j+1\right)-E_r^n\left(i+\frac{1}{2},j\right)\right] \tag{3-132}$$

式中：Δr与Δz为空间网格尺寸；Δt为时间步长；ε、σ分别为网格所处介质的电容率和电导率，在空气与大地的交界面，电容率和电导率可取两者的平均值。为了保证时域迭代的稳定性，选取的时间步长Δt应满足Courant条件，即$\Delta t\leqslant\min(\Delta r,\Delta z)/(2c)$。

由于电流通道位于计算的边界，需要对电流通道上的E_z进行处理，以将回击电流源加入到计算模型中。根据柱坐标系下的安培环路定律，即

$$\oint H_\varphi\left(0,j+\frac{1}{2}\right)\mathrm{d}l = I+\sigma\int E_z\left(0,j+\frac{1}{2}\right)\mathrm{d}s+\varepsilon\frac{\partial}{\partial t}\int E_z\left(0,j+\frac{1}{2}\right)\mathrm{d}s \tag{3-133}$$

式中：I为通道中的激励电流。可求得图3-34所示计算模型的加源差分格式为

$$E_z^{n+1}\left(0,j+\frac{1}{2}\right)=\frac{2\varepsilon-\sigma\Delta t}{2\varepsilon+\sigma\Delta t}E_z^n\left(0,j+\frac{1}{2}\right)+\frac{8\Delta t}{(2\varepsilon+\sigma\Delta t)\Delta r}H_\varphi^{n+1/2}\left(\frac{1}{2},j+\frac{1}{2}\right)-\frac{4\Delta t}{\pi\varepsilon\Delta r^2}I\left(0,j+\frac{1}{2}\right) \tag{3-134}$$

式中：$I(0,j)$表示距离地面高度为$j\Delta z$处的电流元。

由于 FDTD 法只能在有限的计算域内进行计算，故需要在计算域边界截断处添加吸收边界条件。除非特别说明，本书一般采用卷积完全匹配层(Convolutional Perfectly Matched Layer，CPML)吸收边界条件。

3.6.2 单一大地介质的影响

根据图 3-34 所示的雷电回击电磁场计算模型，选取 MTLE 模型来描述雷电流的回击过程，采用脉冲函数来表示回击通道底部电流，底部电流函数表达式为

$$i(0,t)=\frac{I_0}{\xi_0}[1-\exp(-t/\tau_1)]^n\exp(-t/\tau_2)+\frac{I_1}{\xi_1}[1-\exp(-t/\tau_3)]^n\exp(-t/\tau_4) \tag{3-135}$$

式中：$\xi_0=[n\tau_2/(\tau_1+n\tau_2)]^n[\tau_1/(\tau_1+n\tau_2)]^{\tau_1/\tau_2}$；$\xi_1=[n\tau_4/(\tau_3+n\tau_4)]^n[\tau_3/(\tau_3+n\tau_4)]^{\tau_3/\tau_4}$。对应的底部电流参数分别为：$I_0=7.78\text{kA}$，$\tau_1=6.0\times10^{-8}\text{s}$，$\tau_2=7.5\times10^{-7}\text{s}$，$I_1=4.2\text{kA}$，$\tau_3=0.7\times10^{-6}\text{s}$，$\tau_4=1.4\times10^{-5}\text{s}$，$n=2$，回击速度 $v=1.3\times10^8\text{m/s}$，回击通道高度为 5km。取观测点高度 $z=0$，大地相对介电常数 $\varepsilon_1=10\varepsilon_0$，对不同大地电导率下 $r=50\text{m}$、200m、500m 处地面雷电回击电磁场进行计算。考虑到垂直电场受大地电参数影响较小，而水平电场受大地电参数影响较大，特别是在大地电导率较低时，将大地看成理想导体会带来较大的误差。为此，此处主要给出地面水平电场和角向磁场的计算结果，如图 3-36 所示。图 3-37 还给出了地面水平电场和角向磁场的初始峰值随大地电导率的变化曲线。

从图 3-36 和图 3-37(a)可以看出，对于地面水平电场而言，波形的初始峰值会随着大地电导率的增加近似呈指数衰减，并且不同距离上大地电导率对水平电场的影响规律基本一致。从图 3-36 中还可以看出，不同大地电导率下水平电场波形下降沿之间的偏差会随着观测距离的增加逐渐减小。此外，波形的半峰值时间则会随着大地电导率的减小略微增加。出现这种情况的主要原因是由于地面对地面电场高频分量的衰减作用造成的。

从图 3-36 和图 3-37(b)可以看出，对于地面角向磁场而言，它随着大地电导率的增加变化相对较为微弱，影响主要体现在磁场的初始峰值上，对上升沿和下降沿的影响基本可以忽略。同时，从图 3-36 中还可以看出，大地电导率对地面角向磁场初始峰值的影响会随着观测距离的增加略微趋于明显。

3.6.3 大地水平分层的影响

对于山区、沙地、海滩等地质条件，地面往往是由水平方向上双层甚至多层不同电导率的介质构成，本节将讨论水平分层大地电导率对雷电回击电磁场分布的影响情况。

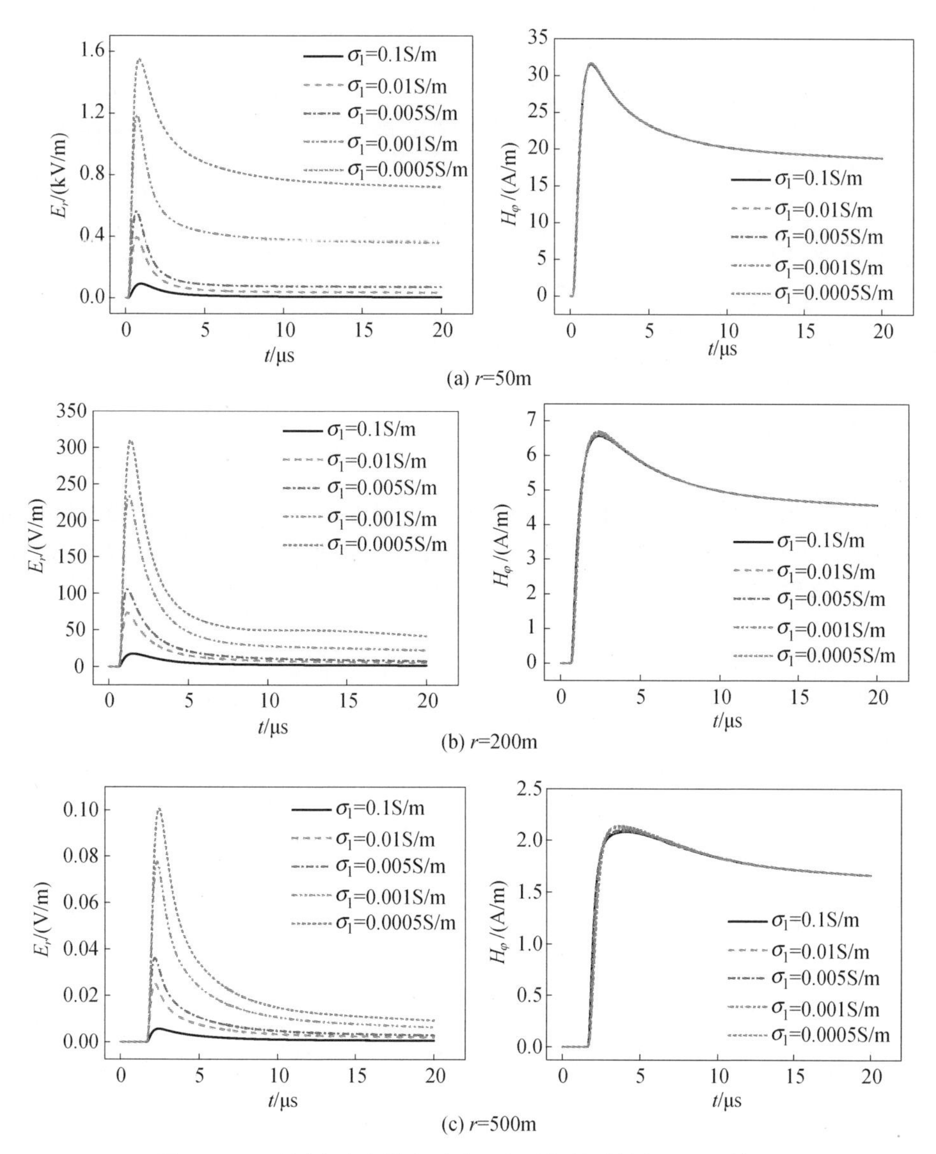

图 3－36　不同大地电导率下地面电磁场的计算结果(见彩图)

在对水平分层大地有限电导率研究过程中,如果上层土壤厚度取值大于上层电导率土壤趋肤深度的 1/2,进入土壤内部的电磁波会在其传播回空气之前衰减到零,那么将土壤进行水平分层就没有任何意义。因此,首先分析不同电导率条件下雷电电磁波的趋肤深度。频率、大地电导率以及趋肤深度 δ^* 之间的关系表达式为

$$\delta^* = \sqrt{\frac{2}{\omega\mu\sigma}} = \sqrt{\frac{1}{f\pi\mu\sigma}} \tag{3-136}$$

式中:f、μ、σ 分别为电磁波的频率、大地磁导率以及大地电导率。根据式(3－136),

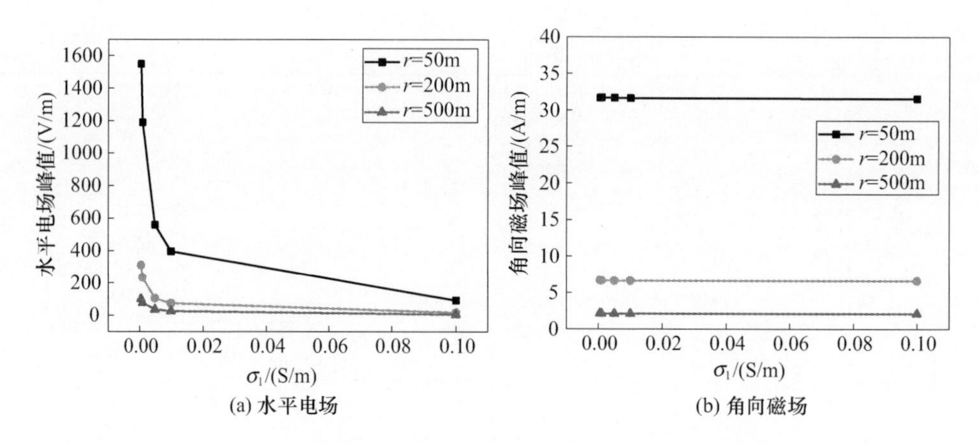

图 3-37 地面电磁场初始峰值随大地电导率的变化曲线

分别计算大地电导率 σ = 0.1S/m、0.01S/m、0.005S/m、0.001S/m、0.0005S/m、0.0001S/m 时不同频率范围内的电磁波趋肤深度。在计算过程中取大地的相对磁导率 $\mu_r=1$,计算结果如图 3-38 所示。

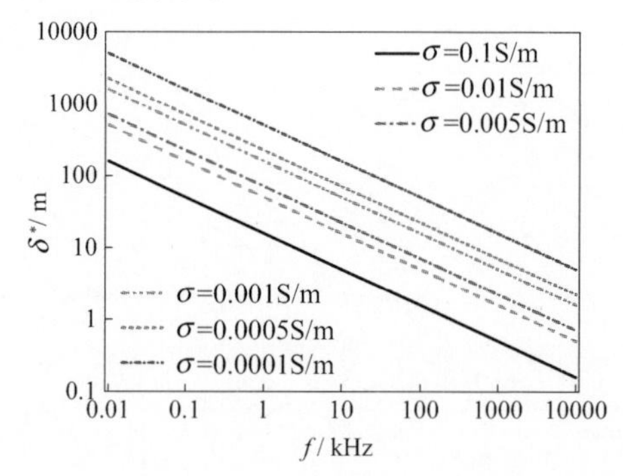

图 3-38 电磁波在不同电导率土壤中的趋肤深度

从图 3-38 中可以看出,不同大地电导率条件下的趋肤深度相差较大,考虑到雷电电磁场的主要频率集中在几十千赫至数百千赫之间,因此当大地电导率变化范围为 0.1 ~ 0.0001S/m 时,雷电电磁场不同频率成分的趋肤深度分布范围为几米至几百米之间。为此,在计算过程中取分层土壤的厚度 $nz_1=nz_2=10$m。

图 3-39 给出了大地水平分层条件下雷电回击电磁场的计算模型。在计算时,回击参数取值参见 3.6.2 节,并取分层大地的相对介电常数为 $\varepsilon_1=\varepsilon_2=10\varepsilon_0$,分别对不同上层和下层大地电导率下 r = 50m、200m、500m 处地面雷电回击电磁场进行计算。

3.6.3.1 上层土壤大地电导率的影响

令下层大地电导率 σ_1 = 0.01S/m,改变上层大地电导率的值,图 3-40 给出了不同上层大地电导率下地面水平电场和角向磁场的计算结果。

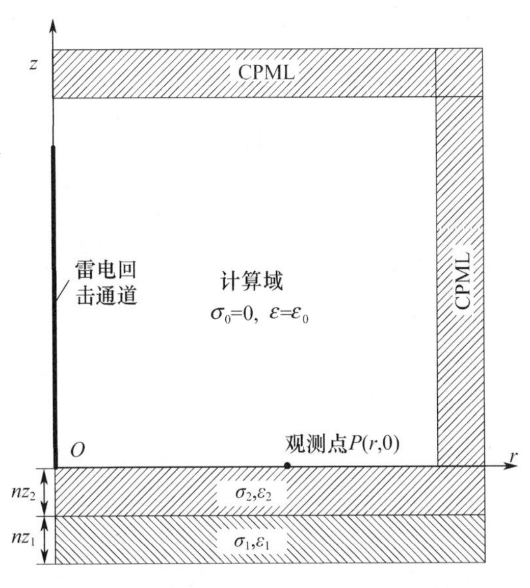

图 3－39　大地水平分层条件下雷电回击电磁场的计算模型

从图 3－40 中可以看出，对于地面水平电场而言，当下层电导率固定、上层电导率发生改变时，地面水平电场峰值会随着电导率的增大迅速减小，当 σ_2 从 0.0005S/m 增大到 0.1S/m 时，水平电场初始峰值减小了 90% 以上，且不同上层大地电导率下水平电场波形下降沿之间的偏差会随着观测距离的增加逐渐减小，影响规律与单一大地介质时的情况类似。此外，由于同一距离处水平电场的峰值时间变化较小，因此初始峰值越高，水平电场波形的上升沿和下降沿就越陡峭。

对于地面角向磁场而言，上层大地电导率对角向磁场的影响要远远小于其对水平电场的影响，影响主要体现在磁场的初始峰值上，对上升沿和下降沿的影响基本可以忽略。随着上层大地电导率的增加，角向磁场的初始峰值会略微增加，且大地电导率对角向磁场初始峰值的影响会随着观测距离的增加略微趋于明显，这与单一大地介质时的情况也是类似的。

3.6.3.2　下层土壤大地电导率的影响

令上层大地电导率 $\sigma_2=0.01$S/m，改变下层大地电导率的值，图 3－41 给出了不同下层大地电导率下地面水平电场和角向磁场的计算结果。

从图 3－41 中可以看出，当上层电导率固定、下层电导率改变时，对于地面水平电场而言，电场的上升沿甚至初始峰值基本不会受到下层大地电导率变化的影响，下层大地电导率的影响主要体现在波形的下降沿上，不同下层大地电导率下电场波形的下降沿在波尾部分开始逐渐分离，且下层电导率越小对应的波尾幅值越大。对于地面角向磁场而言，下层大地电导率下的磁场波形基本重合，影响基本可以忽略。

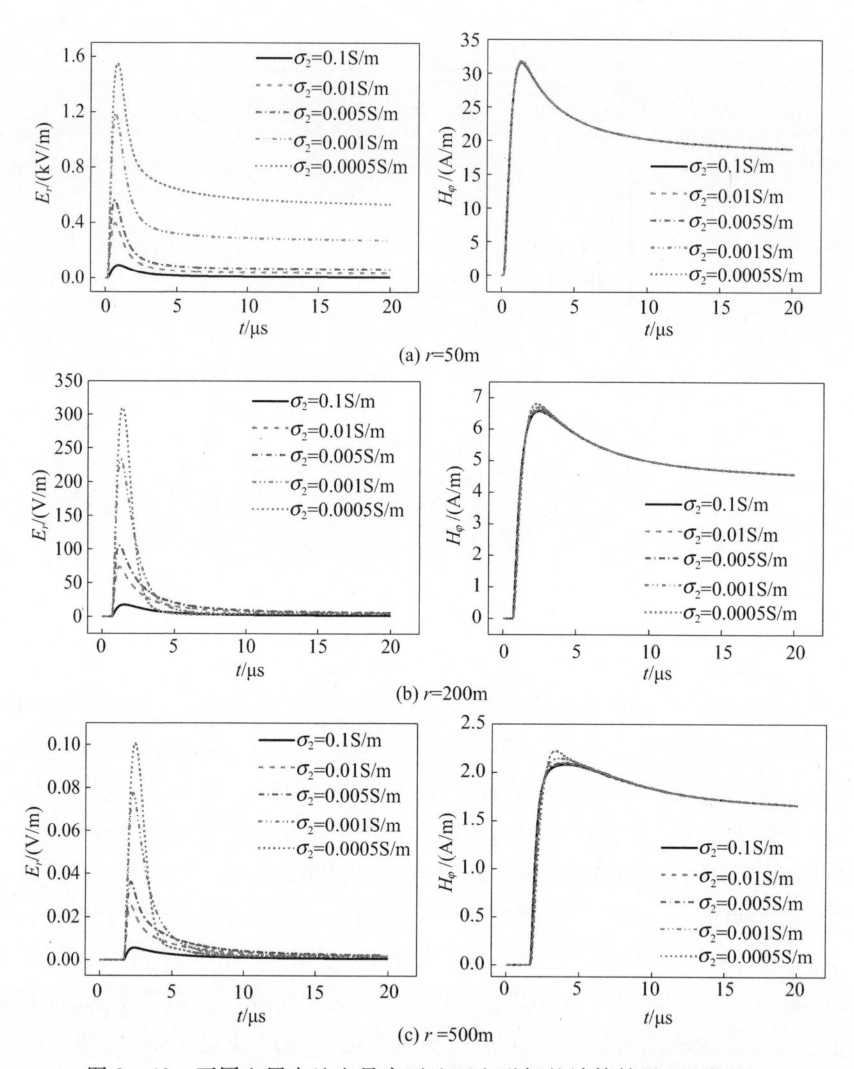

图 3－40　不同上层大地电导率下地面电磁场的计算结果(见彩图)

此外,从图 3－41 中还可以看出,不同下层大地电导率下水平电场波尾幅值之间的偏差会随着水平距离的增加而增大,说明下层大地电导率对水平电场下降沿的影响会随着水平距离的增加而增大。但对于角向磁场而言,下层大地电导率对磁场的影响与观测距离的关系不大。

3.6.4　大地垂直分层的影响

图 3－42 给出了大地垂直分层条件下雷电回击电磁场的计算模型。在图 3－42 中,Q_1、Q_2 两点之间连线为大地电导率的垂直分界面,在研究过程中,假设雷击点位于分界面左侧,且与分界面之间距离 $nx_1 = 40$m,回击参数取值参见 3.6.2 节和 3.6.3 节,

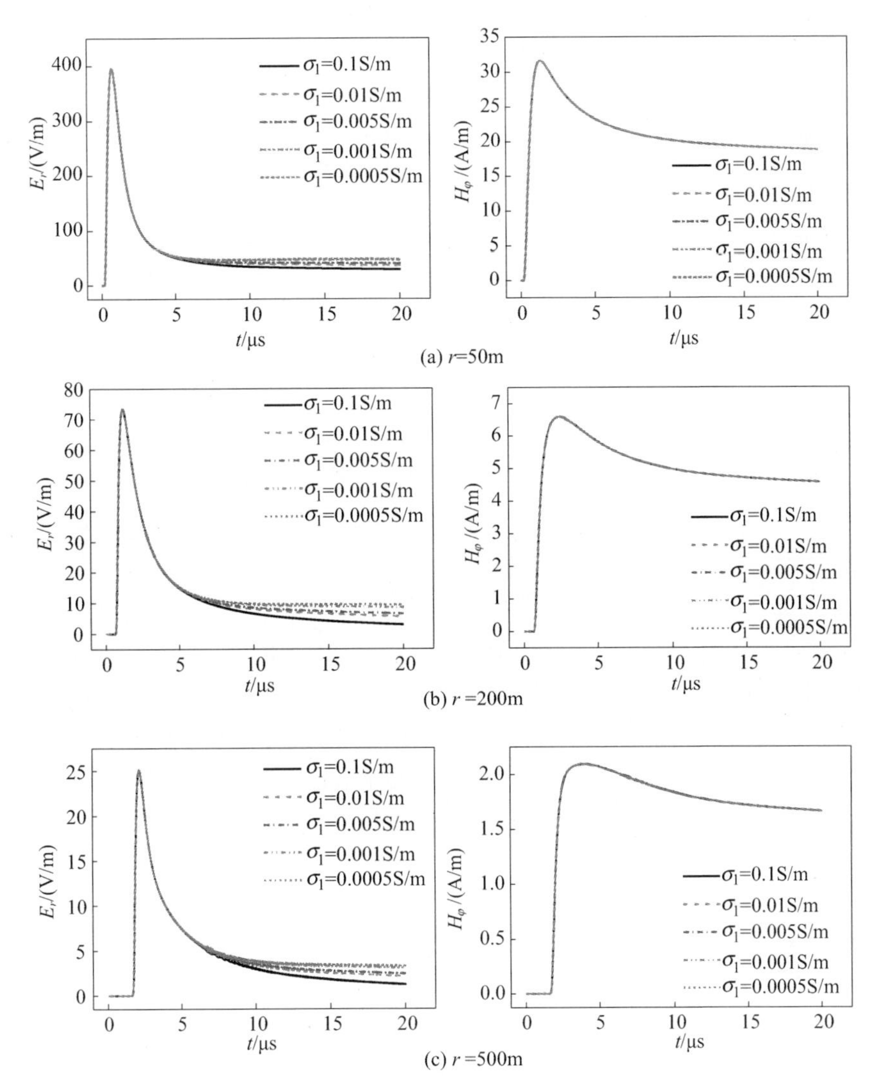

图 3-41 不同下层大地电导率下地面电磁场的计算结果(见彩图)

分别对不同垂直分层大地电导率下 $r=50\text{m}$、200m、500m 处地面雷电回击电磁场进行计算。

3.6.4.1 分界面右侧大地电导率的影响

令分界面左侧大地电导率 $\sigma_1=0.01\text{S/m}$,改变右侧大地电导率的值,图 3-43 给出了右侧不同大地电导率下地面水平电场和角向磁场的计算结果。

从图 3-43 中可以看出,当分界面左侧大地电导率固定、分界面右侧大地电导率改变时,对于地面水平电场而言,地面水平电场的初始峰值会随着右侧大地电导率的增加迅速减小,且不同观测距离上分界面右侧大地电导率对水平电场的影响规律基

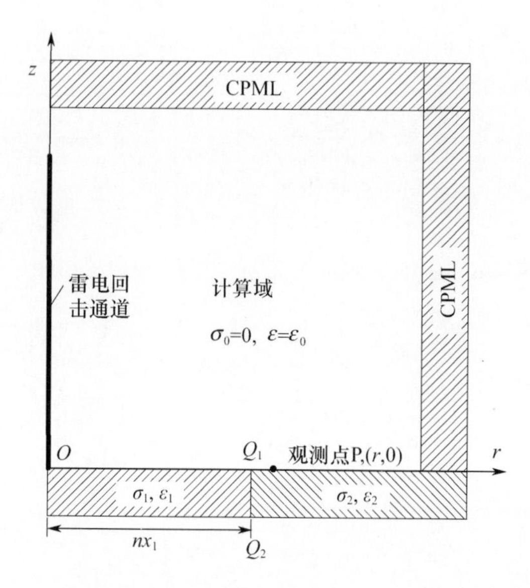

图 3-42　大地垂直分层条件下雷电回击电磁场的计算模型

本类似。此外,从图 3-43 中还可以看出,水平电场波形的上升沿陡度和下降沿陡度均会随着电场峰值的升高而变得更加剧烈,即分界面右侧大地电导率越小,水平电场波形的上升沿和下降沿陡度越大,并且相应初始峰值过后的水平电场幅值也越大。

对于地面角向磁场而言,分界面右侧大地电导率越大,地面角向电场的初始峰值会越大,即右侧大地电导率对水平电场和角向磁场的影响趋势是相反的。同时,从图 3-43 中可以看出,分界面右侧大地电导率对角向磁场的影响程度要明显小于其对水平电场的影响程度。以 $r=50\text{m}$ 处为例,当 σ_2 从 0.1S/m 减小到 0.0005S/m 时,水平电场的初始峰值约增大了 12.8 倍,而角向磁场初始峰值仅缩小了约 19%。并且,从图 3-43可以看出,分界面右侧大地电导率对角向磁场波形的影响主要体现在波形的初始峰值之后,且这种影响会随着观测距离的增加逐渐减小。

3.6.4.2　分界面左侧大地电导率的影响

令分界面右侧大地电导率 $\sigma_2=0.01\text{S/m}$,改变左侧大地电导率的值,图 3-44 给出了不同左侧大地电导率下地面水平电场和角向磁场的计算结果。

从图 3-44 中可以看出,当分界面右侧大地电导率固定、分界面左侧大地电导率变化时,在未到达峰值之前,不同电导率下水平电场和角向磁场波形的上升沿部分基本重合,但是在电磁场波形的初始峰值及其下降沿部分,分界面左侧大地电导率的影响逐渐显现,具体表现为分界面左侧大地电导率的减小会使水平电场和角向磁场的初始峰值出现微小的上升,相应下降沿部分的幅度也就越高。同时,从图 3-44 中还可以看出,左侧大地电导率对电磁场波形的影响效果还与观测距离有关,观测距离越近,左侧大地电导率对电磁场波形的影响效果越明显。

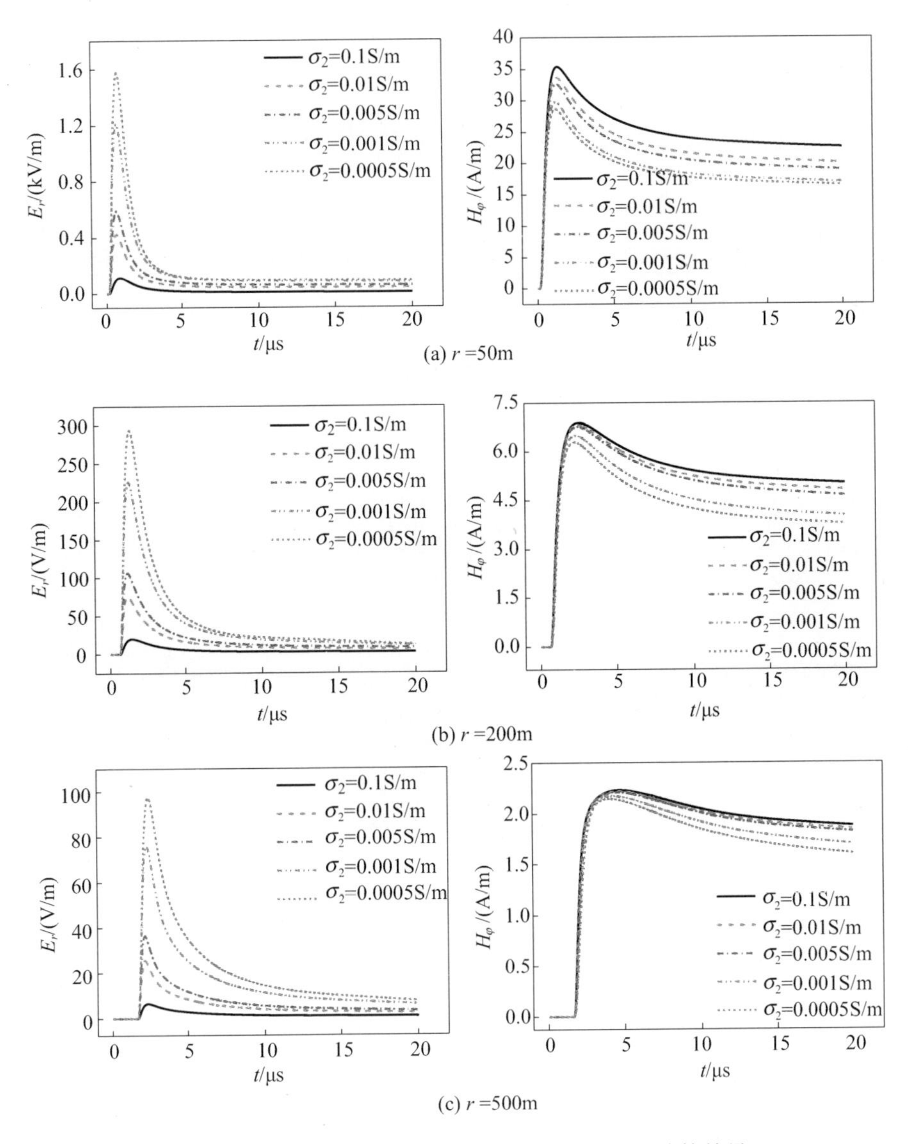

图 3－43　不同右侧大地电导率下地面电磁场的计算结果

此外，将图 3－43 与图 3－44 对比可以发现，对于地面水平电场而言，分界面左侧大地电导率的影响要明显小于分界面右侧大地电导率的影响，即雷击点所处一侧大地电导率对水平电场的影响要明显小于观测点所处位置大地电导率的影响。这就意味着地面水平电场的大小与观测点所处位置的大地参数是密切相关的，与远处大地电特性的关联关系则要弱得多。而对于地面角向磁场而言，分界面两侧大地电导率对其幅值的影响程度基本上是近似的，但对幅值大小影响的增减趋势却是相反的。

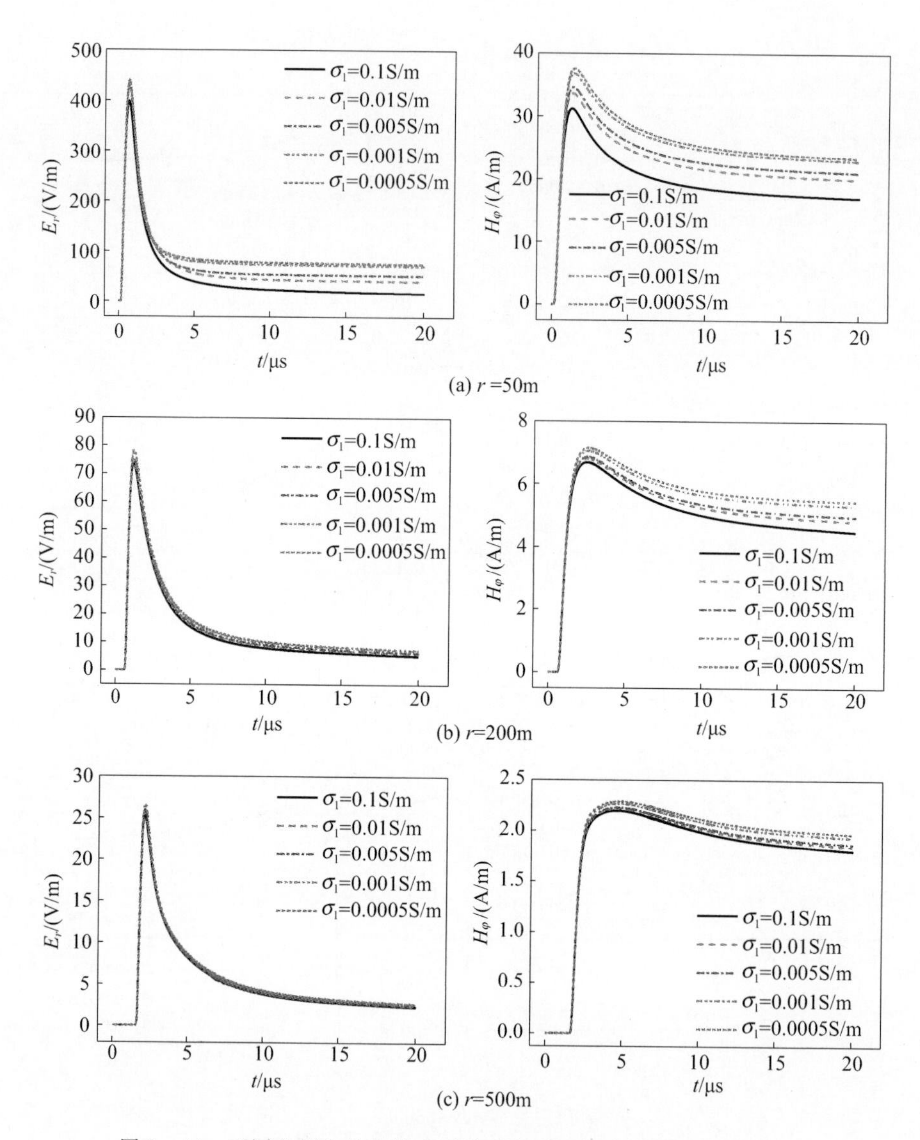

图 3-44　不同左侧大地电导率下地面电磁场的计算结果(见彩图)

第 4 章　倾斜放电通道雷电回击电磁场的计算

在传统的雷电回击工程模型中,雷电回击放电通道是被简化成垂直于地面的细导体。但实际观测到的雷电回击通道往往是弯曲延伸的,即它并不是一根理想的垂直导体,大多数情况下会具有倾斜或弯曲特征,并可能还伴随有分支结构。为此,本章将针对弯曲放电通道的情况,对其产生的雷电回击电磁场的建模和计算方法进行介绍。

4.1　空间任意倾斜偶极子产生的电磁场

在自然雷电中,弯曲延伸是回击通道的一个典型特征。对于任意弯曲的雷电回击通道,可以将其近似处理成由无数短小的倾斜直线段依次连接构成。根据电磁场的叠加原理,只要计算出每一小段通道在观测点处激发的电磁场,那么整个通道在该点激发的回击电磁场便可由所有通道段在该点激发电磁场的叠加表示。因此,问题的关键就是要给出空间任意一倾斜偶极子在观测点所产生电磁场的解析表达式。为此,以空间任一倾斜段回击通道为例,建立通道回击电磁场的计算模型。同时,为便于计算,以大地作为 OXY 平面,并令坐标原点 O 与该段通道起始点在地面的投影重合,建立坐标系,如图 4-1 所示。

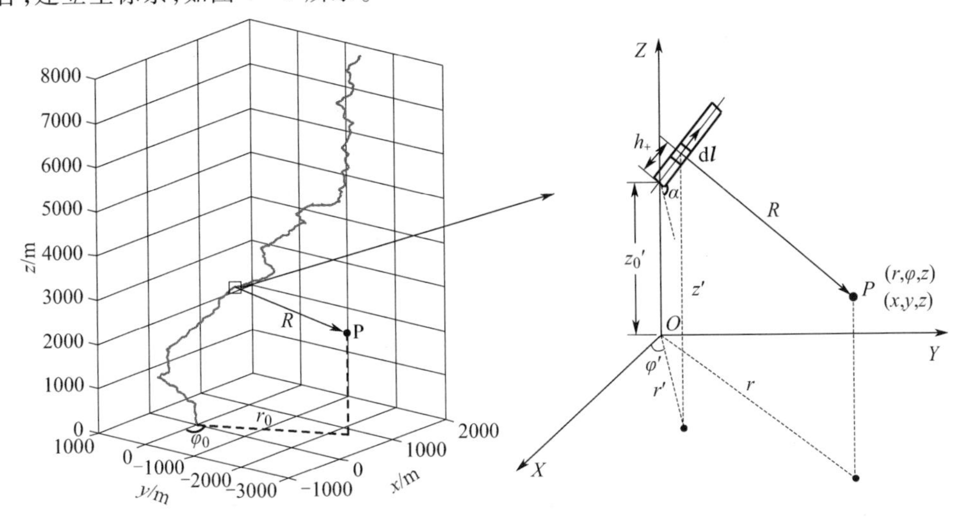

图 4-1　弯曲通道回击电磁场的计算模型

图中,α 表示该段倾斜通道与水平面的夹角,(x,y,z)、(x',y',z')(在柱坐标系下分别对应(r,φ,z)、(r',φ',z'))分别表示观测点 P 和电流微元 d$\boldsymbol{l}$ 的坐标,R 表示观测点 P 与电流微元之间的距离,z_0'表示该空间倾斜通道段起始点的高度。

对于空间任一倾斜段通道产生的回击电磁场,与垂直通道时的情况类似,只要解出了矢势 $\boldsymbol{A}$ 就可以通过式(3-57)和式(3-12)求解得到雷电回击电场和磁场。但是,对于空间任一倾斜段通道而言,其矢势 $\boldsymbol{A}$ 在空间 3 个方向上可能均存在分量。考虑到柱坐标系下求解达朗贝尔方程比较繁琐,且不能直接套用笛卡儿坐标系下达朗贝尔方程解的形式,为此,首先在笛卡儿坐标系下求解空间倾斜段通道中电流微元的矢势 d$\boldsymbol{A}$(包括 dA_x、dA_y、dA_z)及其产生回击电磁场的表达式,那么,柱坐标系下的回击电磁场表达式可由直角坐标系下回击电磁场表达式转换获得,即

$$\begin{cases} \boldsymbol{e}_r = \cos\varphi\boldsymbol{e}_x + \sin\varphi\boldsymbol{e}_y \\ \boldsymbol{e}_\varphi = -\sin\varphi\boldsymbol{e}_x + \cos\varphi\boldsymbol{e}_y \\ \boldsymbol{e}_z = \boldsymbol{e}_z \end{cases} \tag{4-1}$$

式中:$\varphi \in [0,2\pi)$为观测点 P 的矢径与 x 轴的夹角,如图 4-1 所示;$\boldsymbol{e}_r$、$\boldsymbol{e}_\varphi$、$\boldsymbol{e}_z$ 和 $\boldsymbol{e}_x$、$\boldsymbol{e}_y$、$\boldsymbol{e}_z$ 分别为柱坐标系和笛卡儿坐标系下的单位方向矢量。

在直角坐标系下,矢势 $\boldsymbol{A}$ 满足

$$\begin{cases} A_x\boldsymbol{e}_x = \dfrac{\mu_0}{4\pi}\dfrac{i(x',t-R/c)}{R}\boldsymbol{e}_x \\ A_y\boldsymbol{e}_y = \dfrac{\mu_0}{4\pi}\dfrac{i(y',t-R/c)}{R}\boldsymbol{e}_y \\ A_z\boldsymbol{e}_z = \dfrac{\mu_0}{4\pi}\dfrac{i(z',t-R/c)}{R}\boldsymbol{e}_z \end{cases} \tag{4-2}$$

式中

$$R(x,y,z) = \sqrt{(x-x')^2 + (y-y')^2 + (z-z')^2}$$

对矢势 $\boldsymbol{A}$ 的各分量求偏导,可得

$$\begin{cases} \dfrac{\partial A_x}{\partial x} = \dfrac{\mu_0}{4\pi}\left[-\dfrac{x-x'}{R^3}i(x',t-R/c) - \dfrac{x-x'}{cR^2}\dfrac{\partial i(x',t-R/c)}{\partial t}\right] \\ \dfrac{\partial A_x}{\partial y} = \dfrac{\mu_0}{4\pi}\left[-\dfrac{y-y'}{R^3}i(x',t-R/c) - \dfrac{y-y'}{cR^2}\dfrac{\partial i(x',t-R/c)}{\partial t}\right] \\ \dfrac{\partial A_x}{\partial z} = \dfrac{\mu_0}{4\pi}\left[-\dfrac{z-z'}{R^3}i(x',t-R/c) - \dfrac{z-z'}{cR^2}\dfrac{\partial i(x',t-R/c)}{\partial t}\right] \end{cases} \tag{4-3}$$

$$
\begin{cases}
\dfrac{\partial A_y}{\partial x}=\dfrac{\mu_0}{4\pi}\left[-\dfrac{x-x'}{R^3}i(y',t-R/c)-\dfrac{x-x'}{cR^2}\dfrac{\partial i(y',t-R/c)}{\partial t}\right]\\
\dfrac{\partial A_y}{\partial y}=\dfrac{\mu_0}{4\pi}\left[-\dfrac{y-y'}{R^3}i(y',t-R/c)-\dfrac{y-y'}{cR^2}\dfrac{\partial i(y',t-R/c)}{\partial t}\right]\\
\dfrac{\partial A_y}{\partial z}=\dfrac{\mu_0}{4\pi}\left[-\dfrac{z-z'}{R^3}i(y',t-R/c)-\dfrac{z-z'}{cR^2}\dfrac{\partial i(y',t-R/c)}{\partial t}\right]
\end{cases}
\tag{4-4}
$$

$$
\begin{cases}
\dfrac{\partial A_z}{\partial x}=\dfrac{\mu_0}{4\pi}\left[-\dfrac{x-x'}{R^3}i(z',t-R/c)-\dfrac{x-x'}{cR^2}\dfrac{\partial i(z',t-R/c)}{\partial t}\right]\\
\dfrac{\partial A_z}{\partial y}=\dfrac{\mu_0}{4\pi}\left[-\dfrac{y-y'}{R^3}i(z',t-R/c)-\dfrac{y-y'}{cR^2}\dfrac{\partial i(z',t-R/c)}{\partial t}\right]\\
\dfrac{\partial A_z}{\partial z}=\dfrac{\mu_0}{4\pi}\left[-\dfrac{z-z'}{R^3}i(z',t-R/c)-\dfrac{z-z'}{cR^2}\dfrac{\partial i(z',t-R/c)}{\partial t}\right]
\end{cases}
\tag{4-5}
$$

首先求解磁场，由于

$$
\mathrm{d}\boldsymbol{B}=\nabla\times\mathrm{d}\boldsymbol{A}=\left[\frac{\partial(\mathrm{d}A_z)}{\partial y}-\frac{\partial(\mathrm{d}A_y)}{\partial z}\right]\boldsymbol{e}_x+\left[\frac{\partial(\mathrm{d}A_x)}{\partial z}-\frac{\partial(\mathrm{d}A_z)}{\partial x}\right]\boldsymbol{e}_y+\left[\frac{\partial(\mathrm{d}A_y)}{\partial x}-\frac{\partial(\mathrm{d}A_x)}{\partial y}\right]\boldsymbol{e}_z
\tag{4-6}
$$

根据式(4－3)至式(4－5)中矢势 **A** 各分量偏导的表达式，将其代入式(4－6)，可得

$$
\begin{aligned}
\mathrm{d}B_x&=\frac{\partial(\mathrm{d}A_z)}{\partial y}-\frac{\partial(\mathrm{d}A_y)}{\partial z}\\
&=\frac{\mu_0}{4\pi}\left[\left(\frac{z-z'}{R^3}i(y',t-R/c)+\frac{z-z'}{cR^2}\frac{\partial i(y',t-R/c)}{\partial t}\right)\mathrm{d}y'-\right.\\
&\left.\left(\frac{y-y'}{R^3}i(z',t-R/c)+\frac{y-y'}{cR^2}\frac{\partial i(z',t-R/c)}{\partial t}\right)\mathrm{d}z'\right]
\end{aligned}
\tag{4-7}
$$

$$
\begin{aligned}
\mathrm{d}B_y&=\frac{\partial(\mathrm{d}A_x)}{\partial z}-\frac{\partial(\mathrm{d}A_z)}{\partial x}\\
&=\frac{\mu_0}{4\pi}\left[\left(\frac{x-x'}{R^3}i(z',t-R/c)+\frac{x-x'}{cR^2}\frac{\partial i(z',t-R/c)}{\partial t}\right)\mathrm{d}z'-\right.\\
&\left.\left(\frac{z-z'}{R^3}i(x',t-R/c)+\frac{z-z'}{cR^2}\frac{\partial i(x',t-R/c)}{\partial t}\right)\mathrm{d}x'\right]
\end{aligned}
\tag{4-8}
$$

$$
\begin{aligned}
\mathrm{d}B_z&=\frac{\partial(\mathrm{d}A_y)}{\partial x}-\frac{\partial(\mathrm{d}A_x)}{\partial y}\\
&=\frac{\mu_0}{4\pi}\left[\left(\frac{y-y'}{R^3}i(x',t-R/c)+\frac{y-y'}{cR^2}\frac{\partial i(x',t-R/c)}{\partial t}\right)\mathrm{d}x'-\right.
\end{aligned}
$$

$$\left(\frac{x-x'}{R^3}i(y',t-R/c)+\frac{x-x'}{cR^2}\frac{\partial i(y',t-R/c)}{\partial t}\right)dy'\Big] \tag{4-9}$$

根据通道内的电流 $i=\boldsymbol{J}\cdot ds$,有

$$i(x',t-R/c)=i(y',t-R/c)=i(z',t-R/c)=i(r',t-R/c) \tag{4-10}$$

即电流作为标量在各个方向上的量值是一样的,无须分解。

在柱坐标系与笛卡儿坐标系之间,满足下列关系,即

$$\begin{cases}x=r\cos\varphi\\ y=r\sin\varphi,\\ z=z\end{cases}\quad\begin{cases}x'=r'\cos\varphi'\\ y'=r'\sin\varphi',\\ z'=z'\end{cases}\quad\frac{z'-z_0'}{r'}=\tan\alpha \tag{4-11}$$

则在柱坐标系下,雷电回击电磁场的磁场各分量为

$$\begin{aligned}dB_r&=\cos\varphi dB_x+\sin\varphi dB_y\\
&=\frac{\mu_0\cos\varphi}{4\pi}\Big[\left(\frac{z-z'}{R^3}i(r',t-R/c)+\frac{z-z'}{cR^2}\frac{\partial i(r',t-R/c)}{\partial t}\right)d(r'\sin\varphi')-\\
&\left(\frac{r\sin\varphi-r'\sin\varphi'}{R^3}i(z',t-R/c)+\frac{r\sin\varphi-r'\sin\varphi'}{cR^2}\frac{\partial i(z',t-R/c)}{\partial t}\right)dz'\Big]+\\
&\frac{\mu_0\sin\varphi}{4\pi}\Big[\left(\frac{r\cos\varphi-r'\cos\varphi'}{R^3}i(z',t-R/c)+\frac{r\cos\varphi-r'\cos\varphi'}{cR^2}\frac{\partial i(z',t-R/c)}{\partial t}\right)dz'-\\
&\left(\frac{z-z'}{R^3}i(r',t-R/c)+\frac{z-z'}{cR^2}\frac{\partial i(r',t-R/c)}{\partial t}\right)d(r'\cos\varphi')\Big]\\
&=\frac{\mu_0\sin(\varphi'-\varphi)(z-z_0'-r'\tan\alpha)}{4\pi}\left(\frac{1}{R^3}i(r',t-R/c)+\frac{1}{cR^2}\frac{\partial i(r',t-R/c)}{\partial t}\right)dr'+\\
&\frac{\mu_0\sin(\varphi'-\varphi)(z'-z_0')\cot\alpha}{4\pi}\left(\frac{1}{R^3}i(z',t-R/c)+\frac{1}{cR^2}\frac{\partial i(z',t-R/c)}{\partial t}\right)dz'\end{aligned} \tag{4-12}$$

$$\begin{aligned}dB_\varphi&=-\sin\varphi dB_x+\cos\varphi dB_y\\
&=\frac{-\mu_0\sin\varphi}{4\pi}\Big[\left(\frac{z-z'}{R^3}i(r',t-R/c)+\frac{z-z'}{cR^2}\frac{\partial i(r',t-R/c)}{\partial t}\right)d(r'\sin\varphi')-\\
&\left(\frac{r\sin\varphi-r'\sin\varphi'}{R^3}i(z',t-R/c)+\frac{r\sin\varphi-r'\sin\varphi'}{cR^2}\frac{\partial i(z',t-R/c)}{\partial t}\right)dz'\Big]+\\
&\frac{\mu_0\cos\varphi}{4\pi}\Big[\left(\frac{r\cos\varphi-r'\cos\varphi'}{R^3}i(z',t-R/c)+\frac{r\cos\varphi-r'\cos\varphi'}{cR^2}\frac{\partial i(z',t-R/c)}{\partial t}\right)dz'-\\
&\left(\frac{z-z'}{R^3}i(r',t-R/c)+\frac{z-z'}{cR^2}\frac{\partial i(r',t-R/c)}{\partial t}\right)d(r'\cos\varphi')\Big]\end{aligned}$$

$$= \frac{-\mu_0 \cos(\varphi' - \varphi)(z - z_0' - r'\tan\alpha)}{4\pi}\left(\frac{1}{R^3} i(r', t - R/c) + \frac{1}{cR^2} \frac{\partial i(r', t - R/c)}{\partial t}\right) \mathrm{d}r' +$$

$$\frac{\mu_0 [r - (z' - z_0')\cot\alpha \cos(\varphi' - \varphi)]}{4\pi}\left(\frac{1}{R^3} i(z', t - R/c) + \frac{1}{cR^2} \frac{\partial i(z', t - R/c)}{\partial t}\right) \mathrm{d}z'$$

(4 - 13)

$$\mathrm{d}B_z = \mathrm{d}B_z$$

$$= \frac{\mu_0}{4\pi}\left[\left(\frac{r\sin\varphi - r'\sin\varphi'}{R^3} i(r', t - R/c) + \frac{r\sin\varphi - r'\sin\varphi'}{cR^2} \frac{\partial i(r', t - R/c)}{\partial t}\right) \mathrm{d}(r'\cos\varphi') -\right.$$

$$\left.\left(\frac{r\cos\varphi - r'\cos\varphi'}{R^3} i(r', t - R/c) + \frac{r\cos\varphi - r'\cos\varphi'}{cR^2} \frac{\partial i(r', t - R/c)}{\partial t}\right) \mathrm{d}(r'\sin\varphi')\right]$$

$$= \frac{\mu_0 r \sin(\varphi - \varphi')}{4\pi}\left(\frac{1}{R^3} i(r', t - R/c) + \frac{1}{cR^2} \frac{\partial i(r', t - R/c)}{\partial t}\right) \mathrm{d}r' \tag{4 - 14}$$

下面根据磁场求解电场,在笛卡儿坐标系中有

$$\nabla \cdot \boldsymbol{A} = \frac{\partial A_x}{\partial x} + \frac{\partial A_y}{\partial y} + \frac{\partial A_z}{\partial z} \tag{4 - 15}$$

根据式(3 - 57)右侧第一项计算需求,对式(4 - 15)两端求梯度,可得

$$\nabla(\nabla \cdot \mathrm{d}\boldsymbol{A}) = \nabla_x(\nabla \cdot \mathrm{d}\boldsymbol{A})\boldsymbol{e}_x + \nabla_y(\nabla \cdot \mathrm{d}\boldsymbol{A})\boldsymbol{e}_y + \nabla_z(\nabla \cdot \mathrm{d}\boldsymbol{A})\boldsymbol{e}_z$$

$$= \nabla_x\left(\frac{\partial \mathrm{d}A_x}{\partial x} + \frac{\partial \mathrm{d}A_y}{\partial y} + \frac{\partial \mathrm{d}A_z}{\partial z}\right)\boldsymbol{e}_x + \nabla_y\left(\frac{\partial \mathrm{d}A_x}{\partial x} + \frac{\partial \mathrm{d}A_y}{\partial y} + \frac{\partial \mathrm{d}A_z}{\partial z}\right)\boldsymbol{e}_y +$$

$$\nabla_z\left(\frac{\partial \mathrm{d}A_x}{\partial x} + \frac{\partial \mathrm{d}A_y}{\partial y} + \frac{\partial \mathrm{d}A_z}{\partial z}\right)\boldsymbol{e}_z \tag{4 - 16}$$

式中

$$\nabla_x\left(\frac{\partial \mathrm{d}A_x}{\partial x} + \frac{\partial \mathrm{d}A_y}{\partial y} + \frac{\partial \mathrm{d}A_z}{\partial z}\right)$$

$$= \frac{\mu_0}{4\pi}\left\{\left[\frac{3(x - x')^2 - R^2}{R^5} i(x', t - R/c) + \frac{3(x - x')^2 - R^2}{cR^4} \frac{\partial i(x', t - R/c)}{\partial t} +\right.\right.$$

$$\left.\frac{(x - x')^2}{c^2 R^3} \frac{\partial^2 i(x', t - R/c)}{\partial t^2}\right] \mathrm{d}x' + \left[\frac{3(x - x')(y - y')}{R^5} i(y', t - R/c) +\right.$$

$$\left.\frac{3(x - x')(y - y')}{cR^4} \frac{\partial i(y', t - R/c)}{\partial t} + \frac{(x - x')(y - y')}{c^2 R^3} \frac{\partial^2 i(y', t - R/c)}{\partial t^2}\right] \mathrm{d}y' +$$

$$\left[\frac{3(x - x')(z - z')}{R^5} i(z', t - R/c) + \frac{3(x - x')(z - z')}{cR^4} \frac{\partial i(z', t - R/c)}{\partial t} +\right.$$

$$\frac{(x-x')(z-z')}{c^2R^3}\frac{\partial^2 i(z',t-R/c)}{\partial t^2}\Big]\mathrm{d}z'\Big\} \tag{4-17}$$

$$\nabla_y\left(\frac{\partial \mathrm{d}A_x}{\partial x}+\frac{\partial \mathrm{d}A_y}{\partial y}+\frac{\partial \mathrm{d}A_z}{\partial z}\right)$$

$$=\frac{\mu_0}{4\pi}\Big\{\Big[\frac{3(x-x')(y-y')}{R^5}i(x',t-R/c)+\frac{3(x-x')(y-y')}{cR^4}\frac{\partial i(x',t-R/c)}{\partial t}+$$

$$\frac{(x-x')(y-y')}{c^2R^3}\frac{\partial^2 i(x',t-R/c)}{\partial t^2}\Big]\mathrm{d}x'+\Big[\frac{3(y-y')^2-R^2}{R^5}i(y',t-R/c)+$$

$$\frac{3(y-y')^2-R^2}{cR^4}\frac{\partial i(y',t-R/c)}{\partial t}+\frac{(y-y')^2}{c^2R^3}\frac{\partial^2 i(y',t-R/c)}{\partial t^2}\Big]\mathrm{d}y'+$$

$$\Big[\frac{3(y-y')(z-z')}{R^5}i(z',t-R/c)+\frac{3(y-y')(z-z')}{cR^4}\frac{\partial i(z',t-R/c)}{\partial t}+$$

$$\frac{(y-y')(z-z')}{c^2R^3}\frac{\partial^2 i(z',t-R/c)}{\partial t^2}\Big]\mathrm{d}z'\Big\} \tag{4-18}$$

$$\nabla_z\left(\frac{\partial \mathrm{d}A_x}{\partial x}+\frac{\partial \mathrm{d}A_y}{\partial y}+\frac{\partial \mathrm{d}A_z}{\partial z}\right)$$

$$=\frac{\mu_0}{4\pi}\Big\{\Big[\frac{3(x-x')(z-z')}{R^5}i(x',t-R/c)+\frac{3(x-x')(z-z')}{cR^4}\frac{\partial i(x',t-R/c)}{\partial t}+$$

$$\frac{(x-x')(z-z')}{c^2R^3}\frac{\partial^2 i(x',t-R/c)}{\partial t^2}\Big]\mathrm{d}x'+\Big[\frac{3(y-y')(z-z')}{R^5}i(y',t-R/c)+$$

$$\frac{3(y-y')(z-z')}{cR^4}\frac{\partial i(y',t-R/c)}{\partial t}+\frac{(y-y')(z-z')}{c^2R^3}\frac{\partial^2 i(y',t-R/c)}{\partial t^2}\Big]\mathrm{d}y'+$$

$$\Big[\frac{3(z-z')^2-R^2}{R^5}i(z',t-R/c)+\frac{3(z-z')^2-R^2}{cR^4}\frac{\partial i(z',t-R/c)}{\partial t}+$$

$$\frac{(z-z')^2}{c^2R^3}\frac{\partial^2 i(z',t-R/c)}{\partial t^2}\Big]\mathrm{d}z'\Big\} \tag{4-19}$$

又由于

$$\frac{\partial \mathrm{d}\boldsymbol{A}}{\partial t}=\frac{\partial \mathrm{d}A_x}{\partial t}\boldsymbol{e}_x+\frac{\partial \mathrm{d}A_y}{\partial t}\boldsymbol{e}_y+\frac{\partial \mathrm{d}A_z}{\partial t}\boldsymbol{e}_z$$

$$=\frac{\mu_0}{4\pi R}\Big[\frac{\partial i(x',t-R/c)}{\partial t}\mathrm{d}x'\boldsymbol{e}_x+\frac{\partial i(y',t-R/c)}{\partial t}\mathrm{d}y'\boldsymbol{e}_y+\frac{\partial i(z',t-R/c)}{\partial t}\mathrm{d}z'\boldsymbol{e}_z\Big] \tag{4-20}$$

将式(4－16)至式(4－20)代入式(3－57),可得直角坐标系下雷电回击电场的

表达式为

$$
\begin{aligned}
\mathrm{d}E_x &= c^2 \int_{-\infty}^{t} \nabla_x(\nabla\cdot \mathrm{d}\boldsymbol{A})\mathrm{d}t' - \frac{\partial \mathrm{d}A_x}{\partial t} \\
&= \frac{1}{4\pi\varepsilon_0}\Big\{\Big[\frac{3(x-x')^2-R^2}{R^5}\int_0^t i(x',\tau-R/c)\mathrm{d}\tau + \frac{3(x-x')^2-R^2}{cR^4}i(x',t-R/c) + \\
&\quad \frac{(x-x')^2-R^2}{c^2R^3}\frac{\partial i(x',t-R/c)}{\partial t}\Big]\mathrm{d}x' + \Big[\frac{3(x-x')(y-y')}{R^5}\int_0^t i(y',\tau-R/c)\mathrm{d}\tau + \\
&\quad \frac{3(x-x')(y-y')}{cR^4}i(y',t-R/c) + \frac{(x-x')(y-y')}{c^2R^3}\frac{\partial i(y',t-R/c)}{\partial t}\Big]\mathrm{d}y' + \\
&\quad \Big[\frac{3(x-x')(z-z')}{R^5}\int_0^t i(z',\tau-R/c)\mathrm{d}\tau + \frac{3(x-x')(z-z')}{cR^4}i(z',t-R/c) + \\
&\quad \frac{(x-x')(z-z')}{c^2R^3}\frac{\partial i(z',t-R/c)}{\partial t}\Big]\mathrm{d}z'\Big\}
\end{aligned}
\tag{4-21}
$$

$$
\begin{aligned}
\mathrm{d}E_y &= c^2 \int_{-\infty}^{t} \nabla_y(\nabla\cdot \mathrm{d}\boldsymbol{A})\mathrm{d}t' - \frac{\partial \mathrm{d}A_y}{\partial t} \\
&= \frac{1}{4\pi\varepsilon_0}\Big\{\Big[\frac{3(x-x')(y-y')}{R^5}\int_0^t i(x',\tau-R/c)\mathrm{d}\tau + \\
&\quad \frac{3(x-x')(y-y')}{cR^4}i(x',t-R/c) + \frac{(x-x')(y-y')}{c^2R^3}\frac{\partial i(x',t-R/c)}{\partial t}\Big]\mathrm{d}x' + \\
&\quad \Big[\frac{3(y-y')^2-R^2}{R^5}\int_0^t i(y',\tau-R/c)\mathrm{d}\tau + \frac{3(y-y')^2-R^2}{cR^4}i(y',t-R/c) + \\
&\quad \frac{(y-y')^2-R^2}{c^2R^3}\frac{\partial i(y',t-R/c)}{\partial t}\Big]\mathrm{d}y' + \Big[\frac{3(y-y')(z-z')}{R^5}\int_0^t i(z',\tau-R/c)\mathrm{d}\tau + \\
&\quad \frac{3(y-y')(z-z')}{cR^4}i(z',t-R/c) + \frac{(y-y')(z-z')}{c^2R^3}\frac{\partial i(z',t-R/c)}{\partial t}\Big]\mathrm{d}z'\Big\}
\end{aligned}
\tag{4-22}
$$

$$
\begin{aligned}
\mathrm{d}E_z &= c^2 \int_{-\infty}^{t} \nabla_z(\nabla\cdot \mathrm{d}\boldsymbol{A})\mathrm{d}t' - \frac{\partial \mathrm{d}A_z}{\partial t} \\
&= \frac{1}{4\pi\varepsilon_0}\Big\{\Big[\frac{3(x-x')(z-z')}{R^5}\int_0^t i(x',\tau-R/c)\mathrm{d}\tau + \frac{3(x-x')(z-z')}{cR^4}i(x',t-R/c) +
\end{aligned}
$$

$$\frac{(x-x')(z-z')}{c^2R^3}\frac{\partial i(x',t-R/c)}{\partial t}\Big]\mathrm{d}x'+\Big[\frac{3(y-y')(z-z')}{R^5}\int_0^t i(y',\tau-R/c)\mathrm{d}\tau+$$

$$\frac{3(y-y')(z-z')}{cR^4}i(y',t-R/c)+\frac{(y-y')(z-z')}{c^2R^3}\frac{\partial i(y',t-R/c)}{\partial t}\Big]\mathrm{d}y'+$$

$$\Big[\frac{3(z-z')^2-R^2}{R^5}\int_0^t i(z',\tau-R/c)\mathrm{d}\tau+\frac{3(z-z')^2-R^2}{cR^4}i(z',t-R/c)+$$

$$\frac{(z-z')^2-R^2}{c^2R^3}\frac{\partial i(z',t-R/c)}{\partial t}\Big]\mathrm{d}z'\Big\} \tag{4-23}$$

结合式(4-11),可得柱坐标系下雷电回击电磁场的电场各分量为

$$\mathrm{d}E_r=\cos\varphi\mathrm{d}E_x+\sin\varphi\mathrm{d}E_y$$

$$=\frac{1}{4\pi\varepsilon_0}\Big\{\Big[\frac{3((r^2+r'^2)\cos(\varphi-\varphi')-rr'(1+\cos^2(\varphi-\varphi')))-R^2\cos(\varphi-\varphi')}{R^5}$$

$$\int_0^t i(r',\tau-R/c)\mathrm{d}\tau+$$

$$\frac{3((r^2+r'^2)\cos(\varphi-\varphi')-rr'(1+\cos^2(\varphi-\varphi')))-R^2\cos(\varphi-\varphi')}{cR^4}$$

$$i(r',t-R/c)+\frac{((r^2+r'^2)\cos(\varphi-\varphi')-rr'(1+\cos^2(\varphi-\varphi')))-R^2\cos(\varphi-\varphi')}{c^2R^3}$$

$$\frac{\partial i(r',t-R/c)}{\partial t}\Big]\mathrm{d}r'+\Big[\frac{3(r-r'\cos(\varphi-\varphi'))(z-z')}{R^5}\int_0^t i(z',\tau-R/c)\mathrm{d}\tau+$$

$$\frac{3(r-r'\cos(\varphi-\varphi'))(z-z')}{cR^4}i(z',t-R/c)+$$

$$\frac{(r-r'\cos(\varphi-\varphi'))(z-z')}{c^2R^3}\frac{\partial i(z',t-R/c)}{\partial t}\Big]\mathrm{d}z'\Big\} \tag{4-24}$$

$$\mathrm{d}E_\varphi=-\sin\varphi\mathrm{d}E_x+\cos\varphi\mathrm{d}E_y$$

$$=\frac{1}{4\pi\varepsilon_0}\Big\{\Big[\frac{3r'\sin(\varphi-\varphi')(r\cos(\varphi-\varphi')-r')+R^2\sin(\varphi-\varphi')}{R^5}\int_0^t i(r',\tau-R/c)\mathrm{d}\tau+$$

$$\frac{3r'\sin(\varphi-\varphi')(r\cos(\varphi-\varphi')-r')+R^2\sin(\varphi-\varphi')}{cR^4}i(r',t-R/c)+$$

$$\frac{r'\sin(\varphi-\varphi')(r\cos(\varphi-\varphi')-r')+R^2\sin(\varphi-\varphi')}{c^2R^3}\frac{\partial i(r',t-R/c)}{\partial t}\Big]\mathrm{d}r'+$$

$$\left[\frac{3r'\sin(\varphi-\varphi')(z-z')}{R^5}\int_0^t i(z',\tau-R/c)\mathrm{d}\tau+\right.$$

$$\frac{3r'\sin(\varphi-\varphi')(z-z')}{cR^4}i(z',t-R/c)+$$

$$\left.\frac{r'\sin(\varphi-\varphi')(z-z')}{c^2R^3}\frac{\partial i(z',t-R/c)}{\partial t}\right]\mathrm{d}z'\Bigg\} \tag{4-25}$$

$$\mathrm{d}E_z=\frac{1}{4\pi\varepsilon_0}\Bigg\{\left[\frac{3(r\cos(\varphi-\varphi')-r')(z-z')}{R^5}\int_0^t i(r',\tau-R/c)\mathrm{d}\tau+\right.$$

$$\frac{3(r\cos(\varphi-\varphi')-r')(z-z')}{cR^4}i(r',t-R/c)+$$

$$\left.\frac{(r\cos(\varphi-\varphi')-r')(z-z')}{c^2R^3}\frac{\partial i(r',t-R/c)}{\partial t}\right]\mathrm{d}r'+$$

$$\left[\frac{3(z-z')^2-R^2}{R^5}\int_0^t i(z',\tau-R/c)\mathrm{d}\tau+\frac{3(z-z')^2-R^2}{cR^4}i(z',t-R/c)+\right.$$

$$\left.\frac{(z-z')^2-R^2}{c^2R^3}\frac{\partial i(z',t-R/c)}{\partial t}\right]\mathrm{d}z'\Bigg\} \tag{4-26}$$

在这里,需要注意的是,对于整条回击通道而言,由于计算每个倾斜通道段中电流激发的电磁场时均需建立该通道段的对应坐标系。因此,在具体计算过程中,观测点 P 坐标的具体数值会随着每条通道段对应坐标系的变化而发生变化。

4.2 理想大地条件下倾斜通道雷电回击电磁场的建模

单根倾斜放电通道和垂直通道都是弯曲通道的特殊情况。当放电通道较为倾斜而又弯曲较小时,可以将雷电回击放电通道简化成单根倾斜放电通道。对于单根倾斜放电通道雷电回击电磁场的解析计算,本节主要对比介绍两种方法,即坐标变换法和偶极子法。

4.2.1 坐标变换法及其适用范围

坐标变换法的基本思想是通过坐标旋转和坐标投影的方法将倾斜通道的问题转化成垂直通道来解决[104]。对于垂直通道雷电回击的情况,以雷击点为原点,以垂直通道为纵轴可建立一个柱坐标系,在该坐标系下,垂直通道雷电回击电磁场的计算问题已在第 3 章中进行了介绍。对于倾斜回击放电通道的情况,假设雷电倾斜回击通道与地面的夹角为 α,以倾斜通道为纵轴建立新的柱坐标系(新柱坐标系的坐标轴符

号加上角标 * 表示，新柱坐标系的变量加下角标 1 表示），过雷击点（原点）与倾斜通道垂直建立新柱坐标系的径向轴 r^*，两种坐标系下变量的对应关系如图 4-2 所示。其中，在原柱坐标系中，从观测点处看到的波前高度为 h，观测点与回击通道的水平距离为 r，观测点距离地表的高度为 z，z' 为回击通道中电流微元的高度，电流微元与观测点的距离为 R。在变换建立的新柱坐标系中，从观测点处看到的波前高度为 h_1，观测点与回击通道的水平距离为 r_1，观测点与新坐标轴 r^* 的垂直距离为 z_1，z_1' 为回击通道中电流微元与新坐标轴 r^* 的垂直距离，电流微元与观测点的距离为 R_1。

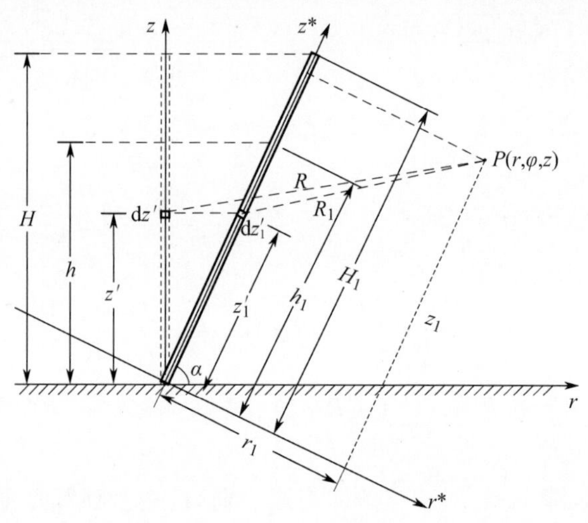

图 4-2　倾斜通道在两种柱坐标系下的变量对应关系（坐标变换法）

如图 4-2 所示，根据新、旧两种柱坐标系下回击通道参数和观测点的坐标对应关系，可以得到

$$h_1 = \frac{h}{\sin\alpha} \tag{4-27}$$

$$r_1 = \sqrt{r^2 + z^2}\sin\left[\alpha - \arctan\left(\frac{z}{r}\right)\right] \tag{4-28}$$

$$z_1 = \sqrt{r^2 + z^2}\cos\left[\alpha - \arctan\left(\frac{z}{r}\right)\right] \tag{4-29}$$

$$z_1' = \frac{z'}{\sin\alpha} \tag{4-30}$$

$$R_1 = \sqrt{r_1^2 + (z_1 - z_1')^2} \tag{4-31}$$

根据垂直放电通道周围任意一点 $P(r,z)$ 处的回击电磁场在柱坐标系下的一般表达式(3-90)至式(3-92)，用 h_1、r_1、z_1、z_1'、R_1 替换 h、r、z、z'、R 代入式(3-90)至式(3-92)，即为雷电倾斜放电通道激发的回击电磁场公式，即

$$E_{r1} = \frac{1}{4\pi\varepsilon_0}\int_{-h_{1-}}^{h_{1+}}\left[\frac{3(z_1 - z'_1)r_1}{R_1^5}\int_{-\infty}^{t} i\left(z'_1, \tau - \frac{R_1}{c}\right)\mathrm{d}\tau + \right.$$

$$\left.\frac{3(z_1 - z'_1)r_1}{cR_1^4} i\left(z'_1, t - \frac{R_1}{c}\right) + \frac{(z_1 - z'_1)r_1}{c^2 R_1^3}\frac{\partial i\left(z'_1, t - \frac{R_1}{c}\right)}{\partial t}\right]\mathrm{d}z'_1 \quad (4-32)$$

$$E_{z1} = \frac{1}{4\pi\varepsilon_0}\int_{-h_{1-}}^{h_{1+}}\left[\left(\frac{3(z_1 - z'_1)^2}{R_1^5} - \frac{1}{R_1^3}\right)\int_{-\infty}^{t} i\left(z'_1, \tau - \frac{R_1}{c}\right)\mathrm{d}\tau + \right.$$

$$\left.\left(\frac{3(z_1 - z'_1)^2}{cR_1^4} - \frac{1}{cR_1^2}\right) i\left(z'_1, t - \frac{R_1}{c}\right) - \frac{r_1^2}{c^2 R_1^3}\frac{\partial i\left(z'_1, t - \frac{R_1}{c}\right)}{\partial t}\right]\mathrm{d}z'_1 \quad (4-33)$$

$$H_{\varphi 1} = \frac{1}{4\pi}\int_{-h_{1-}}^{h_{1+}}\left[\frac{r_1}{R_1^3} i\left(z'_1, t - \frac{R_1}{c}\right) + \frac{r_1}{cR_1^2}\frac{\partial i\left(z'_1, t - \frac{R_1}{c}\right)}{\partial t}\right]\mathrm{d}z'_1 \quad (4-34)$$

取观察点在地面,得出倾斜放电通道地表电磁场表达式为

$$E_r = 0 \quad (4-35)$$

$$E_z = \frac{i\left(z'_1, t - \frac{R_1}{c}\right)}{2\pi\varepsilon_0 v}\left[\frac{\frac{v^2}{c^2} + 1}{\sqrt{\left(\frac{h}{\sin\alpha}\right)^2 + (r\sin\alpha)^2} + \frac{hv}{c\sin\alpha}} - \frac{1}{r\sin\alpha}\right] \quad (4-36)$$

$$H_{\varphi} = \frac{i\left(z'_1, t - \frac{R_1}{c}\right)}{2\pi r\sin\alpha}\frac{\frac{h}{\sin\alpha} + \frac{v}{c}\sqrt{\left(\frac{h}{\sin\alpha}\right)^2 + (r\sin\alpha)^2}}{\sqrt{\left(\frac{h}{\sin\alpha}\right)^2 + (r\sin\alpha)^2} + \frac{hv}{c\sin\alpha}} \quad (4-37)$$

需要注意的是,上述坐标代换的过程其实是默认地面连同回击通道一起作几何旋转的(旋转过程中通道参数还进行了投影变换)。因此,该方法主要适用于地面倾斜且回击通道与倾斜地面垂直时雷电回击电磁场的计算(即斜坡遭受雷电垂直回击的情况)。对于相对水平地面呈倾斜状态的雷电回击通道,雷电回击电磁场的求解问题不再具有轴对称特性,场点也不能仅用(r,z)两个坐标量来描述,而需要用(r,φ,z)3个坐标量来表示。换言之,此时的雷电回击电磁场不仅与(r,z)相关,还与φ相关,不能简单地用上述坐标变换的方法来解决,此时可以考虑使用倾斜偶极子法。

4.2.2 基于偶极子法的解析表达式

正如前面所指出的，单根倾斜通道是弯曲通道的一种特例，即认为通道仅在地面处弯曲一次，如图 4-3 所示。

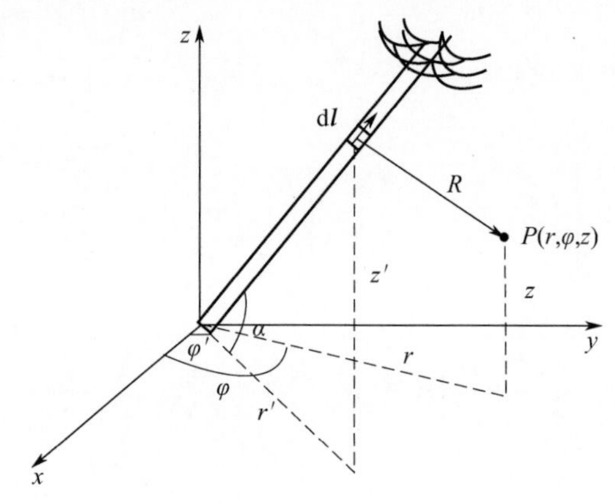

图 4-3 单根倾斜放电通道雷电回击电磁场计算模型（偶极子法）

那么，根据偶极子法，单根倾斜通道中的电流微元在观测点 P 处产生的雷电回击电磁场即可利用式（4-12）至式（4-14）和式（4-24）至式（4-26）获得。令式（4-12）和式（4-13）中的 $z_0'=0$，有

$$\mathrm{d}B_r=\frac{\mu_0\sin(\varphi'-\varphi)(z-r'\tan\alpha)}{4\pi}\left(\frac{1}{R^3}i(r',t-R/c)+\frac{1}{cR^2}\frac{\partial i(r',t-R/c)}{\partial t}\right)\mathrm{d}r'+$$
$$\frac{\mu_0\sin(\varphi'-\varphi)z'\cot\alpha}{4\pi}\left(\frac{1}{R^3}i(z',t-R/c)+\frac{1}{cR^2}\frac{\partial i(z',t-R/c)}{\partial t}\right)\mathrm{d}z' \tag{4-38}$$

$$\mathrm{d}B_\varphi=\frac{-\mu_0\cos(\varphi'-\varphi)(z-r'\tan\alpha)}{4\pi}\left(\frac{1}{R^3}i(r',t-R/c)+\frac{1}{cR^2}\frac{\partial i(r',t-R/c)}{\partial t}\right)\mathrm{d}r'+$$
$$\frac{\mu_0[r-z'\cot\alpha\cos(\varphi'-\varphi)]}{4\pi}\left(\frac{1}{R^3}i(z',t-R/c)+\frac{1}{cR^2}\frac{\partial i(z',t-R/c)}{\partial t}\right)\mathrm{d}z' \tag{4-39}$$

式（4-38）和式（4-39）中的 α 仍为通道与地面的夹角，满足 $\tan\alpha=z'/r'$。则式（4-38）、式（4-39）、式（4-14）和式（4-24）至式（4-26）即为单根倾斜放电通道中电流微元在空间 P 点激发电磁场的表达式。

把式（4-38）、式（4-39）、式（4-14）和式（4-24）至式（4-26）沿整个通道及其镜像对 z' 和 r' 积分，即可求得整个倾斜放电通道在其周围任意点处产生的雷电回击电磁场。其中，在对某一时刻的回击电磁场进行积分计算时，从观测点处所看到的回击电流波前与其所在通道起始点之间沿通道的距离 h_+ 和从观测点处所看到的镜

像回击电流波前与其所在镜像通道起始点之间沿镜像通道的距离 h_- 可分别由下式确定,即

$$t-\frac{\sqrt{r^2+r'^2-2rr'\cos(\varphi-\varphi')+(h_+\sin\alpha-z)^2}}{c}-\frac{h_+}{v}=0 \tag{4-40}$$

$$t-\frac{\sqrt{r^2+r'^2-2rr'\cos(\varphi-\varphi')+(h_-\sin\alpha+z)^2}}{c}-\frac{h_-}{v}=0 \tag{4-41}$$

若观测点在地面,则 $z=0$。此时,积分上下限中的 $h_+=h_-$。特别地,再取观测点与通道的方位角之差 $\varphi-\varphi'=0$,可得到此条件下通道中回击电流在地面观测点产生回击电磁场的解析表达式。将其与垂直通道条件下地面雷电回击电磁场的解析表达式做对比(表 4-1)可以发现,在柱坐标系中,倾斜放电通道条件下回击电流所产生的电磁场将包括回击电流在径向 $\boldsymbol{e}_r$(平行于大地的分量,为表达式中关于 $\mathrm{d}r'$ 的积分项)和纵向 $\boldsymbol{e}_z$(垂直于大地的分量,为表达式中关于 $\mathrm{d}z'$ 的积分项)两个部分的贡献,比垂直通道条件下多了 $\boldsymbol{e}_r$ 方向上回击电流的贡献;且在 $\boldsymbol{e}_z$ 方向上的贡献上,垂直通道所产生角向磁场表达式中的 r 在倾斜通道条件下将由 $r-z'\cot\alpha$ 代替。

表 4-1　不同通道条件下回击电流在地面观测点产生回击电磁场解析表达式的对比

项目	E_r	E_φ	E_z	H_r	H_φ	H_z
垂直通道 ($z=0$)	0	0	$\frac{1}{2\pi\varepsilon_0}\int_0^h\Big[\frac{3z'^2-R^2}{R^5}\int_{-\infty}^t i(z',\tau-R/c)\mathrm{d}\tau+\frac{3z'^2-R^2}{cR^4}i(z',t-R/c)-\frac{r^2}{c^2R^3}\frac{\partial i(z',t-R/c)}{\partial t}\Big]\mathrm{d}z'$	0	$\frac{1}{2\pi}\int_0^h\Big(\frac{r}{R^3}i(z',t-R/c)+\frac{r}{cR^2}\frac{\partial i(z',t-R/c)}{\partial t}\Big)\mathrm{d}z'$	0
倾斜通道 ($z=0$, $\varphi=\varphi'$)	0	0	$\frac{1}{2\pi\varepsilon_0}\Big\{\int_0^{h\cos\alpha}\Big[-\frac{3z'(r-r')}{R^5}\int_0^t i(r',\tau-R/c)\mathrm{d}\tau-\frac{3z'(r-r')}{cR^4}i(r',t-R/c)-\frac{z'(r-r')}{c^2R^3}\frac{\partial i(r',t-R/c)}{\partial t}\Big]\mathrm{d}r'+\int_0^{h\sin\alpha}\Big[\frac{3z'^2-R^2}{R^5}\int_0^t i(z',\tau-R/c)\mathrm{d}\tau+\frac{3z'^2-R^2}{cR^4}i(z',t-R/c)+\frac{z'^2-R^2}{c^2R^3}\frac{\partial i(z',t-R/c)}{\partial t}\Big]\mathrm{d}z'\Big\}$	0	$\int_0^{h\cos\alpha}\frac{-(z-r'\tan\alpha)}{2\pi}\times\Big(\frac{1}{R^3}i(r',t-R/c)+\frac{1}{cR^2}\frac{\partial i(r',t-R/c)}{\partial t}\Big)\mathrm{d}r'+\int_0^{h\sin\alpha}\frac{(r-z'\cot\alpha)}{2\pi}\times\Big(\frac{1}{R^3}i(z',t-R/c)+\frac{1}{cR^2}\frac{\partial i(z',t-R/c)}{\partial t}\Big)\mathrm{d}z'$	0

特别地,当倾斜放电通道与地面的夹角 α 取 90°时,倾斜放电通道即可转化为垂直放电通道,倾斜放电通道中 $\boldsymbol{e}_r$ 方向上的电流微元将不复存在,即回击电磁场表达式中关于 dr' 的积分项将等于零。此时,倾斜通道雷电回击电磁场的解析表达式即变为垂直通道雷电回击电磁场的解析表达式。

4.2.3 解析计算方法的验证

为了验证上述倾斜通道雷电回击电磁场解析计算方法的有效性,将该方法的计算结果与 R. Moini 等[105]采用天线模型和矩量法结合的计算结果进行了对比。

在 R. Moini 等的天线模型中,回击通道电流分布是根据天线的分布阻抗以及通道底端激励源计算而来。为便于与 R. Moini 等的计算结果进行对比,首先需要利用已有的电流函数模型对 R. Moini 等采用的回击通道底部电流进行参数拟合。此处,采用式(3-129)所示的两个脉冲函数的叠加来表征 R. Moini 等采用的回击通道底部电流波形,拟合得到的电流参数为:$I_{bd}=9.3\text{kA}$,$\tau_{b1}=5.95\times10^{-7}\text{s}$,$\tau_{b2}=3.85\times10^{-6}\text{s}$,$I_c=7.4\text{kA}$,$\tau_{c1}=3.6\times10^{-6}\text{s}$,$\tau_{c2}=1.08\times10^{-4}\text{s}$。R. Moini 等采用的通道底部电流波形与拟合的通道底部电流波形的比较如图 4-4 所示。

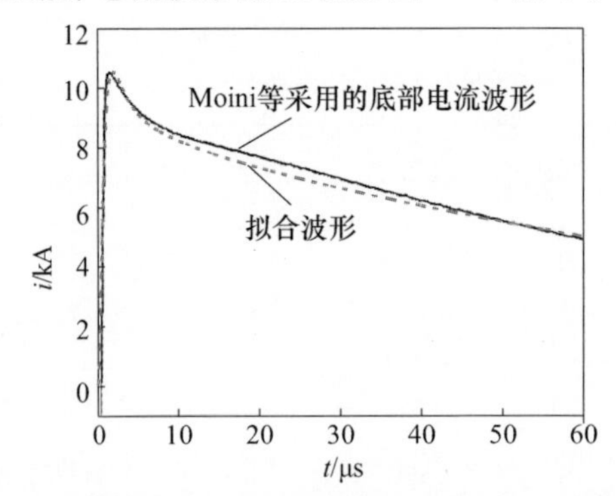

图 4-4　R. Moini 等采用的通道底部电流波形[105]与拟合的通道底部电流波形

取倾斜角度 $\alpha=\pi/3$、$\varphi'=0$,采用上述两种方法分别对不同观测方位角 φ 下距雷击点 5km 处的地面垂直电场进行计算,两种方法计算结果的对比如图 4-5 所示,其中,图 4-5(a)~(c)分别为方位角 $\varphi=0$、$\pi/2$、π 时的倾斜通道在距雷击点 5km 处产生的垂直电场,图 4-5(d)为垂直通道条件下两种方法对距雷击点 5km 处垂直电场的计算结果。图中实线表示 R. Moini 等采用天线模型和矩量法结合的计算结果,虚线表示本书基于偶极子法的计算结果。

从图 4-5 中可以看出,两种方法对垂直通道条件下地面电场和倾斜通道条件下 $\varphi=\pi/2$、$\varphi=\pi$ 时地面电场的计算偏差较小,而在倾斜通道条件下 $\varphi=0$ 时两种方法的计算结果也仅是在初始峰值过后的波尾上升沿部分存在一定偏差。出现这种偏差的主要原因是 R. Moini 等采用的通道底部电流波形与此处拟合的通道底部电流波形

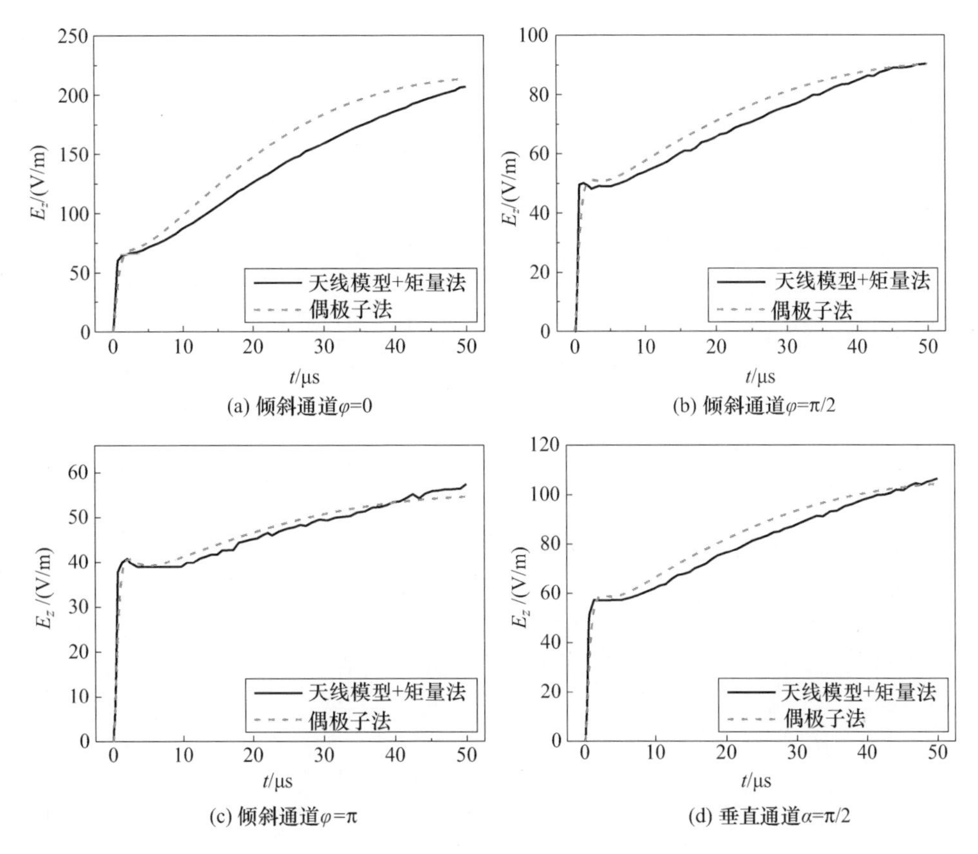

(a) 倾斜通道$\varphi=0$　(b) 倾斜通道$\varphi=\pi/2$　(c) 倾斜通道$\varphi=\pi$　(d) 垂直通道$\alpha=\pi/2$

图 4－5　两种计算方法对距雷击点 5km 处垂直电场的计算结果对比

之间在峰值之后的下降沿部分存在一定差别导致的(图 4－4)。由此验证了此处基于偶极子法的倾斜通道雷电回击电磁场解析计算方法的有效性。

4.3　回击参数对理想大地条件下倾斜通道雷电回击电磁场的影响

垂直放电通道地表电磁场的计算结果会受到回击速度和通道高度的影响,而在倾斜通道模型中地表电磁场还会受到倾斜角度的影响,并且不同的观测角度处的雷电回击电磁场也会存在差异[106－107]。因此,本节将在 4.2 节推导的倾斜通道雷电回击电磁场解析表达式的基础上,研究倾斜通道下通道倾斜角度、回击速度及通道长度对电磁场的影响,并就通道在地面投影与观测点投影之间方位角度改变时的电磁场分布规律进行分析。考虑到此处计算的倾斜通道雷电回击电磁场是基于大地为理想导体情况下进行的,此时通道电流与镜像通道电流在地表产生的水平电场相互抵消,水平电场为零。所以,在进行影响因素分析时,仅对垂直电场与角向磁场进行研究。

4.3.1 通道倾斜角度的影响

为便于研究通道倾斜角度变化对倾斜通道雷电回击电磁场的影响规律，选择观测点与回击通道倾斜方向在同一平面内（即 $\varphi=\varphi'$ 时），对不同倾斜角度下的雷电回击电磁场进行计算。

由于脉冲函数电流模型能够克服双指数函数在 $t=0$ 时刻导数不连续以及 Heidler 函数不可积的缺点，因此在计算过程中选择脉冲函数模型来表征通道底部电流。采用 8/20μs 雷电流波形来计算雷电回击电磁场。此时，脉冲函数的参数取值为：$I_0=30\text{kA}$，$n=2$，电流波形的上升时间常数 $\tau_1=4.0\times10^{-5}\text{s}$，下降时间常数 $\tau_2=6.25\times10^{-6}\text{s}$。雷电回击参数设为：倾斜通道长度 $H=7.5\text{km}$，回击速度 $v=1.3\times10^{8}\text{m/s}$。依次选取倾斜放电通道与地面夹角 α 为 90°、85°、80°、75°、70°，分别对地表垂直电场分量和角向磁场分量在近场区、过渡场区和远场区进行计算，计算结果如图 4-6至图 4-8所示，其中，横坐标表示从回击电磁场传播至观测点时刻起算的时间。

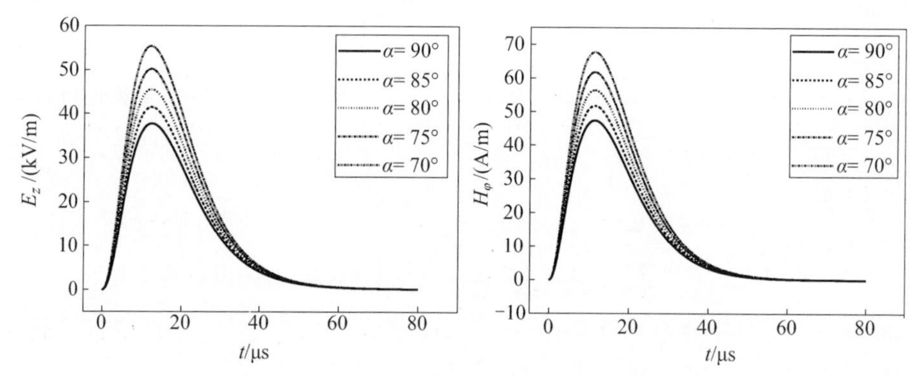

图 4-6 $r=100\text{m}$ 时不同倾斜角度的电磁场

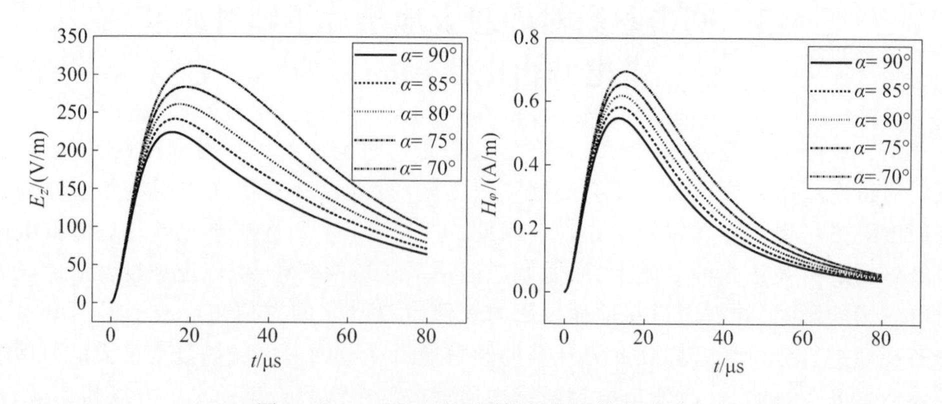

图 4-7 $r=5\text{km}$ 时不同倾斜角度的电磁场

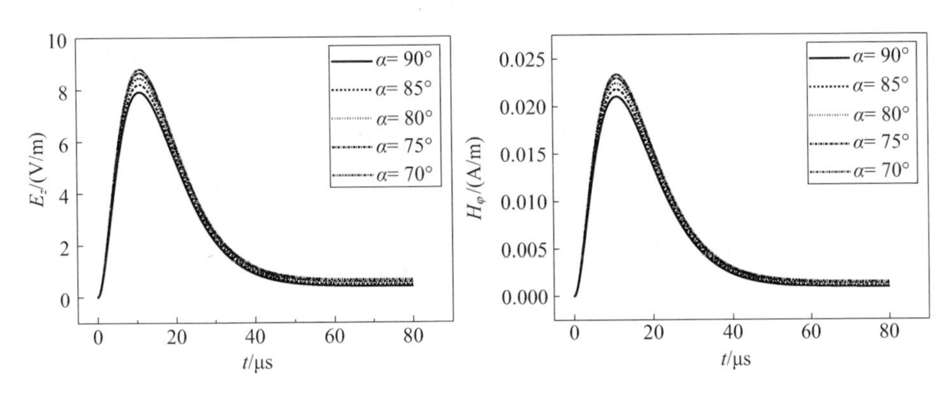

图 4-8 $r=100$km 时不同倾斜角度的电磁场

由图 4-6 可以看出,在 $r=100$m 的近场区,当放电通道发生倾斜后,电场与磁场峰值均呈现逐渐上升的趋势,由此导致回击电磁场波形的上升沿与下降沿均随着倾斜程度的增加(对应的 α 越小)而变得越来越陡峭。

从图 4-7 中可以看出,过渡场区电磁场波形随倾斜角度的变化规律与近场区基本一致,其电磁场波形的峰值均随着倾斜角度 α 的减小而逐渐加大。值得注意的是,在近场区电磁场的峰值时间并没有随着倾斜角度的改变而发生变化,但在过渡场区电磁场的峰值时间随着 α 的减小而向后推迟。当观测距离增大至远场区范围时,从图 4-8 可以观察到在远场区不同倾斜角度的雷电回击电磁场波形前沿部分在开始的几微秒基本重合,随着时间的推移不同倾斜角度下的电磁场波形逐渐表现出差异,倾斜程度越大,对应的电磁场峰值越大。

综合图 4-6 至图 4-8 可以发现,当观测点在通道倾斜一侧时,尽管雷电回击电磁场的幅值会随着倾斜角度 α 的减小而增加,但倾斜角度 α 对雷电回击电磁场的这种影响会随着观测距离的增大逐渐减弱。在近场区,电磁场峰值随倾斜角度的变化较大,当倾斜角度 α 在 70°~90°之间变化时,由于 α 减小使电磁场峰值的增幅可以达到 50%;而到了远场区,当 $r=100$km 时,当倾斜角度 α 在 70°~90°之间变化时,由于 α 减小使电磁场峰值的增幅仅为 12% 左右。

4.3.2 回击速度的影响

此处,仍用脉冲函数模型表征通道底部电流,且脉冲函数的参数保持不变,选取回击通道长度 $H=7.5$km,回击通道倾斜角度 $\alpha=\pi/6$、$\varphi-\varphi'=0$,计算回击速度 v 为 1.0×10^8m/s、1.3×10^8m/s、1.5×10^8m/s、1.8×10^8m/s、2.1×10^8m/s 时,在近场区、过渡场区以及远场区地表电磁场的垂直电场分量以及角向磁场分量,其计算结果如图 4-9 至图 4-11 所示。

从图 4-9 可以看出,在近场区,电场波形的初始峰值会随着回击速度的增加而显著降低,而不同回击速度下角向磁场的波形则几乎完全重合,这表明在近场区回击

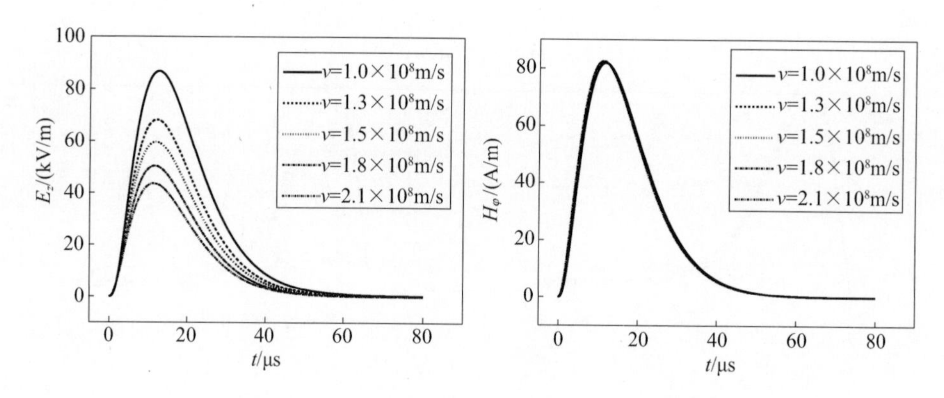

图 4-9　$r=100$m 处不同回击速度时的电磁场

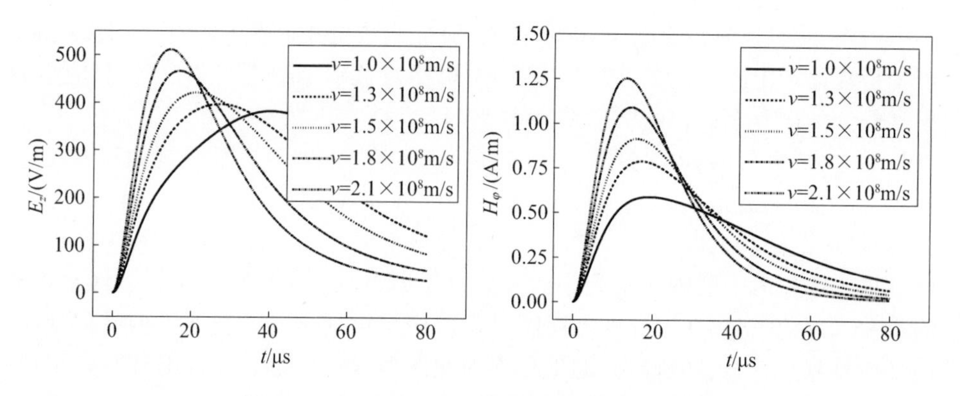

图 4-10　$r=5$km 处不同回击速度时的电磁场

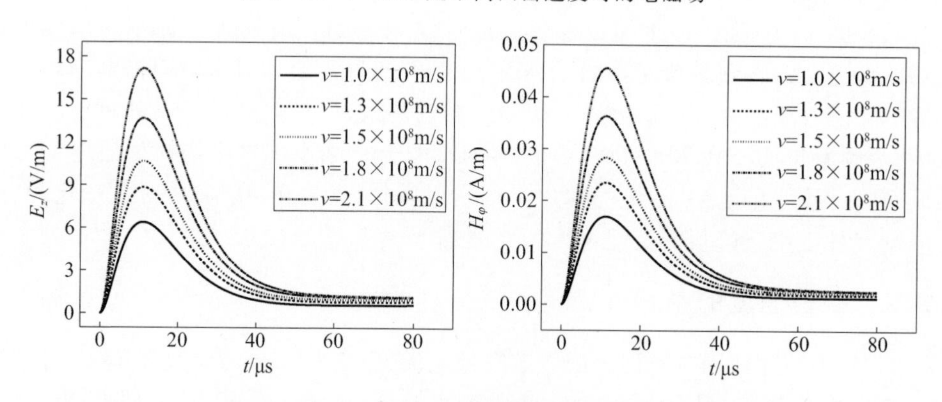

图 4-11　$r=100$km 处不同回击速度时的电磁场

速度主要对雷电回击电场分量的影响较大,对磁场分量的影响较小。

随着观测距离的增加,当 $r=5$km 时,从图 4-10 可以发现,回击速度对垂直电场的影响规律已不同于近场区的情况,此时:电场分量的峰值随着回击速度的增加而增大,同时垂直电场的峰值时间随着回击速度的增加而迅速减小;对于磁场分量来说,在过渡场区回击速度对磁场分量的影响开始显现，磁场峰值随着回击速度的增加而增加，其峰值时间也随着回击速度增加而有所提前，但磁场峰值时间受回击速度的影响要明显小于电场峰值时间。此外，观察过渡场区电磁场波形的上升沿和下降沿可以发现，回击速度越大，电磁场波形的上升沿和下降沿越陡，因此不同回击速度对应的雷电回击电磁场波形会出现交叉。

当水平距离扩展到远场区范围时，观察图4-11可以发现，在远场区雷电电场与磁场随回击速度的变化规律趋于一致，电磁场波形的峰值均随着回击速度的增加而增大，但电磁场波形的峰值时间基本不随回击速度的改变而发生变化。

4.3.3 通道长度的影响

保持通道底部电流参数取值不变，取放电通道的倾斜角度 $\alpha=\pi/6$，方位角 $\varphi-\varphi'=0$，回击速度 $v=1.3\times10^8\text{m/s}$。图4-12至图4-14分别给出了倾斜通道长度 H 为1km、4km、7.5km、10km、15km时，垂直电场分量与角向磁场分量在近场区、过渡场区及远场区的分布情况，其中，横坐标表示从回击电磁传播至观测点处时刻起算的时间。

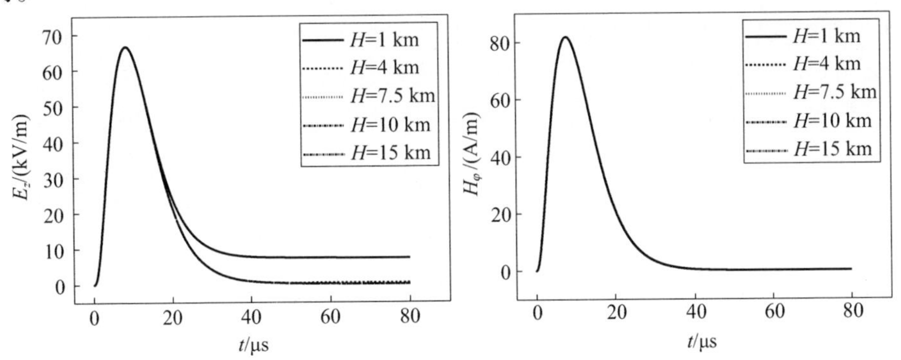

图4-12　$r=100\text{m}$ 处不同通道长度时的电磁场

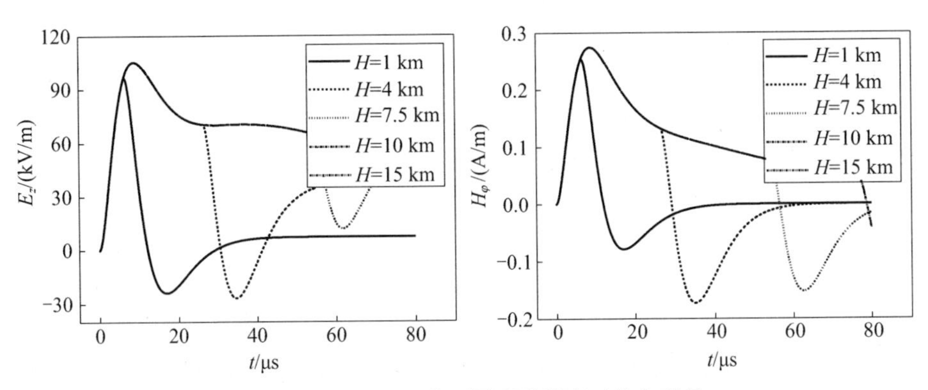

图4-13　$r=10\text{km}$ 处不同通道长度时的电磁场

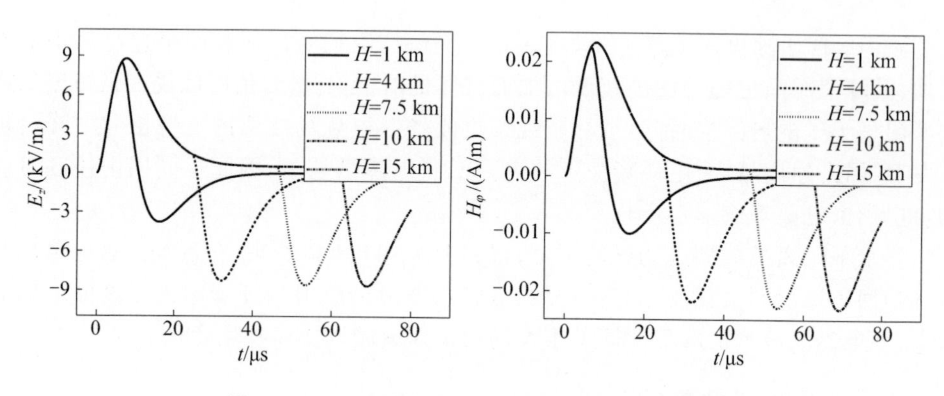

图 4-14　$r=100$km 处不同通道长度时的电磁场

从图 4-12 可以看出,对于近场区而言,当回击通道长度从 1km 变化到十几千米时,电场峰值部分完全重合而波尾部分会有小幅的下降,但是磁场波形几乎完全重合。因此,在近场区倾斜通道长度对电场分量有一定的影响而对磁场分量几乎没有影响。

从图 4-13 可以看出,对于过渡场区而言,在回击电流未达到倾斜通道顶端之前,不同通道长度下的电磁场波形基本重合,当回击电流达到通道顶端以后,电磁场峰值会出现反射下降的情况。另外,通道长度越小,波形出现反射下降的时间越早。出现这种现象主要是由于回击电流在到达通道顶部后超出通道顶部的波前电流瞬间消失造成的。

从图 4-14 可以看出,在远场区范围内时,通道长度对回击电场和磁场波形的影响规律基本一致。在回击电流未达到通道顶部之前,不同通道长度所对应的电磁场波形基本重合,在回击电流到达顶端之后,电磁场幅值会迅速下降,随之出现反向峰值,且在反向峰值过后电磁场幅值迅速归零。

综合以上分析可知,当雷电放电通道长度发生改变时,只是回击电流到达通道顶端的时间有所差异,导致不同通道长度下的电磁场出现负向衰减的时间有所不同。但是,在回击电流未到达通道顶端之前,不同通道长度下地表垂直电场分量与角向磁场分量之间的差别都较小,此时,通道长度对倾斜通道电磁场几乎没有影响。

4.3.4　观测方位角的影响

在垂直放电通道雷电回击模型中,由于雷电放电通道垂直于地面,雷电电磁场的分布规律不会随观测点方位角的改变而改变。但是,在倾斜放电通道模型中,当通道在地面的投影与观测点投影之间的方位角($\varphi-\varphi'$)改变时,会造成观测点距放电通道的有效距离发生变化,进而使得不同方位角下观测到的电场和磁场不同。

在计算过程中,仍然选用脉冲函数模型表征回击通道底部电流,且电流参数保持不变，取回击通道长度 $H=7.5\text{km}$，回击速度 $v=1.3\times10^{8}\text{m/s}$，放电通道的倾斜角度 $\alpha=\pi/6$，研究不同方位角下地表雷电回击电磁场的分布规律。图 4-15 至图 4-17 分别给出了方位角 $\varphi-\varphi'$ 为 0、$\pi/4$、$\pi/2$、$3\pi/4$、π 时，不同场区的垂直电场分量和角向磁场分量的变化规律，其中，横坐标表示从回击电磁场传播至观测点时刻起算的时间。

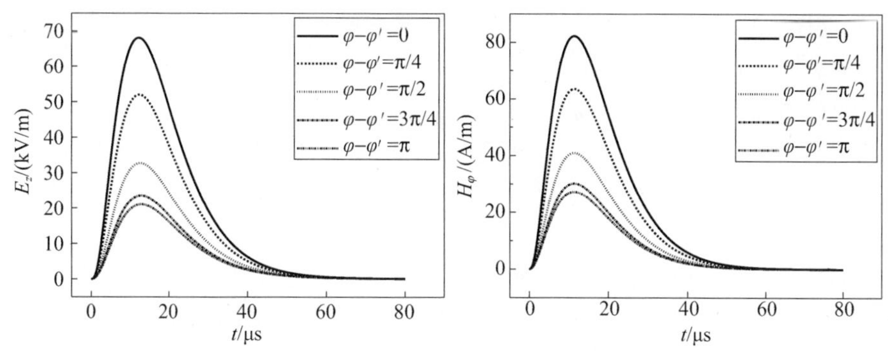

图 4-15　$r=100\text{m}$ 时不同方位角的电磁场

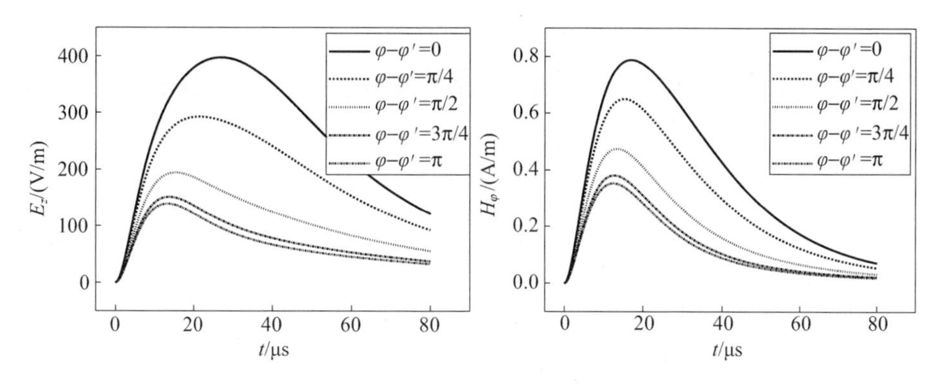

图 4-16　$r=5\text{km}$ 时不同方位角的电磁场

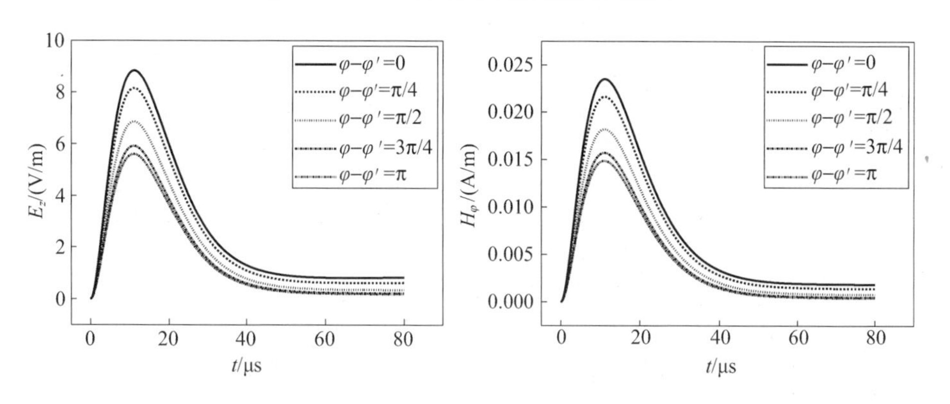

图 4-17　$r=100\text{km}$ 时不同方位角的电磁场

从图 4－15 中可以看出，在 $r=100\text{m}$ 处，方位角越大，电磁场的峰值越小，由此导致电磁场波形上升沿和下降沿的陡度也随之趋于平缓。此外，随着观测方位角的增加，电磁场峰值随方位角增大而降低的趋势逐渐减缓，当方位角大于 $3\pi/4$ 以后，电磁场峰值只在较小范围内变化。

从图 4－16 中可以发现，5km 处中间场区电磁场峰值随方位角的变化规律与 100m 处近场区基本一致，即电磁场峰值均随着方位角的增大而减小，且波形峰值越大随后的衰减也越快。但是，与近场区不同的是，过渡场区电磁场波形的峰值时间随着方位角的增加而减小，且电场波形比磁场波形表现得更明显。

从图 4－17 中可以看出，在 $r=100\text{km}$ 的远场区，电磁场波形随方位角的变化规律与近场区基本一致，电磁场波形的峰值时间不再因观测方位角的不同发生明显变化。

归纳倾斜通道雷电回击电磁场随观测方位角的变化规律可以看出，无论在近场区、过渡场区还是远场区，方位角越大，电磁场峰值越小。出现这种现象的主要原因是随着观测点与放电通道之间方位角的增加，场点与源点之间的有效距离在增加，进而导致相应的电磁场峰值减小。

4.4 有耗大地条件下倾斜通道雷电回击电磁场的计算

4.4.1 基于三维 FDTD 法的计算模型

在垂直通道雷电回击电磁场的研究中，考虑到问题的轴对称特性，通常采用 FDTD 法在二维柱坐标系下进行计算。但是，在倾斜放电通道的情况下，不同观测点处的电磁场求解问题不再满足对称性条件，需要在三维直角坐标系下进行求解。图 4－18 给出了土壤为均匀介质条件下倾斜通道雷电回击电磁场的 FDTD 法计算模型。

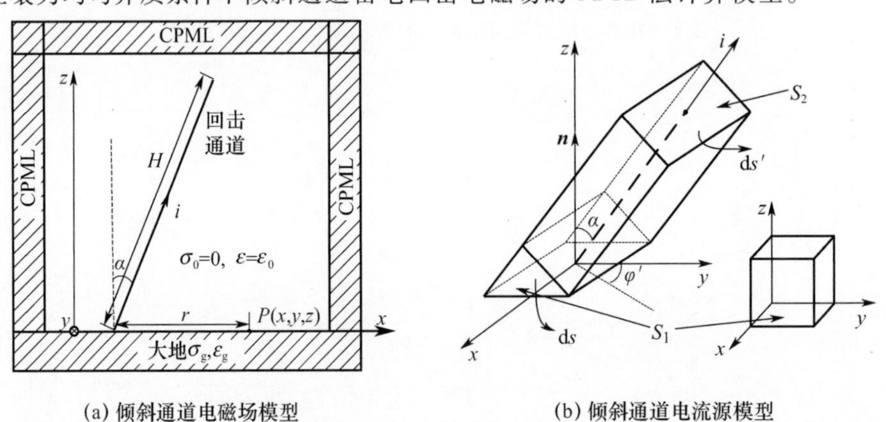

(a) 倾斜通道电磁场模型　　(b) 倾斜通道电流源模型

图 4－18　直角坐标系下倾斜通道的三维 FDTD 法计算模型

在图 4－18(a)中，σ_g、ε_g 分别为土壤电导率和土壤介电常数，$\sigma_0=0$、$\varepsilon=\varepsilon_0$ 为自由空间的电导率和介电常数，α 为倾斜放电通道与 z 轴之间的夹角，φ'为倾斜通道方位角，H 为倾斜通道长度，i 为回击通道底部电流，$P(x,y,z)$ 为观测点坐标，r 为观测点与雷击点之间的水平距离。

在二维柱坐标系下对垂直通道雷电回击电磁场进行建模计算时，由于问题的轴对称特性，电流源一般都沿 z 轴进行添加。但是，倾斜通道雷电回击电磁场的计算不满足轴对称条件，这就需要对电磁场的加源方式进行重新考虑[108]。为了得到有源区倾斜通道雷电回击电磁场的差分公式，假设倾斜通道垂直穿过 S_2 面，S_1 为 S_2 面沿倾斜通道运动穿过 xy 面时的切割区域，且 S_1 为 Yee 元胞的下表面（或上表面），如图 4－18(b)所示，图中 S_1、S_2 的面积分别为 $\mathrm{d}s$ 和 $\mathrm{d}s'$，$\boldsymbol{n}$ 为 S_1 的单位法向量。

根据麦克斯韦方程组和式(3－7)，有

$$\nabla\times\boldsymbol{H}=\boldsymbol{J}_s+\varepsilon\frac{\partial\boldsymbol{E}}{\partial t}+\sigma\boldsymbol{E}\tag{4-42}$$

式中：$\boldsymbol{E}$ 和 $\boldsymbol{H}$ 分别为电场强度和磁场强度；$\boldsymbol{J}_s$ 为外加电流源的电流密度；ε 为介质的介电常数；σ 为介质电导率。对式(4－42)在 S_1 上进行面积分，根据图 4－18(b)中 S_1 与 S_2 之间的位置关系，对电磁场进行差分离散，可得有源区 E_z 分量表达式为

$$E_z\big|_m^{n+1}=\mathrm{CA}(m)E_z\big|_m^n+\mathrm{CB}(m)\left[(\nabla\times H)_z\big|_m^{n+0.5}-\frac{i}{\mathrm{d}x\mathrm{d}y}\right]\tag{4-43}$$

式中：n 为离散的时间值；m 为电磁场分量在 Yee 网格中的坐标值。需要注意的是，不同的电磁场分量 m 值是不同的，而 $\mathrm{CA}(m)$、$\mathrm{CB}(m)$分别为

$$\begin{aligned}\mathrm{CA}(m)&=\frac{\varepsilon(m)/\mathrm{d}t-\sigma(m)/2}{\varepsilon(m)/\mathrm{d}t+\sigma(m)/2}\\\mathrm{CB}(m)&=\frac{1}{\varepsilon(m)/\mathrm{d}t+\sigma(m)/2}\end{aligned}\tag{4-44}$$

类似地，可以得到放电通道穿过 Yee 元胞其他 4 个面时，有源区各电场分量表达式为

$$E_x\big|_m^{n+1}=\mathrm{CA}(m)E_x\big|_m^n+\mathrm{CB}(m)\left[(\nabla\times H)_x\big|_m^{n+0.5}-\frac{i}{\mathrm{d}y\mathrm{d}z}\right]\tag{4-45}$$

$$E_y\big|_m^{n+1}=\mathrm{CA}(m)E_y\big|_m^n+\mathrm{CB}(m)\left[(\nabla\times H)_y\big|_m^{n+0.5}-\frac{i}{\mathrm{d}x\mathrm{d}z}\right]\tag{4-46}$$

需要说明的是，倾斜通道的倾斜角度 α 和方位角 φ'将通过对 FDTD 的三维网格中对应位置上的 E_x、E_y、E_z 进行特殊设置来实现。通道的倾斜角度 α 和方位角 φ'不同，对应回击电流 i 的加源位置也会不同。

如果将式(4－43)、式(4－45)、式(4－46)中右侧的电流源项去除，此 3 式即变

为直角坐标系下无源区各电场分量的差分方程。

采用同样的方法,可以得到直角坐标系下磁场分量的差分表达式为

$$H_x\big|_m^{n+0.5}=\mathrm{CP}(m)H_x\big|_m^{n-0.5}+\mathrm{CQ}(m)(\nabla\times E)_x\big|_m^n \tag{4-47}$$

$$H_y\big|_m^{n+0.5}=\mathrm{CP}(m)H_y\big|_m^{n-0.5}+\mathrm{CQ}(m)(\nabla\times E)_y\big|_m^n \tag{4-48}$$

$$H_z\big|_m^{n+0.5}=\mathrm{CP}(m)E_z\big|_m^{n-0.5}-\mathrm{CQ}(m)(\nabla\times E)_z\big|_m^n \tag{4-49}$$

CP(m)、CQ(m)表达式分别为

$$\mathrm{CP}(m)=\frac{\mu(m)/\mathrm{d}t-\sigma_{\mathrm{m}}(m)/2}{\mu(m)/\mathrm{d}t+\sigma_{\mathrm{m}}(m)/2},\quad \mathrm{CQ}(m)=\frac{1}{\mu(m)/\mathrm{d}t+\sigma_{\mathrm{m}}(m)/2} \tag{4-50}$$

式中:σ_{m} 为介质磁导率。在计算过程中,采用卷积完全匹配层(CPML)吸收边界条件对边界处的电磁波进行处理。通过对麦克斯韦方程组进行差分离散并进行坐标伸缩变换,可以得到 E_x 电场分量的截断边界差分方程为

$$E_x\big|_m^{n+1}=\mathrm{CA}(m)E_x\big|_m^n+\mathrm{CB}(m)\left[(\nabla\times H)_x\big|_m^n+\psi_{E_{xy}}\big|_m^{n+\frac{1}{2}}-\psi_{E_{xz}}\big|_m^{n+\frac{1}{2}}\right] \tag{4-51}$$

式中

$$\psi_{E_{xy}}\big|_m^{n+\frac{1}{2}}=b_{ey}\psi_{E_{xy}}\big|_m^{n-\frac{1}{2}}+a_{ey}\frac{H_z\big|_m^{n+\frac{1}{2}}-H_z\big|_m^{n+\frac{1}{2}}}{\mathrm{d}y} \tag{4-52}$$

$$\psi_{E_{xz}}\big|_m^{n+\frac{1}{2}}=b_{ez}\psi_{E_{xz}}\big|_m^{n-\frac{1}{2}}+a_{ez}\frac{H_y\big|_m^{n+\frac{1}{2}}-H_y\big|_m^{n+\frac{1}{2}}}{\mathrm{d}z} \tag{4-53}$$

其中

$$a_\zeta=\frac{\sigma_\zeta}{\sigma_\zeta k_\zeta+\alpha_\zeta k_\zeta^2}(b_\zeta-1),\quad b_\zeta=\exp[-(\sigma_\zeta/k_\zeta+\alpha_\zeta)(\Delta t/\varepsilon)] \tag{4-54}$$

$$k_\zeta=1+(k_{\max}-1)\left(\frac{|u-u_0|}{d}\right)^m \tag{4-55}$$

$$\sigma_\zeta=\sigma_{\max}\left(\frac{|u-u_0|}{d}\right)^m,\quad \sigma_{\max}=\frac{m+1}{150\pi\sqrt{\varepsilon_{\mathrm{r}}}\delta} \tag{4-56}$$

式中:下标 ζ 表示式(4-52)和式(4-53)中的下标 ey 或 ez;d 为 CPML 边界厚度;$|u-u_0|$为计算区域距离 CPML 边界的距离;δ 为 FDTD 元胞尺寸;$k_{\max}$通常介于1~20之间,此处取 $k_{\max}=1$。类似地,可以得到电磁场其他电磁场分量的截断边界差分方程,此处不再重复。

4.4.2 FDTD 计算模型的验证

为检验倾斜通道雷电回击电磁场计算模型的有效性,利用 Uman 等[109] 1999 年在佛罗里达国际雷电研究与测试中心开展的一次具有倾斜通道的人工引雷试验对其进行验证。同时,将此处计算模型针对该引雷试验的计算结果与 Izadi 等[110]基于 2 阶

FDTD 混合方法的计算结果进行比较,以进一步验证此处计算模型的优越性。

根据 Uman 等在火箭引雷试验时的拍摄照片和实测数据,在本次人工引雷试验中,回击放电通道在离地高度 5m 以上的倾斜角度约为 20°,如图 4-19(a)所示,回击通道底部电流的实测波形如图 4-19(b)所示,在距离通道 $r=15\text{m}$ 处地面实测的垂直电场波形如图 4-19(c)所示。因此,通过模型计算实测电流在 $r=15\text{m}$ 处的垂直电场来验证计算模型的有效性。在验证过程中,将回击通道的倾斜角度设置为 $\alpha=20°$。采用式(3-135)来描述实测的回击通道底部电流,采用 MTLE 模型来描述雷电回击过程,回击速度取 $v=1.3\times10^{8}\text{m/s}$。由式(3-135)拟合得到的回击通道底部电流参数如表 4-2 所列。

(a) 火箭引雷试验的回击通道照片

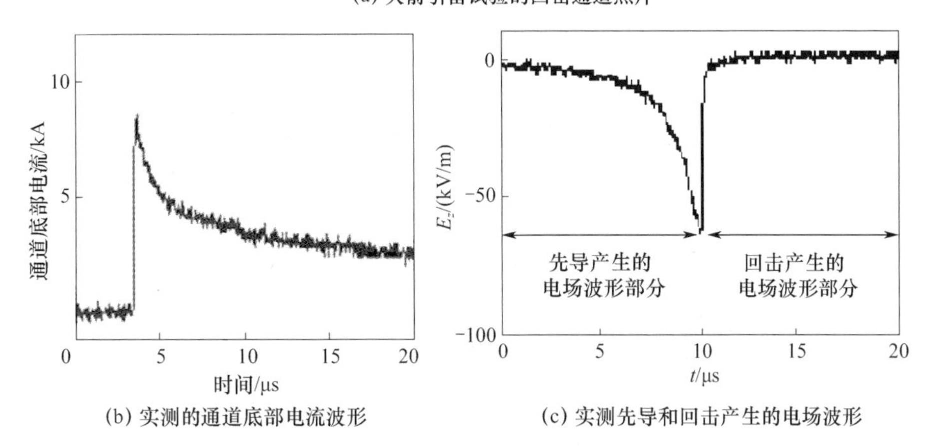

(b) 实测的通道底部电流波形

(c) 实测先导和回击产生的电场波形

图 4-19　Uman 等[109]的一次火箭引雷试验照片及其实测数据波形

表 4-2　拟合的通道底部电流参数

I_0/kA	τ_1/s	τ_2/s	I_1/kA	τ_3/s	τ_4/s
7.78	6.0×10^{-8}	7.5×10^{-7}	4.2	0.7×10^{-6}	1.4×10^{-5}

从图 4-19(c)中可以看出，在 $r=15\mathrm{m}$ 处的实测垂直电场波形中，主要包含先导通道产生的垂直电场部分和回击通道产生的垂直电场部分，且回击通道所产生的电场波形上升沿陡度明显大于先导通道所产生的电场波形下降沿陡度。需要注意的是，回击通道产生的电场波形是在紧接先导通道激发的电场波形之后进行的测量，先导通道所产生的背景场强的存在直接导致了测量的回击电场波形起始于一个负值。鉴于建模计算过程中不考虑背景电场的影响，其计算得到的垂直电场起始值为 0，为此在将实测波形与计算结果对比之前，首先对实测的回击电场波形进行了预处理，剔除先导通道所产生的背景场强，将实测回击电场波形的初始场强值调整为零，如图 4-20(a)所示。图 4-20(b)中给出了采用此处倾斜通道三维 FDTD 计算方法的计算结果、Izadi 等利用 2 阶 FDTD 混合法的计算结果与实测回击电场波形的对比情况。同时，为便于说明倾斜通道建模计算能够更加接近物理实际，图 4-20(b)中还给出了垂直通道条件下两种方法对回击电场的计算结果。

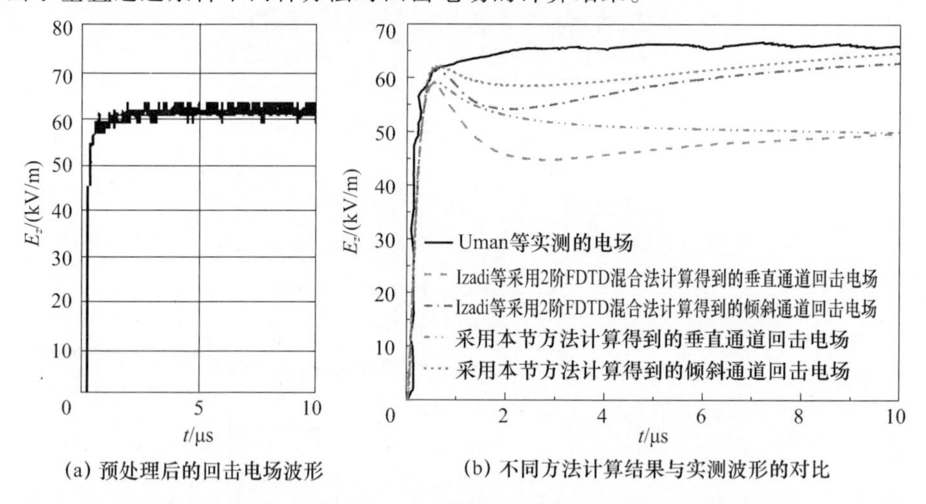

(a) 预处理后的回击电场波形　　(b) 不同方法计算结果与实测波形的对比

图 4-20　$r=15\mathrm{m}$ 处实测和计算得到的垂直电场波形对比

从图 4-20(b)中可以看出，此处所提出的倾斜通道三维 FDTD 计算模型计算得到的垂直电场波形与 Uman 等的实测回击电场波形基本一致，但两者在细节上仍存在一定的差别。这主要是因为计算过程中使用的回击工程模型是一种理想模型，模型中电流沿回击通道的分布状况和回击速度与真实情况存在一定的差别，而且在计算过程中假设大地为平坦且各向同性的均匀介质，但是真实的地表环境要比假设情况复杂得多。然而，从图 4-20(b)中仍然可以看出，此处三维 FDTD 计算方法计算得到的倾斜(垂直)通道回击电场与实测电场波形之间的偏差要明显小于 Izadi 等利用 2 阶 FDTD 混合法计算得到的倾斜(垂直)通道回击电场与实测电场波形之间的偏差。并且，将此处三维 FDTD 计算方法和 Izadi 等的 2 阶 FDTD 混合法计算得到的倾斜通道回击电场波形与垂直通道回击电场波形对比可以发现，倾斜通道所产生的垂直电场波形要更加接近实测的回击电场波形。综上,可以验证此处建立的倾斜通道雷电回击电磁场三维 FDTD 计算模型是合理有效的。

4.4.3 沿海地貌条件下的回击电磁场特征

4.4.3.1 雷击点位于陆地一侧时的情况

当雷击点位于沿海区域陆地一侧时,沿海典型地貌特征条件下的倾斜放电通道模型如图 4-21 所示。

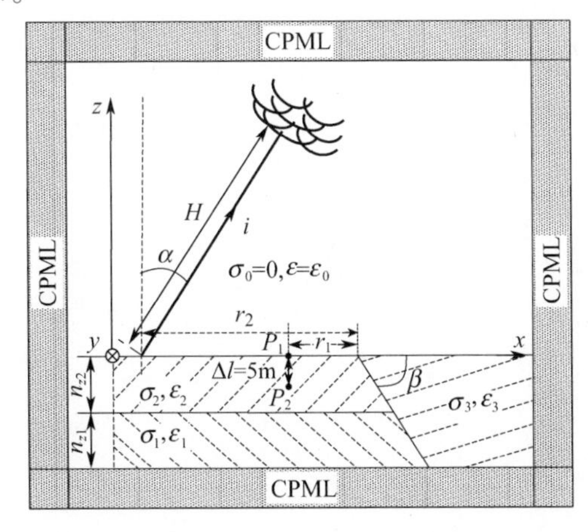

图 4-21 雷击点位于陆地一侧时沿海地貌倾斜放电通道模型

图中,P_1、P_2 分别为倾斜通道正下方且距离海岸线 r_1 距离处的地表观测点和地下观测点,P_2 距离地表面 $\Delta l = 5\text{m}$,β 为海陆交界面与海平面之间的夹角,雷击点与海岸线的水平距离 $r_2 = 500\text{m}$,地表分层土壤厚度分别为 $nz_1 = nz_2 = 20\text{m}$,陆地一侧上层为沙土而下层为湿土,大地典型电参数可选择为:$\sigma_1 = 0.1\text{S/m}$,$\sigma_2 = 0.001\text{S/m}$,$\varepsilon_1 = 12$,$\varepsilon_2 = 10$,海水的电导率为 $\sigma_3 = 4\text{S/m}$,相对介电常数 $\varepsilon_3 = 30$。β 分别取 0、$\pi/6$、$\pi/4$、$\pi/3$、$\pi/2$,对距离海岸线 r_1 为 5m、20m、50m 处的地表和地下电磁场进行计算。计算过程中设倾斜通道长度 $H = 2\text{km}$,倾斜角度 $\alpha = \pi/6$,回击速度 $v = 1.3\times10^8\text{m/s}$,底部电流函数采用两个 Heidler 函数的叠加表示,即

$$i(0,t) = \frac{I_1}{\eta_1}\frac{(t/\tau_1)^2}{[(t/\tau_1)^2+1]}\cdot e^{-t/\tau_2} + \frac{I_2}{\eta_2}\frac{(t/\tau_3)^2}{[(t/\tau_3)^2+1]}\cdot e^{-t/\tau_4} \tag{4-57}$$

式中:$\eta_1 = \exp[-(\tau_1/\tau_2)(2\tau_2/\tau_1)^{1/2}]$;$\eta_2 = \exp[-(\tau_3/\tau_4)(2\tau_4/\tau_3)^{1/2}]$。具体参数取值为:$I_1 = 10.7\text{kA}$,$\tau_1 = 0.25\times10^{-6}\text{s}$,$\tau_2 = 2.5\times10^{-6}\text{s}$,$I_2 = 6.5\text{kA}$,$\tau_3 = 2.1\times10^{-6}\text{s}$,$\tau_4 = 2.3\times10^{-4}\text{s}$。计算得到的不同距离处水平电场、垂直电场以及角向磁场波形分别如图 4-22 至图 4-24 所示。图中,观测点 P_1 处的电磁场对应左侧纵轴和下方横轴,观测点 P_2 处的电磁场对应右侧纵轴和上方横轴。

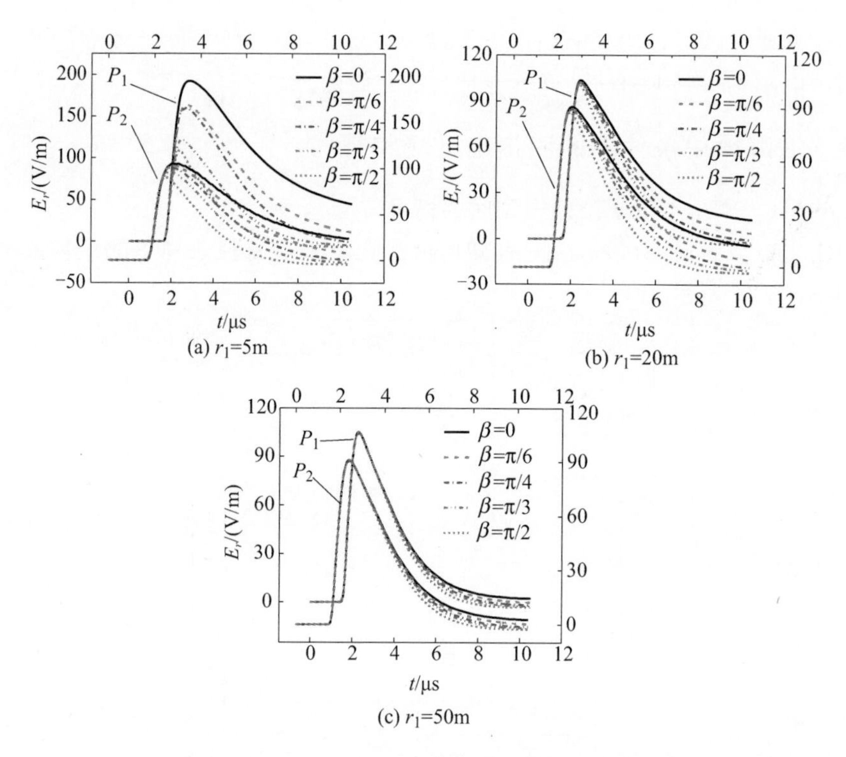

图 4－22　雷击点位于陆地一侧时距海岸线不同距离处的水平电场波形

当雷击发生在沿海区域陆地一侧时，从图 4－22(a)可以看出，如果 $\beta=0$，图 4－21 中雷电回击模型将转化为土壤水平分层条件下的倾斜通道雷电回击模型，此时，水平电场初始峰值将达到最大，随着海陆交界面与海平面之间夹角的增加，地表和地下水平电场的初始峰值均随之出现衰减，但是地表水平电场的峰值衰减率($(E_{r\beta=0}-E_{r\beta=\pi/2})/E_{r\beta=0}$)为 43.5%，而地下水平电场的峰值衰减率为 14.3%，由此可以看出，β 改变对地表水平电场的影响程度大于对地下水平电场的影响程度。当 r_1 增加至 20m 时，从图 4－22(b)中可以发现，海陆交界面与海平面不同夹角时的水平电场上升沿基本重合，电场峰值随 β 的变化规律与 $r_1=5\text{m}$ 处基本一致，只是不同夹角之间的峰值偏差明显减小。对比图 4－22(a)和图 4－22(b)可以发现，当观测点与海岸线之间的距离从 $r_1=5\text{m}$ 增加至 $r_1=20\text{m}$ 时，不同夹角 β 下地表水平电场的峰值变化率($(E_{r\beta=0}-E_{r\beta=\pi/2})/E_{r\beta=\pi/2}$)从 76.9% 下降至 2.6%，而地下水平电场的峰值变化率从 16.7% 下降至 3.5%。由此可以判断，观测点与海岸线之间水平距离越大，海陆交界面与海平面之间夹角对水平电场的影响就越小，并且水平距离变化对地表电场的影响程度明显大于对地下电场的影响程度。随着水平距离的增加，在 $r_1=50\text{m}$ 处，地表和地下水平电场波形之间的差异基本消失，不同夹角 β 时的水平电场波形在上升沿和波峰处基本重合，只在波尾处存在一定偏差。

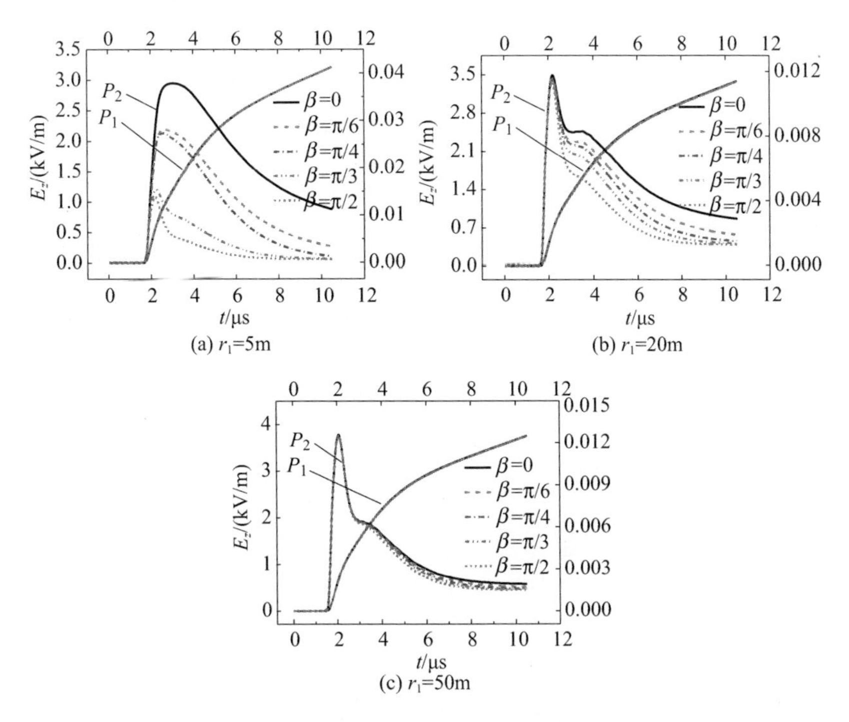

图 4－23　雷击点位于陆地一侧时距海岸线不同距离处的垂直电场波形(见彩图)

对于垂直电场分量,从图 4－23(a)中可以看出,在距离海岸线几米至几十米范围内,不同 β 的地表垂直电场波形基本重合,由此可以判断,海陆交界面与海平面之间夹角对地表垂直电场的影响极小,基本可以忽略。但是,地下垂直电场初始峰值随海陆交界面夹角 β 的变化规律与水平电场基本一致,即 β 越大,地下垂直电场的初始峰值越小。在 $r_1=20$m 处,不同交界面夹角下的地下垂直电场波形在波峰处基本重合,但是在下降沿和波尾处存在明显偏差。随着观测点与海岸线之间水平距离的增加,在 $r_1=50$m 处,地下垂直电场波形下降沿部位的偏差也基本可以忽略,只在波尾处存在微小偏差。

从图 4－24 中可以看出,海陆交界面与海平面不同夹角 β 下的地表角向磁场波形基本重合,因此,海陆交界面与海平面之间夹角的改变对地表磁场分量的影响很小,基本可以忽略。需要指出的是,夹角 β 的改变对地下磁场分量具有一定程度的影响,从图 4－24(a)可以看出,在 $r_1=5$m 处,地下角向磁场峰值随着交界面夹角的增加而增加。但是,随着观测点与海岸线之间水平距离的增加,海陆交界面与海平面之间夹角的改变对地下磁场分量的影响逐步减小,当 $r_1\geqslant50$m 时,地下磁场将基本不受其影响。

综上,对于雷击点在沿海区域陆地一侧的情况,海陆交界面与海平面之间夹角的改变,对地表垂直电场和地表角向磁场影响极小,基本可以忽略,对地表水平电场、地

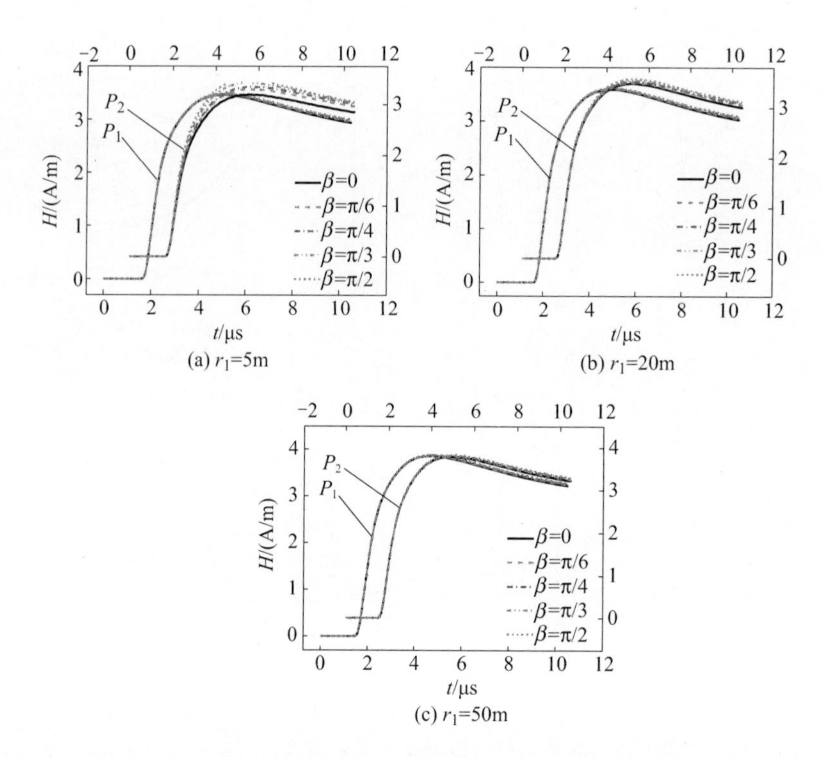

图 4-24 雷击点位于陆地一侧时距海岸线不同距离处的角向磁场波形(见彩图)

下水平电场、地下垂直电场以及地下角向磁场均有影响,并且夹角 β 越大,电场分量的初始峰值越小,磁场分量的初始峰值越大。但是,海陆交界面与海平面之间夹角对电磁场的影响会随着观测点与海岸线之间距离的增加而减弱,当二者之间水平距离大于 50m 之后,电磁场的初始峰值基本重合,只在波尾处存在微小偏差。

4.4.3.2 雷击点位于海平面一侧时的情况

当雷击现象发生在海平面上时,沿海典型地貌特征条件下的倾斜通道模型如图 4-25 所示。图中,r_1 为观测点与海岸线之间的水平距离,r_2 为雷击点与海岸线之间的水平距离,此处取 $r_2=500$m,其他参数取值与图 4-21 中相同。为了研究海平面上发生雷击时,海陆交界面与海平面之间夹角对电磁场分布特性的影响规律,β 分别取 0、$\pi/6$、$\pi/4$、$\pi/3$、$\pi/2$,对距离海岸线 r_1 取 5m、20m、50m 处的地表和地下电磁场进行计算,计算过程中使用的通道参数、底部电流参数以及底部电流函数、工程模型等均与上一节相同。计算结果如图 4-26 至图 4-28 所示。图中,观测点 P_1 处的电磁场对应左侧纵轴和下方横轴,观测点 P_2 处的电磁场对应右侧纵轴和上方横轴。

从图 4-26(a)中可以看出,当观测点与海岸线之间的水平距离 $r_1=5$m 时,地表水平电场和地下水平电场初始峰值均随着海陆交界面与海平面之间夹角的增加而减小,当 $\beta=\pi/2$ 时,水平电场峰值将达到最小。之所以会出现以上现象,是因为海水

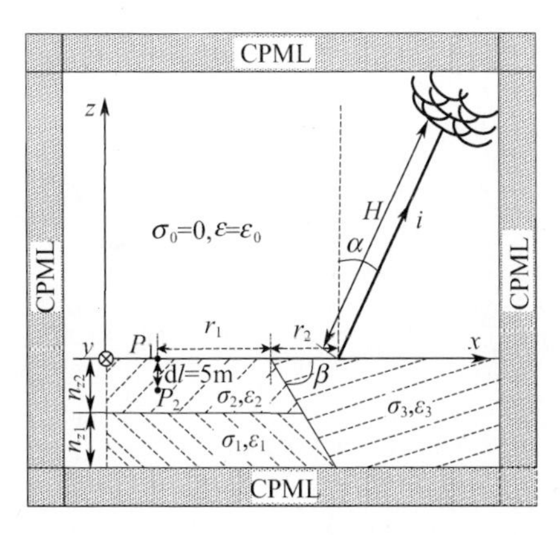

图 4-25　雷击点位于海平面一侧时沿海典型地貌特征条件下倾斜通道模型

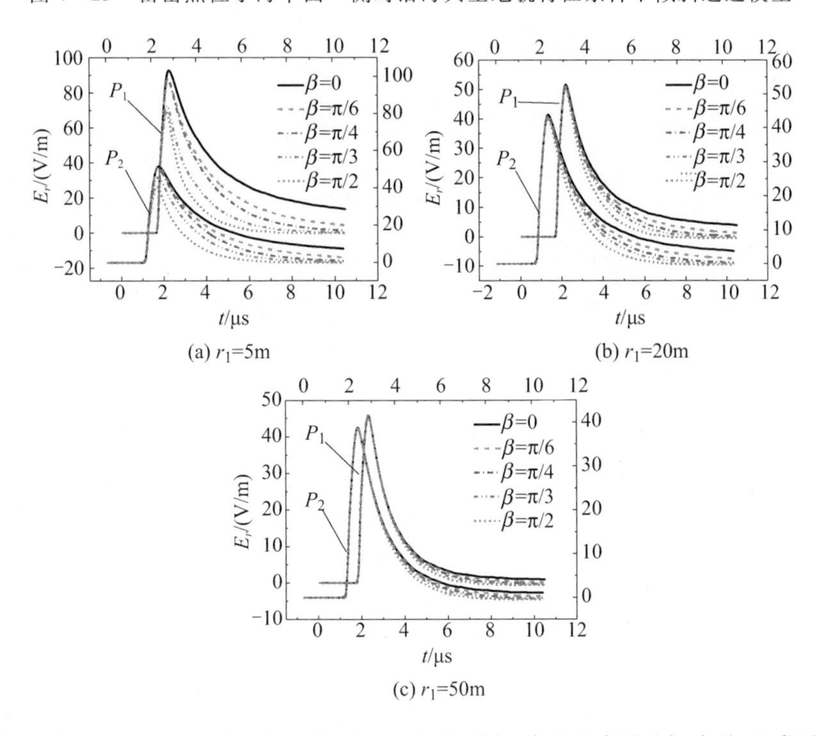

图 4-26　雷击点位于海平面一侧时距海岸线不同距离处的水平电场波形(见彩图)

的电导率大于沙地的电导率，当观测点与海岸线之间距离较小时，海陆交界面与海平面之间夹角的增加，导致观测点附近的平均等效大地电导率出现上升，进而使水平电场的初始峰值越小。当观测点与海岸线之间水平距离增至 $r_1=20\text{m}$ 时，从图 4-26(b)中可以看到，不同夹角 β 下的水平电场初始峰值基本重合，在峰值过后的下降沿部分，不同夹角 β 下的水平电场波形开始分离，在波尾部分水平电场幅值随着 β 的增加而减小。出现这一现象的原因是当观测点与海岸线的距离远到一定程度后，观测点处

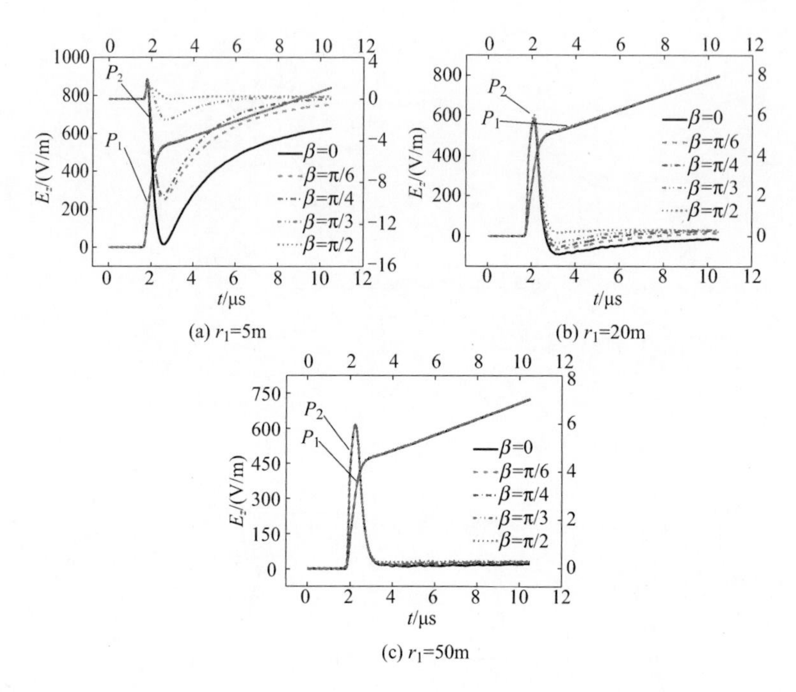

图 4-27 雷击点位于海平面一侧时距海岸线不同距离处的垂直电场波形(见彩图)

的等效电导率不受海陆交界面与海平面之间夹角的影响。与此同时,由于回击的水平电场峰值时间极短,约为 0.6μs,而电磁波在海水介质中传播至海陆交界面而后发生反射或折射,直至传播到观测点所用时间要大于 0.6μs,因此水平电场峰值基本不受 β 的影响;但是 β 的增加会使海岸线附近平均等效电导率上升,由于电导率越大电磁波的趋肤深度就越小,对应传播至观测点处的电磁波分量就会减小,因此水平电场波尾幅值会随着 β 的增加而减小。当 $r_1=50$m 时,从图 4-26(c)可以看到,水平电场波形在波峰和下降沿部分基本重合,仅在波尾处存在一定偏差。

从图 4-27(a)中可以看到,不同夹角 β 下的地下垂直电场初始峰值基本重合,但是在初始峰值之后,垂直电场波形开始下降并出现过零点现象,随后,地下垂直电场出现负向峰值并且此负向峰值随着 β 的增加而减小。在 $r_1=5$m 处,地下垂直电场除了初始峰值之外大部分是负极性的,当观测点与海岸线之间距离增加至 $r_1=20$m 时,地下垂直电场的正极性分量开始增加,$\beta=\pi/2$ 时,地下垂直电场波形的过零点现象消失,$\beta\leqslant\pi/3$ 的电场波形只在波尾处存在过零点现象。从图 4-27(c)中可以看出,在 $r_1=50$m 处,不同夹角 β 下的地下垂直电场波形在上升沿、波峰以及下降沿部位基本重合,只在波尾部位存在微小偏差,并且地下垂直电场波形的过零点现象完全消失,电场幅值完全为正极性。对于地表垂直电场,从图 4-27 中可以看到,不同夹角 β 下的地表垂直电场波形在不同的观测距离上均基本重合,这表明海陆交界面与海平面之间夹角对地表垂直电场基本无影响。

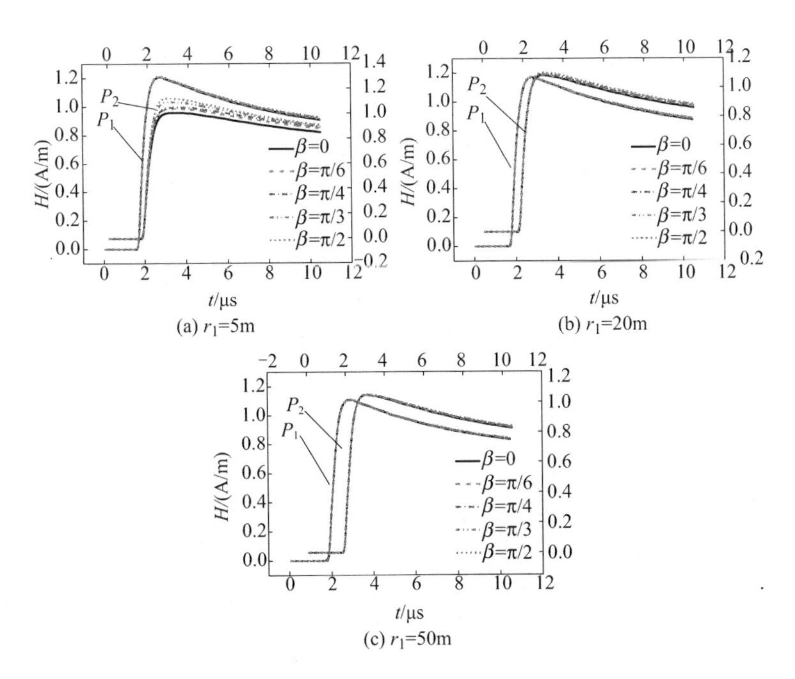

图 4－28　雷击点位于海平面一侧时距海岸线不同距离处的角向磁场波形(见彩图)

对于角向磁场分量,从图 4－28 中可以看到,r_1 = 5m 处的地下磁场初始峰值随着海陆交界面与海平面之间夹角的增加而增加,这一点与图 4－24(a)中磁场波形随 β 的变化规律基本一致。当观测点与海岸线之间距离增加时,β 对地下磁场波形的影响逐渐减弱,当两者之间水平距离增加至 r_1 = 50m 时,不同夹角 β 下的磁场波形将基本重合,β 对地下磁场波形的影响基本消失。对于地表磁场分量,从图 4－28(a)中看出,即使在非常近距离范围内不同夹角 β 下的磁场波形都基本重合,由此可以判断海陆交界面与海平面之间夹角对地表角向磁场基本没有影响。

综上,对于雷击点在海平面一侧的情况,海陆交界面与海平面之间夹角对地表垂直电场和角向磁场基本没有影响,而对地表水平电场和地下电磁场分量的影响,会随着观测点与海岸线之间距离的增加而逐渐减小,当两者之间距离大于 50m 时,β 对地表水平电场和地下电磁场的影响基本消失。此外,海陆交界面与海平面之间夹角会对地下垂直电场的极性产生一定影响,但随着 r_1 的增加,地下垂直电场正极性分量所占的比例逐步提高,当 $r_1 \geqslant$ 50m 时垂直电场波形的负极性分量基本消失。

4.5　弯曲通道雷电回击电磁场的计算

除了倾斜放电通道的情况,实际的雷电放电通道往往呈现出一定的弯曲特性。此处,主要讨论理想大地条件下弯曲通道雷电回击电磁场的计算方法和波形特征。

4.5.1 计算方法

假设大地为理想导体,以空间任意观测点处的雷电回击电磁场为研究对象,图4-29所示为空间任意一段倾斜放电通道回击电磁场的计算模型(坐标系原点为O)。其中,观测点坐标为$P(r_0,\varphi_0,z)$,回击电流注入该段通道的起始点和终止点坐标分别为(r_1,φ_1,z_1)、(r_2,φ_2,z_2),令该段通道的长度为l,则通道与地面夹角为$\alpha=\arcsin[(z_2-z_1)/l]$。考虑到对于任意弯曲的雷电回击通道而言,并不是每一段倾斜通道的起始点都能位于z轴上。为方便计算,对于通道段起始点不位于z轴上的情况,将对坐标系进行平移处理,使倾斜通道段的电流注入起始点刚好位于平移后新坐标系的$\tilde{z}$轴上(平移后新坐标系的原点为$\tilde{O}$),则相应的观测点坐标在新柱坐标系下变换为$(r,\varphi,z)=\left(\sqrt{r_0+r_1^2-2r_0r_1\cos(\varphi_0-\varphi_1)},\arctan\dfrac{r_0\sin\varphi_0-r_1\sin\varphi_1}{r_0\cos\varphi_0-r_1\cos\varphi_1}+\eta\pi,z\right)$(观测点在新坐标系下位于第Ⅰ、Ⅱ、Ⅲ、Ⅳ象限时,$\eta$分别等于0、1、-1、0)。

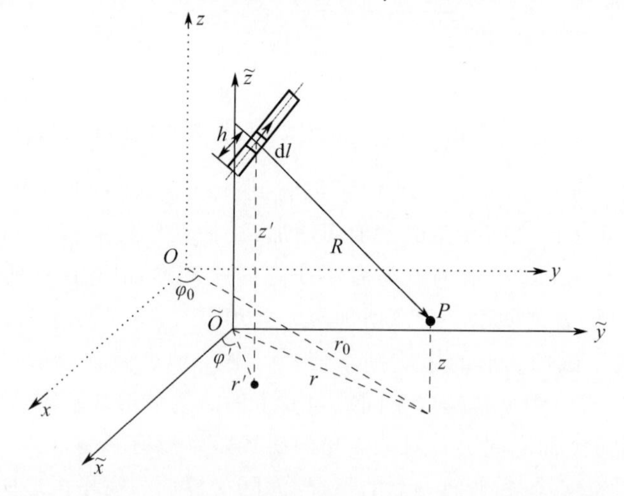

图4-29 空间任意一段倾斜通道的回击电磁场计算模型

在平移后的柱坐标系下,根据式(4-7)至式(4-9)与式(4-21)至式(4-23)或式(4-12)至式(4-14)与式(4-24)至式(4-26),并结合回击电流在通道中的传播情况,通过沿每一段回击放电通道及其镜像分别对z'和r'积分,即可求得每一段放电通道在地面P点产生的电磁场。其中,在对某一时刻的回击电磁场进行积分计算时,从观测点处所看到的回击电流波前与其所在通道起始点之间沿通道的距离h_+可由下式确定,即

$$t-\frac{\sqrt{r^2+r'^2-2rr'\cos(\varphi-\varphi')+(h_+\sin\alpha+z_0'-z)^2}}{c}-\frac{\sum\Delta h}{v}=0 \qquad (4-58)$$

式中：$\sum \Delta h$ 为回击电流沿弯曲通道已经传播的总距离。类似地，可以求出从观测点处所看到的镜像回击电流波前与其所在镜像通道起始点之间沿镜像通道的距离 h_{-}。而后将所有通道段的贡献叠加就可获得整条弯曲通道在观测点产生的回击电磁场。具体计算的步骤如图 4-30 所示。

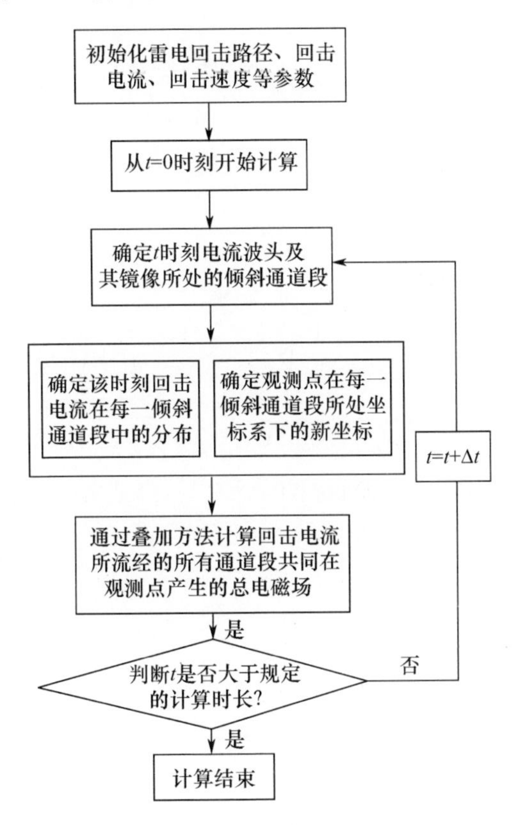

图 4-30 雷电弯曲通道回击电磁场计算流程

通道弯曲是造成回击电磁场波形出现起伏波动的一个重要因素[111-113]，实际上，由于通道弯曲而导致雷电回击电磁场波形出现起伏振荡的程度还与通道的观察尺度、回击电流的上升时间等因素密切相关，下面将逐一进行分析。

4.5.2 通道观测尺度的影响[114]

4.5.2.1 弯曲通道的建立及相关参数设置

对于云地闪而言，回击过程往往是沿着先导放电形成的半随机、弯曲通道进行。鉴于此，基于介质击穿模型的三维雷电放电数值模拟方法，提取获得一个空间分辨力 $\delta = 10\text{m}$ 的雷电回击通道样图，如图 4-31(a) 所示。在分辨力为 10m 的雷电回击通道样图的基础上，改变回击通道的观察尺度，具体做法：先把回击通道的雷击点作为起点，然后以此点为球心作一个半径为 δ 的球，将该球与通道的交点和起点用线段连接起来，而后以该交点为新的起点，反复进行上述同样的操作，即可得到回击通道在观察尺度 δ 为 100m、1000m 以及单根倾斜通道(可认为 $\delta = 6641$m)下的回击通道。不同观察尺度下回击通道的三维样图和剖面图如图 4 - 31 所示。

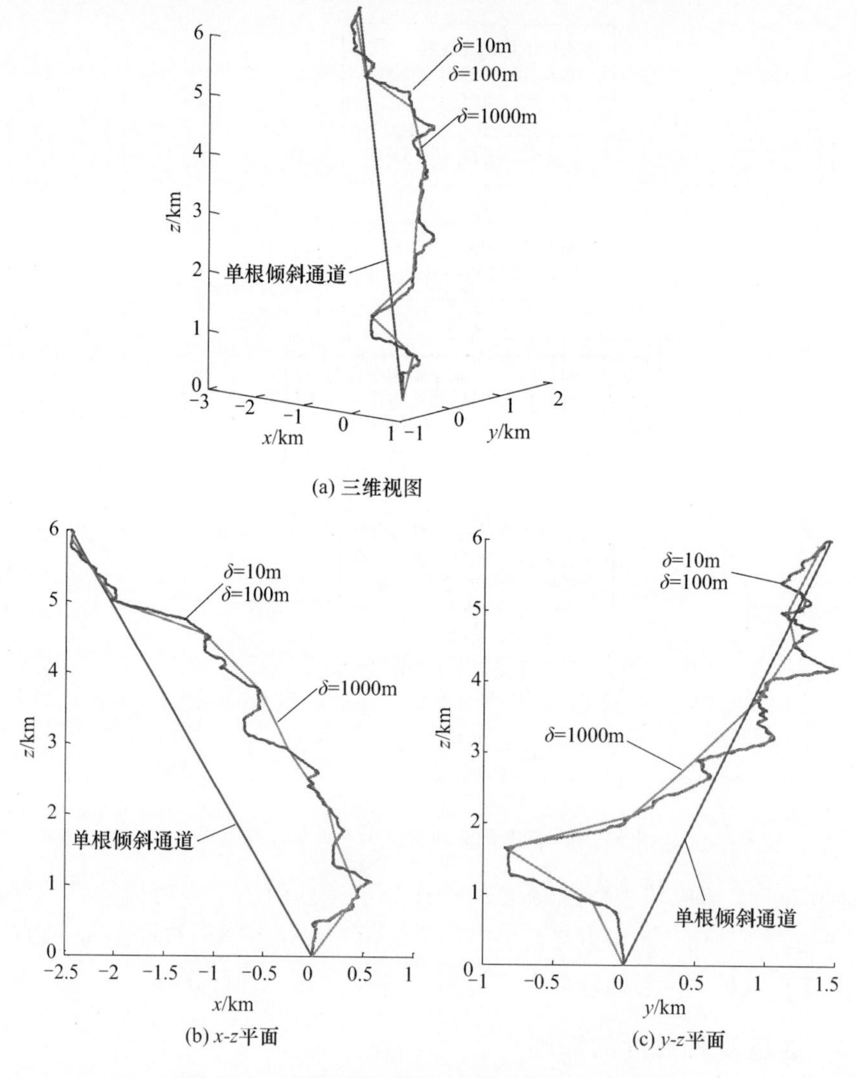

图 4 - 31　不同观察尺度下的雷电回击通道样图

根据标准 IEC 62305 - 1 中的规定，建筑物或系统遭受首次回击的电流波形为 10/350μs，后续回击的电流波形为 0.25/100μs，此处将考查这两种回击电流波形在弯曲通道情况下产生电磁场的情况。为便于回击电磁场的解析计算，首次回击和后续回击时的通道底部电流均采用脉冲电流函数来表示。同时，考虑到实际放电过程中回击电流会随着其传播过程逐渐衰减,此处采用 MTLL 模型来描述回击电流在弯曲通道中的传播情况。

为考察不同观察尺度下弯曲通道在不同场区内回击电磁场的特征,用 r_0 表示雷击点与观测点之间的距离,并令观测点高度 $z=0$,分别计算 $r_0=0.2\text{km}$、$r_0=5\text{km}$ 和 $r_0=100\text{km}$ 处的雷电回击电磁场。尽管通道弯曲会使得位于不同方位观测点的雷电回击电磁场存在差异,但是通道观察尺度改变对相同距离、不同方位角处回击电磁场的影响趋势应是一致的。因此,对于每个观测距离,均以方位角 $\varphi_0=0$ 为例进行计算和分析。

4.5.2.2 首次回击产生的地表电磁场

图 4-32 至图 4-34 分别为在不同通道观察尺度下,首次回击电流在 $r_0=0.2\text{km}$、$r_0=5\text{km}$ 和 $r_0=100\text{km}$ 处产生的回击电磁场波形。

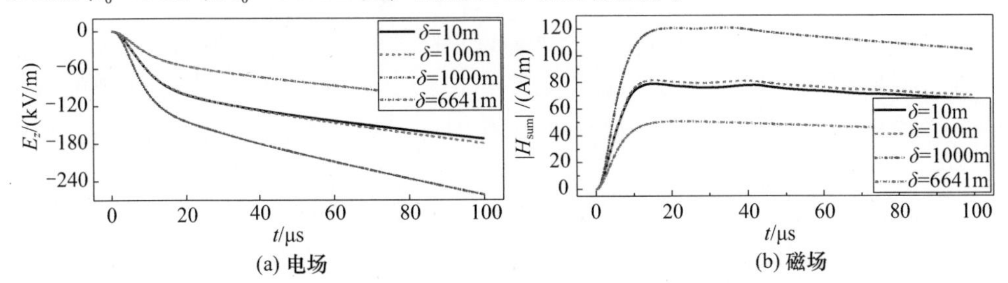

图 4-32 $r_0=0.2\text{km}$ 时不同通道观察尺度下的首次回击电磁场

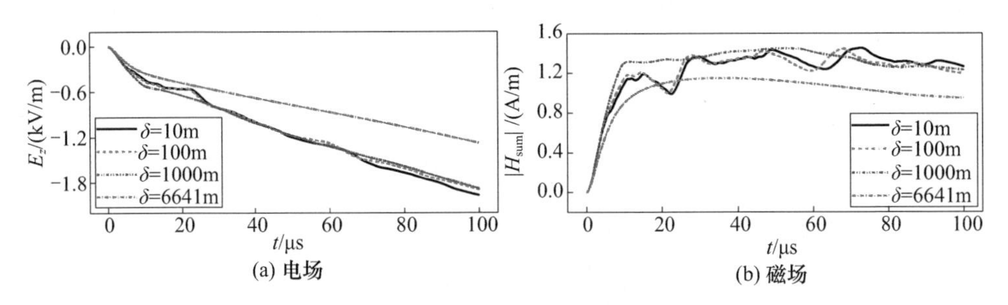

图 4-33 $r_0=5\text{km}$ 时不同通道观察尺度下的首次回击电磁场

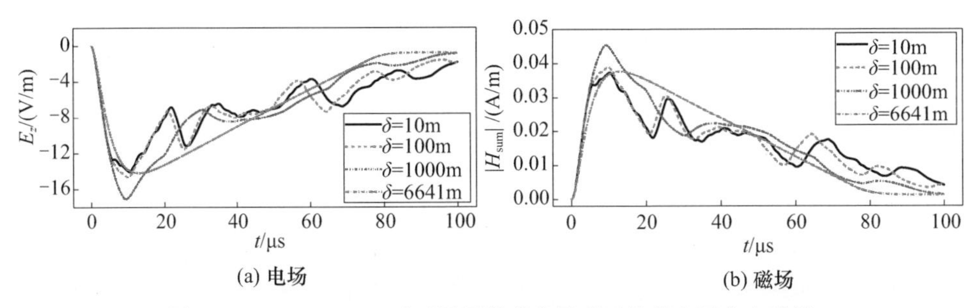

图 4-34 $r_0=100\text{km}$ 时不同通道观察尺度下的首次回击电磁场

由图4－32至图4－34可知，对于首次回击产生的电磁场而言，由于通道的弯曲，使得计算获得的回击电磁场波形呈现出一定的振荡特性，而且这种振荡还随着观测距离的增加而趋于明显，但近场区首次回击电磁场的波形基本不会由于通道弯曲而出现振荡。这主要是由于地面回击电磁场的大小主要取决于通道中电流微元的强度及其与观测点之间的距离，而电磁场波形中的振荡起伏则主要源于电流微元与观测点之间距离 R 的起伏变化。对于地面上的观测点而言，有 $R=\sqrt{(r\cos\varphi-r'\cos\varphi')^2+(r\sin\varphi-r'\sin\varphi')^2+z'^2}$，同时，在近场区内，除去靠近地面的通道段内的电流微元外，一般都能够满足表达式 $z'\gg\sqrt{(r\cos\varphi-r'\cos\varphi')^2+(r\sin\varphi-r'\sin\varphi')^2}$，也就是说，电流微元与观测点之间的距离 R 主要依赖于 z' 随时间的变化，由于 z' 随时间的变化是一个逐渐增大的过程，从而使得通道内较高位置处电流微元与观测点的距离 R 都是随时间稳步增长的，不像在过渡场区和远场区那样可能会出现时大时小的现象，再加上本计算案例中通道在500m以下高度的弯曲不是很明显（图4－31），故而使得近场区回击电磁场波形振荡起伏很小。对比图4－32至图4－34中电磁场的波形参量还可发现，不同距离处计算得到的回击电磁场波形的初始峰值（对于近场区和过渡场区的电场波形指的是波形在 $t=10\mu s$ 左右时的拐点，以下简称初始拐点）时间基本都不受到通道观察尺度的影响，通道观察尺度主要影响所计算回击电磁场波形的初始峰值（或初始拐点）和峰值（或初始拐点）之后波形的振荡特性，主要表现为：①通道弯曲和观察尺度在近场区对电磁场峰值（或初始拐点）的影响比其他场区要大；②回击通道的观察尺度越大，相应回击电磁场波形中的振荡起伏越弱，尤其是当将通道视为单根倾斜通道时，电磁场波形中的振荡起伏会完全消失，也就是说，通道弯曲是导致回击电磁场波形出现振荡的直接原因。

4.5.2.3 后续回击产生的地表电磁场

图4－35至图4－37分别为在不同通道观察尺度下，后续回击电流在 $r_0=0.2\text{km}$、$r_0=5\text{km}$ 和 $r_0=100\text{km}$ 处产生的回击电磁场波形。

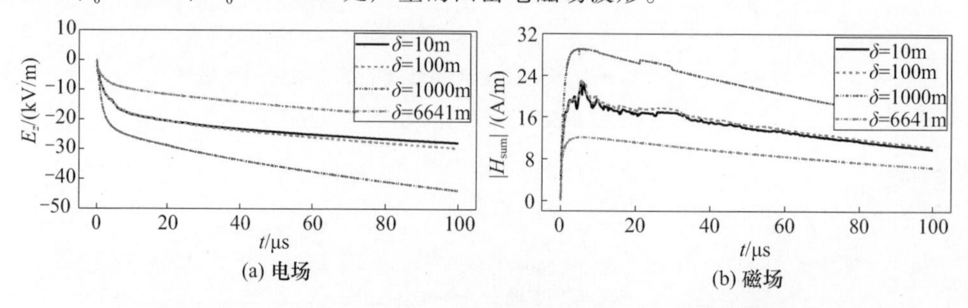

图4－35　$r_0=0.2\text{km}$ 时不同通道观察尺度下的后续回击电磁场

从图4－35至图4－37中可以看出，由于通道弯曲而导致的后续回击电磁场波形出现的振荡同样会随着观测距离的增加逐渐明显，但将其与图4－32至图4－34

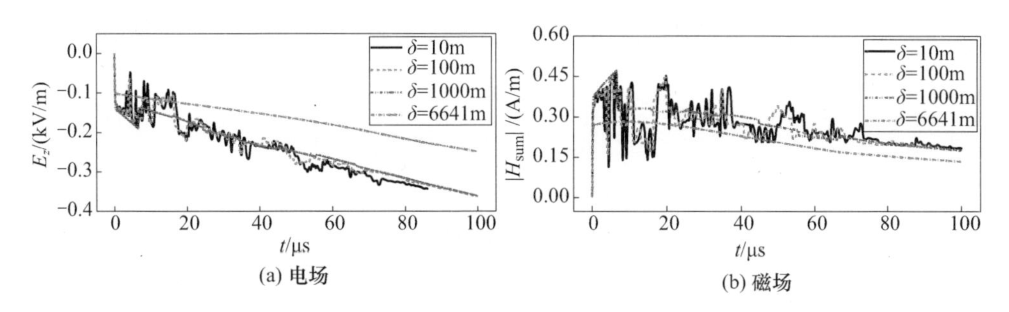

图 4-36 r_0 = 5km 时不同通道观察尺度下的后续回击电磁场(见彩图)

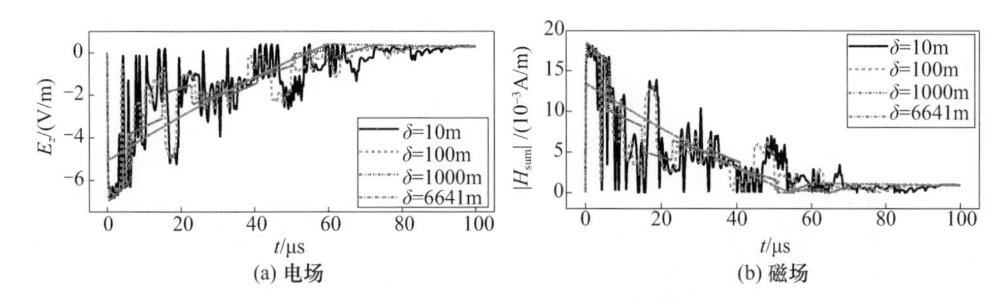

图 4-37 r_0 = 100km 时不同通道观察尺度下的后续回击电磁场(见彩图)

对比可以发现,除了近场区电场外,由于通道弯曲及其观察尺度减小而导致后续回击电磁场波形出现振荡的程度要比对首次回击电磁场明显得多。尤其是对于雷电近场区磁场而言,在通道观测尺度较小(≤100m)的情况下,由于通道弯曲而导致的后续回击磁场波形振荡已经十分明显了。产生这种差别的主要原因是通道中回击电流的前沿时间发生了明显变化。换句话说,在随机弯曲通道条件下,回击电磁场波形出现振荡起伏的程度还与回击电流波形的上升时间有关,回击电流波形的上升时间越短,由于通道随机弯曲而造成的回击电磁场波形的振荡越剧烈。这主要是因为电磁场波形振荡起伏大小实际上反映相邻时刻电磁场量值的变化程度,通道中回击电流波形的上升时间越短,电流上升沿和峰值部分经过通道中弯曲拐点的相对时间就越短,加上弯曲拐点通常可能导致电流微元与观测点之间的距离 R 出现变化,因而这种情况下相应电流微元的贡献量就更容易发生突变,由电磁场叠加原理可知,通道中所有电流微元的贡献量之和就越可能发生突变,从而造成相应回击电磁场的突变越明显。

4.5.2.4 对回击电磁场频谱特征的影响

鉴于通道弯曲和观察尺度变化对后续回击电磁场波形的影响比较明显,以后续回击在弯曲通道下产生的电磁场为例,分别对距离通道 r_0 为 0.2km、5km、100km 处的电磁场波形进行傅里叶变换分析,进而获得后续回击电磁场波形在不同通道观察尺度下、不同观测距离处的频谱能量分布,如图 4-38 所示。其中,纵轴的能量占比表示电磁场波形中某频率的能量在总能量中所占的比例,用百分数表示。另外,当

$r_0=100\text{km}$ 时,回击电磁场基本上可以认为是平面电磁波,这时电场和磁场的频谱是一致的,如图 4-38(e)所示。

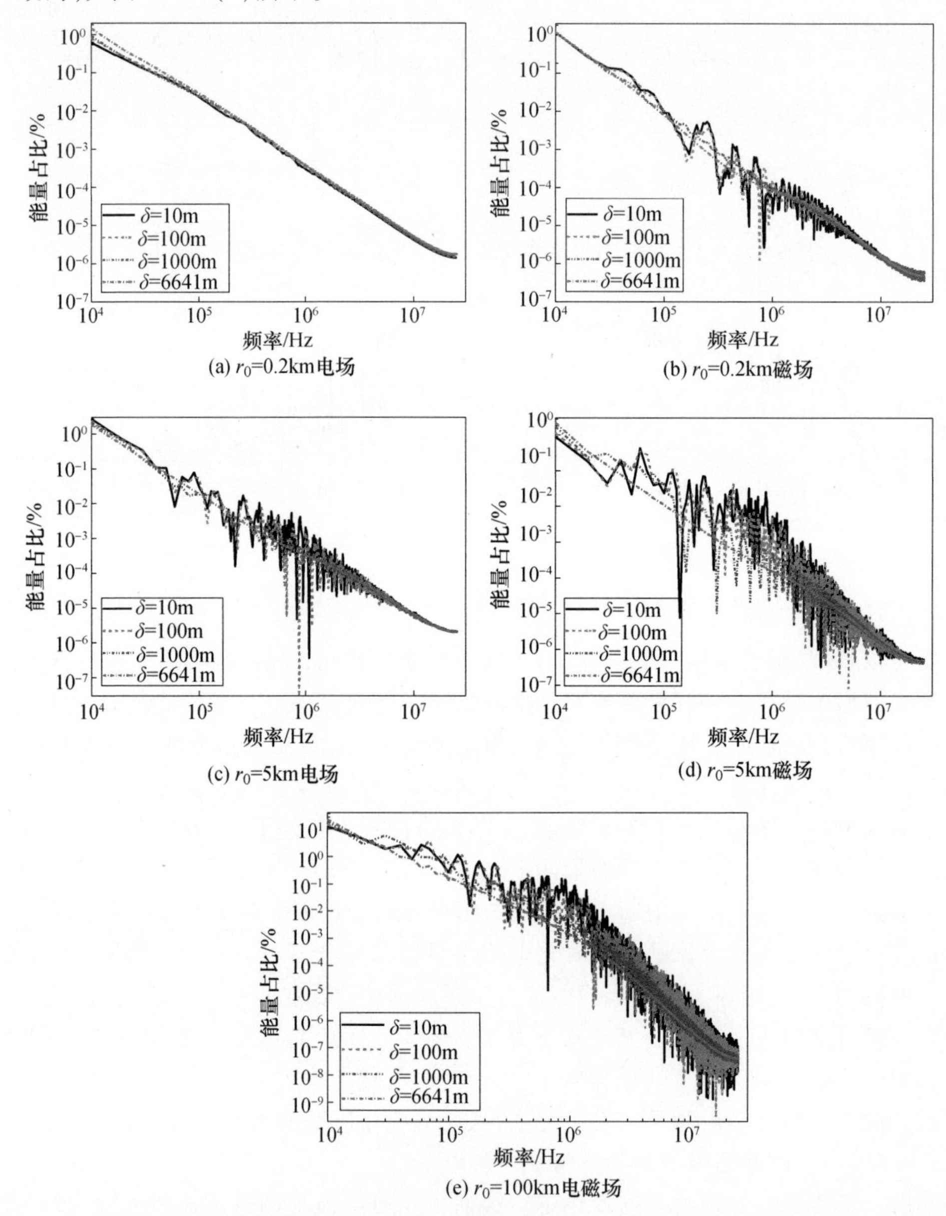

图 4-38　不同通道观察尺度下后续回击电磁场的频谱能量分布(见彩图)

从图 4-38 中可以看出,除近场区电场外,通道观测尺度的改变会使所计算回击电磁场的频谱能量分布发生一定变化,随着通道观测尺度的减小,所计算回击电磁场中低频分量的能量占比逐渐减小,而某些高频分量的能量占比则逐渐增大。对于后续回击电磁场(近场区电场除外)而言,通道观测尺度的减小还使电磁场波形中频率大于 30kHz 的大部分较高频成分的能量占比出现增加的趋势,且这种增加的幅度也随着观测距离的增加而增大。此外,对比不同距离处通道观察尺度对后续回击电磁场频谱能量分布的影响还发现,随着观测距离的增大,由于通道观测尺度减小而导致的电磁场高频能量分量增大现象将逐渐向高频方向扩展,即观测点距离通道越远,通道观测尺度对电磁场波形中高频成分能量占比的影响范围就越广。

4.5.3 回击电流波形的影响[115]

为研究回击电流波形对弯曲通道回击电磁场的影响情况,根据实际雷电放电的观测结果给出一个随机弯曲的雷电回击放电通道,如图 4-39 所示。该通道由若干短直线段组合而成,通道的分形维数按照数盒子法计算为 1.14。

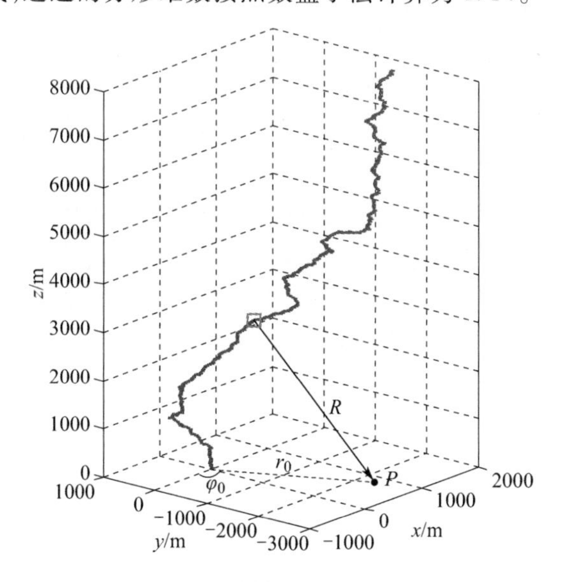

图 4-39 用于计算的雷电回击弯曲通道

在计算模型中对于大地的处理上,尽管有限的大地电导率会在一定程度上降低远区雷电电磁场的高频分量,但其对由于通道弯曲而导致的电磁场波形起伏波动的影响有限。为简化计算,假设大地是理想导体,利用偶极子法对地面任意一点 P 处的回击电磁场进行解析计算。在计算中,通道中的回击电流采用 MTLL 模型表示,通道底部电流采用脉冲函数表示,不同回击电流波形的峰值均统一取 25kA,回击速度取 1.3×10^8m/s,波形计算的时间间隔取 10^{-2}μs,波形的计算时长取 100μs。

4.5.3.1 电磁场波形多重分形的描述与分析方法

相对于单标度的分形维数而言,多重分形可以描述出分形体结构的不同层次和特征,甚至可以描述单标度理论无法区分的分形结构。在多重分形理论中,奇异指数

α 和奇异谱 $f(\alpha)$ 是描述多重分形的一套参量。其中：α 用于表征波形在某小区域的局部分维，反映该小区域内幅值概率的大小；$f(\alpha)$ 为不同 α 的序列所构成的谱，反映波形的粗糙程度、复杂程度、不规则程度以及不均匀程度。此处，采用配分函数法对回击电磁场波形的多重分形特征进行分析，具体步骤如下：

（1）划定回击电磁场波形的分析时长，取每次多重分形分析的数据窗口长度 $N=1024$（对应时长为 $10.24\mu s$），自待分析波形起始点开始进行多重分形分析。

（2）将数据窗口长度内的回击电磁场波形在横轴（时间轴）上作归一化处理，并沿横轴方向划分为尺度为 δ 的小区域，定义第 m 个小区域内数值的概率测度 $P_m(\delta)=S_m(\delta)/\sum S_m(\delta)$，其中，$S_m(\delta)$ 表示尺度为 δ 时第 m 个小区域内所有数据点之和，$\sum S_m(\delta)$ 表示所分析波形长度内所有数据之和。相应的配分函数定义为 $X(q,\delta)=\sum P_m(\delta)^q$，$-\infty<q<+\infty$，且有 $X(q,\delta)\sim\delta^{\tau(q)}$，即 $X(q,\delta)$ 与 $\delta^{\tau(q)}$ 之间存在幂律关系（q 为权重系数，$\tau(q)$ 为质量指数）。

（3）依次选取区域尺度 $\delta=2^n(n=0,1,\cdots,10)$，计算各尺度下每个小区域内的概率测度 $P_m(\delta)$ 和配分函数 $X(q,\delta)$。

（4）为获得较好的谱特征，令 q 的取值范围为 $[-100,100]$，取步长 $\Delta q=0.05$，针对不同 q 取值下获得的序列 $[\ln\delta_m,\ln X(q,\delta_m)]$（$\delta_m$ 表示选取的观测尺度），采用最小二乘拟合的方法进行线性回归拟合求取序列在线性区内的斜率，即为 $\tau(q)$。

（5）通过 Legendre 变换计算获得波形的多重分形谱特征，奇异指数 α 和奇异谱 $f(\alpha)$ 与质量指数 $\tau(q)$ 的关系为

$$\begin{cases}\alpha=\mathrm{d}\tau(q)/\mathrm{d}q\\ f(\alpha)=\alpha q-\tau(q)\end{cases}\tag{4-59}$$

（6）将分析数据窗口向后平移 25 个数据点（对应时长为 $0.25\mu s$），返回步骤（2），直至待分析波形全部分析完毕。

此外，为定量给出不同电磁场波形的多重分形特征，采用以下 3 个参量来描述其多重分形谱曲线。

（1）多重分形谱峰值对应的奇异指数 α_0。该值的大小反映波形的规则程度，α_0 越小，波形越规则。

（2）多重分形谱的宽度 $\Delta\alpha=\alpha_{max}-\alpha_{min}$，$\alpha_{max}$、$\alpha_{min}$ 分别表示波形中的最小、最大概率测度。$\Delta\alpha$ 反映波形分布的不均匀程度，$\Delta\alpha$ 越大，波形越不均匀。

（3）多重分形谱的不对称度 $B=(\alpha_0-\alpha_{min})/(\alpha_{max}-\alpha_0)$。该值反映信号高、低奇异指数在多重分形谱中的比例。在其他参数相同的情况下，B 的值越大，波形的局部奇异特征越强，精细结构越丰富；反之，波形的局部奇异特征就越弱，波形越显平滑。

4.5.3.2 雷电远区电磁场波形的多重分形特征分析

Beger、Rakov 等先后的观测和统计结果表明:雷电首次回击电流上升时间的变化范围为 1.8 ~ 18μs,典型值约为 5μs,半峰值时间的变化范围为 30 ~ 200μs,典型值为 70 ~ 80μs;后续回击电流上升时间的变化范围为 0.22 ~ 4.5μs,典型值为 0.3 ~ 0.6μs,半峰值时间的变化范围为 6.5 ~ 140μs,典型值为 30 ~ 40μs。为此,分别对上升时间变化范围为 0.25 ~ 15μs 和半峰值时间变化范围为 10 ~ 150μs 的回击电流在 r_0 = 100km 处产生的回击电磁场进行计算和特征分析。

1)不同方位角下回击电磁场的多重分形特征

以典型后续回击电流 0.25/100μs 为例,分别计算其在方位角 φ_0 为 0、π/2、π、3π/2 时 r_0 = 100km 处的电磁场,如图 4-40 所示。

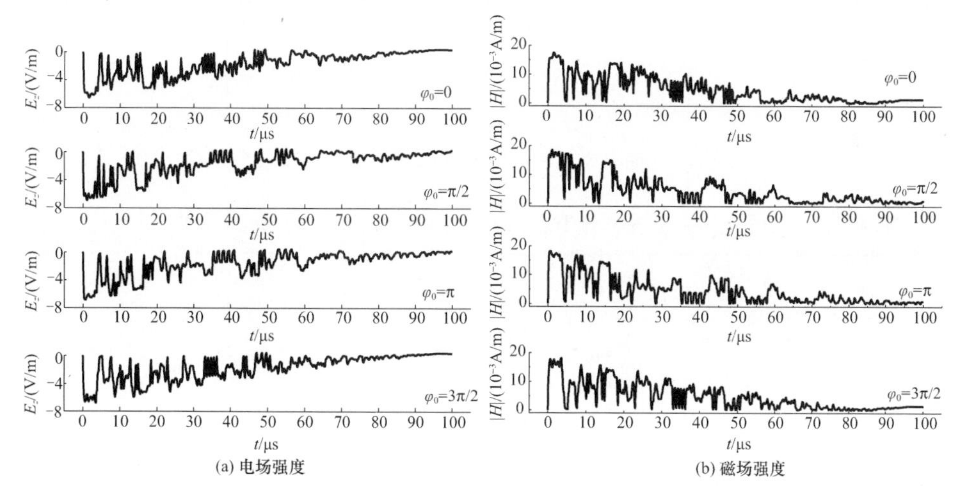

图 4-40 通道电流 0.25/100μs 在 r_0 = 100km 处产生的回击电磁场

从图 4-40 中可以看出,弯曲通道在 r_0 = 100km 处产生的电场强度和磁场强度均存在较大的波动,且不同方位角处电磁场的波动也不尽相同,但总体变化趋势基本一致。对比相同观测点处的电场和磁场波形,二者具有很好的一致性,经计算,该距离处电磁波的波阻抗基本上等于 377Ω,即该距离处的回击电磁场满足远场条件,这也从侧面验证了此处回击电磁场计算方法的正确性。

鉴于电场和磁场波形在远场区是一致的,它们的多重分形特征也是一致的。下面均以雷电远场区电场波形为例进行多重分形分析。同时,考虑到远场区电磁场波形在初始峰值之后的中段部分特征比较明显,在以下研究中统一将待分析电磁场波形的时长划定在 5 ~ 85.24μs。按照前述的多重分形分析方法对 r_0 = 100km 处不同方位角下的回击电场波形进行分析发现,不同方位角下的远场区电磁场的局部多重分形特征不但存在差异,而且这种差异还会随着时间窗口的推移不断变化。图 4-41 所示为 r_0 = 100km 处不同方位角下的回击电磁场在 27 ~ 37.24μs 时间段内波形的多重分形谱个例。提取电磁场波形在不同时间窗口内的多重分形谱参数并进行统计分析，表 4-3 给出了不同方位角下 $r_0 = 100\text{km}$ 处电磁场波形多重分形谱参数的统计情况。

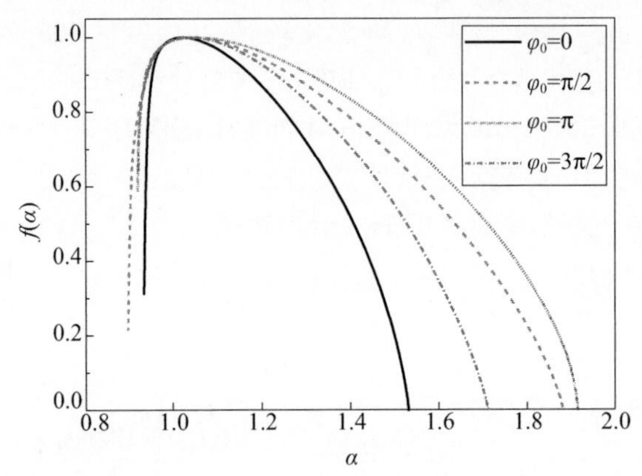

图 4-41　不同方位角下 $r_0 = 100\text{km}$ 处电磁场波形的多重分形谱个例

表 4-3　不同方位角下 $r_0 = 100\text{km}$ 处电磁场波形的多重分形谱参数统计

参数 \ 方位角		0	π/2	π	3π/2
α_0	均值	1.0338	1.0594	1.0510	1.0489
	方差	0.0193	0.0358	0.0189	0.0267
$\Delta\alpha$	均值	0.7551	1.1197	0.9839	0.8965
	方差	0.3446	0.3220	0.2674	0.2667
B	均值	0.2645	0.2003	0.2147	0.1981
	方差	0.1795	0.0988	0.0999	0.0453

从图 4-41 可见，回击电磁场的多重分形谱呈现为左右不对称的钟罩型结构，结合表 4-3 的谱参数统计结果可知，不同方位角下远场区电磁场波形多重分形谱的奇异指数 α_0、谱宽度 $\Delta\alpha$ 和不对称度 B 均存在一定差别。出现这种差别的主要原因是通道弯曲后回击电流在不同的观测点方位角下对电磁场的贡献不同，由此导致不同方位角下电磁场波形的起伏变化不尽相同（参见图 4-40），造成相应的多重分形谱存在一定的差别。观察表 4-3 中多重分形谱 3 个参量在不同方位角下的差别程度还可发现，由于方位角改变导致的谱宽度 $\Delta\alpha$ 的变化最明显、不对称度 B 次之、奇异指数 α_0 的变化最小。这主要是因为奇异指数 α_0 的值在很大程度上与通道的分形结构相关，同时也说明在这 3 个参量中，谱宽度 $\Delta\alpha$ 能够比其他两个参量更明显地表征出电磁场波形之间的局部差异。

2）回击电流上升时间的影响

将回击电流的半峰值时间固定为 100μs，分别取上升时间为 0.25μs、1μs、4μs、8μs、15μs，以 $\varphi_0=0$ 为例计算弯曲通道在 $r_0=100\text{km}$ 处产生的回击电磁场并进行多重分形分析。图 4-42 所示为回击电流上升时间改变时 $r_0=100\text{km}$ 处的电场波形（0.25/100μs 对应的电场波形参见图 4-40），图 4-43 所示为回击电磁场在 25~35.24μs 时间段内波形的多重分形谱个例，表 4-4 所列为电磁场波形在不同时间窗口内多重分形谱参数的统计情况。

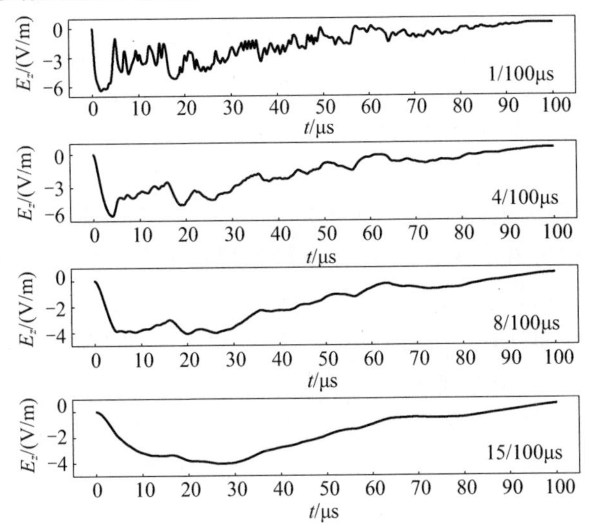

图 4-42　回击电流上升时间不同时在 $r_0=100\text{km}$ 处产生的电场

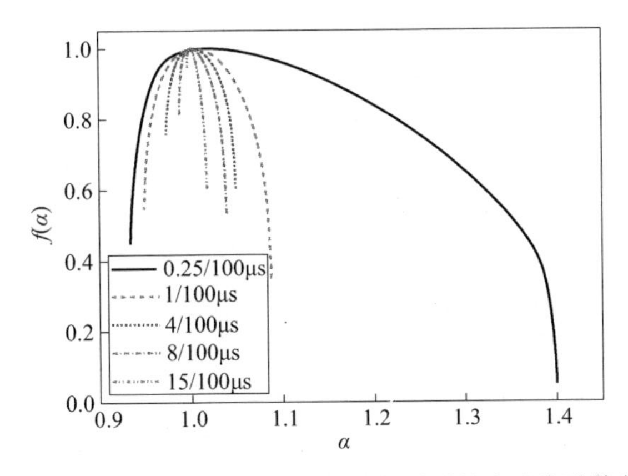

图 4-43　不同电流上升时间下电磁场波形的多重分形谱个例

从图 4-42 可以看出，回击电流波形上升时间改变对远区电磁场波形的影响比较明显，随着回击电流波形上升时间的增大，远区电磁场的波形将逐渐趋于平滑。结合图 4-43 和表 4-4 可以发现，远区电磁场波形多重分形谱的奇异指数 α_0 和谱宽

表 4-4　不同电流上升时间下电磁场波形的多重分形谱参数统计

参数 \ 电流波形		0.25/100μs	1/100μs	4/100μs	8/100μs	15/100μs
α_0	均值	1.0338	1.0234	1.0065	1.0022	1.0008
	方差	0.0193	0.0252	0.0088	0.0030	0.0011
$\Delta\alpha$	均值	0.7551	0.4460	0.1134	0.0656	0.0383
	方差	0.3446	0.3686	0.0767	0.0455	0.0250
B	均值	0.2645	0.4580	0.7528	0.8816	1.0318
	方差	0.1795	0.2556	0.3504	0.9393	1.0201

度 $\Delta\alpha$ 均会随着回击电流波形上升时间的增大逐渐减小，且减小速度逐渐变缓；而不对称度 B 则会随着回击电流波形上升时间的增大呈增大趋势，且增大速度也逐渐变缓。多重分形谱参数的上述变化趋势表明，回击电流上升时间越大，对应远区电磁场波形就会越规则，起伏振荡就会越少，即波形就越显平滑，这与图 4-42 所呈现出来的远区电磁场波形与回击电流上升时间之间的对应关系是一致的。而 3 个参量的变化程度会随着上升时间的增大逐渐变缓的原因，则是由于当回击电流波形上升时间增大到一定程度后（>4μs），电磁场波形中的起伏振荡幅度就会明显减小，波形平滑程度的改变也就没有之前显著，导致相应多重分形谱参量的变化量随之缩小。此外，对比 3 个参量在不同回击电流上升时间下的变化量还可以看出，回击电流上升时间改变所造成的电磁场波形多重分形谱宽度 $\Delta\alpha$ 和不对称度 B 的变化要比奇异指数 α_0 的变化明显得多。

3）回击电流半峰值时间的影响

将回击电流的上升时间固定为 0.25μs，分别取半峰值时间为 10μs、40μs、80μs、100μs、150μs，以 $\varphi_0=0$ 为例计算弯曲通道在 $r_0=100\text{km}$ 处产生的回击电磁场并进行多重分形分析。图 4-44 所示为回击电流半峰值时间不同时 $r_0=100\text{km}$ 处的远区电磁场波形（0.25/100μs 对应的电场波形参见图 4-40），图 4-45 所示为回击电磁场在 25~35.24μs 时间段内波形的多重分形谱个例，表 4-5 所列为电磁场波形在不同时间窗口内多重分形谱参数的统计情况。

从图 4-44 中可以看出，随着回击电流波形半峰值时间的增加，远场区电磁场波形的起伏趋势并未受到显著影响，只是使电场波形在初始峰值之后的波尾部分出现了小幅度的抬升。结合图 4-45 和表 4-5 可以看出，远场区电磁场波形多重分形谱的奇异指数 α_0 和谱宽度 $\Delta\alpha$ 均会随着回击电流波形半峰值时间的增大近似呈线性减小，这说明随着回击电流波形半峰值时间的增加，尽管从波形外观上已难以看出不同电磁场波形之间的差别，但是电磁场波形的规则和均匀程度还是出现了一定程度的变化。多重分形谱的不对称度 B 则会随着回击电流波形半峰值时间的增大呈现

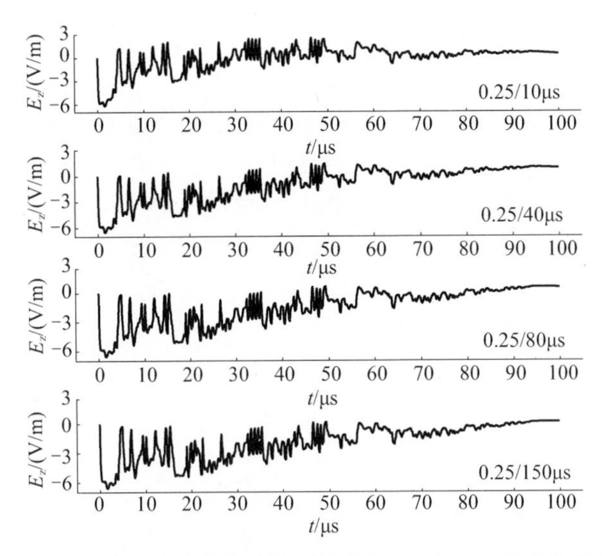

图 4-44　回击电流半峰值时间不同时在 r_0 = 100km 处产生的电场

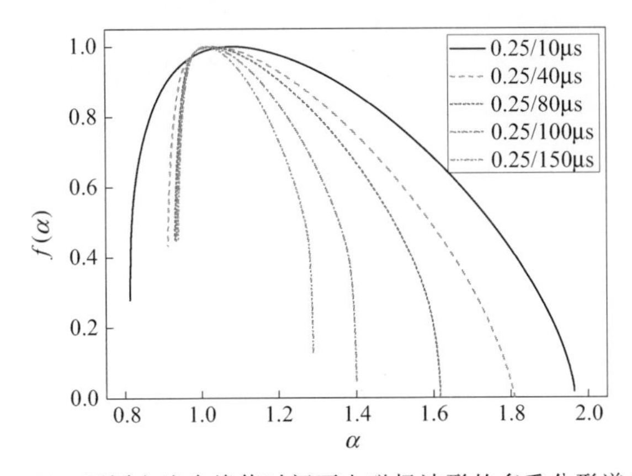

图 4-45　不同电流半峰值时间下电磁场波形的多重分形谱个例

表 4-5　不同电流半峰值时间下电磁场波形的多重分形谱参数统计

参数 \ 电流波形		0.25/10μs	0.25/40μs	0.25/80μs	0.25/100μs	0.25/150μs
α_0	均值	1.0653	1.0531	1.0427	1.0338	1.0268
	方差	0.0148	0.0252	0.0249	0.0193	0.0207
$\Delta\alpha$	均值	1.0679	1.0167	0.8517	0.7551	0.6591
	方差	0.1039	0.1884	0.2646	0.3446	0.4703
B	均值	0.2395	0.1942	0.2351	0.2645	0.3365
	方差	0.0676	0.0564	0.1139	0.1795	0.2691

出先减小而后增大的趋势，出现这种现象的主要原因可能是不对称度 B 在反映波形规则和不均匀程度时还要依赖于奇异指数 α_0 和谱宽度 $\Delta\alpha$ 值的大小，因此单独使用这一参量难以有效反映电磁场波形的局部精细结构。此外，对比 3 个参量在不同回击电流半峰值时间下的变化量可以看出，与回击电流上升时间改变的情况类似，回击电流半峰值时间改变所造成的电磁场波形多重分形谱宽度 $\Delta\alpha$ 和不对称度 B 的变化也比奇异指数 α_0 的变化明显。

第5章 地表雷电回击电磁场的近似计算

通道回击电流作为雷电回击电磁场的激励源，两者在波形上存在着密切的联系。探索雷电回击电磁场与通道底部电流之间简洁的对应关系是进行雷电回击电磁场近似计算的一个方向。为此，本章将以 TL 模型为基础，通过对大地为理想导体条件下雷电回击电磁场的解析表达式进行系列近似处理，来获得雷电回击电磁场与通道底部电流波形之间的近似关系。

5.1 实测回击电流与电磁场的波形对比分析

1975 年，Uman[116]基于 TL 模型首先从理论上提出了远场区雷电电磁场与通道底部电流波形之间的近似关系，而后人们又通过人工引雷试验观测到了近场区雷电回击电磁场与通道底部电流波形之间的近似特性。这些实测结果为人们深入研究雷电回击电磁场与通道底部电流波形之间的简单近似关系提供了必要的数据支撑。

1990 年，Leteinturier 等[117]报道了他们于 1985 年在美国佛罗里达和 1986 年在法国观测到的人工引雷试验数据，发现在距离人工引雷通道 50m 处的雷电电场导数和底部电流导数波形具有近似特性，且两者的峰值幅度基本上呈线性比例关系。图 5－1给出了 Leteinturier 等于 1985 年 7 月 17 日在佛罗里达州肯尼迪空间中心获得的一次人工引雷测量实例。

2000 年，Uman 等[118]发现距离人工引雷通道 10～30m 处的雷电电场导数和底部电流导数波形也具有近似特性，如图 5－2 所示。与 Leteinturier 等 1985 年在肯尼迪空间中心的观测结果略显不同的是，Leteinturier 等观测到的电场导数波形在峰值之后会有一个典型的快速下降和过零点的现象，并且 Leteinturier 等观测到的电场导数波形一般具有多个波峰；而 Uman 等的观测结果则通常是单峰的，并且波形在峰值过后逐渐衰减至零，没有过零点现象。Uman 等认为存在这种差别的主要原因是两者在试验中使用的火箭发射架构造不同。

2002 年，Uman 等[109]分析 1999 年在佛罗里达州的人工引雷试验数据还发现，距离通道 15m 处的磁通密度导数波形、电场强度导数波形和通道底部电流导数波形基本上都是单极性脉冲，并且三者在前 150ns 左右具有近似的波形特征（包括上升沿、峰值以及峰值之后 50ns 时间内的波形）。图 5－3 给出了距离通道 15m 处测量的磁

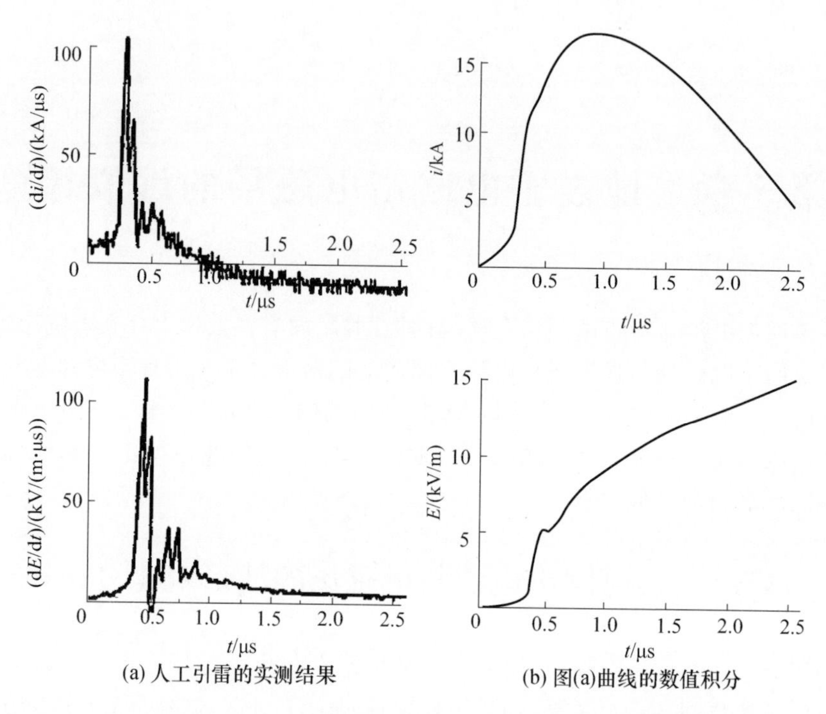

(a) 人工引雷的实测结果　　(b) 图(a)曲线的数值积分

图 5-1　一次距离人工引雷回击通道 50m 处的 dE/dt 和 di/dt 测量实例[117]

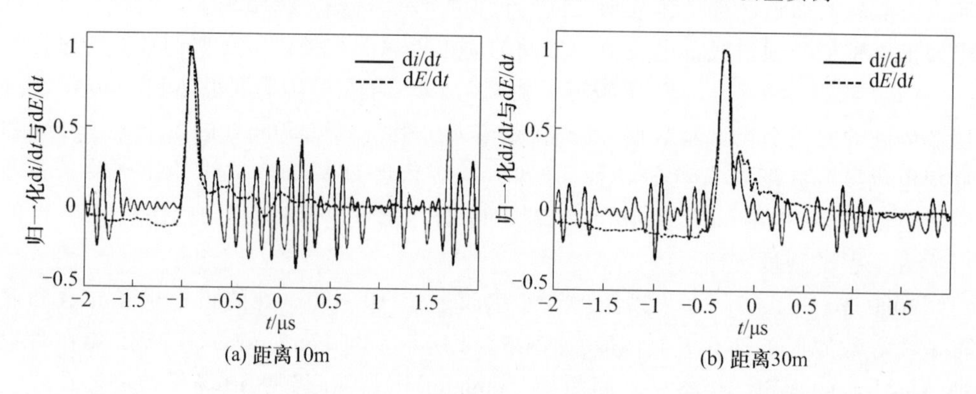

(a) 距离10m　　(b) 距离30m

图 5-2　一次距离人工引雷回击通道 10m、30m 处的 dE/dt 和 di/dt 对比情况[118]

通密度导数、电场强度导数和通道底部电流导数的波形在 3μs 和 0.5μs 内的对比情况。

2007 年，Jerauld 等[49]也在距离人工引雷回击通道 15m 和 30m 处测量发现了电磁场导数波形与通道底部电流导数波形之间的近似性，如图 5-4 所示。与通常的人工引雷试验不同的是，Jerauld 等报道的这次人工引雷试验中包含一个下行箭式先导和一个明显的上行连接先导。

由此可见，无论在近场区还是在远场区，雷电回击电磁场与通道底部电流之间必

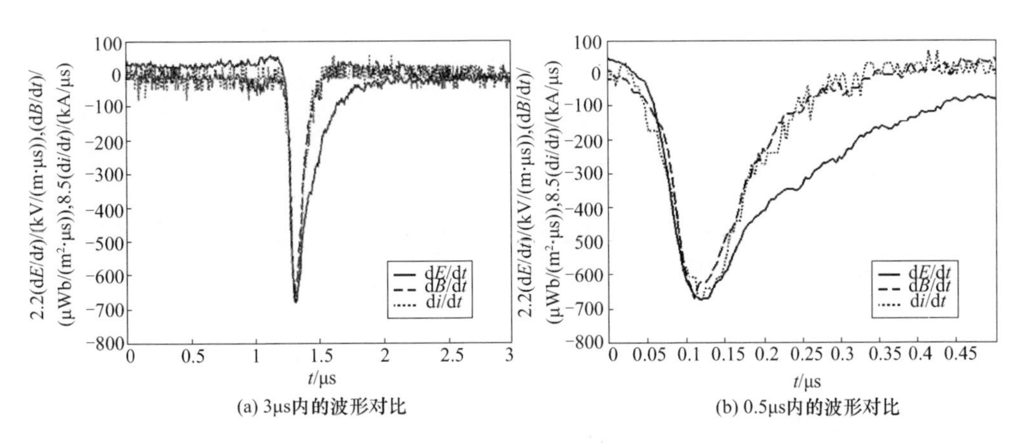

(a) 3μs内的波形对比

(b) 0.5μs内的波形对比

图 5-3 一次距离人工引雷回击通道 15m 处的 dB/dt、dE/dt 和 di/dt 测量实例[109]

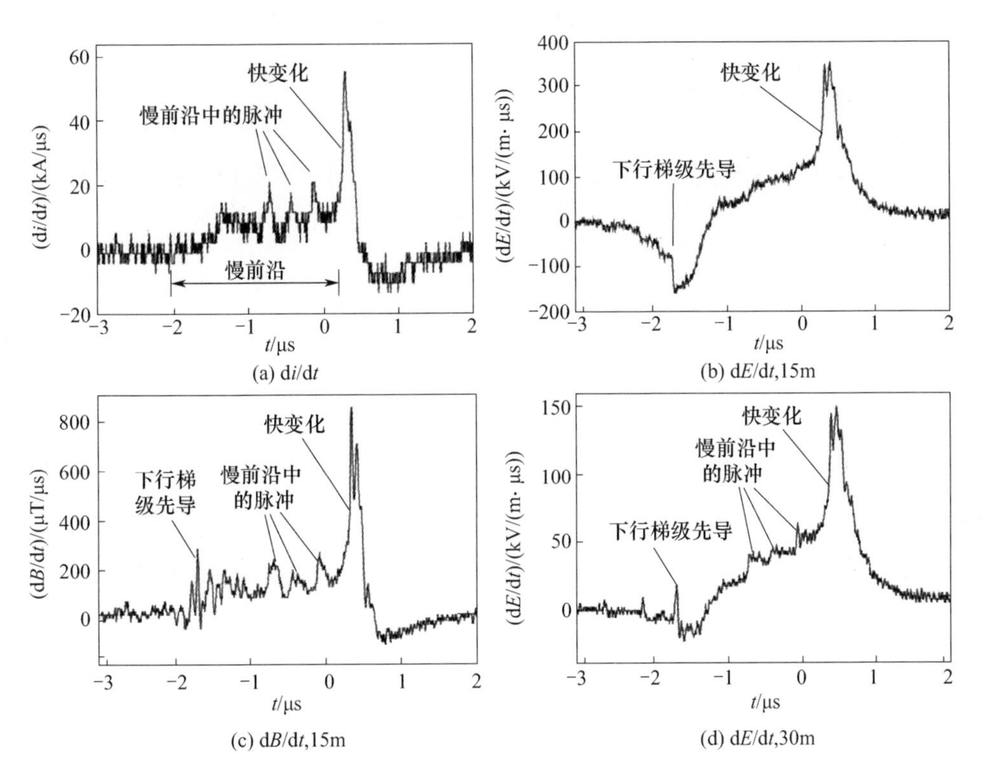

(a) di/dt

(b) dE/dt,15m

(c) dB/dt,15m

(d) dE/dt,30m

图 5-4 一次人工引雷中测量的 15m 距离处的 dB/dt 以及 15m、30m 距离处的 dE/dt 和 di/dt 波形[49]

然存在一种简单的对应关系[119-121]。本书就从理论上对两者之间的近似关系进行推导,并将其应用于雷电回击电磁场的近似计算。

5.2 垂直通道地面回击电磁场的近场区近似计算

5.2.1 近场区近似公式的推导

根据 TL 模型中任意时刻 t 通道中任意高度 z' 的电流 $i(z',t)$ 与通道底部电流 $i(0,t)$ 的关系式(2－32)，可得

$$\int_{-\infty}^{t} i(z',\tau)\mathrm{d}\tau = \int_{-\infty}^{t} i\left(0,\tau - \frac{z'}{v}\right)\mathrm{d}\tau = \int_{z'/v}^{t} i\left(0,\tau - \frac{z'}{v}\right)\mathrm{d}\tau \tag{5-1}$$

在式(5－1)中，令 $w = \tau - z'/v$，则 $\mathrm{d}w = \mathrm{d}\tau$，可得

$$\int_{z'/v}^{t} i\left(0,\tau - \frac{z'}{v}\right)\mathrm{d}\tau = \int_{0}^{t-z'/v} i(0,w)\mathrm{d}w \tag{5-2}$$

令 $i(0,t) = \partial f(0,t)/\partial t$，则

$$\int_{0}^{t-z'/v} i(0,w)\mathrm{d}w = f(0,t)\,\Big|_{0}^{t-\frac{z'}{v}} = f\left(0,t - \frac{z'}{v}\right) - f(0,0) = F\left(0,t - \frac{z'}{v}\right) \tag{5-3}$$

联立式(5－1)至式(5－3)，可得

$$\int_{-\infty}^{t} i(z',\tau)\mathrm{d}\tau = F\left(0,t - \frac{z'}{v}\right) \tag{5-4}$$

于是，式(3－95)中静电场分量中的电流积分项为

$$\int_{-\infty}^{t} i\left(z',\tau - \frac{R}{c}\right)\mathrm{d}\tau = \int_{-\infty}^{t} i\left(0,\tau - \frac{R}{c} - \frac{z'}{v}\right)\mathrm{d}\tau = F\left(0,t - \frac{R}{c} - \frac{z'}{v}\right) \tag{5-5}$$

将 $F\left(0,t-\frac{R}{c}-\frac{z'}{v}\right)$用其在 $t-r/c$ 的线性近似来表示，即将其在该点进行泰勒级数展开，得

$$F\left(0,t-\frac{R}{c}-\frac{z'}{v}\right) = F\left(0,t-\frac{r}{c}\right) - F'\left(0,t-\frac{r}{c}\right)\left[\left(t-\frac{r}{c}\right)-\left(t-\frac{R}{c}-\frac{z'}{v}\right)\right] + o(c^{-1}) \tag{5-6}$$

忽略式(5－6)中 c^{-1}的高阶无穷小项，可得

$$F\left(0,t-\frac{R}{c}-\frac{z'}{v}\right) \approx F\left(0,t-\frac{r}{c}\right) - i\left(0,t-\frac{r}{c}\right)\left(\frac{R-r}{c}+\frac{z'}{v}\right) \tag{5-7}$$

对于近场区静电场，由式(3－93)、式(3－95)和式(5－5)可得

$$E_z(\text{electrostatic}) = \frac{1}{4\pi\varepsilon_0}\int_{-h}^{h}\left[\frac{3z'^2 - R^2}{R^5}\int_{-\infty}^{t} i\left(z', \tau - \frac{R}{c}\right)\mathrm{d}\tau\right]\mathrm{d}z'$$

$$= \frac{1}{4\pi\varepsilon_0}\int_{-h}^{h}\frac{2z'^2 - r^2}{(z'^2 + r^2)^{\frac{5}{2}}}F\left(0, t - \frac{R}{c} - \frac{z'}{v}\right)\mathrm{d}z' \tag{5-8}$$

将式(5－7)代入式(5－8),并进行变量代换积分,可以得到近场区静电场的一级近似表达式:

$$E'_z(\text{electrostatic}) = \frac{1}{4\pi\varepsilon_0}\int_{-h}^{h}\frac{2z'^2 - r^2}{(z'^2 + r^2)^{\frac{5}{2}}}\left[F\left(0, t - \frac{r}{c}\right) - i\left(0, t - \frac{r}{c}\right)\left(\frac{R - r}{c} + \frac{z'}{v}\right)\right]\mathrm{d}z'$$

$$= -\frac{F\left(0, t - \frac{r}{c}\right)}{2\pi\varepsilon_0}\left(\frac{h}{R^3}\right) -$$

$$\frac{i\left(0, t - \frac{r}{c}\right)}{2\pi\varepsilon_0}\left[\frac{1}{c}\left(\frac{rh}{R^3} - \frac{3h}{2R^2} + \frac{\arctan(h/r)}{2r}\right) + \frac{1}{v}\left(\frac{r^2}{R^3} - \frac{2}{R} + \frac{1}{r}\right)\right] \tag{5-9}$$

对于近场区感应电场,由式(3－93)、式(3－95)可得

$$E_z(\text{induction}) = \frac{1}{4\pi\varepsilon_0}\int_{-h}^{h}\frac{3z'^2 - R^2}{cR^4}i(z', t - R/c)\mathrm{d}z'$$

$$= \frac{1}{4\pi\varepsilon_0}\int_{-h}^{h}\frac{2z'^2 - r^2}{c(z'^2 + r^2)^2}i(z', t - R/c)\mathrm{d}z'$$

$$= \frac{1}{4\pi\varepsilon_0}\int_{-h}^{h}\frac{2z'^2 - r^2}{c(z'^2 + r^2)^2}i(0, t - R/c - z'/v)\mathrm{d}z' \tag{5-10}$$

由于感应场分量本身是 c^{-1} 的量级,故可用 $i(0, t - r/c)$ 近似替换 $i(0, t - R/c - z'/v)$,可以得到近区感应场的一级近似表达式:

$$E_z'(\text{induction}) = \frac{1}{4\pi\varepsilon_0}\int_{-h}^{h}\frac{2z'^2 - r^2}{c(z'^2 + r^2)^2}i\left(0, t - \frac{r}{c}\right)\mathrm{d}z'$$

$$= \frac{i\left(0, t - \frac{r}{c}\right)}{2\pi\varepsilon_0 c}\left[\frac{\arctan(h/r)}{2r} - \frac{3h}{2R^2}\right] \tag{5-11}$$

对于近场区辐射电场,由式(3－95)可得

$$E_z(\text{radiation}) = \frac{1}{4\pi\varepsilon_0}\int_{-h}^{h} -\frac{r^2}{c^2R^3}\frac{\partial i(z',t-R/c)}{\partial t}\mathrm{d}z' \tag{5-12}$$

由式(5-12)可以看出,近场区辐射电场本身是 c^{-2} 的量级,而且在近场区时 r 较小,随着时间的增长,电流在通道中上升得越来越高,z'越来越大,由式(3-93)可知,R 变得越来越大,r^2/R^3 会越来越趋于0。因此,可以忽略电场辐射场分量,这样就得到近场区电场的一级近似表达式,即

$$\begin{aligned} E_z' &= E_z'(\text{electrostatic}) + E_z'(\text{induction}) \\ &= -\frac{F(0,t-r/c)}{2\pi\varepsilon_0}\frac{h}{R^3} - \frac{i(0,t-r/c)}{2\pi\varepsilon_0}\left\{\frac{rh}{cR^3} + \frac{1}{v}\left[\frac{r^2}{R^3} - \frac{2}{R} + \frac{1}{r}\right]\right\} \end{aligned} \tag{5-13}$$

对于近场区感应磁场,由式(3-96)可得

$$\begin{aligned} H_\varphi(\text{induction}) &= \frac{1}{4\pi}\int_{-h}^{h}\frac{r}{R^3}i(z',t-R/c)\mathrm{d}z' \\ &= \frac{1}{4\pi}\int_{-h}^{h}\frac{r}{R^3}i(0,t-R/c-z'/v)\mathrm{d}z' \end{aligned} \tag{5-14}$$

用 $i(0,t-r/c)$ 近似替换 $i(0,t-R/c-z'/v)$,并省略磁场的辐射场项,可以得到近场区磁场的一级近似表达式,即

$$H_\varphi' = H_\varphi(\text{induction}) = \frac{1}{4\pi}\int_{-h}^{h}\frac{r}{R^3}i(0,t-r/c)\mathrm{d}z' = \frac{1}{2\pi r}i(0,t-r/c)\frac{h}{R} \tag{5-15}$$

由于在近场区时 $r \ll H$,随着时间的增长,电流在通道中上升得越来越高,R 越来越大,$1/R$ 相对于 $1/r$ 就要小得多。因此,忽略式(5-13)中的 R^{-1} 和 R^{-3} 项,可以得到近场区雷电回击电场的二级近似表达式,即

$$E_z'' = -\frac{1}{2\pi\varepsilon_0 vr}i(0,t-r/c) \tag{5-16}$$

同时,在近场区,随着电流在通道中上升得越来越高,R 逐渐趋近于 h。据此,对式(5-15)进行近似处理,可以得到近场区雷电回击磁场的二级近似表达式,即

$$H_\varphi'' = \frac{1}{2\pi r}i(0,t-r/c) \tag{5-17}$$

由式(5-16)和式(5-17)可知,在回击电流尚未到达回击通道顶部的前提下,近场区雷电回击电磁场波形与回击通道底部电流波形是一致的。

在工程中,回击电磁场导数是雷电辐射环境监测和模拟的重要参数,对式(3-95)、

式(3-96)、式(5-13)、式(5-15)、式(5-16)、式(5-17)求导,可得

$$\frac{\mathrm{d}E_z(r,t)}{\mathrm{d}t}\approx\frac{\mathrm{d}E'(r,t)}{\mathrm{d}t}\approx\frac{\mathrm{d}E''_z(r,t)}{\mathrm{d}t}=-\frac{1}{2\pi\varepsilon_0 vr}\frac{\mathrm{d}i(0,t-r/c)}{\mathrm{d}t} \tag{5-18}$$

$$\frac{\mathrm{d}H_\varphi(r,t)}{\mathrm{d}t}\approx\frac{\mathrm{d}H'(r,t)}{\mathrm{d}t}\approx\frac{\mathrm{d}H''_\varphi(r,t)}{\mathrm{d}t}=\frac{1}{2\pi r}\frac{\mathrm{d}i(0,t-r/c)}{\mathrm{d}t} \tag{5-19}$$

5.2.2 近似结果与精确结果的比较

观察式(5-16)至式(5-19)发现,近场区雷电回击电磁场及其导数的近似表达式与通道底部电流及其导数的表达式只相差一个系数,且这个系数是观测点与通道之间水平距离 r 的函数。因此,可以说近场区雷电回击电磁场及其导数波形与标度化的通道底部电流及其导数波形是近似一致的。为进一步确定近似表达式的适用范围,将近场区雷电回击电磁场两级近似表达式与精确表达式的计算结果做对比。其中,雷电通道高度取 $H=7.5\text{km}$,回击速度取 $v=1.3\times10^8\text{m/s}$,采用"8/20μs"雷电流波形来计算雷电电磁场,通道底部电流采用式(2-14)所示的脉冲函数来表示。此时,脉冲函数的各参数取值为:$I_0=30\text{kA}$,$\tau_1=4.0\times10^{-5}\text{s}$,$\tau_2=6.25\times10^{-6}\text{s}$。

图5-5至图5-11所示为不同距离处雷电回击电磁场的精确计算结果与其两级近似公式计算结果的对比情况。从这些图中可以发现,电磁场精确计算结果与其两级近似公式计算结果波形之间的偏差随着距离的增加而增大。距离越近,重合性越好;距离越远,重合性越差。在100m距离内,电场精确结果与其两级近似公式计算结果的波形基本重合,到200m距离时,电场精确结果与其两级近似公式计算结果之间就已经有明显的区别了。而对比电场与磁场的波形可以发现,在较近范围内,磁场精确结果与其两级近似公式计算结果波形之间的差别比电场要小,直到500m的距离时磁场精确结果与其两级近似公式计算结果的波形才有所区分。

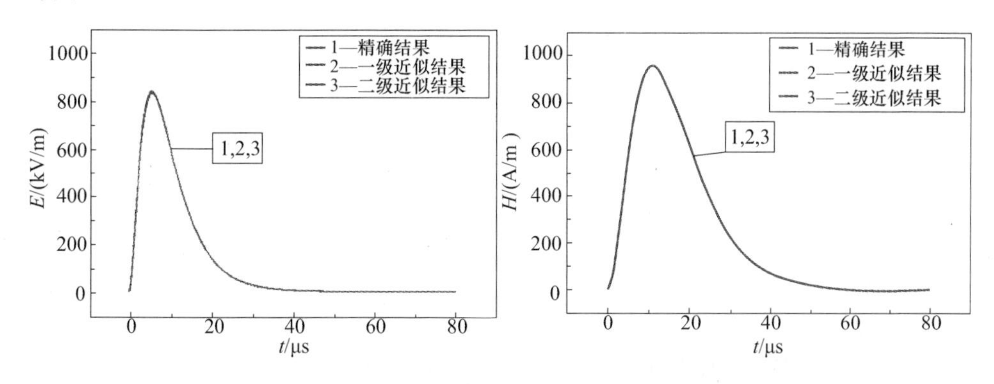

图5-5 5m处电磁场精确波形与其两级近似波形的对比

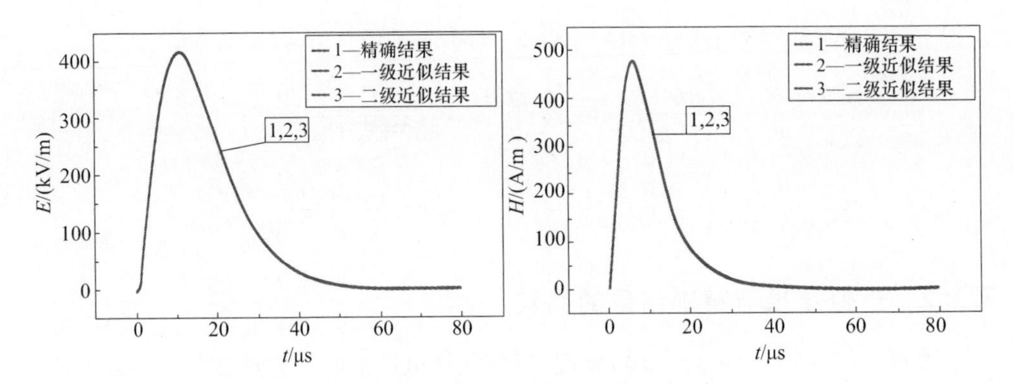

图 5-6　10m 处电磁场精确波形与其两级近似波形的对比

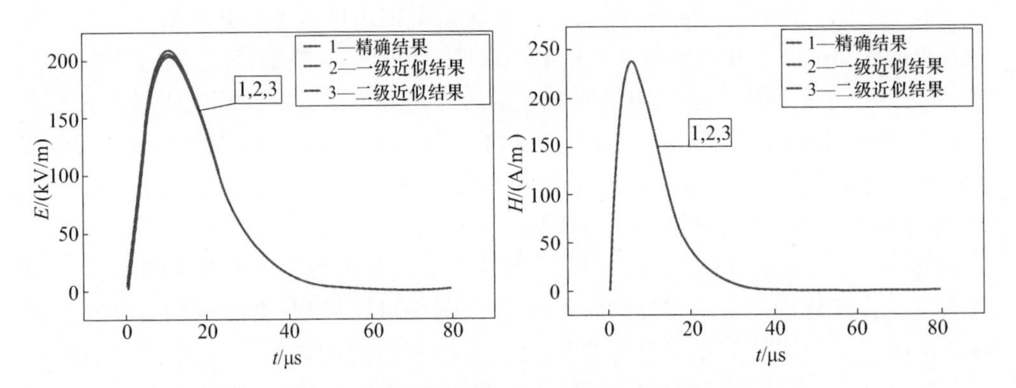

图 5-7　20m 处电磁场精确波形与其两级近似波形的对比

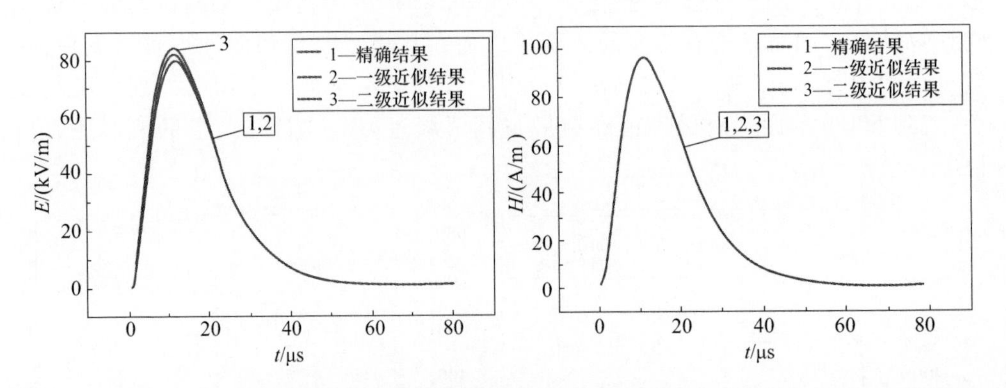

图 5-8　50m 处电磁场精确波形与其两级近似波形的对比

图 5-12 至图 5-18 为不同距离处的电磁场导数精确波形与其两级近似导数波形的对比情况。从这些图中可以发现，电磁场导数精确波形与其两级近似公式的导数波形之间的偏差随着距离的增加而增大。距离越近，重合性越好；距离越远，重合性越差。在 50m 距离内，电场导数精确结果与其两级近似公式的导数波形基本重

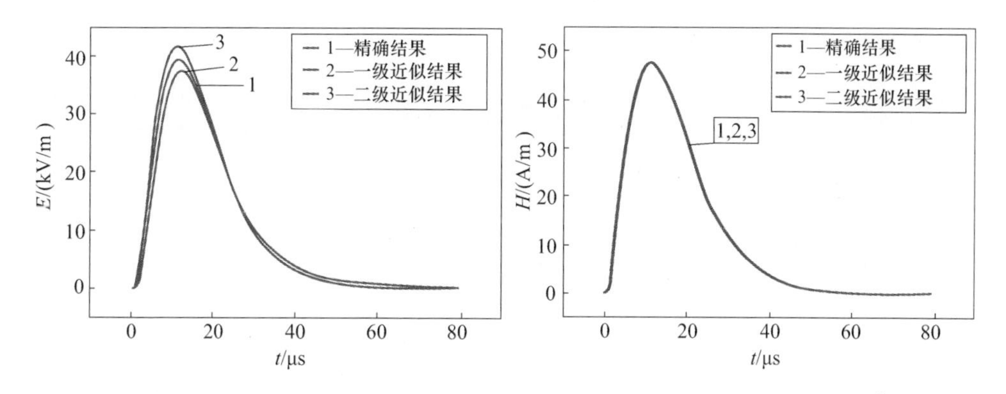

图 5-9　100m 处电磁场精确波形与其两级近似波形的对比

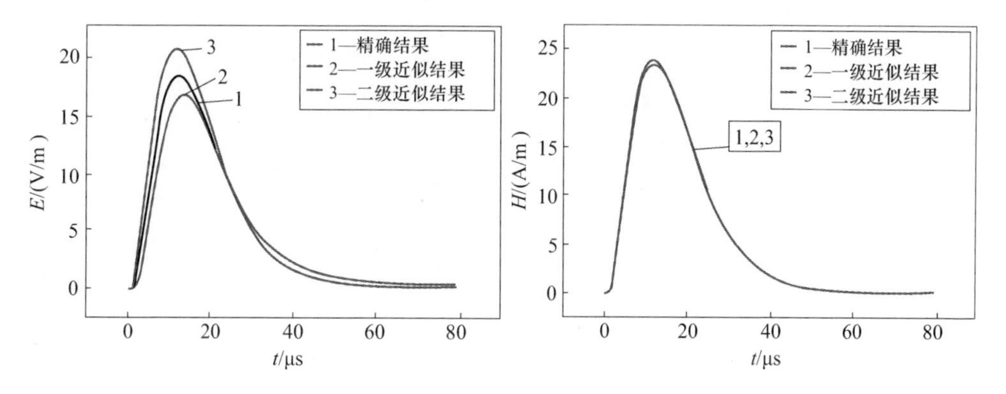

图 5-10　200m 处电磁场精确波形与其两级近似波形的对比

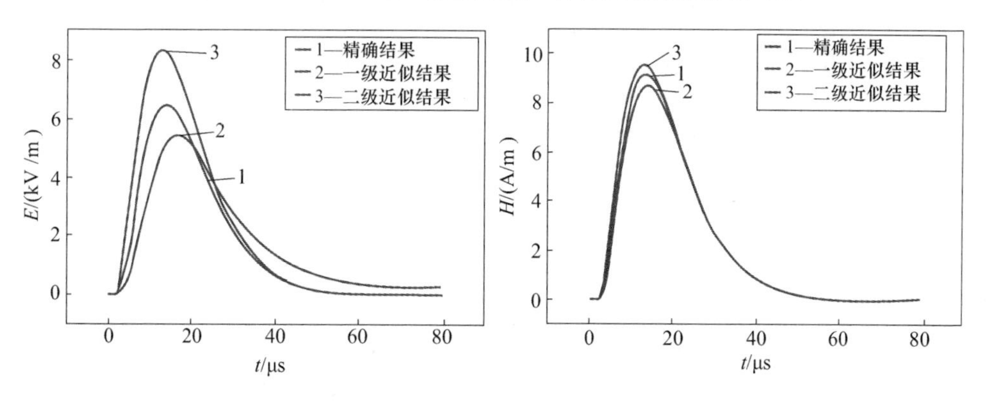

图 5-11　500m 处电磁场精确波形与其两级近似波形的对比

合；到 100m 距离时，电场导数精确波形与其两级近似公式的导数波形之间就已经有明显的区别了。而对比电场导数与磁场导数可以发现：在较近范围内，磁场导数精确波形与其两级近似公式的导数波形之间的差别比电场导数的要小；直到 200m 距离时，磁场导数精确波形与其两级近似公式的导数波形才有所区分；到 500m 距离时，磁场导数精确波形与其两级近似公式的导数波形之间才有明显的区别。

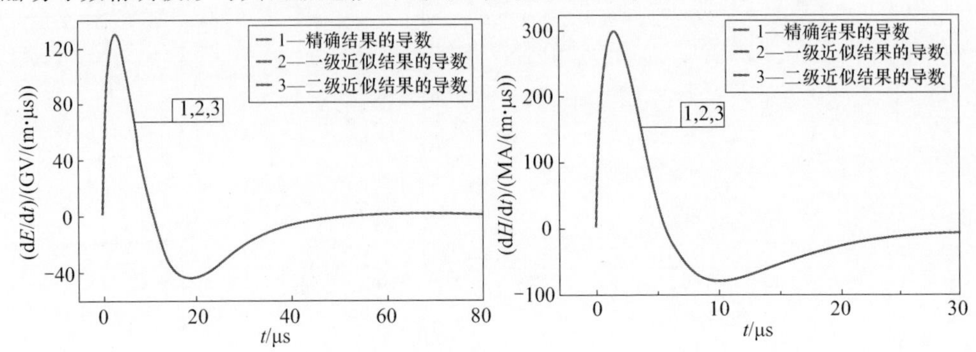

图 5-12 5m 处电磁场导数精确波形与其两级近似导数波形的对比

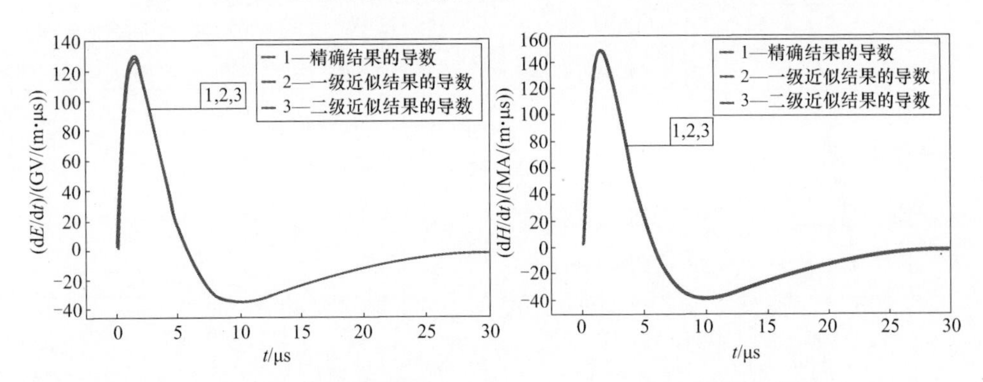

图 5-13 10m 处电磁场导数精确波形与其两级近似导数波形的对比

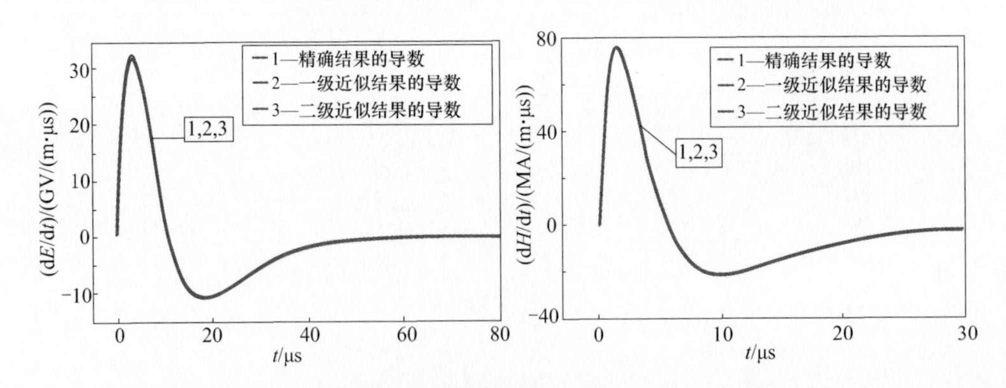

图 5-14 20m 处电磁场导数精确波形与其两级近似导数波形的对比

产生上述现象的主要原因是推导电磁场两级近似公式时的近似处理，主要包括以下几点。

(1) 在计算近场区静电场的一级近似表达式时，省略了 $F(0, t-R/c-z'/v)$ 中 c^{-1} 的高阶无穷小项 $o(c^{-1})$。

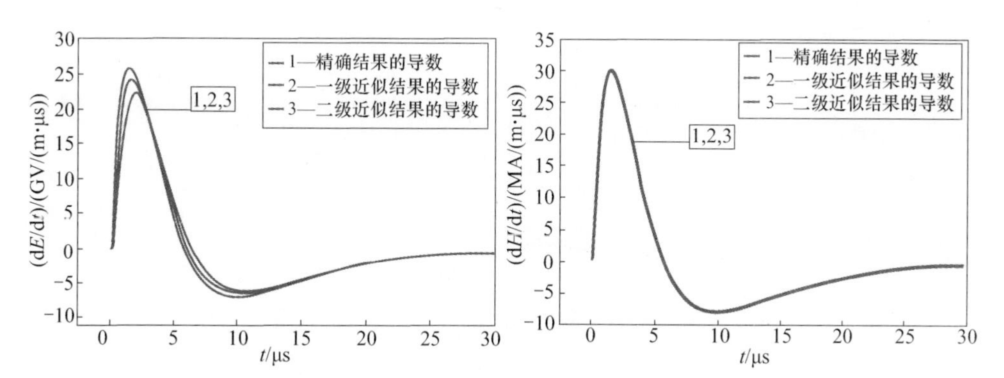

图 5-15　50m 处电磁场导数精确波形与其两级近似导数波形的对比

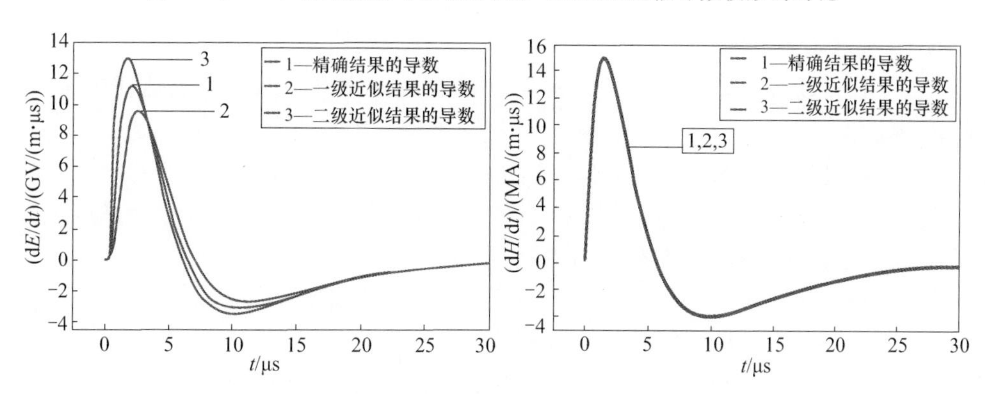

图 5-16　100m 处电磁场导数精确波形与其两级近似导数波形的对比

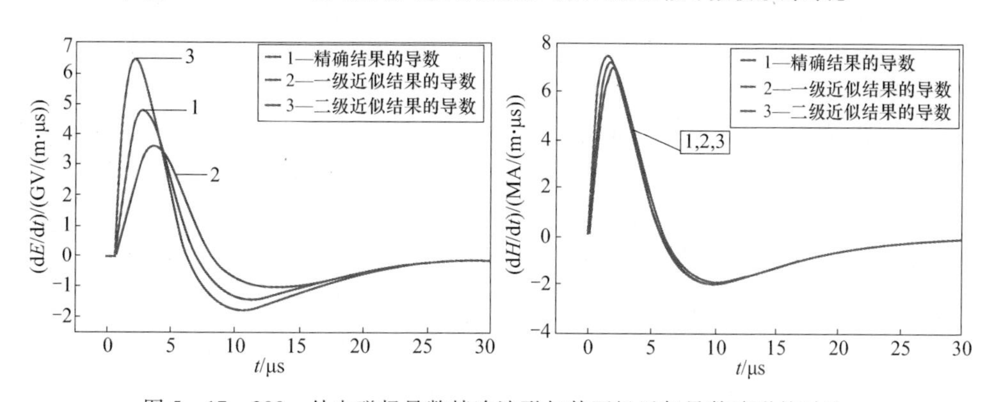

图 5-17　200m 处电磁场导数精确波形与其两级近似导数波形的对比

（2）在计算近场区感应场的一级近似表达式时，采用 $i(0,t-r/c)$ 近似替换 $i(0,t-R/c-z'/v)$。

（3）在近场区电场的一级近似表达式中，因电场辐射场分量是 c^{-2} 的量级而将其忽略。

（4）在近场区磁场的一级近似表达式中，用 $i(0,t-r/c)$ 近似替换 $i(0,t-R/c-$

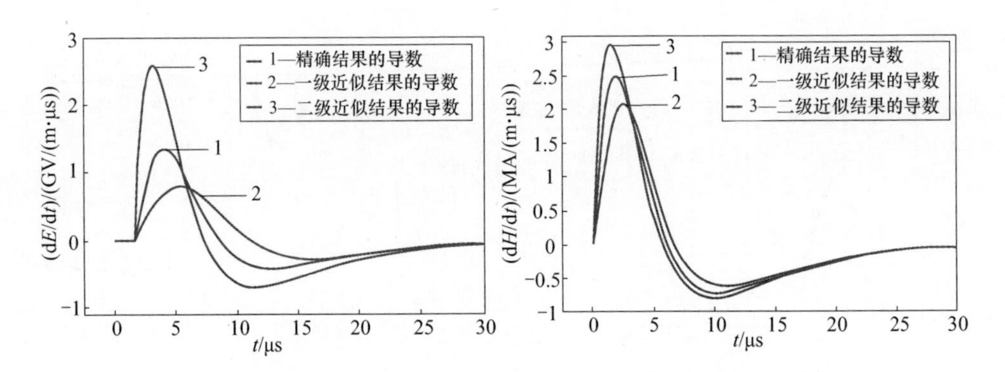

图 5－18　500m 处电磁场导数精确波形与其两级近似导数波形的对比

z'/v)，并忽略了磁场的辐射场项。

(5) 在近场区电场的二级近似表达式中，忽略了电场一级近似表达式中的 R^{-1} 和 R^{-3} 项。

(6) 在近场区磁场的二级近似表达式中，认为 $R \approx h$，即 $h/R \approx 1$。

由于上述近场区两级近似公式都是在 $r \ll H$ 的条件下推导获得的，而随着距离 r 的增加，这一近似条件将逐渐受到挑战，导致以下结果。

(1) 用 $i(0, t - r/c)$ 近似替换 $i(0, t - R/c - z'/v)$ 带来的误差越来越大。

(2) 省略的电磁场辐射场分量越来越大。

(3) $1/R \ll 1/r$ 的假设更难满足，电场二级近似表达式中省略 R^{-1} 和 R^{-3} 项带来的误差越来越大。

(4) 磁场二级近似表达式中用 R 替代 h 带来的误差越来越大，尤其在回击电流上升初期阶段 z' 比 r 小，R 和 h 相差很大，实际上此时 R 和 r 是在一个数量级上的。

因此，距离越远，近场区雷电回击电磁场及其导数的波形与标度化的回击通道底部电流及其导数波形之间的重合性越差。

5.2.3　回击电流波形的影响

为对比不同回击电流波形对近场区雷电回击电磁场近似性的影响，采用首次回击和后续回击两种不同条件下的回击电流来计算雷电电磁场，并根据 IEC 62305－1 中的规定，采用 Heidler 函数来描述通道底部电流，相应通道底部电流及回击参数设置如表 5－1 所列，回击电流在通道中按照 TL 模型传播。

表 5－1　通道底部电流参数设置

参数	τ_1/s	τ_2/s	I_0/kA	η	n	v/(m/s)
首次回击(10/350μs)	1.9×10^{-5}	4.85×10^{-4}	100	0.93	10	1.3×10^{8}
后续回击(0.25/100μs)	4.54×10^{-7}	1.43×10^{-4}	25	0.993	10	1.3×10^{8}

图 5－19 和图 5－20 分别给出了首次回击和后续回击条件下不同距离处地面雷电回击电磁场的计算结果(包括精确解和近似解)，而图 5－21 和图 5－22 则分别给出了首次回击和后续回击条件下回击电磁场导数的计算结果(包括精确解和近似解)。

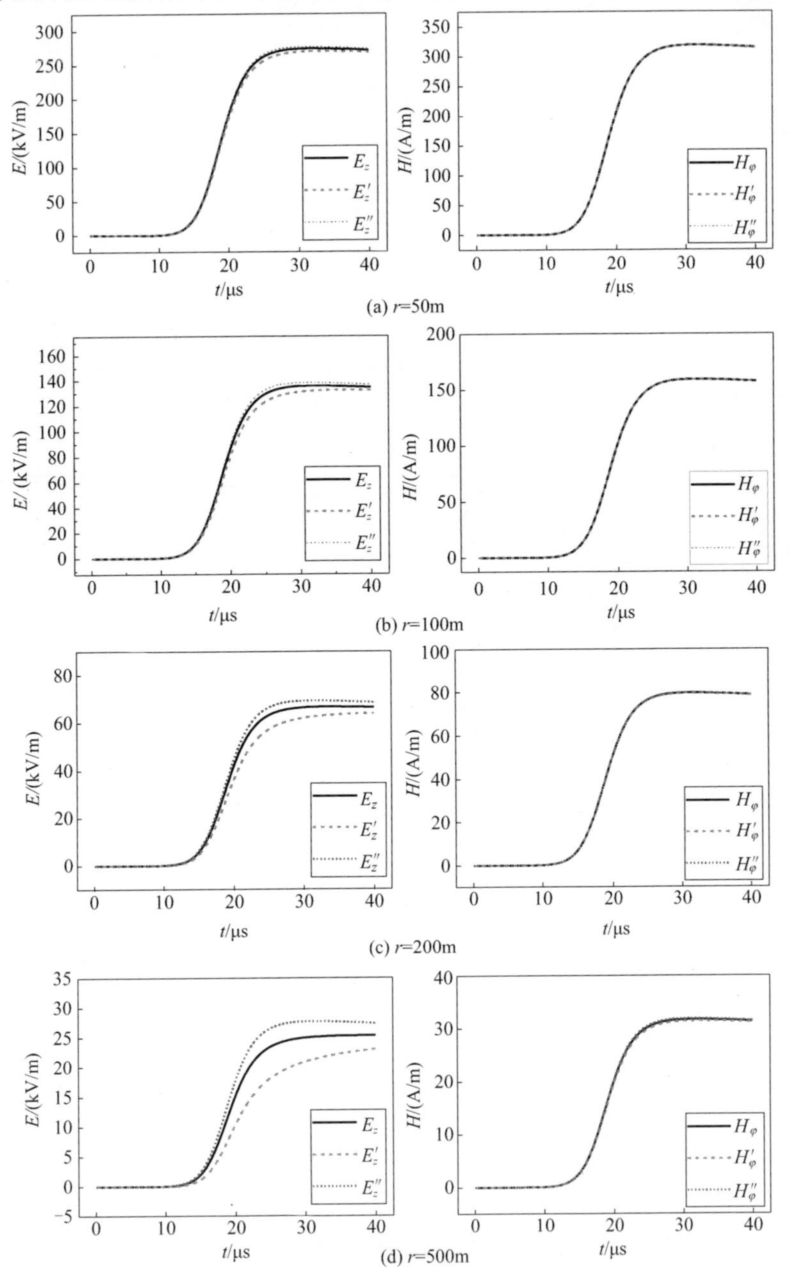

图 5－19　首次回击条件下不同距离处地面的雷电回击电磁场波形

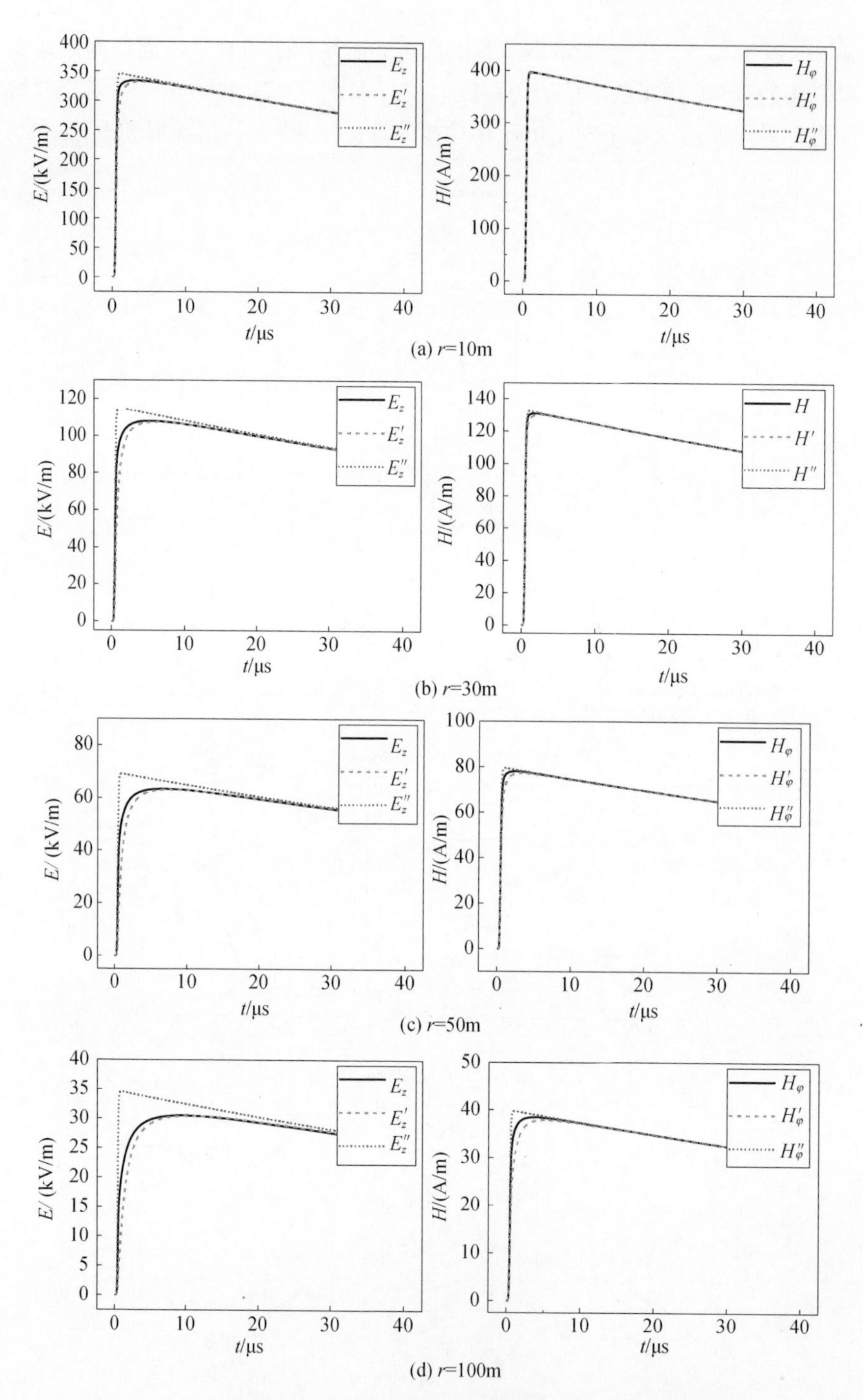

图 5-20　后续回击条件下不同距离处地面的雷电回击电磁场波形

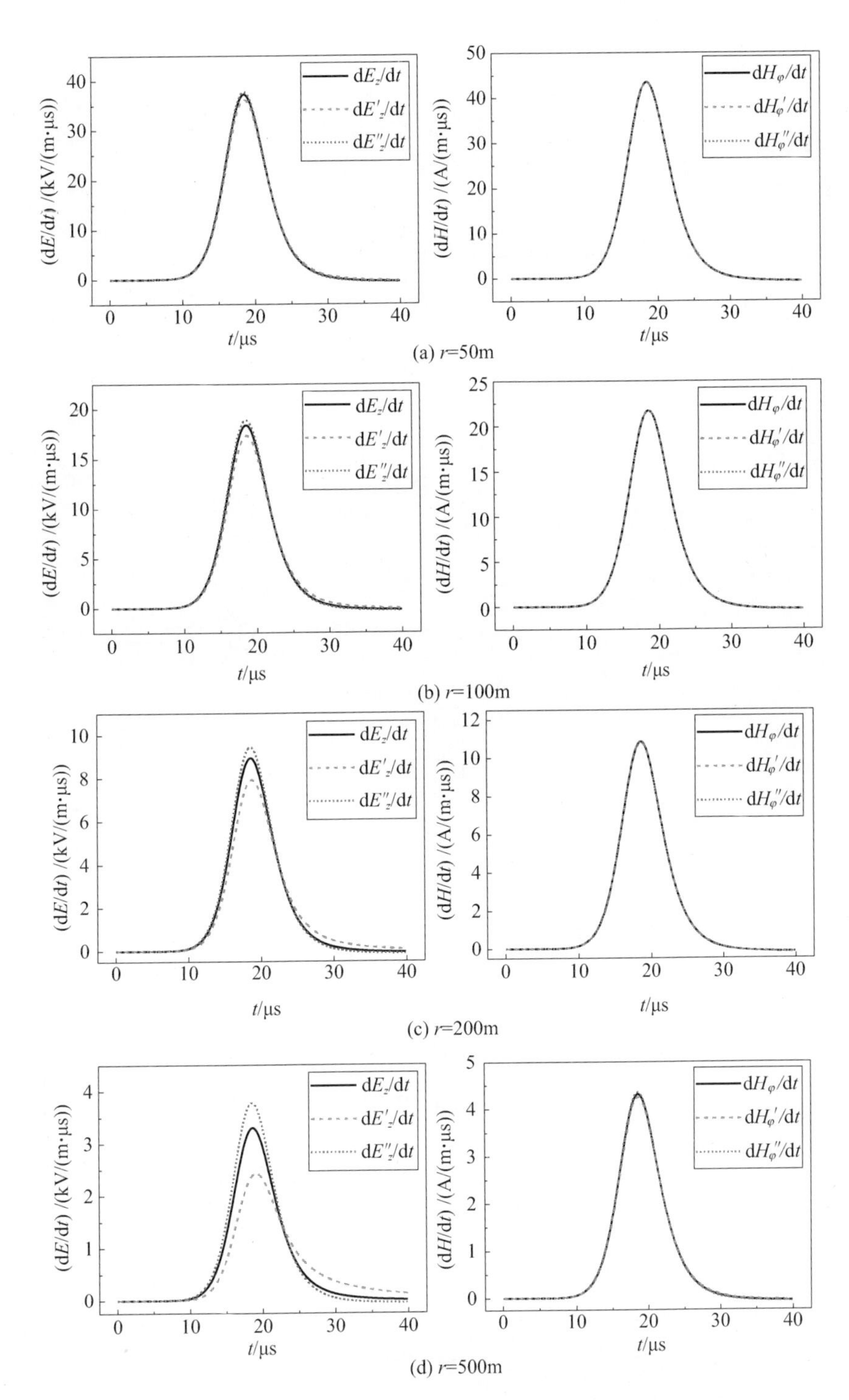

图 5－21　首次回击条件下不同距离处地面的雷电回击电磁场导数波形

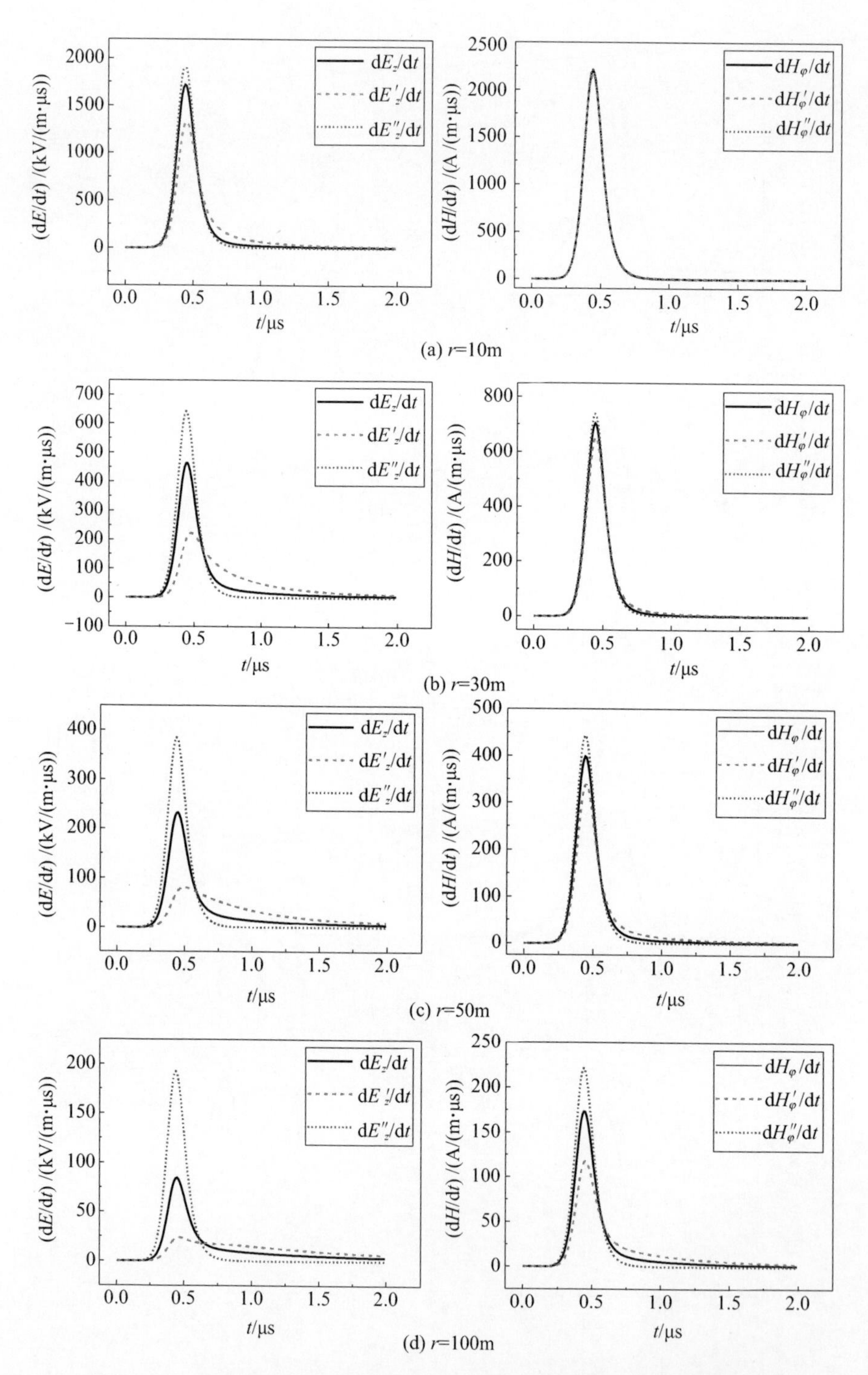

图 5-22　后续回击条件下不同距离处地面的雷电回击电磁场导数波形

由图5－19至图5－22可以发现，回击电流波形不同，确切地说是回击电流波形的上升时间不同，雷电近场区回击电磁场近似解析表达式(5－13)、式(5－15)至式(5－19)的适用范围也不同。表5－2给出了首次回击和后续回击条件下近场区电磁场近似解析表达式的适用范围情况。从表5－2中可以发现，随着回击电流波形上升时间的缩短，近场区回击电磁场近似表达式的适用范围大大缩小。

表5－2　首次回击和后续回击条件下近区电磁场近似解析表达式的适用范围

适用范围 场类型 / 回击类型	近场区电场	近场区磁场	近场区电场导数	近场区磁场导数
首次回击(10/350μs)	<100m	<500m	<100m	<500m
后续回击(0.25/100μs)	<10m	<50m	<10m	<30m

5.3　垂直通道地面回击电磁场的远场区近似计算

5.3.1　远场区近似公式的推导

对于远场区，即 $r \gg H$ 时，由式(3－93)可知

$$R \approx r \tag{5-20}$$

对于辐射场分量，由式(3－95)和式(3－96)可得

$$E_z(\text{radiation}) = -\frac{1}{4\pi\varepsilon_0}\int_{-h}^{h}\frac{r^2}{c^2R^3}\frac{\partial i(z',t-R/c)}{\partial t}\mathrm{d}z' \tag{5-21}$$

$$H_\varphi(\text{radiation}) = \frac{1}{4\pi}\int_{-h}^{h}\frac{r}{cR^2}\frac{\partial i(z',t-R/c)}{\partial t}\mathrm{d}z' \tag{5-22}$$

此处计算的是基于TL模型下的电磁场公式，所以由式(2－32)可得

$$E_z(\text{radiation}) = -\frac{1}{4\pi\varepsilon_0}\int_{-h}^{h}\frac{r^2}{c^2R^3}\frac{\partial i(0,t-R/c-z'/v)}{\partial t}\mathrm{d}z' \tag{5-23}$$

$$H_\varphi(\text{radiation}) = \frac{1}{4\pi}\int_{-h}^{h}\frac{r}{cR^2}\frac{\partial i(0,t-R/c-z'/v)}{\partial t}\mathrm{d}z' \tag{5-24}$$

远场区雷电电磁场主要是辐射场分量，静电场项、电场感应场项和磁场感应场项都趋于0。所以省略静电场项、电场感应场项和磁场感应场项，并将式(5－20)代入式(5－23)和式(5－24)可得

$$E_z \approx E_z(\text{radiation}) \approx -\frac{1}{4\pi\varepsilon_0c^2r}\int_{-h}^{h}\frac{\partial i(0,t-r/c-z'/v)}{\partial t}\mathrm{d}z'$$

$$= -\frac{1}{2\pi\varepsilon_0 c^2 r}\int_0^h \frac{\partial i(0,t-r/c-z'/v)}{\partial t}\mathrm{d}z' \tag{5-25}$$

$$H_\varphi \approx H_\varphi(\text{radiation}) \approx \frac{1}{4\pi cr}\int_{-h}^{h} \frac{\partial i(0,t-r/c-z'/v)}{\partial t}\mathrm{d}z'$$

$$= \frac{1}{2\pi cr}\int_0^h \frac{\partial i(0,t-r/c-z'/v)}{\partial t}\mathrm{d}z' \tag{5-26}$$

由于

$$\frac{\partial i(0,t-r/c-z'/v)}{\partial z'} = \frac{\partial i(0,t-r/c-z'/v)}{\partial (t-r/c-z'/v)}\frac{\partial (t-r/c-z'/v)}{\partial z'}$$

$$= -\frac{1}{v}\frac{\partial i(0,t-r/c-z'/v)}{\partial t}$$

故

$$\frac{\partial i(0,t-r/c-z'/v)}{\partial t} = -v\frac{\partial i(0,t-r/c-z'/v)}{\partial z'} \tag{5-27}$$

将式(5-27)代入式(5-25)和式(5-26),并积分可得

$$E_z(\text{radiation}) \approx \frac{v}{2\pi\varepsilon_0 c^2 r}\int_0^h \frac{\partial i(0,t-r/c-z'/v)}{\partial z'}\mathrm{d}z'$$

$$= \frac{v}{2\pi\varepsilon_0 c^2 r}[i(0,t-r/c-h/v) - i(0,t-r/c)] \tag{5-28}$$

$$H_\varphi(\text{radiation}) \approx -\frac{v}{2\pi cr}\int_0^h \frac{\partial i(0,t-r/c-z'/v)}{\partial z'}\mathrm{d}z'$$

$$= -\frac{v}{2\pi cr}[i(0,t-r/c-h/v) - i(0,t-r/c)] \tag{5-29}$$

由于 $\tau \leqslant 0$ 时,$i(0,\tau)=0$,因此,当 $t \leqslant r/c+h/v$ 时,有 $i(0,t-r/c-h/v)=0$。因而,当 $t \leqslant r/c+h/v$ 时远场区雷电回击电磁场的二级近似表达式为

$$E_z \approx E_z(\text{radiation}) \approx -\frac{v}{2\pi\varepsilon_0 c^2 r}i(0,t-r/c) \tag{5-30}$$

$$H_\varphi \approx H_\varphi(\text{radiation}) \approx \frac{v}{2\pi cr}i(0,t-r/c) \tag{5-31}$$

式(5-30)和式(5-31)给出了远场区雷电回击电磁场、远区辐射场分量与标度化回击通道底部电流之间的关系。由式(5-30)、式(5-31)可知,在回击电流尚未到达回击通道顶部之前,远区雷电回击电磁场波形与回击通道底部电流波形是近似一致的。在工程实践中,可以通过测量观测距离、回击速度和远场区雷电回击电磁场

来推算回击通道底部电流。

对式(5-30)、式(5-31)求导,可得远场区雷电回击电磁场导数,可近似表示为

$$\frac{\mathrm{d}E_z}{\mathrm{d}t} \approx \frac{\mathrm{d}E_z(\mathrm{radiation})}{\mathrm{d}t} \approx -\frac{v}{2\pi\varepsilon_0 c^2 r}\frac{\mathrm{d}i(0,t-r/c)}{\mathrm{d}t} \tag{5-32}$$

$$\frac{\mathrm{d}H_\varphi}{\mathrm{d}t} \approx \frac{\mathrm{d}H_\varphi(\mathrm{radiation})}{\mathrm{d}t} \approx \frac{v}{2\pi c r}\frac{\mathrm{d}i(0,t-r/c)}{\mathrm{d}t} \tag{5-33}$$

式(5-32)、式(5-33)被广泛用于远场区雷电回击电磁场的理论和试验研究,如用于估算回击速度、回击电流峰值等。对于以上近似公式,需要注意它们的适用范围。

5.3.2 近似结果与精确结果的比较

在远场区的计算中,TL 模型中的雷电通道高度取 $H=7.5\mathrm{km}$,回击速度取 $v=10^8\mathrm{m/s}$,采用“1.2/50μs”雷电流波形来计算雷电回击电磁场。同样采用式(2-14)所示的脉冲函数作为雷电流函数表达式,这时脉冲函数的各参数选取为:$I_0=30\mathrm{kA}$,$\tau_1=4.05\times10^{-7}\mathrm{s}$,$\tau_2=6.80\times10^{-5}\mathrm{s}$。此外,为了方便标识,令 $q_1=-v/(2\pi\varepsilon_0 c^2 r)$,$q_2=v/(2\pi c r)$。

在远场区,不同距离处总电磁场波形、辐射场波形与标度化的通道底部电流波形的比较如图 5-23 至图 5-26 所示。从图中可以发现,随着距离的增大,三者之间的偏差逐渐减小,这与近场区近似公式的情况恰恰相反,这主要是由于远场区近似公式是基于 $r \gg H$ 的条件推导的。当观测距离处于 5~10km 时,总电磁场、辐射场和标度化的通道底部电流波形前沿部分基本重合,但是到达峰值之后,总电磁场与辐射场之间的偏差越来越大,这主要是因为 5~10km 的距离不是很远,仍属于过渡场区,静电场和感应场还不能被忽略。而辐射场与标度化的回击通道底部电流波形的偏差相对较小,这个偏差是由式(5-25)和式(5-26)的推导中用 r 近似代替 R 所致。当观测距离到达 50km 时,总电磁场、辐射场与标度化的通道底部电流波形峰值之后的偏

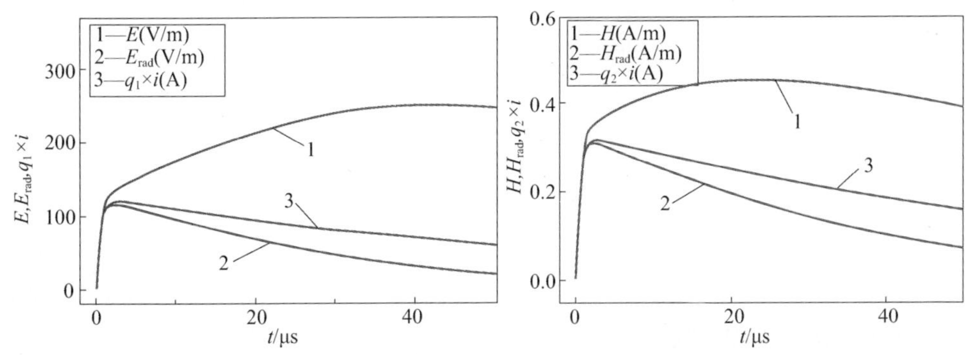

图 5-23 5km 处总电磁场、辐射场分量与通道底部电流波形的对比

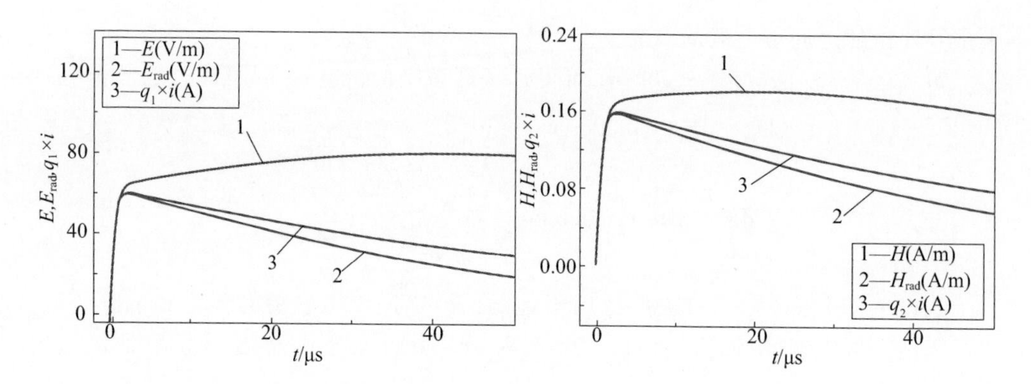

图 5－24　10km 处总电磁场、辐射场分量与通道底部电流波形的对比

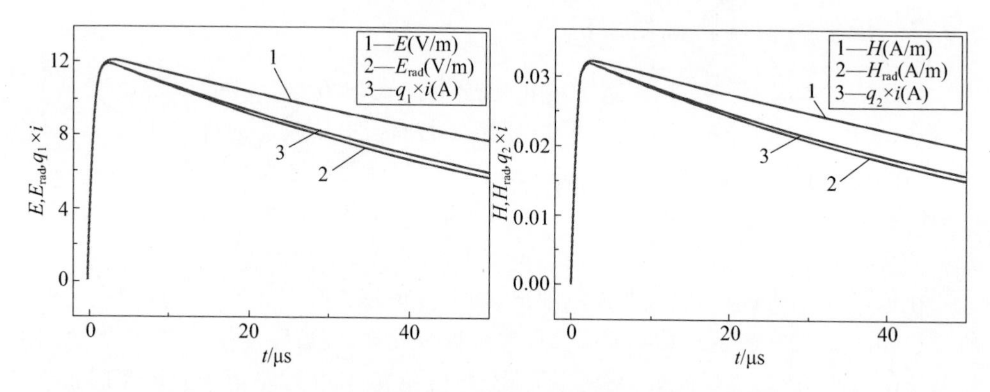

图 5－25　50km 处总电磁场、辐射场分量与通道底部电流波形的对比

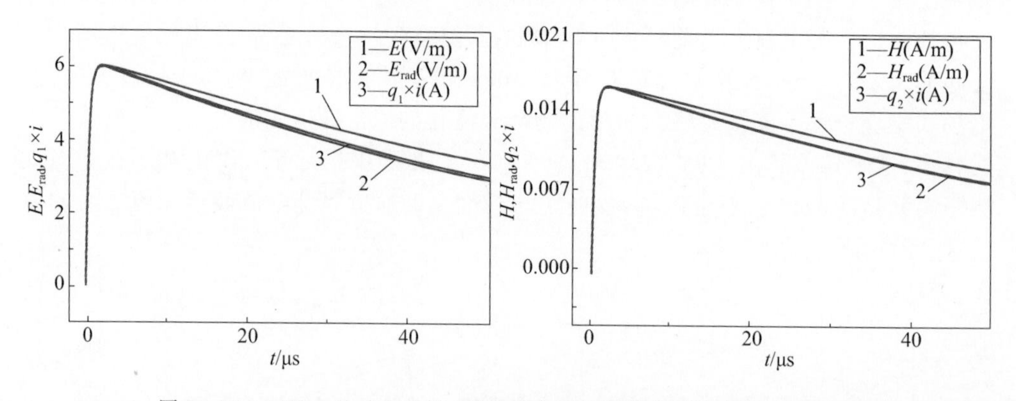

图 5－26　100km 处总电磁场、辐射场分量与通道底部电流波形的对比

差明显减小，但仍存在一定差距，这主要是由于此处通道高度 $H=7.5\mathrm{km}$，即使观测点距离回击通道 50km 也仅约通道高度的 7 倍而已，距离不算远大于通道高度，远场区近似条件的符合程度不高，由此导致 $r \leqslant 50\mathrm{km}$ 时总电磁场、辐射场和标度化通道底部电流波形之间的偏差比较大。但随着距离的增加，远场区近似条件逐渐能够满足，

静电场和感应场逐渐可以被忽略，用 r 近似代替 R 带来的误差也越来越小，总电磁场波形与辐射场波形、标度化通道底部电流波形之间的偏差也越来越小。当观测距离到达 100km 时，辐射场与标度化的通道底部电流波形基本重合，与总电磁场波形之间的差异很小。

远场区雷电回击电磁场导数、辐射场导数与标度化的通道底部电流导数波形的比较如图 5－27 至图 5－29 所示。由于雷电回击电磁场的变化率主要在初始几微秒变化较大，几微秒以后基本趋于平缓，总电磁场导数波形前几微秒内的远场区近似性就能够代表总电磁场导数全部波形的远场区近似性，因此图 5－27 至图 5－29 中主要给出了三者在前 3μs 内的波形。

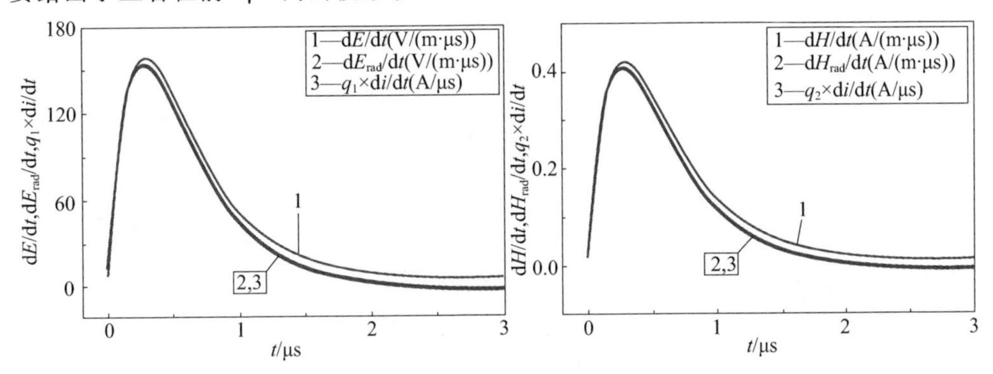

图 5－27　5km 处总电磁场导数、电磁场辐射场导数与通道底部电流导数波形的对比

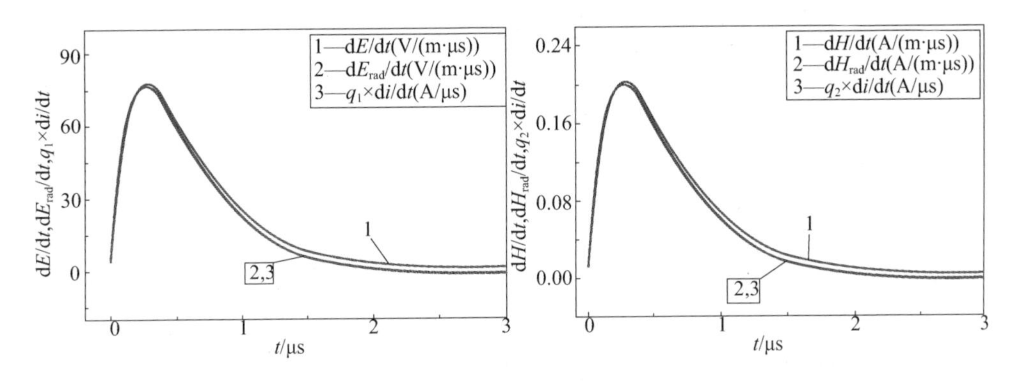

图 5－28　10km 处总电磁场导数、电磁场辐射场导数与通道底部电流导数波形的对比

从图 5－27 至图 5－29 中可以发现，总电磁场导数、辐射场导数与标度化的通道底部电流导数波形之间的偏差随着距离的增大而减小。当观测距离处于 5km 时，电磁场导数波形与辐射场导数、标度化通道底部电流导数波形在峰值之前基本重合，但是波形峰值之后的差异逐渐明显；而当观测距离大于 10km 以后，总电磁场导数、辐射场导数与标度化的通道底部电流导数波形基本重合。此外，将图 5－27 至图 5－29 与图 5－23 至图 5－25 对比还可发现，在相同的距离下，总电磁场导数波形与辐

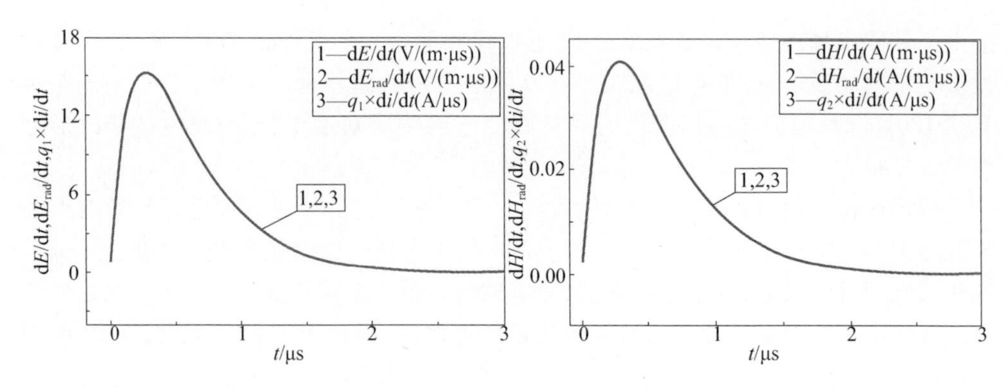

图 5-29　50km 处总电磁场导数、电磁场辐射场导数与通道底部电流导数波形的对比

射场导数波形以及通道底部电流导数波形之间的偏差比电磁场波形与辐射场波形以及通道底部电流波形之间的偏差要小得多。这主要是因为在回击电磁场变化率较大的前几微秒内,电流在回击通道中的上升高度一般为几百米,对于几千米以上距离的回击电磁场而言,其导数基本满足远场区的近似条件。因此,雷电回击电磁场导数远场近似公式的适用范围比电磁场近似公式的适用范围更广,具体来讲就是:对于 1.2/50μs 的通道回击电流,远场区电磁场导数近似公式的适用范围为几千米距离以外,而远区电磁场近似公式的适用范围约为 100km 距离以外。

5.3.3　回击电流波形的影响

为对比不同回击电流波形对远区雷电回击电磁场近似性的影响,同样采用首次回击和后续回击两种不同条件下的回击电流来计算雷电电磁场,通道底部电流的描述和传播方式以及相应的回击参数设置同表 5-1。

图 5-30 和图 5-31 分别给出了首次回击和后续回击条件下 5km 以外距离处地面雷电回击电磁场的计算结果(包括精确解和近似解)。其中,E、H 表示回击电磁场的精确解,E_{rad}、H_{rad} 表示回击电磁场的辐射场分量,E^*、H^* 表示由式(5-30)和式(5-31)的近似表达式的计算结果。而图 5-32 和图 5-33 则分别给出了首次回击和后续回击条件下回击电磁场导数波形的计算结果(包括精确解和近似解)。其中,dE/dt、dH/dt 表示回击电磁场导数的精确解,dE_{rad}/dt、dH_{rad}/dt 表示回击电磁场中辐射场分量的导数,dE^*/dt、dH^*/dt 表示由式(5-32)和式(5-33)的近似表达式的计算结果。

由图 5-30 至图 5-33 同样可以发现,回击电流波形的上升时间不同,雷电远区回击电磁场近似解析表达式(5-30)至式(5-33)的适用范围也不同。表 5-3 给出了首次回击和后续回击条件下远场区电磁场近似解析表达式的适用范围对比。从表中可以发现:与回击电流波形对近场区回击电磁场近似表达式适用范围的影响不同,远场区回击电磁场近似表达式的适用范围受回击电流波形上升时间的影响较小,基

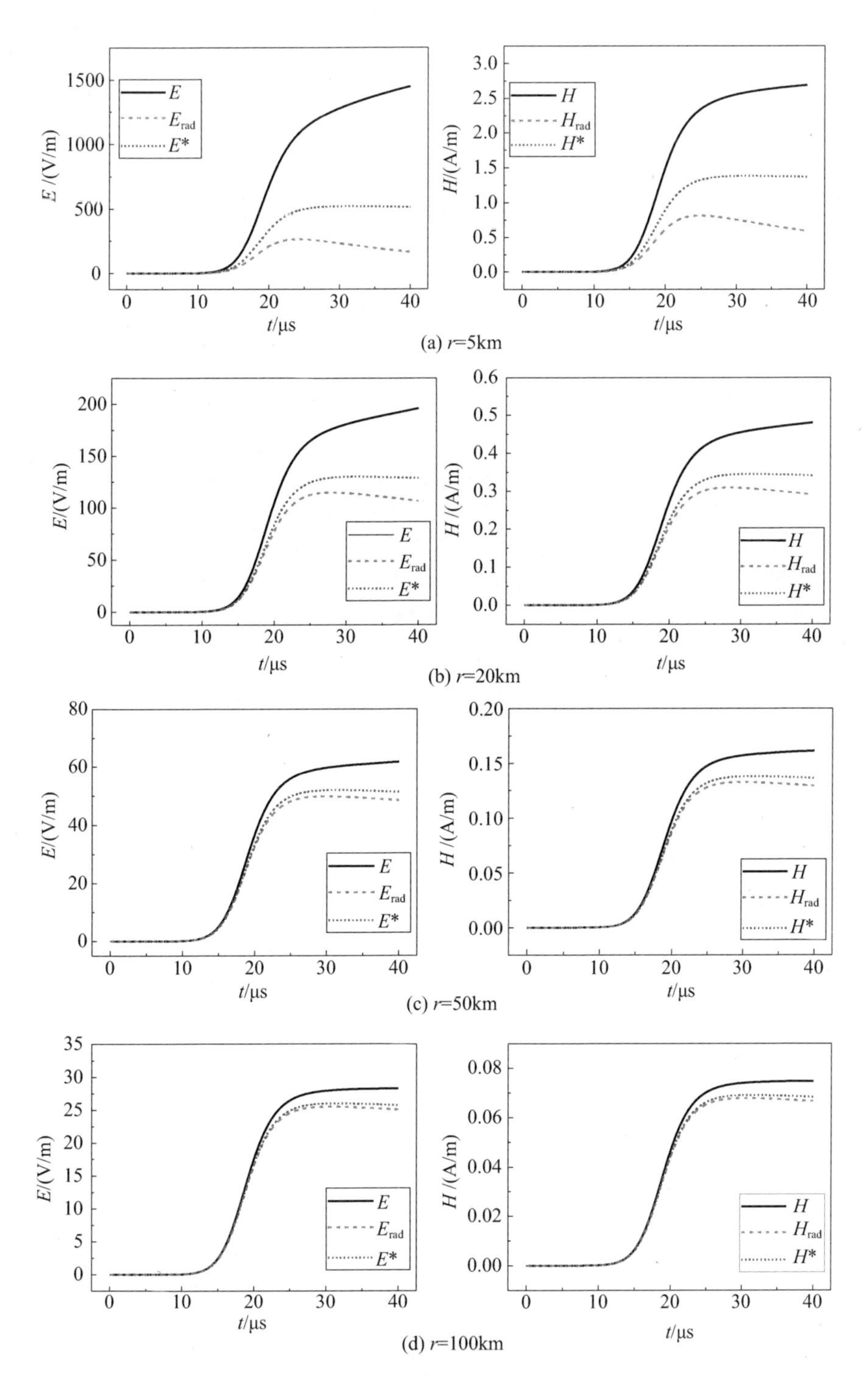

图 5－30　首次回击条件下不同距离处地面的雷电回击电磁场波形

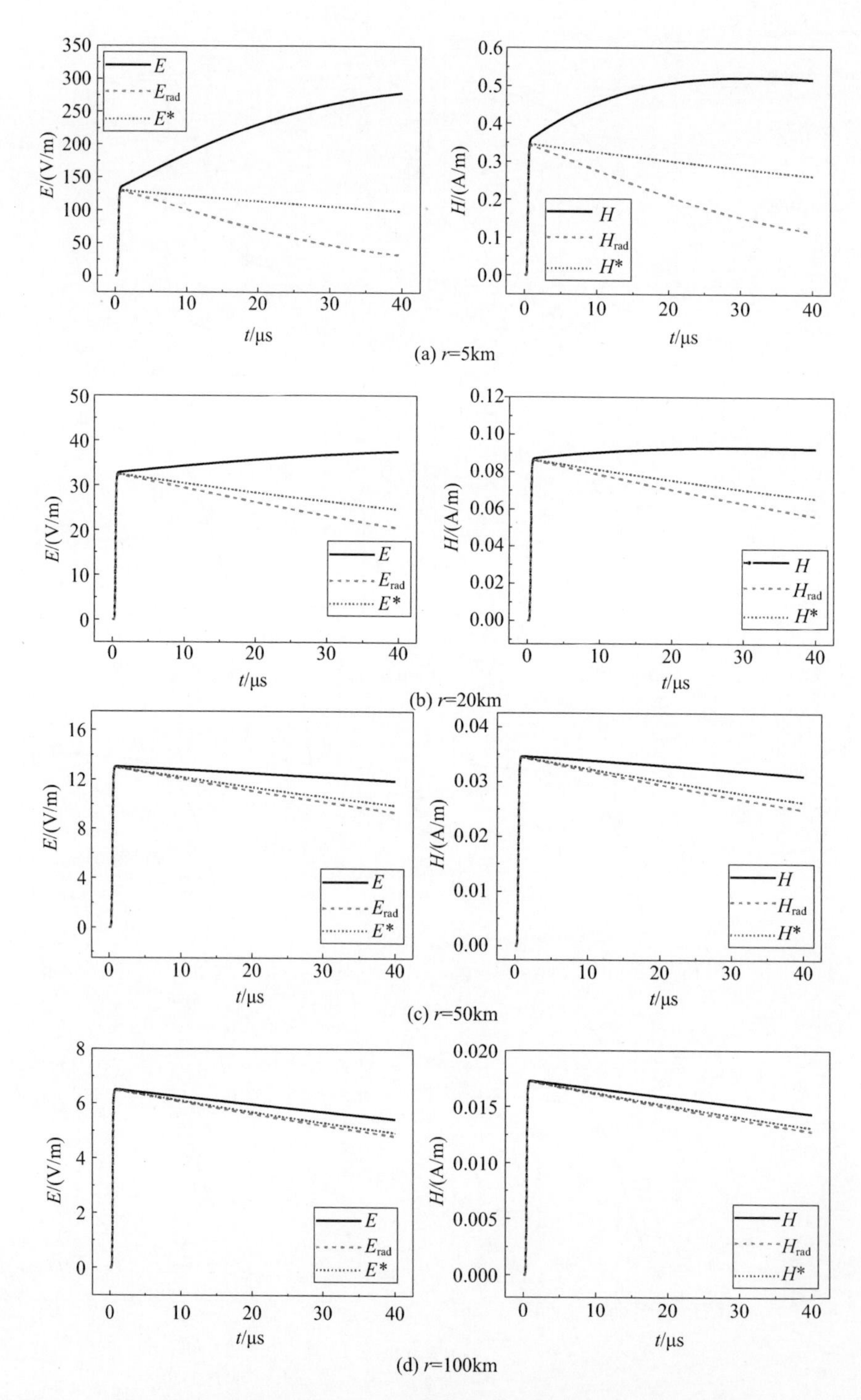

图 5-31　后续回击条件下不同距离处地面的雷电回击电磁场波形

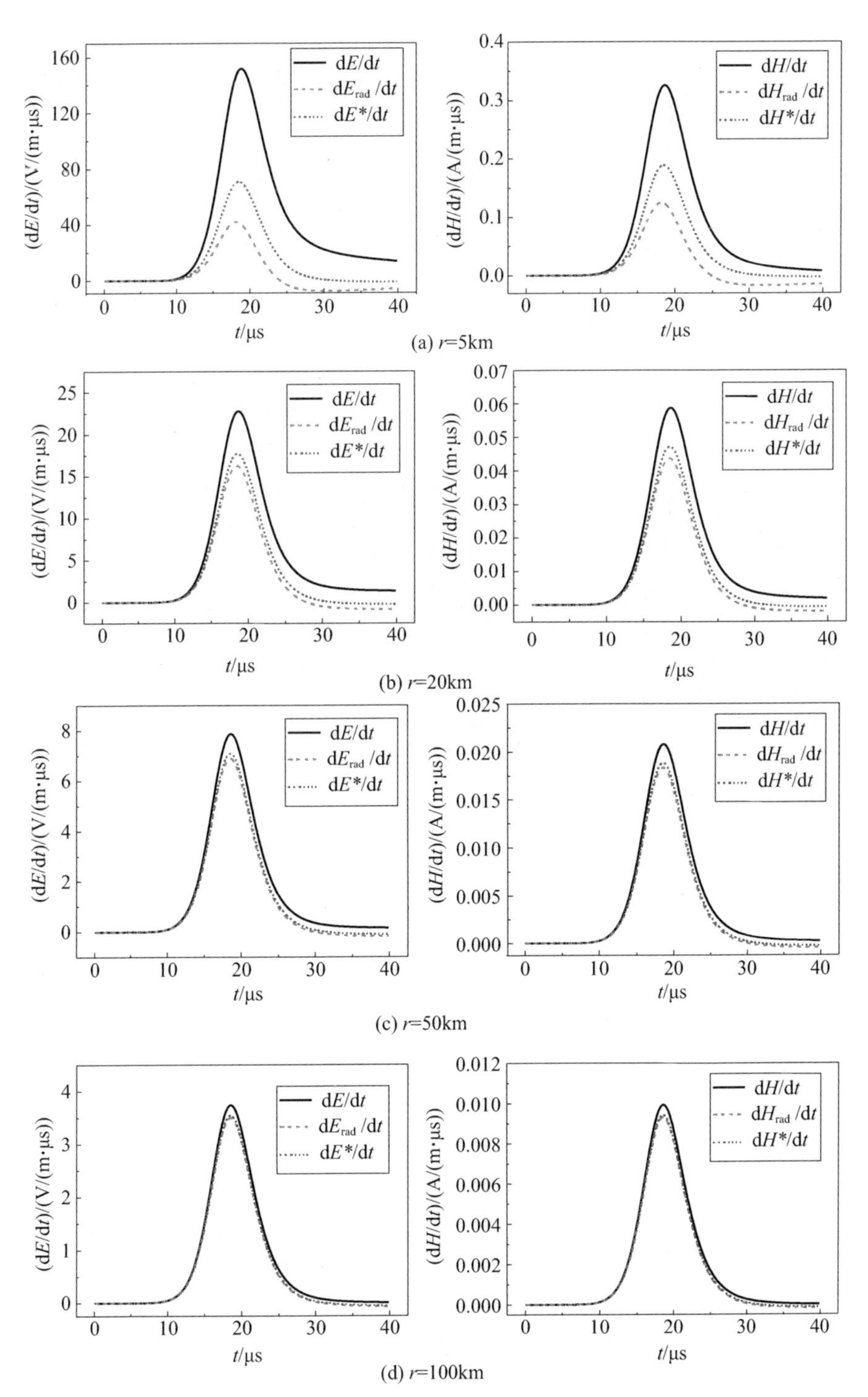

图 5－32　首次回击条件下不同距离处地面的雷电回击电磁场导数波形

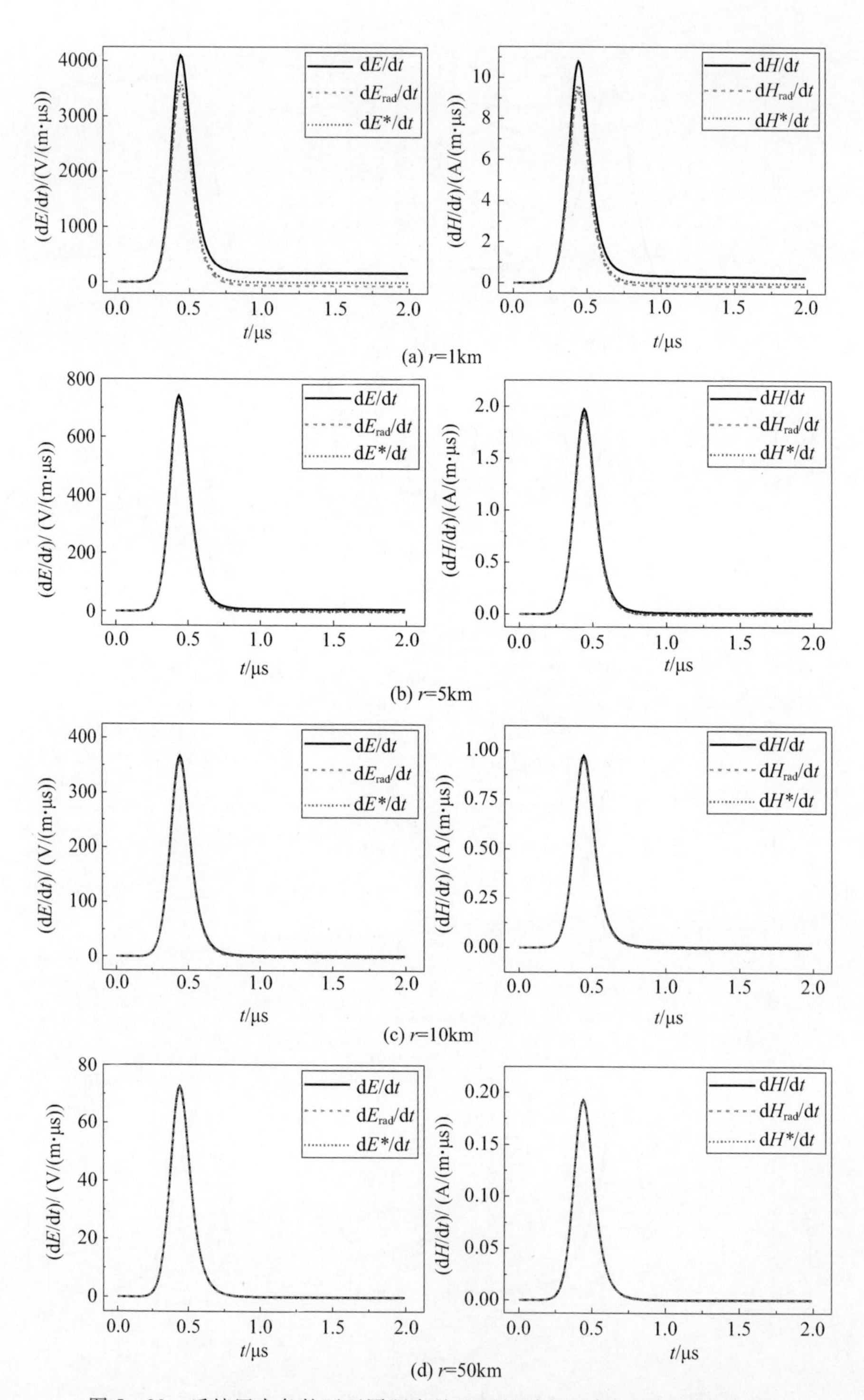

图 5－33　后续回击条件下不同距离处地面的雷电回击电磁场导数波形

本保持不变;但远场区回击电磁场导数近似表达式的适用范围受回击电流波形上升时间的影响较大,随着回击电流波形上升时间的缩短,远场区回击电磁场导数近似表达式的适用范围大大扩大。对于后续回击而言,回击电磁场与电磁场导数近似表达式的适用范围在远场区出现如此大差异的主要原因是后续回击电磁场导数波形反映的主要是对应电磁场波形在上升沿部分的变化情况,而远场区后续回击电磁场的精确解和近似解的上升沿部分在距离大于5km的范围内就可以达到高度重合,对于电磁场波形中出现差异的下降沿部分,由于其变化率相对上升沿部分来说要小得多,因此在后续回击电磁场导数波形中难以体现。

表5-3 首次回击和后续回击条件下远场区电磁场近似解析表达式的适用范围

适用范围 场类型 / 回击类型	远场区电场	远场区磁场	远场区电场导数	远场区磁场导数
首次回击(10/350μs)	>100km	>100km	>100km	>100km
后续回击(0.25/100μs)	>100km	>100km	>5km	>5km

5.4 回击速度对雷电电磁场与通道底部电流波形近似性的影响

由前面章节的分析可知,在其他回击参数保持不变的情况下,回击速度的改变将影响通道周围的电磁场分布状况,这必将对雷电回击电磁场与通道底部电流波形之间的近似关系产生影响[121]。考虑到雷电感应效应主要受电磁场波形中波头部分的影响,为此,本节在研究回击速度对雷电回击电磁场与通道底部电流波形近似性的影响时,重点关注雷电回击电磁场波形的初始上升沿部分和峰值。

5.4.1 对近场区近似性的影响

以后续回击为例,回击参数的选取参见表5-1(回击速度除外),回击速度分别取为$c/3$、$2c/3$和$2.99c/3$,计算50m、100m、200m和500m距离处近区雷电回击电磁场的精确解、式(5-16)和式(5-17)、式(5-30)和式(5-31)表示的二级近似解,计算结果如图5-34至图5-37所示。其中,E、H表示回击电磁场的精确解,E^*、H^*表示由近似表达式(5-16)和式(5-17)计算的回击电磁场,E^{**}、H^{**}表示由近似表达式(5-30)和式(5-31)计算的回击电磁场。

由图5-34至图5-37可知:在观测点距离为50~500m的范围内,不同回击速度下近场区电磁场由近似表达式(5-16)和式(5-17)所计算的电磁场波形与精确解之间的偏差均随着观测距离的增加而增大;当观测距离一定时,近场区电磁场由近似表达式(5-16)和式(5-17)所计算的电磁场波形与精确解之间的偏差会随着回

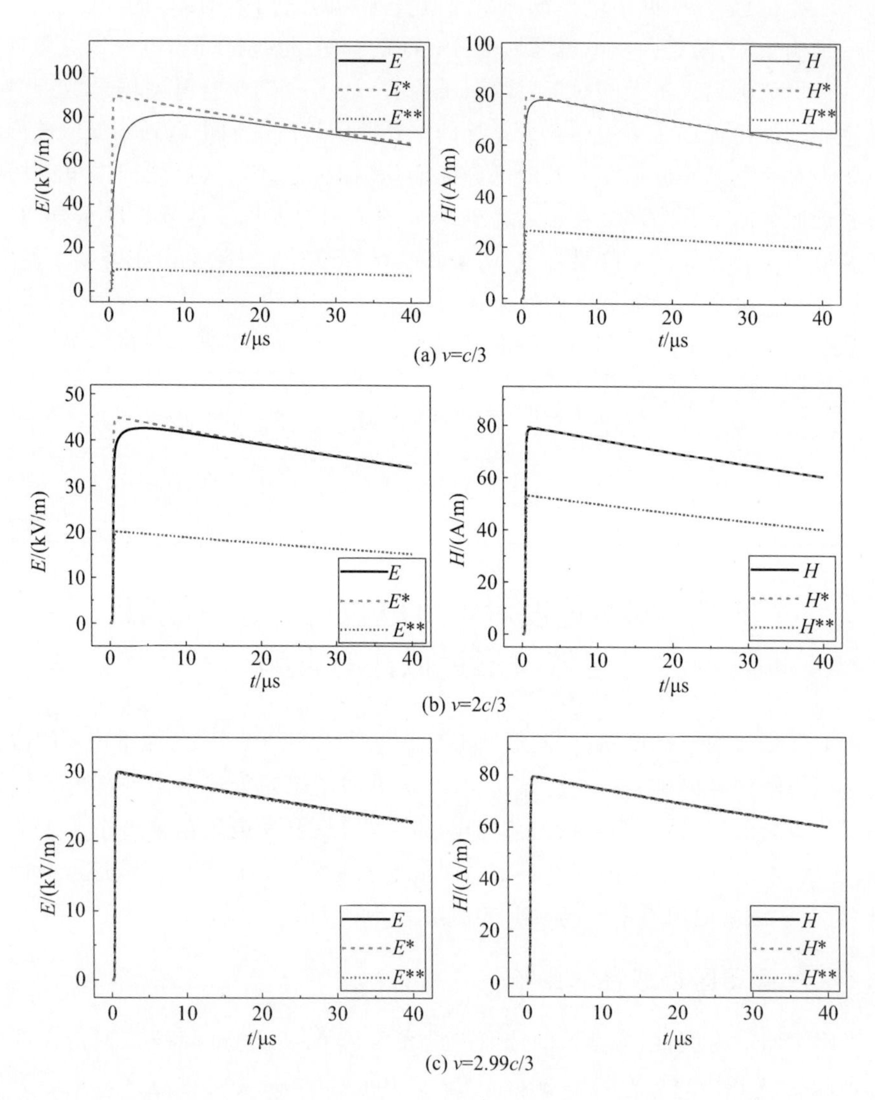

图 5-34　$r=50\text{m}$ 处不同回击速度下后续回击电磁场的精确解与近似解对比

击速度的增加而减小，尤其是当回击速度接近光速时，由近区电磁场近似表达式(5-16)和式(5-17)所计算的电磁场波形与精确解之间的偏差基本上就可以忽略不计了。这也就意味着近场区电磁场近似表达式(5-16)和式(5-17)的适用范围会随着回击速度的提高而变大。值得注意的是，当回击速度设定为 $c/3$ 或 $2c/3$ 时，尽管远场区电磁场近似表达式(5-30)和式(5-31)在近场区范围内计算的电磁场波形与精确解之间有着很大的差别(偏小)，但是这种差别也会随着回击速度接近于光速而趋于消失。

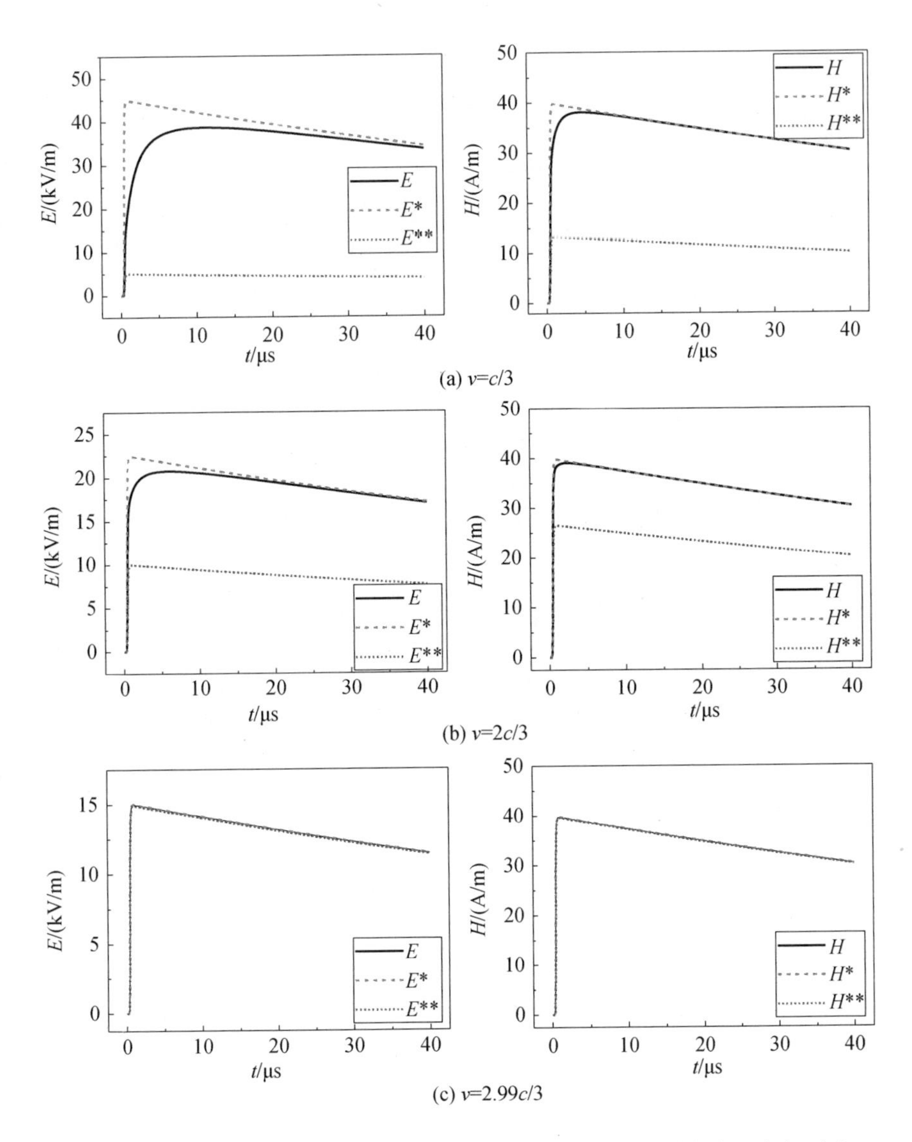

图 5－35　$r=100\text{m}$ 处不同回击速度下后续回击电磁场的精确解与近似解对比

由图 5－34 至图 5－37 还可以发现：当观测距离一定时，电场的精确值和由表达式（5－16）计算所得的近似值都将随着回击速度的增大而减小，并且，由式（5－16）可知，回击速度仅能影响该式计算所得的近场区电场近似值的幅值，且这种影响是线性的；而电场精确解的幅值在随回击速度增大而减小的同时，其峰值时间也会随着回击速度的增大而减小。同样，由式（5－17）可知，磁场的近场区近似表达式与回击速度无关，其计算所得的磁场波形不会因回击速度的变化而发生改变；但对于磁场的精确值而言，随着回击速度的增大，它的幅值会有略微增大，但峰值时间会逐渐减小，波

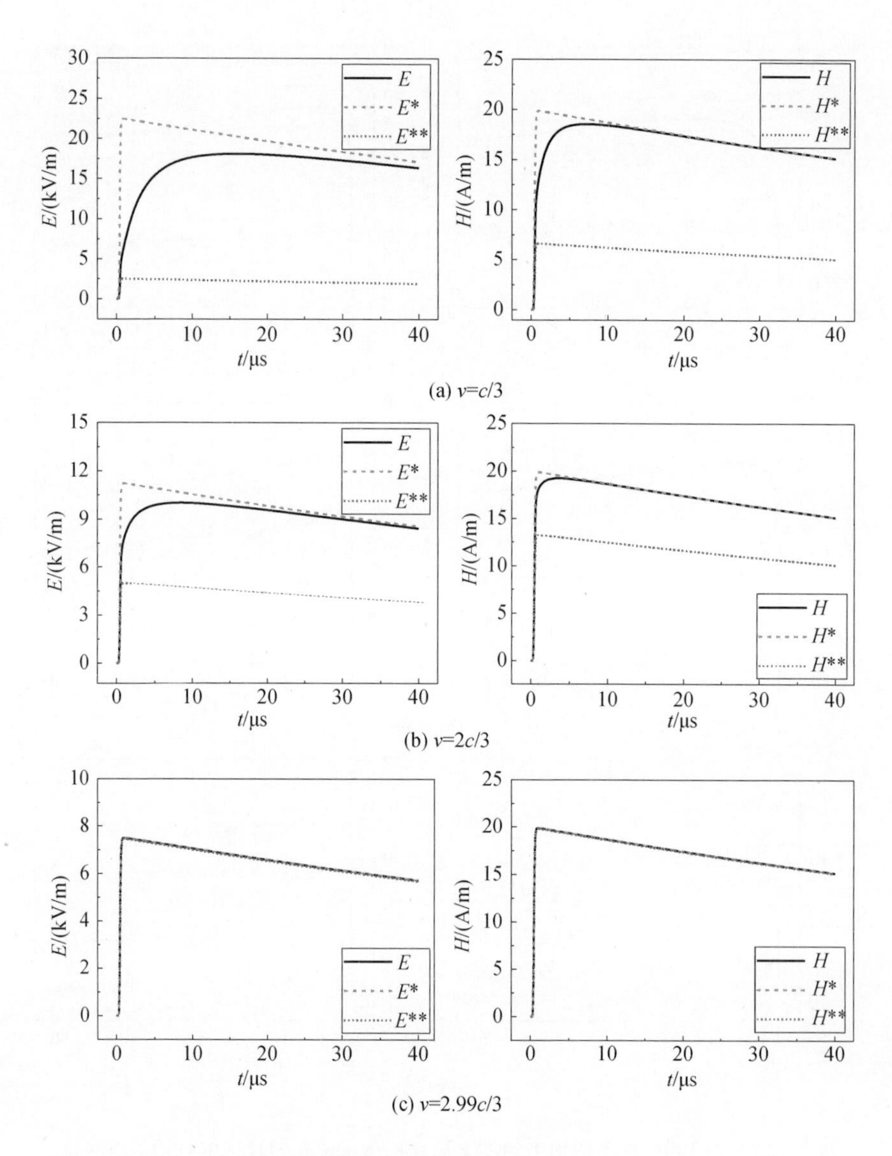

图 5 - 36　$r = 200\text{m}$ 处不同回击速度下后续回击电磁场的精确解与近似解对比

形趋于与式(5 - 17)所计算的近似解波形一致。

5.4.2　对远场区近似性的影响

同样以后续回击为例，回击参数的选取参见表 5 - 1(回击速度除外)，回击速度分别取为 $c/3$、$2c/3$ 和 $2.99c/3$，计算 5km、20km、50km 和 100km 距离处远场区雷电回击电磁场的精确解，以及式(5 - 16)和(5 - 17)、式(5 - 30)和式(5 - 31)表示的二级

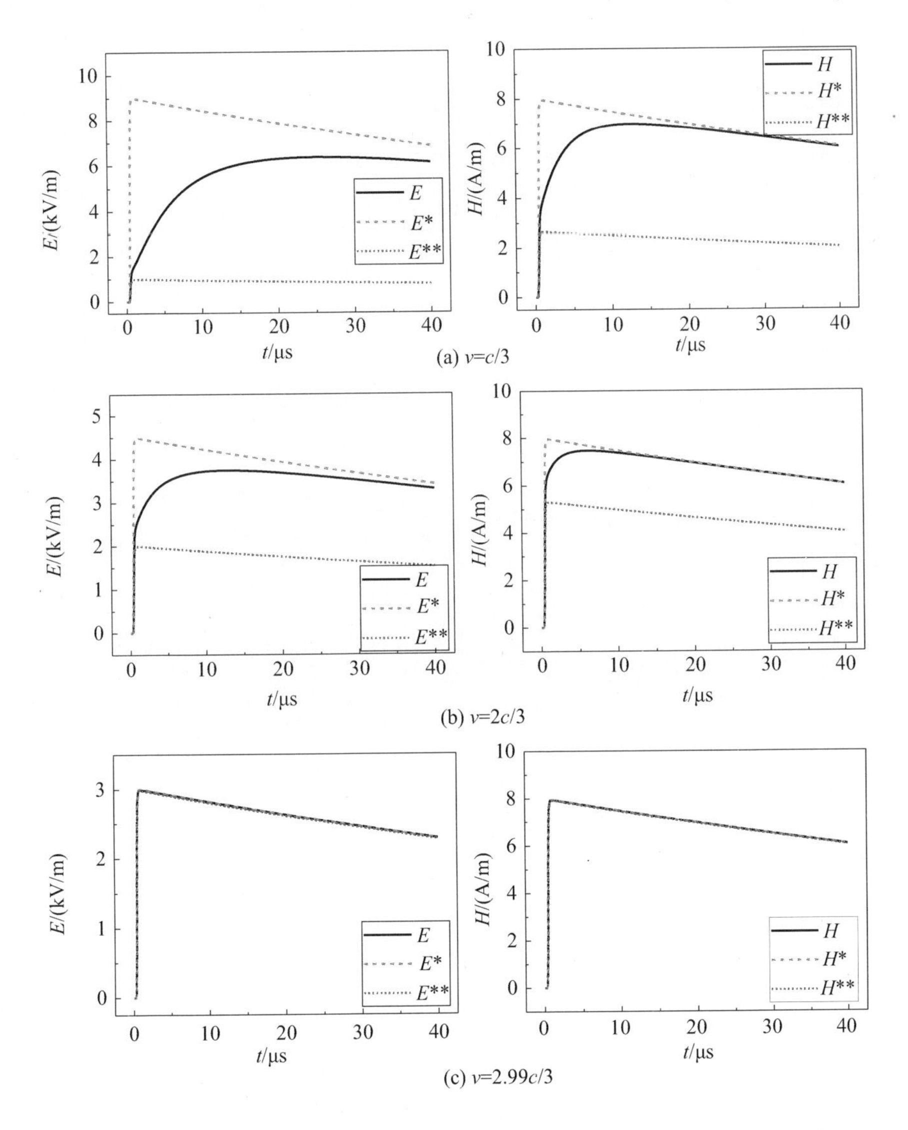

图 5－37　$r=500$m 处不同回击速度下后续回击电磁场的精确解与近似解对比

近似解，计算结果如图 5－38 至图 5－41 所示。其中，E、H、E^{*}、H^{*}、E^{**}、H^{**} 的含义与 5.4.1 节相同。

由图 5－38 至图 5－41 可知，在观测点距离为 5～100km 的范围内，远场区电磁场由近似表达式（5－30）和式（5－31）所计算的电磁场波形与精确解之间的偏差均随着观测距离和回击速度的增加而减小，尤其是当回击速度接近光速时，无论观测距离的远近，远场区电磁场由近似表达式（5－30）和式（5－31）所计算的电磁场波形与

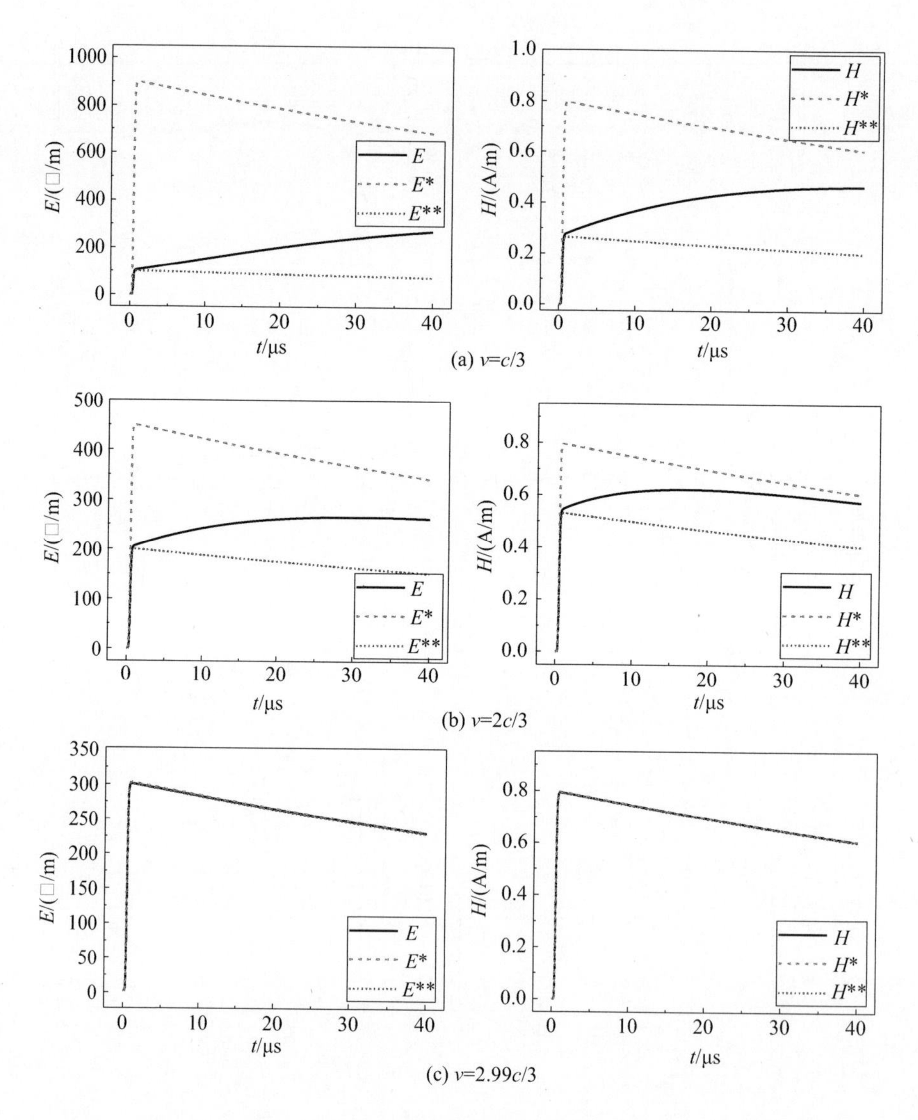

图 5－38　$r=5\text{km}$ 处不同回击速度下后续回击电磁场的精确解与近似解对比

精确解之间的偏差都基本上可以忽略不计。这也就意味着远场区电磁场近似表达式(5－30)和式(5－31)的适用范围会随着回击速度的提高而变大。同样,值得注意的是,当回击速度设定为 $c/3$ 或 $2c/3$ 时,尽管近场区电磁场由近似表达式(5－16)和式(5－17)在远场区范围内计算的电磁场波形与精确解之间有着很大的差别(偏大),但是这种差别也会随着回击速度接近于光速而趋于消失。

由图 5－38 至图 5－41 还可以发现,当观测距离一定时,电磁场的精确值和由式(5－30)、式(5－31)计算所得近似值都将随着回击速度的增大而增大,并且由

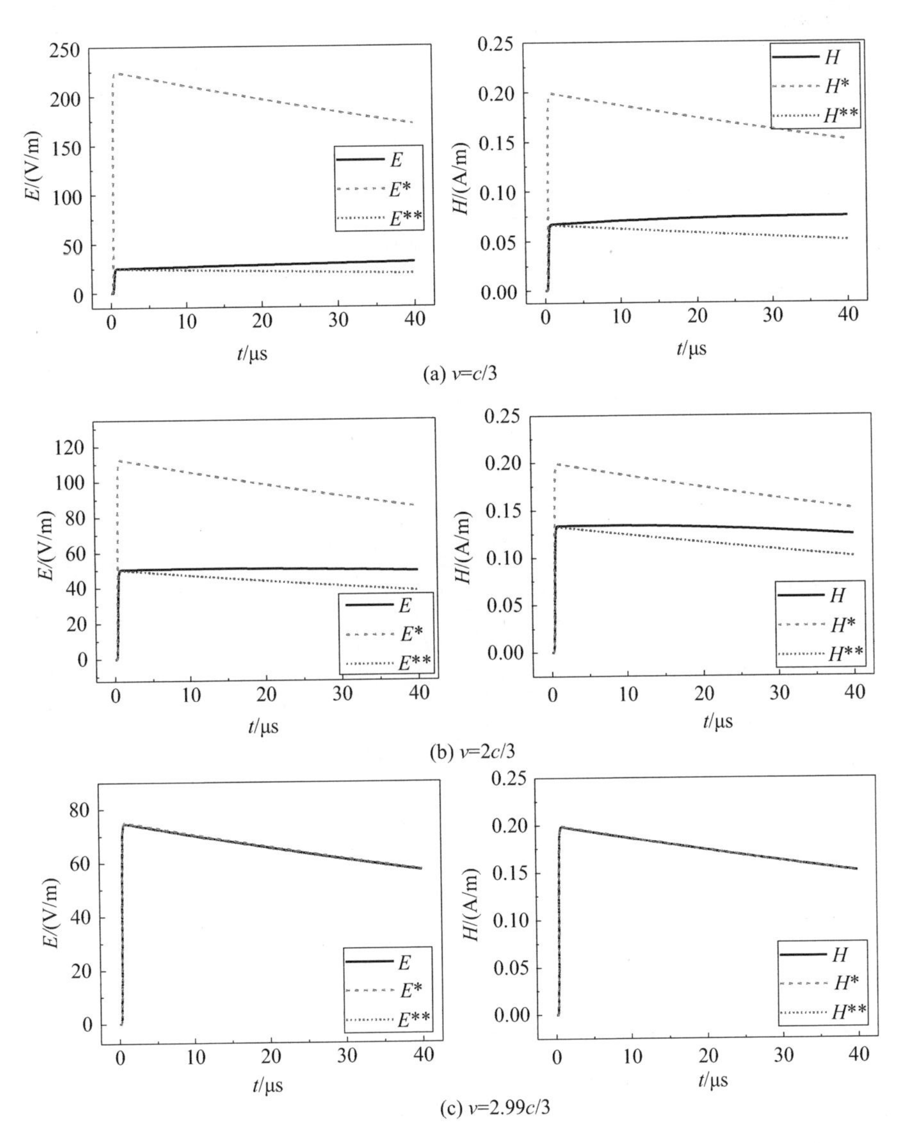

图 5－39　$r=20\text{km}$ 处不同回击速度下后续回击电磁场的精确解与近似解对比

式(5－30)、式(5－31)可知,远场区电磁场近似值的幅度是随回击速度的增大而线性增加的。

综上可以发现,当回击速度逐渐趋近于光速时,无论是近场区电磁场近似表达式(5－16)和式(5－17),还是远场区电磁场近似表达式(5－30)和式(5－31),它们计算所得的电磁场波形均能趋近于精确解的波形。由此可以推测,当回击速度 $v=c$ 时,基于 TL 模型计算所得的雷电回击电磁场波形将与通道底部电流波形完全一致(仅相差一个常系数)。下面对 $v=c$ 条件下两者波形的一致性进行严格的理论推导。

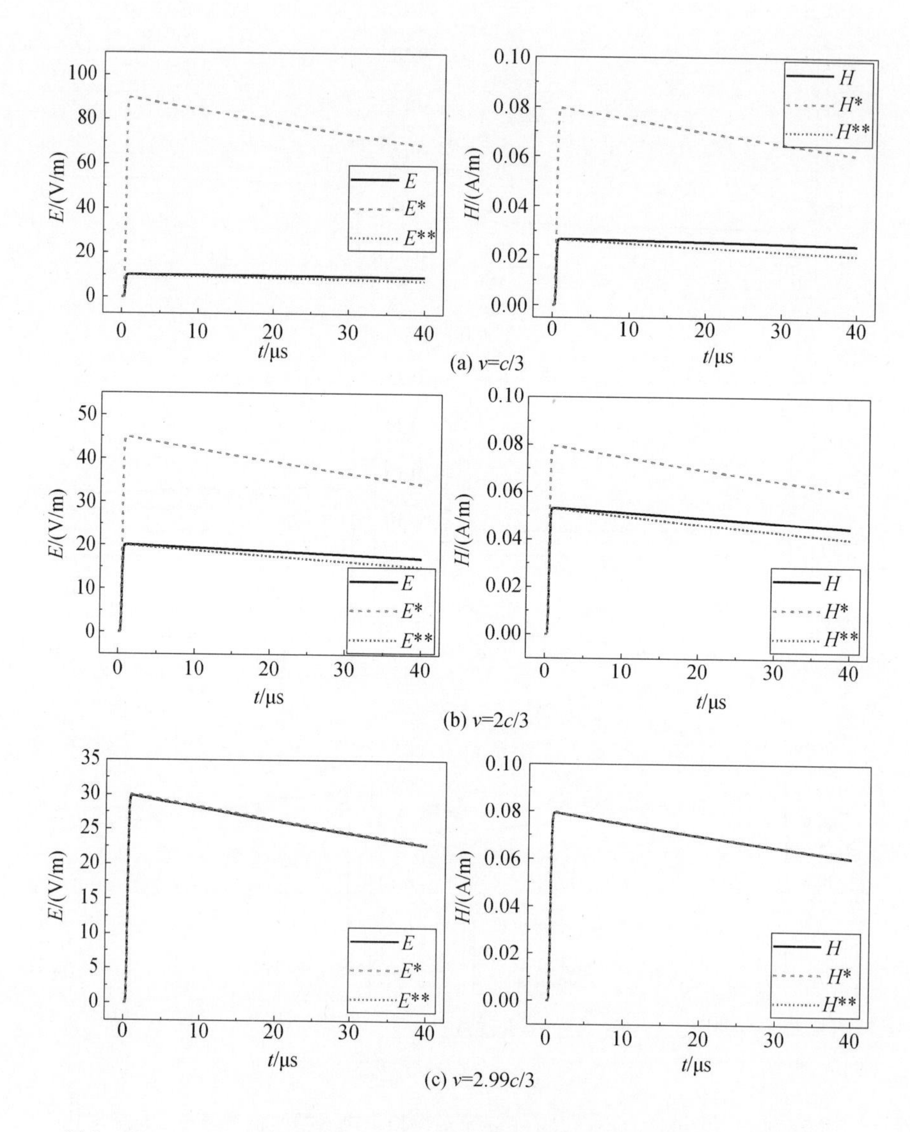

图 5-40　$r = 50\text{km}$ 处不同回击速度下后续回击电磁场的精确解与近似解对比

5.4.3　回击速度为光速时地表雷电电磁场的理论推导

2001 年，Thottappillil 等从理论上证明了在回击速度 $v = c$ 的条件下基于 TL 模型计算所得的地面任意位置处的雷电回击电磁场波形与通道底部电流波形都是完全一致的。下面针对回击速度 $v = c$ 的情况，推导地面任意一点处通道电流产生的回击电磁场各分量。

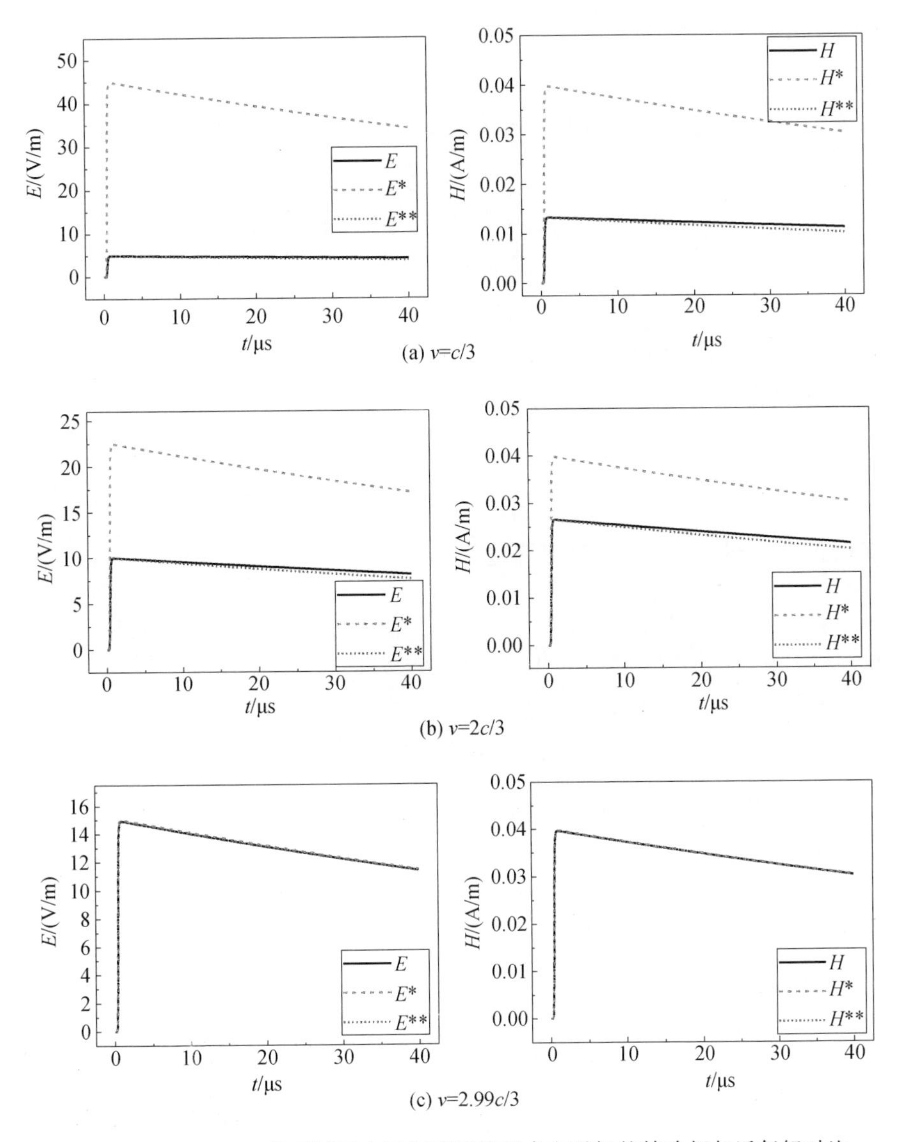

图 5-41　$r=100\text{km}$ 处不同回击速度下后续回击电磁场的精确解与近似解对比

假设回击速度 $v=c$，根据 TL 模型，有

$$\frac{\partial i(z',t-R/c)}{\partial z'}=\frac{\partial i(0,t-R/c-z'/c)}{\partial z'}=-\left(\frac{z'}{cR}+\frac{1}{c}\right)\frac{\partial i(0,t-R/c-z'/c)}{\partial t} \tag{5-34}$$

对于图 3-1 所示的垂直通道，当观测点在地面时，有

$$\left(\frac{3z'^2-R^2}{R^5}\right)\mathrm{d}z'=\mathrm{d}\left(-\frac{z'}{R^3}\right) \tag{5-35}$$

则式(3-95)的第一项,即静电场项,可表示为

$$E_z(\text{ele}) = \frac{1}{2\pi\varepsilon_0}\int_0^h\left[\int_{-\infty}^t i(0,\tau - R/c - z'/c)\mathrm{d}\tau\right]\mathrm{d}\left(-\frac{z'}{R^3}\right)$$

$$= -\frac{1}{2\pi\varepsilon_0}\frac{z'}{R^3}\int_{-\infty}^t i(0,\tau - R/c - z'/c)\mathrm{d}\tau\Big|_0^h -$$

$$\frac{1}{2\pi\varepsilon_0}\int_0^h\left[-\frac{z'}{R^3}\int_{-\infty}^t \frac{\partial i(0,\tau - R/c - z'/c)}{\partial z'}\mathrm{d}\tau\right]\mathrm{d}z' \qquad (5-36)$$

将 $t-R(h)/c-h/v=0$ 代入式(5-36),可得

$$E_z(\text{ele}) = \frac{1}{2\pi\varepsilon_0}\int_0^h\left[\frac{z'}{R^3}\int_{-\infty}^t \frac{\partial i(0,\tau - R/c - z'/c)}{\partial z'}\mathrm{d}\tau\right]\mathrm{d}z' \qquad (5-37)$$

根据式(5-34),式(5-37)可简化为

$$E_z(\text{ele}) = \frac{1}{2\pi\varepsilon_0}\int_0^h\left[-\left(\frac{z'^2}{cR^4}+\frac{z'}{cR^3}\right)\int_{-\infty}^t \frac{\partial i(0,\tau - R/c - z'/c)}{\partial \tau}\mathrm{d}\tau\right]\mathrm{d}z'$$

$$= \frac{1}{2\pi\varepsilon_0}\int_0^h -\left(\frac{z'^2}{cR^4}+\frac{z'}{cR^3}\right) i(0,t - R/c - z'/c)\mathrm{d}z' \qquad (5-38)$$

将式(5-38)所示的静电场项和式(3-95)的第二项(即感应场项,记为 $E_z(\text{ind})$)相加,可得

$$E_z(\text{ele}) + E_z(\text{ind}) = \frac{1}{2\pi\varepsilon_0}\int_0^h\left[-\left(\frac{z'^2}{cR^4}+\frac{z'}{cR^3}\right)+\frac{2z'^2-r^2}{cR^4}\right] i(0,t - R/c - z'/c)\mathrm{d}z'$$

$$= \frac{1}{2\pi\varepsilon_0}\int_0^h\left(\frac{2z'^2}{cR^4}-\frac{1}{cR^2}-\frac{z'}{cR^3}\right) i(0,t - R/c - z'/c)\mathrm{d}z' \qquad (5-39)$$

由于 $(2z'^2/R^4-1/R^2)\mathrm{d}z' = \mathrm{d}(-z'/R^2)$ 和 $-(z'/R^3)\mathrm{d}z' = \mathrm{d}(1/R)$,式(5-39)可化简为

$$E_z(\text{ele}) + E_z(\text{ind}) = \frac{1}{2\pi c\varepsilon_0}\int_0^h i(0,t - R/c - z'/c)\ \mathrm{d}\left(-\frac{z'}{R^2}+\frac{1}{R}\right)$$

$$= \frac{1}{2\pi c\varepsilon_0} i(0,t - R/c - z'/c)\left(\frac{1}{R}-\frac{z'}{R^2}\right)\Big|_0^h -$$

$$\frac{1}{2\pi c\varepsilon_0}\int_0^h\left[\frac{1}{R}-\frac{z'}{R^2}\right]\frac{\partial i(0,t - R/c - z'/c)}{\partial z'}\mathrm{d}z'$$

$$= -\frac{1}{2\pi\varepsilon_0 cr}i(0,t-r/c) -$$

$$\frac{1}{2\pi c\varepsilon_0}\int_0^h\left(\frac{1}{R}-\frac{z'}{R^2}\right)\left(-\frac{z'}{cR}-\frac{1}{c}\right)\frac{\partial i(0,t-R/c-z'/c)}{\partial t}\mathrm{d}z'$$

$$= -\frac{1}{2\pi\varepsilon_0 cr}i(0,t-r/c) + \frac{1}{2\pi\varepsilon_0}\int_0^h\frac{r^2}{c^2R^3}\frac{\partial i(0,t-R/c-z'/c)}{\partial t}\mathrm{d}z'$$

$$(5-40)$$

将式(5－40)和式(3－95)的第三项(即辐射场项,记为 $E_z(\mathrm{rad})$)相加,可得总电场 E_z 为

$$E_z = E_z(\mathrm{ele}) + E_z(\mathrm{ind}) + E_z(\mathrm{rad}) = -\frac{1}{2\pi\varepsilon_0 cr}i(0,t-r/c) \quad (5-41)$$

类似地,同样可以得到磁场 H_φ 在 $v=c$ 条件下的解析表达式,为感应场项 $H_\varphi(\mathrm{ind})$ 和辐射场项 $H_\varphi(\mathrm{rad})$ 的叠加,即

$$H_\varphi = H_\varphi(\mathrm{ind}) + H_\varphi(\mathrm{rad}) = \frac{1}{2\pi r}i(0,t-r/c) \quad (5-42)$$

由式(5－41)和式(5－42)可以清晰地看出,对于 TL 模型而言,当回击速度 $v=c$ 时,地面任意观测点处的雷电回击电场和磁场波形均与通道底部电流波形严格保持一致。

表 5－4 给出了基于 TL 模型的地面雷电回击电磁场在近场区和远场区的近似表达式和 $v=c$ 条件下的精确表达式。从表 5－4 中可以发现,当回击速度 v 趋于 c 时,地面雷电回击电磁场在近场区和远场区的近似表达式趋于一致。

表 5－4　基于 TL 模型的地面雷电回击电磁场近似/精确表达式

场类型 \ 回击条件		回击速度为 v 时的雷电回击电磁场近似表达式(TL 模型)	回击速度 $v=c$ 时的雷电回击电磁场精确表达式(TL 模型)
电场	近场区	$E_z \approx -\frac{1}{2\pi\varepsilon_0 vr}i(0,t-r/c)$	$E_z = -\frac{1}{2\pi\varepsilon_0 cr}i(0,t-r/c)$ (地面任意观测点)
	远场区	$E_z \approx -\frac{v}{2\pi\varepsilon_0 c^2 r}i(0,t-r/c)$	
磁场	近场区	$H_\varphi \approx \frac{1}{2\pi r}i(0,t-r/c)$	$H_\varphi = \frac{1}{2\pi r}i(0,t-r/c)$ (地面任意观测点)
	远场区	$H_\varphi(r,t) \approx \frac{v}{2\pi cr}i(0,t-r/c)$	

第6章 雷电电磁脉冲场模拟与应用

随着信息技术的不断发展,电磁脉冲对电子信息设备所造成的危害日益严重,在实验室内模拟电磁脉冲环境并对敏感设备开展电磁辐照效应试验是进行设备电磁安全性评价和电磁防护的一个必要途径。目前,在 IEC 61000－4－9、GB/T 17626.5—2008、GJB 8848—2016 等标准中都给出了一些关于雷电脉冲电场或脉冲磁场的测试标准。为此,本章将以雷电回击电磁场波形与回击通道底部电流波形的近似性为依据来实现雷电电磁脉冲场环境的模拟,并将其应用到敏感电子设备的安全性评价中。此处,考虑到不同的电流函数模型在表征同一电流波形时基本具有一致性,为了便于拟合电路参数,模拟电路所依据的雷电流波形将采用双指数函数表示。

6.1 雷电脉冲电场的模拟与测量

雷电脉冲电场模拟器通常由冲击电压发生器和横电磁波传输系统构成。其中,冲击电压发生器用于产生模拟所需的雷电波标准波形,并作为横电磁波传输系统的激励源,以在横电磁波传输系统中产生所需的电场环境。而常用的横电磁波传输系统主要有平行板横电磁室(PPTC)、横电磁波(TEM)室和吉赫兹横电磁波(GTEM)室等几种形式[122－123]。PPTC 一般用于主要能量频谱在 30MHz 以下的辐射敏感度测试和瞬态场试验,后两种传输系统适用的频带更宽。

6.1.1 冲击波发生器

要对雷电电磁脉冲场环境进行模拟,必须有能够产生所选标准雷电流波形的冲击波发生器。对于雷电脉冲电场模拟装置而言,冲击波发生器的电路设计主要从以下几个方面考虑。

(1) 电路易于实现。

(2) 由于雷电流的标准波形较多,所以设计的电路要具备一定的灵活性,对电路元件稍作改变就能满足不同标准雷电波的要求。

(3) 电路应具有较高的效率。

同时,考虑到目前国内外高电压行业广泛应用 Marx 发生器产生冲击电压波,其基本原理是高压电容器的并联充电、串联放电。因此,此处介绍的冲击电压发生器也是一套 Marx 脉冲电压源，其电路原理如图 6－1 所示。发生器本体采用四级、恒流双边充电、空气绝缘、金属箱体全封闭屏蔽结构，尺寸为 1400mm（长）×700mm（宽）×1400mm（高）。当电容器充电到预定值时，通过控制面板调整球间隙，使第一级电容器在球间隙之间产生空气击穿，这样第一级电容器上的电压就会串联到第二级电容器上，第二级电容器所对应的间隙瞬时被击穿；类似地，后面的电容器所对应的间隙也会依次被击穿。波形陡化器采用的是可以自动调节间隙的油间隙陡化器，用于产生雷电电磁脉冲时，陡化器的间隙调节为 0。其等效电路如图 6－2 所示。图中：C_1、C_2 是两个高压脉冲电容器；R_1、R_2 是两个无感电阻；S 是球形开关，用于模拟装置的放电控制；U_1 是主电容 C_1 的充电电压，U_2 是 C_2 两端的电压，即输出电压。

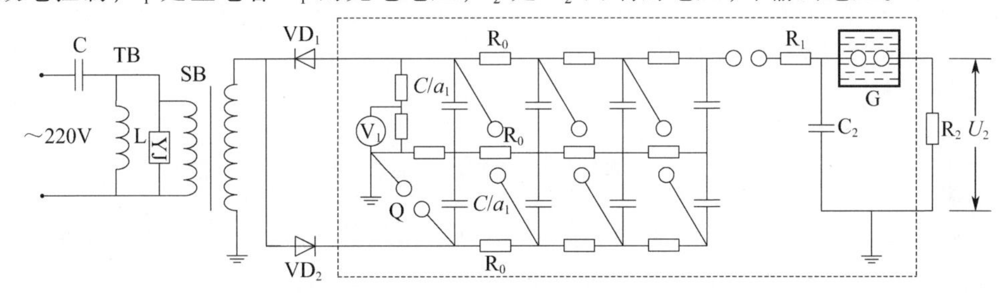

图 6－1　脉冲电压源的电路原理图

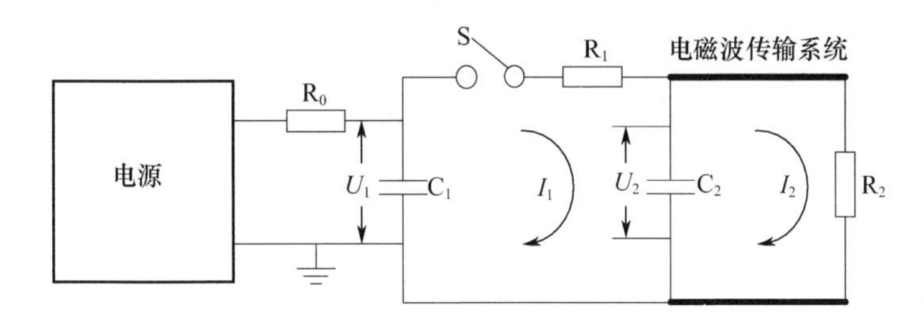

图 6－2　模拟装置产生脉冲电场的等效电路

根据基尔霍夫定律，由图 6－2 所示的等效电路可得

$$\begin{cases} U_1 = U_2 + I_1 R_1 \\ U_2 = I_2 R_2 \\ I_1 = -C_1 \dfrac{\mathrm{d}U_1}{\mathrm{d}t} \\ I_1 - I_2 = C_2 \dfrac{\mathrm{d}U_2}{\mathrm{d}t} \end{cases} \tag{6-1}$$

整理上述方程得

$$R_1 R_2 C_1 C_2 \frac{\mathrm{d}^2 U_2}{\mathrm{d}t^2} + (R_2 C_2 + R_1 C_1 + C_1 R_2) \frac{\mathrm{d}U_2}{\mathrm{d}t} + U_2 = 0 \tag{6-2}$$

根据式(6-2),由初始条件 $t=0$ 时,$U_2=0$,可得方程式(6-2)的通解为

$$U_2=A[e^{-\alpha t}-e^{-\beta t}] \tag{6-3}$$

式中

$$\alpha=\frac{R_2C_2+R_1C_1+R_2C_1-\sqrt{(R_1C_1+R_2C_2+R_2C_1)^2-4R_1R_2C_1C_2}}{2R_1R_2C_1C_2} \tag{6-4}$$

$$\beta=\frac{R_2C_2+R_1C_1+R_2C_1+\sqrt{(R_1C_1+R_2C_2+R_2C_1)^2-4R_1R_2C_1C_2}}{2R_1R_2C_1C_2} \tag{6-5}$$

由于 C_2 的电荷来自于 C_1、R_1 和 R_2 之间的分压关系,所以输出电压 U_2 的峰值一般达不到 U_1 的强度,U_2 的峰值和 U_1 的峰值之比反映了该装置(电路)的效率 η。它的近似计算式为

$$\eta\approx\frac{C_1}{C_1+C_2}\times\frac{R_2}{R_1+R_2} \tag{6-6}$$

η 一般在70% ~90%之间。考虑到试验所要模拟的标准雷电波的波形和效率的因素,要求 $C_1 \gg C_2$、$R_1 \ll R_2$。这样式(6-4)和式(6-5)可近似为

$$\alpha\approx\frac{1}{(R_1+R_2)(C_1+C_2)} \tag{6-7}$$

$$\beta\approx\frac{(R_1+R_2)(C_1+C_2)}{R_1R_2C_1C_2} \tag{6-8}$$

图6-2中,冲击电压波形和回路参数之间的关系近似如下:

上升时间为

$$t_1\approx 2.33\frac{R_1R_2}{R_1+R_2}\times\frac{C_1C_2}{C_1+C_2} \tag{6-9}$$

半波宽度为

$$t_2\approx 0.72(C_1+C_2)(R_1+R_2) \tag{6-10}$$

由于 $C_1 \gg C_2$、$R_1 \ll R_2$,因此式(6-9)、式(6-10)可进一步近似为

$$t_1\approx 2.33R_1C_2 \tag{6-11}$$

$$t_2\approx 0.72C_1R_2 \tag{6-12}$$

需要注意的是,当冲击放电回路 C_1—R_1—C_2 中 R_1 的值接近临界阻尼电阻时,式(6-9)和式(6-11)中的系数取为2.33;当 R_1 比临界阻尼电阻大得多时,式(6-9)和式(6-11)中的系数取为3。

从式(6-11)和式(6-12)可以看出,只要调节 R_1、C_2 的取值,即可调整上升时间 t_1;而调节 C_1、R_2 则可调整半波宽度 t_2。在确定电路参数时,应首先确定所模拟雷

电波的参数，然后根据上述关系确定电容值，最后自然可以得出电阻值。近似地，可根据所模拟的标准雷电波的上升时间和 C_2，来求出 R_1，再根据 C_1 和半波宽度来确定 R_2。应用于工程实践时，一般情况下电容不易更换，主要是改变电阻值。当模拟不同的雷电脉冲电场波形时，根据上述关系，雷电脉冲电场模拟装置所选取的电容和电阻值可以参考表 6-1。

表 6-1　几种雷电脉冲电压波形所对应的电路参数

波形	$C_1/\mu F$	C_2/pF	$R_1/k\Omega$	$R_2/k\Omega$
1.2/50μs	0.01	1200	0.33	6.5
5.4/70μs	0.01	1200	2.0	7.5
0.25/100μs	0.01	1200	0.069	13
10/350μs	0.01	1200	2.78	43

6.1.2　横电磁波传输装置及其内部电场的测量

由于各种标准雷电波上升时间均不小于 0.1μs，其最高频率一般低于 10MHz，主要能量集中在 MHz 级以下，所以在选择用于传输所模拟脉冲电场的装置时，要考虑以下要求。

(1) 频带在数十兆赫以上。

(2) 能产生相对均匀的电磁环境。

(3) 尺寸较为适中。

基于以上考虑，此处介绍两种横电磁波传输装置，即平行板横电磁室（PPTC）和吉赫兹横电磁波（GTEM）室。

6.1.2.1　平行板横电磁室（PPTC）

平行板横电磁室和冲击电压发生器组合可以产生相对均匀的辐射场，可进行主要能量频谱在 30MHz 以下的辐射敏感度测试和瞬态场试验，PPTC 的结构简图如图 6-3所示。

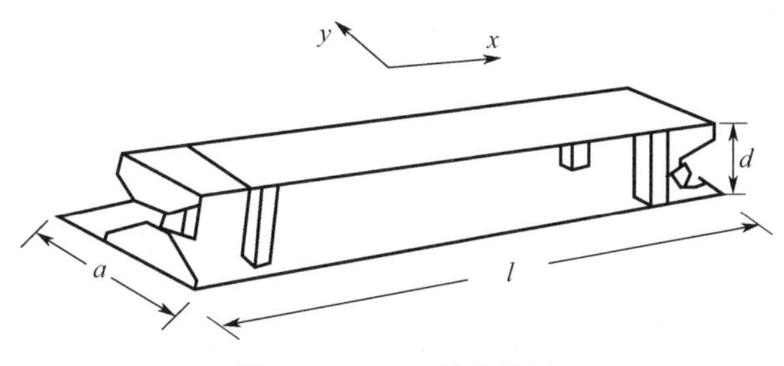

图 6-3　PPTC 结构简图

众所周知，两块无限大平行板之间的场是均匀的。但在实际中，平行板不可能做到无限大，其尺寸是有限的，这样将会使极板间的场产生畸变，进而影响传输装置的电路参数,如特性阻抗等。此处,PPTC 所选尺寸为:板宽 $a=0.9\mathrm{m}$,板间距 $d=0.8\mathrm{m}$,板长 $l=2\mathrm{m}$。以 PPTC 结构的中心为原点建立笛卡儿坐标系,x 轴沿板长的方向,y 轴沿板宽的方向,如图 6-3 所示。根据传输线理论可以得出,当 $x>0.5d$ 时,场强偏离理想值不超过 1.5%。

由关系式 $LC=\varepsilon\mu$,可得平行板的特性阻抗为

$$Z_0=\sqrt{\frac{L}{C}}=\frac{\sqrt{\varepsilon\mu}}{C}=\sqrt{\frac{\mu}{\varepsilon}}\frac{d}{a}=Z_{00}\sqrt{\frac{\mu_r}{\varepsilon_r}}\frac{d}{a} \tag{6-13}$$

式中:ε、μ 分别为板间介质的介电常数和磁导率;L、C 分别为单位长度平行板的电感和电容。

令 $Z_{00}=\sqrt{\mu_0/\varepsilon_0}=120\pi\Omega$,为真空中的波阻抗,故 PPTC 的特性阻抗与 d/a 成正比。

当计及边缘效应时,电容 C 增大,特性阻抗减小。可以证明

$$C=\frac{\varepsilon_0 a}{d}+\frac{\varepsilon_0}{\pi}\left\{1+\ln\left[\frac{\pi a}{d}+1+\ln\left(\frac{\pi a}{d}+1\right)\right]\right\} \tag{6-14}$$

所以有

$$Z_0=\frac{\sqrt{\varepsilon\mu}}{C}=\frac{Z_{00}}{\frac{a}{d}+\frac{1}{\pi}\left\{1+\ln\left[\frac{\pi a}{d}+1+\ln\left(\frac{\pi a}{d}+1\right)\right]\right\}} \tag{6-15}$$

以空气为介质($\varepsilon_r\approx1$,$\mu_r\approx1$),计算可得 $Z_0=186.8\Omega$。此时,它与电路并没有实现阻抗匹配,但考虑到雷电波的频谱特性,它的波长远大于 PPTC 的尺寸和线路的长度,所以匹配与否并不会对试验产生明显影响。下面对上述 PPTC 内的电场环境进行测量。

由于雷电波并不是完全确定的,标准雷电波只是对雷电波的一种近似描述,所以国际电工委员会(IEC)规定,雷电波的上升时间可有 30% 的误差,半峰值时间可以有 20% 的误差。

用试验模拟一种常见的雷电波 1.2/50μs,以对冲击波发生器和 PPTC 组成的雷电脉冲电场模拟装置进行验证。根据式(6-11)、式(6-12),并结合 PPTC 的特点,取 C_1 和 C_2 分别为 0.12μF 和 0.015μF,R_1 和 R_2 分别为 56Ω 和 442Ω。它所产生的波形理论上为 1.3/46μs,与所模拟标准波形偏差为 8%;用场强探头测到 PPTC 内部电场的波形如图 6-4 所示,它的波形为 1.1/43μs,波前和半波宽度与所模拟标准波形的偏差分别为 8% 和 12%,满足 IEC 标准的要求。

用高压监测系统来验证模拟装置的实际效率,测量结果如表 6-2 所列。可以求得本装置的实际效率平均为 76.4%,符合要求。

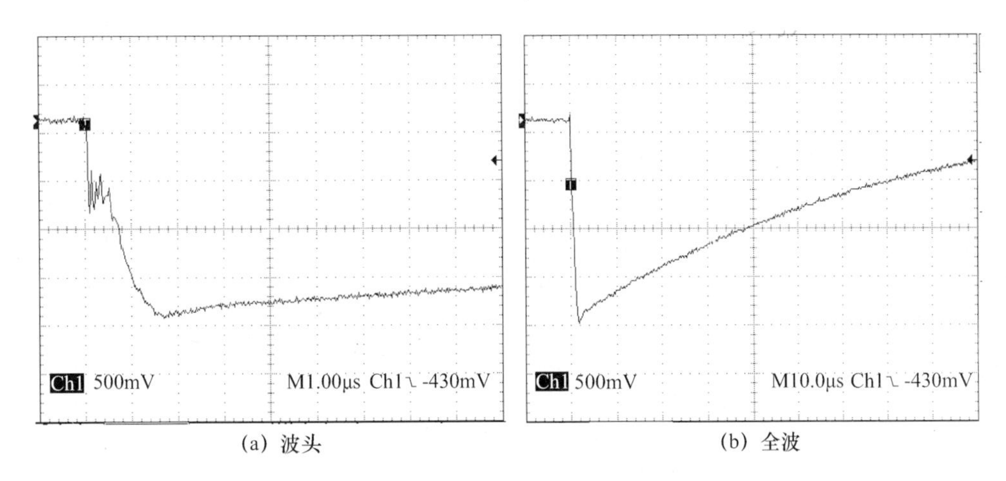

(a) 波头　　(b) 全波

图 6-4　实测 PPTC 内电场波形

表 6-2　充电电压与输出电压之间的关系

U_1/kV	3	4	5	6	7
U_2/kV	2.25	3.08	3.96	4.59	5.45
η	75%	77%	79%	76%	68%
U_1/kV	8	9	10	11	12
U_2/kV	6.12	7.04	7.78	8.64	9.36
η	76%	78%	78%	79%	78%

需要注意的是,要对敏感设备或器件进行效应试验,模拟装置必须能够提供一个相对均匀的电场区域,这取决于 PPTC 的性能。为验证 PPTC 装置内部电场的均匀性,分别将场强测试探头放在中心位置和纵(x)、横(y)方向偏离一定距离的区域,测量各点的场强。考虑到 PPTC 是一个纵横对称的结构,故只需测量其 1/4 区域内的场,且对每点均测量 3 次,再取平均值。测试结果如表 6-3 所列(x、y 分别是被测点偏离中心点的距离,充电电压为 13.5kV)。

表 6-3　PPTC 内部电场测量值(单位:kV/m)

y/cm \ x/cm	0	10	20	30	40
0	11.32	11.27	11.42	11.45	11.42
5	11.39	11.27	11.45	11.42	11.53
10	11.58	11.42	11.45	11.50	11.50
15	11.39	11.39	11.39	11.45	11.34
20	11.27	11.42	11.42	11.32	11.21
25	11.16	11.11	11.14	11.06	11.03
30	10.98	10.98	10.98	10.89	10.82
35	10.64	10.64	10.74	10.64	10.64

（续）

x/cm y/cm	50	60	70	80	90
0	11.49	11.58	11.71	11.73	11.82
5	11.45	11.55	11.71	11.79	11.79
10	11.58	11.63	11.74	11.69	11.87
15	11.48	11.42	11.63	11.63	11.67
20	11.29	11.48	11.45	11.37	11.42
25	11.03	11.19	11.24	11.21	11.24
30	10.82	10.89	10.98	10.93	10.95
35	10.64	10.69	10.56	10.72	10.72

由表6-3可知，在PPTC内部可以提供一个1m×0.5m场强波动在4%以内的近似均匀场环境。对于一般的中小型电子设备或器件而言，这个空间是足够的。

当然，为了满足大型设备或系统雷电脉冲电场辐射效应试验的需求，也可以以大地为导电平面，采用与前述类似的结构，来构建大型的有界波模拟器。这种模拟器主要由Marx源、前过渡段、平行传输线段、后过渡段、终端器几部分组成，如图6-5所示。

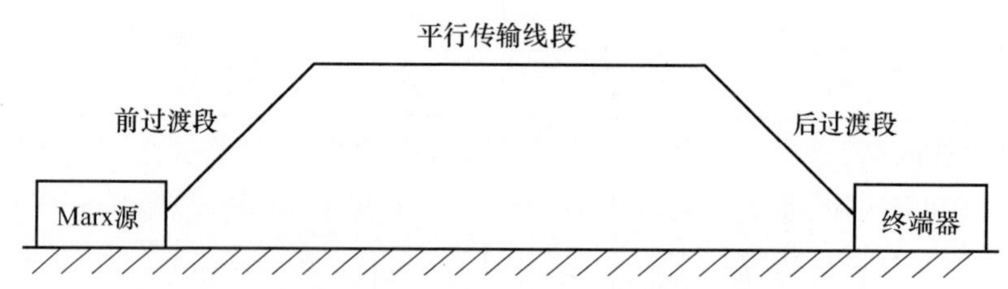

图6-5　以大地作导电平面的有界波模拟器示意图

在图6-5中，一般要求前过渡段和后过渡段各截面的高宽比保持不变，作用是保证“Marx源—工作空间—终端器”之间的阻抗保持不变，以确保Marx脉冲源激励的电磁波无反射、无损耗地传输到工作空间和终端器。图6-6所示为利用±800kV的Marx源和平行传输线建立的雷电脉冲电场有界波模拟系统，模拟器全长为40m，最大高度为6m，最大宽度为6m，通过调节Marx源的前端负载和终端负载，可以在工作空间内得到不同波形参数的雷电脉冲电场波形。

6.1.2.2　吉赫兹横电磁波(GTEM)室

GTEM室发明于1987年，也叫宽带横电磁波室，它集中了横电磁波传播装置、开阔场地、屏蔽室、屏蔽暗室的特点。主要优点：①具有很宽的工作频带，可以覆盖0～18GHz甚至更高的频率范围，完全覆盖雷电脉冲电场所处的频谱范围；②受外界电磁环境干扰小；③具有高功率、强场强的特性；④几乎能够开展所有的辐射敏感度试验；

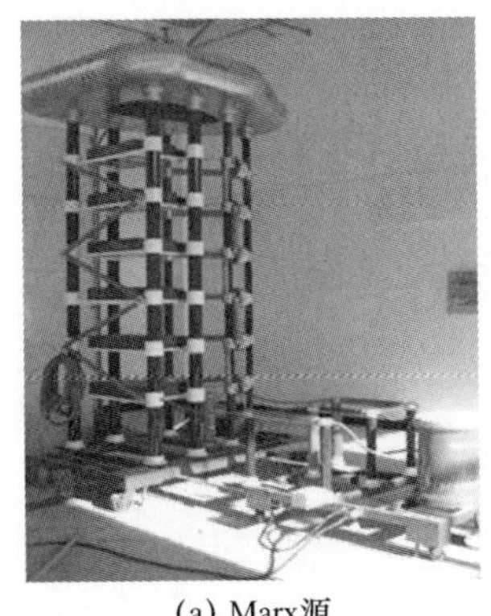

(a) Marx源

(b) 有界波传输装置

图 6-6　大型有界波模拟器实物照片

⑤可以进行时域的雷电和核电磁脉冲以及连续波的辐照效应试验；⑥对人员的危害小等。

因此，可以采用 Marx 发生器和 GTEM 室的组合对雷电脉冲电场环境进行模拟，其实物照片如图 6-7 所示。其中：GTEM 室的结构是轴对称的，截面是矩形，波阻抗为 50Ω；Marx 发生器置于屏蔽室内；控制箱用于调节 Marx 发生器的输出电压。通过调整 Marx 发生器的参数（如电阻、电容及放电间隙等）和负载来调整 GTEM 室内部的电磁场波形，以模拟不同的雷电脉冲电场环境。需要注意的是，由于 GTEM 室内能够提供的均匀场区范围是有限的，因此 GTEM 室的结构尺寸就决定了其可接受的受试设备最大尺寸。当受试设备的尺寸超出了 GTEM 室可接受的最大尺寸时，会使工作区域的场发生严重畸变，造成试验数据失真。

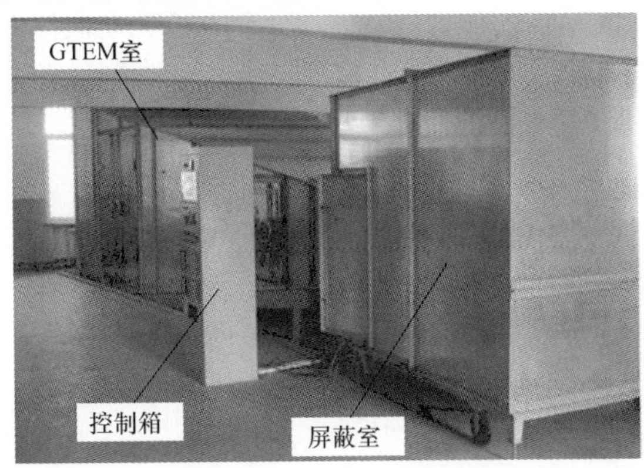

图 6-7　Marx 发生器和 GTEM 室组成的雷电脉冲电场环境模拟器

用低频响应较好的偶极子天线对 GTEM 室内模拟的几种雷电脉冲电场波形进行测试，记录设备为 TEK TDS 680B 高精度数字存储示波器，带宽为 1GHz，采样速率为 5GS/s，测量结果如表 6-4 所列。

表 6-4　GTEM 室内模拟的雷电脉冲电场波形与激励源波形的对比

波形参数		1.2/50μs	5.4/70μs	0.25/100μs	10/350μs
波头时间 $t_1/\mu s$	实测值	1.23	6.27	0.25	10.16
	误差/%	+0.8	+16	0.0	+1.6
半波宽度 $t_2/\mu s$	实测值	51.2	82.6	82.8	378
	误差/%	+2.4	+18	-17.2	+8
结论	合格	合格	合格	合格	合格

为获得 GTEM 室工作区域的场分布情况，对 GTEM 室内试验平台上方空间区域的场均匀性进行了测试，试验布局如图 6-8 所示。其中，GTEM 室内试验平台的半径为 100cm，电场均匀性测试区域包括两部分：一部分是 GTEM 室试验平台上方的纵向截面区域 $ABCD$（200cm×120cm，宽×高），该平面距离 GTEM 室后端的吸波墙为 150cm，该区域内测试的取点间隔为 20cm；另一部分是 GTEM 室内试验平台上方的横向截面区域 $A'B'C'D'$（200cm×200cm），该平面距离 GTEM 室内试验平台约 60cm，该区域内测试的取点间隔为 25cm。需要指出的是，测试区域 $ABCD$ 和 $A'B'C'D'$ 的中心是重合的，且该中心在下方的投影正好位于试验平台的圆心上。测试过程中，Marx 发生器的输出电压为 80kV，输出电压波形为 0.25/100μs，如图 6-9 所示。具体测量结果如表 6-5 和表 6-6 所列。

根据表 6-5 和表 6-6 的测试结果，绘制出测试区域内的电场等值线图，如图 6-10所示。从图 6-10 中可以看出，纵向截面测试区域的均匀场区类似一个倒三角形状，横向截面测试区域的均匀场区则是几乎覆盖了除 GTEM 室底部以外的所有区域。因此，该脉冲电场模拟器的可用工作空间（即 3dB 均匀场区）近似为 0.5×2m（x 轴）×1.75m（y 轴）×1m（z 轴），类似于一个倒三棱锥结构。

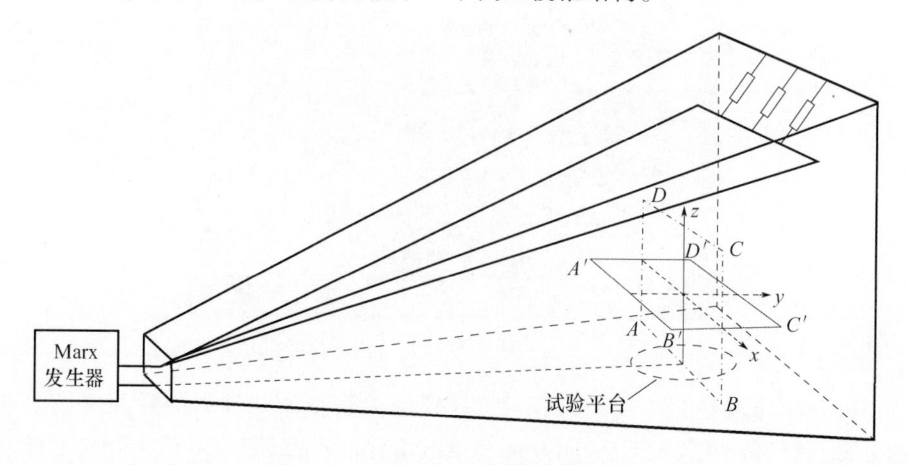

图 6-8　GTEM 室内的测量区域布局

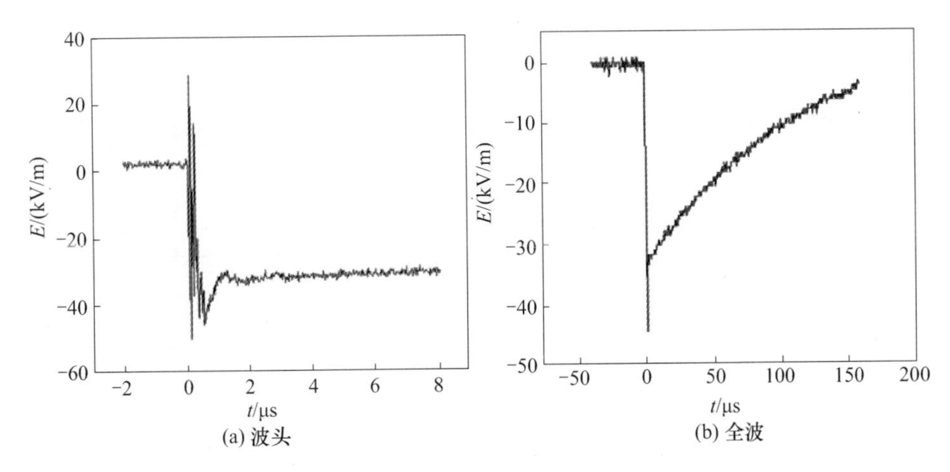

(a) 波头 (b) 全波

图 6-9 GTEM 室内产生的 LEMP 电场的波头和全波

表 6-5 纵向测试面 *ABCD* 内的电场测量结果(单位:kV/m)

x/cm \ z/cm	-60	-40	-20	0	20	40	60
-100	23.25	22.82	24.70	32.47	36.27	41.20	60.25
-80	29.80	24.87	30.95	39.25	42.30	47.30	57.87
-60	30.77	30.05	34.30	42.77	43.75	45.80	51.25
-40	35.17	32.30	38.80	42.27	46.32	43.77	51.82
-20	34.17	38.80	39.77	42.35	44.30	44.32	50.40
0	36.62	39.25	42.82	42.87	43.80	46.30	53.80
20	35.67	36.75	40.35	41.82	44.35	46.27	50.77
40	33.82	32.82	36.85	39.25	42.82	43.85	50.32
60	26.25	29.62	34.30	39.40	40.10	46.32	54.51
80	23.35	29.70	33.15	34.87	36.15	44.37	55.35
100	20.62	22.07	25.90	27.42	35.30	40.77	56.32

表 6-6 横向测试面 *A′B′C′D′* 内的电场测量结果(单位:kV/m)

x/cm \ y/cm	-100	-75	-50	-25	0	25	50	75	100
-100	41.77	40.27	35.27	36.82	36.27	32.87	31.35	27.22	21.52
-75	40.80	40.75	41.35	44.27	42.30	41.72	37.87	29.62	22.42
-50	38.35	40.77	41.27	45.30	43.75	40.25	40.82	31.32	29.77
-25	39.87	40.85	44.82	45.82	44.30	40.77	40.77	34.80	32.85
0	43.27	41.85	41.25	41.80	43.80	42.27	40.27	40.30	35.35
25	41.35	44.30	44.32	43.75	44.35	43.77	41.30	38.35	33.67

（续）

y/cm x/cm	-100	-75	-50	-25	0	25	50	75	100
50	41.75	44.40	41.27	45.75	41.85	40.85	37.85	36.85	30.67
75	39.80	42.32	38.32	41.32	40.32	40.77	33.87	33.35	23.65
100	39.90	36.20	32.82	33.87	40.10	38.17	31.77	29.82	20.70

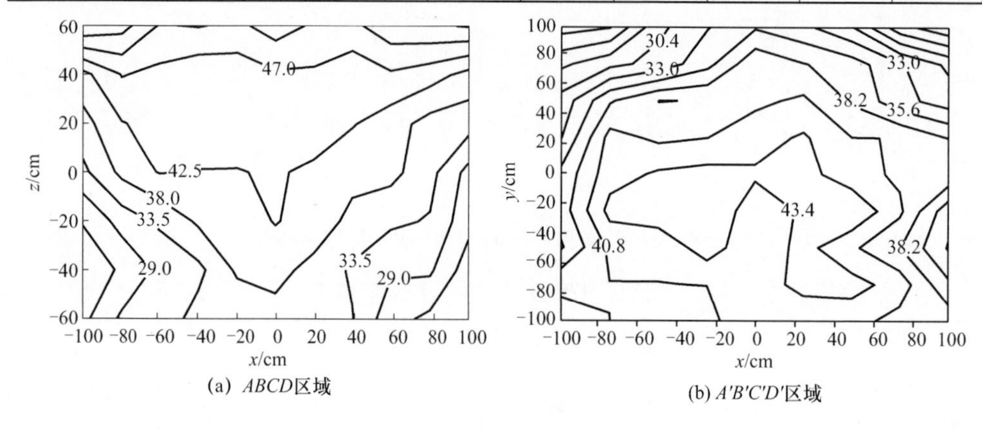

图 6－10　测试区域内的电场等值线分布(单位:kV/m)

综上,用脉冲电压发生器和 GTEM 室配合可以模拟出不同波形的雷电脉冲电场环境,脉冲电场波形通过调整 Marx 发生器的参数和 GTEM 室的负载来实现。另外,GTEM 室也能够为受试设备提供一定范围的均匀场区。对于本节所提及的模拟器,通过调整冲击电压发生器的输出强度,模拟装置能够模拟的电场强度范围可达 0～300kV/m。

6.2　雷电脉冲磁场的模拟与测量

6.2.1　模拟方法

6.2.1.1　单脉冲线圈

对于脉冲磁场的模拟,可通过向细铜丝绕制的螺线管线圈中注入浪涌电流的方法来实现。此处,浪涌电流由一台雷击浪涌发生器来产生,该发生器可以由不同的电容组合产生不同的浪涌波形。假设注入线圈中的浪涌电流为 I,忽略螺线管线圈的电容效应,则磁场模拟装置的等效电路如图 6－11 所示。

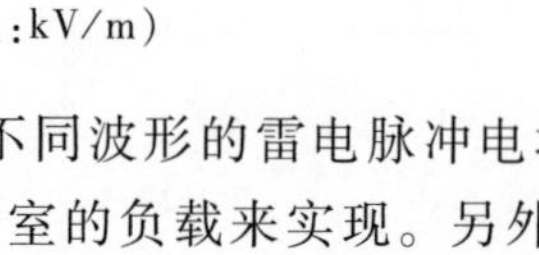

图 6－11　线圈等效电路

在图 6－11 中,L 表示线圈电感,R 表示线圈电阻,且有

$$L=\mu_0 N^2 \pi r_D^2/H_C \tag{6-16}$$

$$R=2r_D N\rho/r_d^2 \tag{6-17}$$

式中：r_D为线圈半径；N为线圈的匝数；H_C为线圈长度；r_d为铜线的半径；ρ为线圈电阻率，对于铜线而言，$\rho=1.6\times10^{-8}\Omega/m$。注入浪涌电流后，线圈上的电路方程为

$$L\frac{di}{dt}+Ri-\varepsilon'=0 \tag{6-18}$$

式中：ε'为浪涌发生器的输出电压。由于雷电浪涌发生器输出的电压波形和幅度是可以选择的，此处选择其输出波形为双指数波形，因此浪涌发生器输出的电压波形可表示为

$$\varepsilon'(t)=\varepsilon_0'(e^{-\alpha t}-e^{-\beta t}) \tag{6-19}$$

将式（6-19）代入式（6-18），解一元一次非线性微分方程，得到当断开浪涌源后线圈中的电流为

$$i(t)=x_1 e^{-\alpha t}-x_2 e^{-\beta t}+x_3 e^{-\frac{R}{L}t} \tag{6-20}$$

式中：$x_1=\dfrac{\varepsilon_0'}{R-\alpha L}$；$x_2=\dfrac{\varepsilon_0'}{R-\beta L}$；$x_3=-x_1+x_2$。

要使线圈中的电流与在线圈两端所加的电压波形一致，那么需使式（6-20）第三项为0或者比较小。这有两种途径可以实现：①使第三项的指数项为0；②使其系数为0。

当$R/L=(2r_D N\rho/r_d^2)/(\mu_0 N^2\pi r_D^2/H_C)=2\rho H_C/(\mu_0\pi r_d^2 N r_D)>>\beta>a$时，第三项的指数项比前两项小得多，基本可以忽略；在这个前提下，第三项的系数也接近为0。此时，式（6-20）中只有第一项和第二项起作用，回路电流大致是与所加电压波形接近的双指数波形，则其达到峰值的时间为

$$t_p=\ln\left(-\frac{x_3 R/L}{\alpha x_1}\right)\Big/\left(\alpha-\frac{R}{L}\right) \tag{6-21}$$

在忽略第三项之后，电流可以近似为

$$i(t)=x_1 e^{-\alpha t}-x_2 e^{-\beta t} \tag{6-22}$$

式中：$x_1\approx x_2\approx\varepsilon_0'/R$。所以回路电流为

$$i(t)=\frac{\varepsilon_0'}{R}(e^{-\alpha t}-e^{-\beta t}) \tag{6-23}$$

而无限长螺线管内的磁场H与电流I的关系为

$$H=nI=n\frac{\varepsilon'}{R} \tag{6-24}$$

$$\varepsilon' = HR/n \tag{6-25}$$

式中：n 为单位螺线管长度上的线圈匝数。

因此，根据所需模拟的磁场强度就可以近似地计算出所要加到线圈两端的电压。根据不同情况下雷电回击电磁场的计算和统计结果，绕制了长 100cm、2 匝、直径为 100cm 的线圈，如图 6－12 所示。

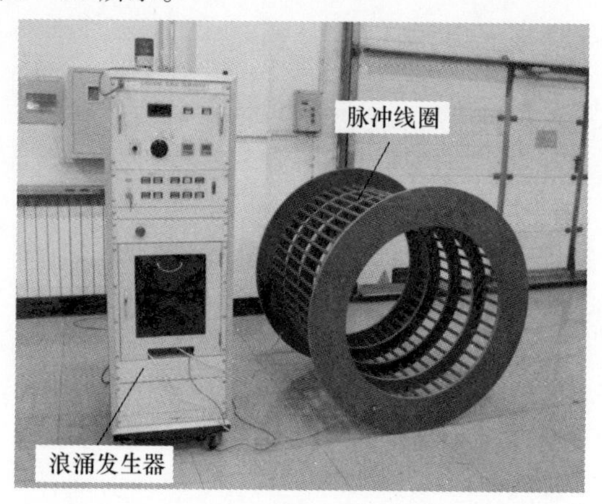

图 6－12　雷电脉冲磁场模拟装置实物照片

6.2.1.2　双圆环共轴型亥姆霍兹线圈

除了单脉冲线圈外，还可以利用双圆环共轴型亥姆霍兹线圈模拟雷电脉冲磁场环境。所谓亥姆霍兹线圈，是指用两个半径和匝数完全相同的线圈，将其同轴排列并令间距等于半径，串联而成的线圈，其原理如图 6－13 所示。图中，r 表示线圈半径，O_1、O_2 分别表示两线圈的圆心，相距也为 r，O 为线段 O_1O_2 的中点。

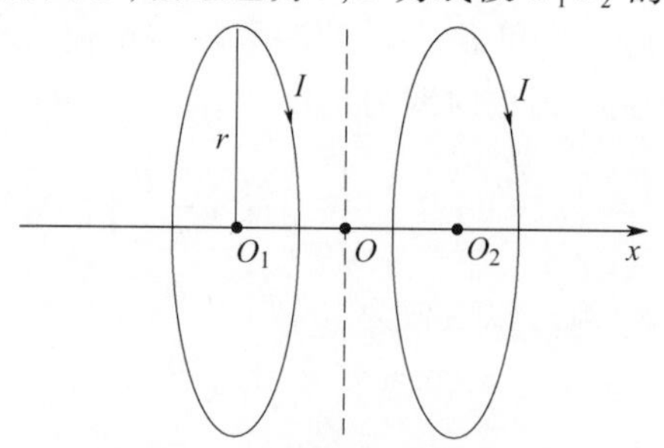

图 6－13　亥姆霍兹线圈原理

假设两线圈内通过的电流均为 I，且方向一致，根据毕奥—萨伐尔定律和叠加原理，可以得出 x 轴线上任意一点处的磁感应强度为

$$B = \frac{1}{2}\mu_0 NIr^2\left\{\left[r^2 + \left(\frac{r}{2} + x\right)^2\right]^{-3/2} + \left[r^2 + \left(\frac{r}{2} - x\right)^2\right]^{-3/2}\right\} \tag{6-26}$$

式中：μ_0 为真空中磁导率；N 为线圈匝数；x 为线圈轴线上任意一点距线圈中心 O 的距离。

则轴线中心 O 点处磁感应强度大小为

$$B_0 = \frac{8}{5^{3/2}} \cdot \frac{\mu_0 NI}{r} \tag{6-27}$$

一般认为，亥姆霍兹线圈的可用工作空间为其内部磁场的 3dB 均匀场区。该均匀区域满足轴向 $d_1 < 0.33r$，径向 $d_2 < 0.3r$，如图 6-14 所示。

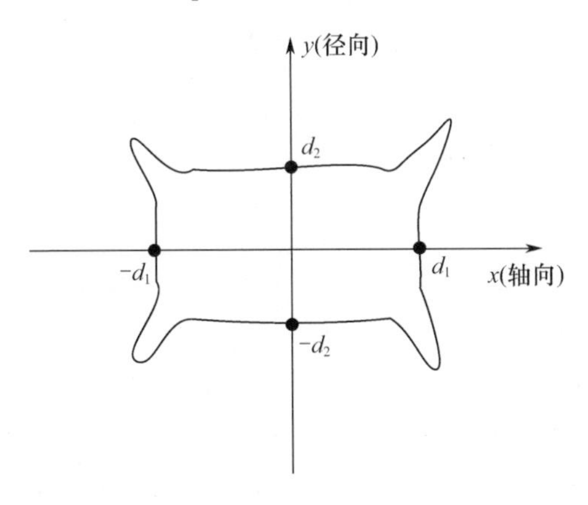

图 6-14　亥姆霍兹线圈内部的 3dB 均匀场区范围

因此，亥姆霍兹线圈的总磁场在轴线中点附近的较大范围内是均匀的，且磁场与电流之间具有良好的线性关系，在工程和科研中有较大的实用价值。

6.2.2　测量方法与结果

6.2.1 节给出了脉冲磁场与激励电流（或电压）和线圈参数之间的理论关系，下面将对脉冲线圈内磁场的波形及其分布情况进行测量。

电磁感应法是以电磁感应定律为基础的一种经典磁场测量方法。当把绕有匝数为 N、截面积为 S 的圆柱形探测线圈放在磁感应强度为 B_0 的被测磁场中时，如果穿过线圈的磁通量 Φ 发生变化，那么根据电磁感应定律，就会在线圈中产生感应电动势，即

$$\varepsilon = -N\frac{\mathrm{d}\Phi}{\mathrm{d}t} = -NS\frac{\mathrm{d}B_0}{\mathrm{d}t} \tag{6-28}$$

需要注意的是，由上述探测线圈所测定的磁感应强度，一般是线圈内的平均磁感应强度。为减少因被测磁场的不均匀性所造成的误差，应该选取截面较小、长度短的"点"状探测线圈。球形探测线圈是一种理想的"点"线圈，但是由于其绕制工艺复

杂,因而应用受限。为此,一般都采用按照一定几何尺寸设计的简单圆柱形探测线圈。虽然这种圆柱线圈已经失去“点”线圈的意义,但是对于一般情况,是可以足够接近“点”线圈的。圆柱形“点”线圈满足的几何尺寸条件为

$$\frac{l}{D_2}=\frac{3}{\sqrt{20}}\left[\frac{1-(D_1/D_2)^5}{1-(D_1/D_2)^3}\right]^{1/2} \tag{6-29}$$

式中:D_1 为线圈内径;D_2 为线圈外径;l 为线圈沿磁感应强度方向的长度。

如果线圈内径很小,式(6-29)可以写为

$$\frac{l}{D_2}=\frac{3}{\sqrt{20}}=0.670 \tag{6-30}$$

对于薄层线圈,$D_1 \approx D_2 \approx D_0$,$D_0$ 为骨架的直径。式(6-29)可以写为

$$\frac{l}{D_2}=\frac{\sqrt{3}}{2}=0.866 \tag{6-31}$$

探测线圈的 NS 乘积是一个常数,称为线圈常数,计算确定线圈常数时,可以参照

$$NS=\pi N\frac{(D+d)^2}{4} \tag{6-32}$$

式中:d 为线圈绕组导线的直径(包括绝缘层)。

此时,只要测量感应电动势对时间的积分量,就可由式(6-28)求出磁感应强度 B_0 的变化量为

$$\Delta B_0=\frac{\int \varepsilon \mathrm{d}t}{NS} \tag{6-33}$$

用自制的单层圆柱形探测小线圈对脉冲线圈产生的磁场进行测量。探测小线圈的直径为 1.6cm,线圈匝数为 8 匝,探测小线圈所用的铜线直径为 0.2mm。在脉冲线圈两端施加的电压波形为 8/20μs,电压强度为 1kV。图 6-15 给出了探测线圈上感应电动势的实测波形,也就是磁场导数与线圈常数乘积的波形。图 6-16 给出了对图 6-15 进行积分并除以探测线圈的线圈常数后得到的磁场波形。

从图 6-16 中可以看出,实际模拟产生的磁场波形近似为 10/31μs,波形的上升时间与预期基本一致,半峰值时间则近似为施加电压波形半峰值时间的 1.5 倍。这主要是因为该脉冲线圈的参数 R、L 不能很好地满足 $R/L >> \beta$,导致式(6-20)中的第三项无法忽略,使模拟产生的波形发生了改变。

将探测小线圈放置于大线圈正中央位置测量,逐步提高放电电压,得到输入浪涌电压与线圈中心磁场之间的对应关系,如图 6-17 所示。从图 6-17 中可以看出,线圈中心的磁场强度与输入的浪涌电压在 0~3800kV 范围内具有良好的线性关系,且不同磁场强度下脉冲磁场波形的上升时间和半峰值时间基本保持不变。对应地,此

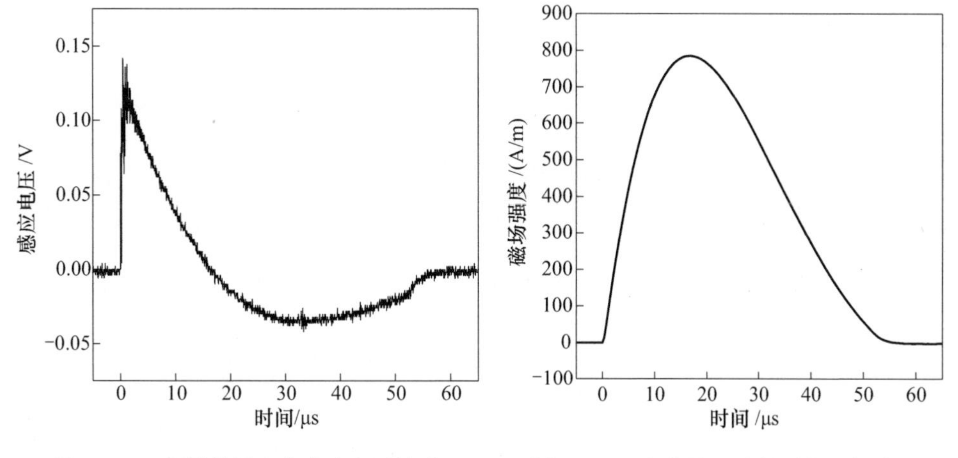

图 6－15　探测线圈上的感应电压波形　　　图 6－16　积分处理后得到的磁场波形

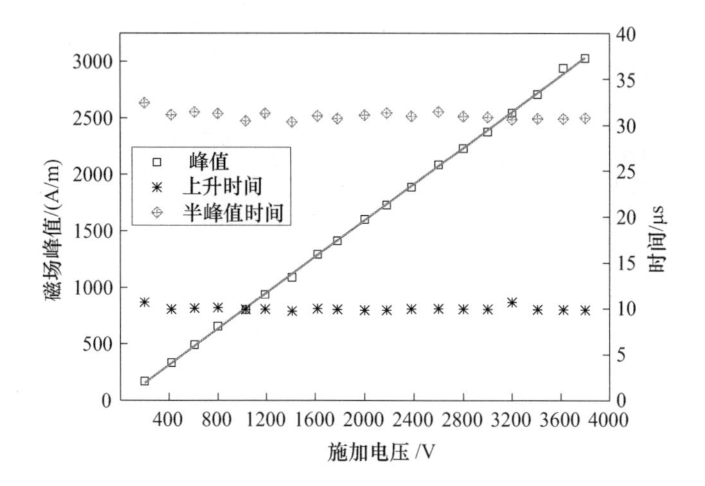

图 6－17　线圈中心磁场强度的波形参数与输入浪涌电压强度的对应关系

时脉冲线圈内产生的脉冲磁场峰值的变化范围为 0～3000A/m。

对脉冲线圈内磁场的均匀性进行了测试，包括轴向和径向两个方向。注入线圈的浪涌电压为 530V，注入波形为 8/20μs。测量磁场沿脉冲线圈轴向方向的均匀性时，把探测小线圈放置在脉冲线圈的轴线上，由脉冲线圈轴线的一端向另一端移动，步长为 5cm；测试磁场沿脉冲线圈内部径向方向的均匀性时，把探测小线圈放置于脉冲线圈正中央（中心位置），然后沿径向向外移动，步长为 5cm，测试结果如图 6－18 所示。

从图 6－18 中可以看出，在所有的测试区域内，脉冲线圈内所模拟磁场波形的上升时间和半峰值时间相对于它们各自最大值的波动幅度均小于 1.8%。对于脉冲线圈轴线上的磁场，当测量点位于 －45～50cm 的范围内时，磁场波形峰值相对于轴线上所有测量点波形峰值最大值的波动均小于 26.6%。对于脉冲线圈径向

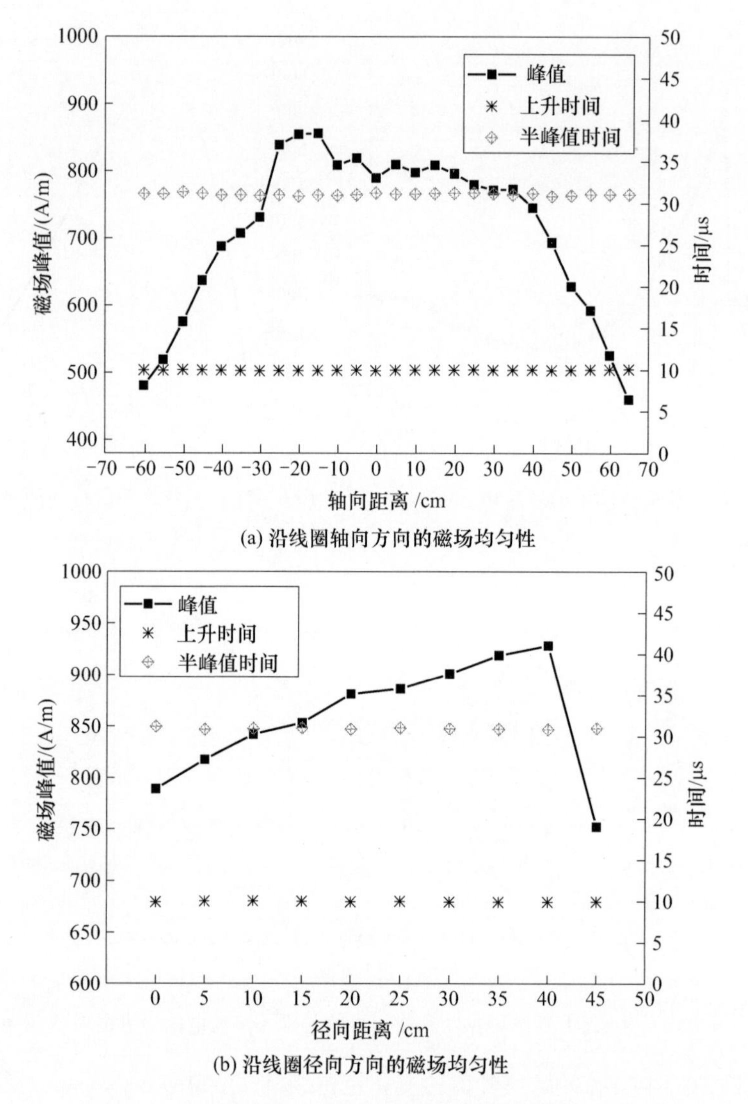

(a) 沿线圈轴向方向的磁场均匀性

(b) 沿线圈径向方向的磁场均匀性

图 6－18　脉冲线圈(2 匝)内部磁场的均匀性测试结果

上的磁场,当测量点位于半径 40cm 以内的范围内时,磁场波形峰值相对于径向上所有测量点波形峰值最大值的波动均小于 19% 。因此,该脉冲磁场线圈的 3dB 均匀区域近似为一个圆柱形的空间,范围为 ϕ0. 8m(直径)×0. 95m(轴向长度)。

通过调节浪涌发生器的输出波形、强度及线圈的参数,可以实现所模拟雷电脉冲磁场波形和强度的连续可调。

6. 2. 3　脉冲线圈参数对磁场的影响

为研究脉冲线圈的尺寸和匝数对所模拟磁场的影响,下面又设计了两种用于产生磁场的脉冲线圈：①尺寸为0.3m（直径）×0.5m（线圈轴向长度），匝数为10；②尺寸为1.0m（直径）×1.0m（线圈轴向长度），匝数为20。使用前文介绍的“点”探测线圈测量2种脉冲线圈内部的磁场。

6.2.3.1 10匝的脉冲线圈（0.3m（直径）×0.5m（线圈轴向长度））

图6-19给出了注入浪涌电压波形为8/20μs、峰值为500V时脉冲线圈中心产生的磁场波形。从图6-19中可以看出，磁场波形的上升时间与注入的浪涌波形基本相同，但是所模拟磁场的半峰值时间为31μs，约为注入浪涌波形半峰值时间的1.5倍。这种现象与6.2.2节中2匝脉冲线圈（1.0m（直径）×1.0m（线圈轴向长度））的情况是类似的。

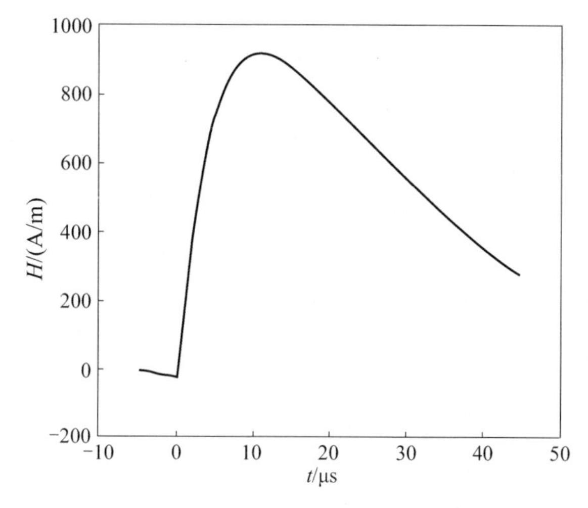

图6-19 浪涌电压波形为8/20μs、峰值为500V时脉冲线圈（10匝）中心产生的磁场波形

图6-20显示了脉冲线圈中心位置上磁场波形参数与注入的浪涌电压之间的对应关系。可以发现，在浪涌电压为0～1500V的范围内，脉冲线圈中心位置上的磁场与浪涌电压呈良好的线性关系。此时，该脉冲磁场模拟装置所能模拟磁场的强度范围为0～3000A/m。

此处，也对脉冲线圈内部在轴向和径向两个方向上磁场的均匀性进行了测试，测试方法与6.2.2节相同。图6-21给出了注入浪涌电压波形为8/20μs、峰值为530V时脉冲线圈内部的场均匀性测试结果。从图6-21中可以看出，该脉冲线圈内所模拟磁场的上升时间相对于所有测量点波形上升时间最大值的波动幅度均小于4.1%。对于脉冲线圈内部轴线上的磁场而言，当测量点位于距离线圈中心-15～25cm的范围内时，磁场波形峰值相对于轴线上所有测量点波形峰值最大值的波动均小于28.6%。对于脉冲线圈内部径向上的磁场而言，当测量点位于半径6cm以内的范围内时，磁场波形峰值相对于径向上所有测量点波形峰值最大值的波动均小于5.2%。因此，该脉冲磁场线圈的3dB均匀区域也近似为一个圆柱形的空间，范围为

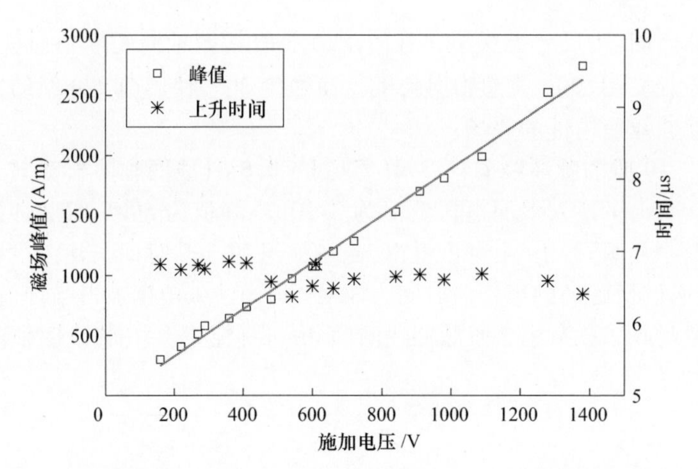

图 6－20　脉冲线圈中心位置上磁场波形参数与注入的浪涌电压之间的对应关系

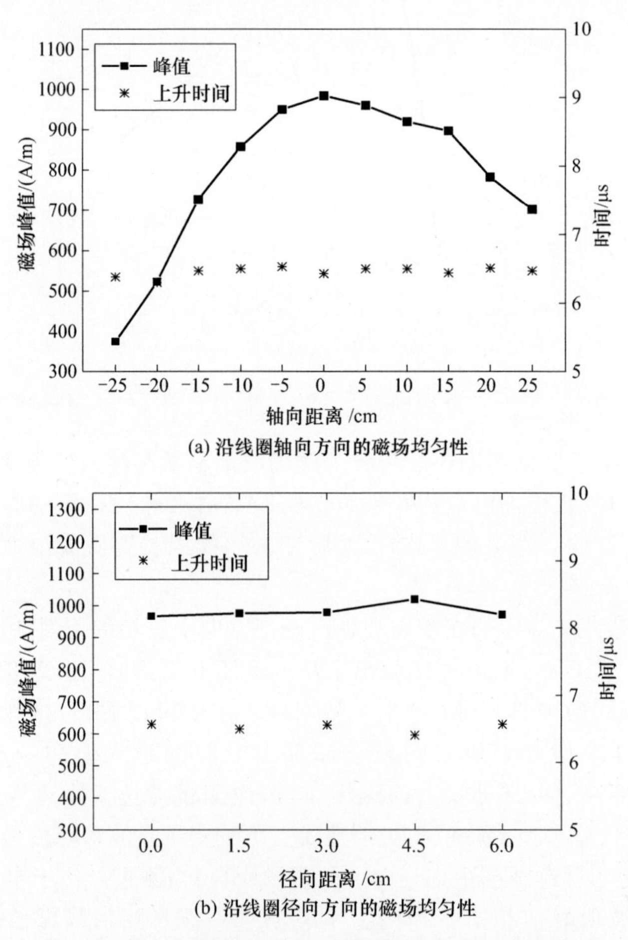

(a) 沿线圈轴向方向的磁场均匀性

(b) 沿线圈径向方向的磁场均匀性

图 6－21　脉冲线圈（10 匝）内部磁场的均匀性测试结果

$\phi 0.12$m（直径）×0.4m（轴向长度）。

将上述测试结果与6.2.2节的测试结果对比可以发现：在注入浪涌电压相同的情况下，脉冲线圈的半径越小，脉冲线圈内部产生的磁场越强；但同时该磁场的均匀性会略微变差。

6.2.3.2 20匝的脉冲线圈（1.0m（直径）×1.0m（线圈轴向长度））

由式（6-24）可知，脉冲线圈的匝数越多，线圈内部产生的磁场就会越强。但同时，线圈参数 R/L 的值也会随着线圈匝数的增多而减小。因此，线圈匝数较多时，式（6-20）中的第三项就不能忽略。在这种条件下，浪涌发生器所施加的浪涌波形与脉冲线圈内部产生的磁场波形不再一致。为验证脉冲线圈匝数增加对其内部场的影响，此处设计了一个尺寸为1.0m（直径）×1.0m（线圈轴向长度）、匝数为20的脉冲线圈，图6-22给出了注入浪涌电压波形为8/20μs、峰值为250V时脉冲线圈中心位置上的磁场测试结果。从图6-22中可以看出，测量到磁场波形的上升时间为50μs，而半峰值时间为120μs，都比脉冲线圈两端所施加浪涌波形的相应参数值大。这主要是因为随着脉冲线圈匝数的增加，线圈的电感也会随之增加，这直接导致了线圈中电流高频分量的衰减，从而使线圈中电流的低频分量在产生脉冲磁场时发挥主要作用。

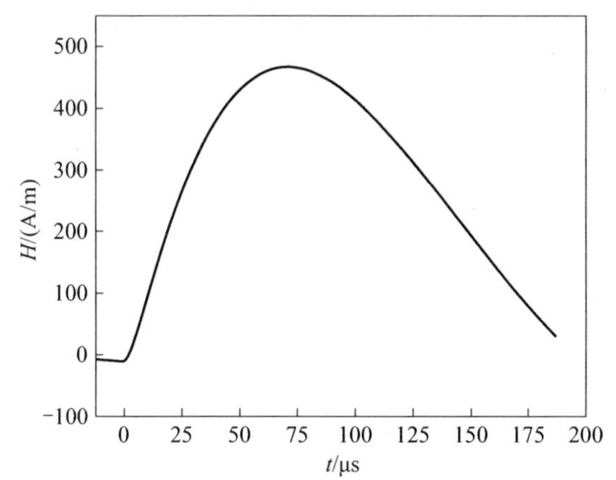

图6-22 浪涌电压波形为8/20μs、峰值为250V时脉冲线圈（20匝）中心产生的磁场波形

6.3 某型无线电引信的雷电电磁脉冲场辐照效应试验

无线电引信是武器系统终端效能的倍增器，其复杂电磁环境生存能力是关系武器系统作战效能能否有效发挥的重大问题。但在野外条件下，引信尤其是飞行中的引信很有可能会遭遇到诸如雷电电磁脉冲等强电磁脉冲的威胁。本节将以某典型无线电引信为研究对象，对其雷电电磁脉冲场辐照效应展开研究。

6.3.1 引信遭遇的雷电电磁环境特性分析

引信全寿命过程可分为技术保障和使用两个阶段。在不同的阶段,引信的状态和其遭遇的雷电电磁脉冲场环境是不同的,而且雷电电磁脉冲场与引信之间的能量耦合模式及其对引信的危害方式、危害程度等又与引信的状态有很大的关系。因此,在对引信进行雷电电磁脉冲场辐照效应研究时,必须首先明确引信的状态及其所遭遇的雷电电磁脉冲场环境。

引信的技术保障过程可以分为储存、运输、勤务处理及未爆引信的技术处理等阶段。在运输和检修过程中,引信和弹丸是分离的;在仓库储存时,引信与弹丸也是隔离的;但是在野外战场环境下,引信则可能是安装在弹丸上,处于待发射的状态。在上述几种情况下,引信都可能会遭遇地表雷电电磁脉冲场的危害。在发射后但未击中目标前的飞行过程中,引信可能会受到空中雷电电磁脉冲场的威胁,由于空中雷电电磁脉冲场比其下方地表的雷电电磁脉冲场普遍要强,其对引信的威胁会更严重。因此,在模拟试验中要考虑不同环境下雷电电磁脉冲场的模拟及其对引信的辐照效应。由于在运输、检修和仓库储存状态时,引信都有一定的防护措施,雷电电磁脉冲场基本不会对这些有防护的引信产生影响。因此,此处主要对勤务处理状态和工作状态的无线电引信开展雷电电磁脉冲场的辐照效应试验研究。

6.3.2 引信性能检测装置

以某型分米波多普勒无线电引信(以下简称为“某型引信”)为研究对象,引信的发射机发射频率 f_0、检波直流电压、工作电流和灵敏度均是该型引信的重要指标。根据该产品出厂时的检验标准,该引信产品的振荡频率范围应该在(f_0 - 0.01GHz) ~ (f_0 + 0.06GHz)之间,工作电流的区间为 30mA ± 5mA,检波直流电压的范围为 2 ~ 9V,灵敏度的偏差不超过 ± 8cm。但是,由于该引信是一种新改进的型号,还没有制定相应的标准以及检测装置,所以上述参数的分布范围只能作为一个参考。此处,根据产品出厂的测试设备和检测方法制作了一套引信性能检测装置[124],其电路连接如图 6 - 23 和图 6 - 24 所示。

图 6 - 23 所示为某型引信工作电流和电压的检测电路示意图。其中,采用一个 27V 的直流电源既作为引信的闭锁电压,又通过三端稳压器输出一个 20V 电压作为引信的电源输入,给引信供电,使之处于工作状态。引信输出的发火信号连接到发光二极管上,然后接地,以便检测其发火灵敏度;一个低频的多普勒信号输出到示波器和电压表上,采集其直流检波电压;在 27V 直流电源和电子组件之间串联一个电流表,检测其工作电流。

图 6 - 24 所示为某型引信频率和灵敏度检测电路示意图。利用信号源给偶极子天线输入一个频率在 f_m 左右的调幅信号,以模拟弹目运动产生的多普勒信号;偶极

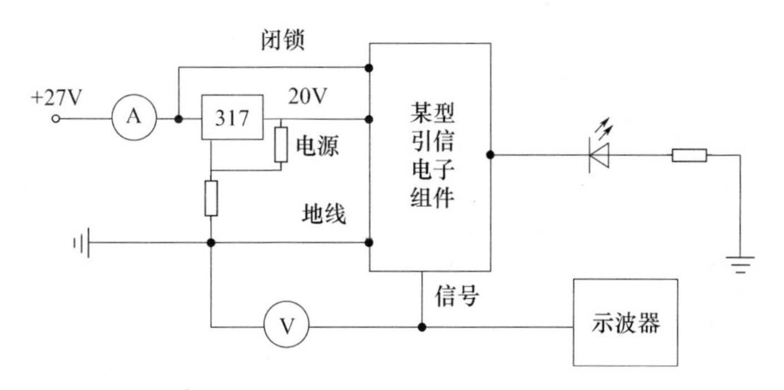

图 6-23　某型引信工作电流和电压检测电路示意图

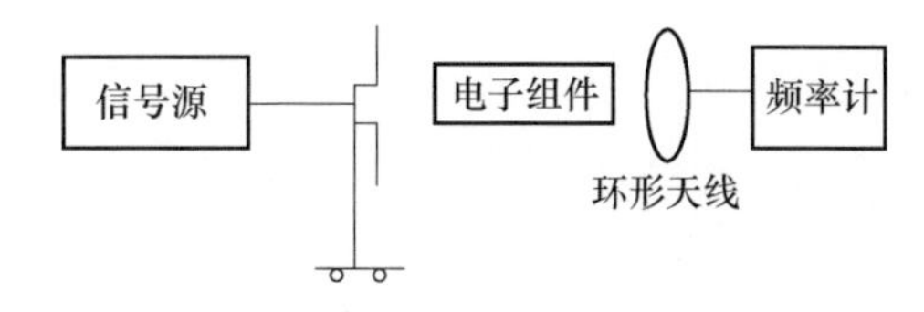

图 6-24　某型引信频率和灵敏度检测电路示意图

子天线另外还接收到电子组件的自差收发机发射的频率在 f_0 左右的高频振荡信号，用于探测目标的存在；然后将这两种信号混频，再发射出去，引信的自差收发机会接收到混频后的高频信号。最后，经过差频电路就可以把反映弹目信息的多普勒信号检测出来，输出到低频电路放大，做进一步处理。图 6-24 中的环形天线和频率计用于测量电子组件发射的高频振荡信号，频率计采用的是 SS7203 型通用智能计数器，能测量到 2GHz 的高频信号。

试验过程中，利用上述引信性能检测装置对引信遭受雷电电磁脉冲场辐照前后的上述 4 项指标参数进行了检测。

6.3.3　勤务处理状态下引信的辐照试验

试验目的是研究雷电电磁脉冲对处于无屏蔽、未加电状态的无线电引信的辐照效应，评估雷电电磁脉冲对勤务处理状态的无线电引信电子组件性能的影响。

目前，某型引信主要有两种电路结构型号：一种是采用厚膜贴片集成电路的引信，低频组件除电容、硅闸管外均采用贴片元件，是改进后的新式电路；另一种是采用普通双列直插式集成电路和普通电阻、电容的旧式引信。此处，主要对厚膜电路结构的某型引信进行辐照试验研究。另外，对少量普通集成电路结构的旧式引信也进行了辐照试验，以比较两种电路结构对雷电电磁脉冲场的敏感性。

6.3.3.1　雷电脉冲电场的辐照试验

1）厚膜电路结构的某型引信

试验采用 GTEM 室所模拟的雷电脉冲电场对无屏蔽、不加电的某型引信进行辐照,模拟某型引信勤务处理状态下处于雷电脉冲电场环境中的情况。取 20 发厚膜电路结构的某型引信,依次安装于弹体上,置于 GTEM 室中试验台上,弹体分别垂直(平行于场强方向)和水平(垂直于场强方向)放置。依次开展首次回击和后续回击条件下的雷电脉冲电场辐照试验,电场强度从 120kV/m 开始逐渐提高至 300kV/m。试验前后分别测试引信的参数,试验结果如表 6-7 和表 6-8 所列。

表 6-7　首次回击电场对厚膜电路某型引信不加电时的辐照试验结果(样本量:20)

试验条件	工作电流/mA		检波直流电压/V		工作频率		灵敏度/cm	
	照射前	照射后	照射前	照射后	照射前	照射后	照射前	照射后
120kV/m 弹体垂直放置	30.6 ± 2.2	30.5 ± 2.0	2.8 ± 1.3	2.8 ± 1.3	f_0 +0.0129GHz (±0.0203GHz)	f_q +0.0128GHz (±0.0202GHz)	35.0 ±13.2	35.3 ±12.8
120kV/m 弹体水平放置	30.8 ± 1.7	30.5 ± 2.4	2.8 ± 1.3	2.8 ± 1.8	f_0 +0.0131GHz (±0.0202GHz)	f_0 +0.0129GHz (±0.0202GHz)	34.9 ±12.9	35.0 ±13.2
240kV/m 弹体垂直放置	30.6 ± 2.2	30.9 ± 2.2	2.8 ± 1.3	3.1 ± 1.0	f_0 +0.0130GHz (±0.0201GHz)	f_0 +0.0152GHz (±0.0199GHz)	35.0 ±13.1	37.4 ±10.6
240kV/m 弹体水平放置	30.7 ± 2.5	30.5 ± 2.1	3.2 ± 1.0	3.1 ± 1.0	f_0 +0.0126GHz (±0.0206GHz)	f_0 +0.0127GHz (±0.0206GHz)	36.2 ±10.9	35.8 ±10.6
300kV/m 弹体垂直放置	30.5 ± 2.1	30.6 ± 1.9	3.1 ± 1.0	3.1 ± 1.0	f_0 +0.0126GHz (±0.0206GHz)	f_0 +0.0126GHz (±0.0207GHz)	35.8 ±10.6	35.8 ±10.1
300kV/m 弹体水平放置	30.6 ± 1.9	31.2 ± 2.0	3.2 ± 0.9	3.2 ± 0.9	f_0 +0.0126GHz (±0.0207GHz)	f_0 +0.0127GHz (±0.0208GHz)	35.8 ±10.1	35.9 ±10.3

表 6-8　后续回击电场对厚膜电路某型引信不加电时的辐照试验结果(样本量:20)

试验条件	工作电流/mA		检波直流电压/V		工作频率		灵敏度/cm	
	照射前	照射后	照射前	照射后	照射前	照射后	照射前	照射后
120kV/m 弹体垂直放置	29.3 ± 1.9	29.6 ± 2.0	3.1 ± 1.2	3.2 ± 1.1	f_0 +0.0127GHz (±0.0207GHz)	f_0 +0.0127GHz (±0.0206GHz)	37.7 ± 15.0	37.7 ± 14.4
120kV/m 弹体水平放置	29.9 ± 1.6	30.1 ± 2.6	3.2 ± 1.1	3.2 ± 1.1	f_0 +0.0127GHz (±0.0206GHz)	f_0 +0.0126GHz (±0.0207GHz)	37.7 ± 14.4	37.7 ± 14.3
200kV/m 弹体垂直放置	30.1 ± 1.6	30.2 ± 1.7	3.1 ± 1.2	3.2 ± 1.0	f_0 +0.0136GHz (±0.0210GHz)	f_0 +0.0128GHz (±0.0212GHz)	37.9 ± 14.3	37.7 ± 14.5
200kV/m 弹体水平放置	30.3 ± 1.7	30.8 ± 1.6	3.2 ± 1.0	3.2 ± 1.0	f_0 +0.0126GHz (±0.0207GHz)	f_0 +0.0127GHz (±0.0207GHz)	37.9 ± 14.2	38.3 ± 14.1

在辐照试验中，有3发引信出现电路故障（不能发火），试验条件见表6-9。

表6-9 厚膜电路某型引信不加电时辐照试验中损坏的引信参数

试验条件	工作电流/mA		检波直流电压/V		工作频率		灵敏度/cm	
	照射前	照射后	照射前	照射后	照射前	照射后	照射前	照射后
首次回击240kV/m，弹体垂直放置	27.0	25.0	0.1	0.1	$f_0-0.0014$GHz	$f_0-0.0052$GHz	5	不发火
	32.0	32.0	0.1	0.1	$f_0-0.0131$GHz	$f_0-0.0113$GHz	18	不发火
后续回击200kV/m，弹体垂直放置	28.6	13.9	2.8	14.8	$f_0+0.0290$GHz	0	45	不发火

在表6-9中，首次回击电场强度240kV/m、波形10/350μs的辐照条件，模拟了距离电流峰值为200kA的回击通道约100m处的首次回击电场环境；后续回击电场强度200kV/m、波形0.25/100μs的辐照条件，模拟了距离峰值电流为50kA的回击通道约40m处的后续回击电场环境。

2）普通集成电路结构的某型引信

取10发普通集成电路结构的某型引信，依次安装于弹体上，不加电，依照厚膜电路结构引信辐照试验步骤进行试验。试验结果见表6-10和表6-11。试验中，未发现引信辐照前后参数显著变化的情况。

表6-10 首次回击电场对普通集成电路某型引信不加电辐照试验结果（样本量:10）

试验条件	工作电流/mA		检波直流电压/V		工作频率		灵敏度/cm	
	照射前	照射后	照射前	照射后	照射前	照射后	照射前	照射后
120kV/m 弹体垂直放置	38.6±1.0	38.7±1.0	2.0±0.5	2.0±0.6	$f_0+0.0085$GHz (±0.0254GHz)	$f_0+0.0083$GHz (±0.0251GHz)	25.5±7.2	25.6±7.4
120kV/m 弹体水平放置	38.7±1.0	38.6±0.9	2.0±0.6	2.0±0.7	$f_0+0.0083$GHz (±0.0251GHz)	$f_0+0.0084$GHz (±0.0252GHz)	25.6±7.4	25.3±6.3
240kV/m 弹体垂直放置	38.7±1.0	38.6±0.9	2.1±0.5	2.1±0.6	$f_0+0.0083$GHz (±0.0251GHz)	$f_0+0.0084$GHz (±0.0252GHz)	25.6±7.4	25.3±6.3
240kV/m 弹体水平放置	38.6±0.9	38.5±1.0	2.1±0.6	2.1±0.6	$f_0+0.0084$GHz (±0.0252GHz)	$f_0+0.0088$GHz (±0.0254GHz)	25.3±6.3	24.7±6.6
300kV/m 弹体垂直放置	38.5±1.0	38.7±0.9	2.1±0.6	2.1±0.6	$f_0+0.0088$GHz (±0.0254GHz)	$f_0+0.0086$GHz (±0.0255GHz)	24.7±6.6	25.3±7.2
300kV/m 弹体水平放置	38.7±0.9	38.5±0.9	2.1±0.6	2.1±0.6	$f_0+0.0086$GHz (±0.0255GHz)	$f_0+0.0084$GHz (±0.0248GHz)	25.3±7.2	25.1±6.6

表 6-11 后续回击电场对普通集成电路某型引信不加电辐照试验结果(样本量:10)

试验条件	工作电流/mA		检波直流电压/V		工作频率		灵敏度/cm	
	照射前	照射后	照射前	照射后	照射前	照射后	照射前	照射后
120kV/m 弹体垂直放置	38.7 ± 1.0	38.7 ± 1.0	2.1 ± 0.6	2.1 ± 0.6	f_0 +0.0083GHz (±0.0251GHz)	f_0 +0.0084GHz (±0.0248GHz)	25.6 ± 7.4	25.4 ± 7.3
200kV/m 弹体垂直放置	38.7 ± 1.0	38.6 ± 0.9	2.1 ± 0.6	2.1 ± 0.6	f_0 +0.0084GHz (±0.0248GHz)	f_0 +0.0085GHz (±0.0246GHz)	25.4 ± 7.3	24.6 ± 7.2

综合上述试验结果表明,厚膜电路结构的某型引信在不加电时对雷电脉冲电场比较敏感,极强的雷电电磁环境能够引起个别引信性能参数的改变,损坏的引信都表现为不能正常发火,其中 1 发引信的高频振荡信号消失,说明高频管损坏;其余 2 发引信试验前的检波直流电压仅 0.1V,且灵敏度偏低,显示这 2 发引信本身性能较差。

6.3.3.2 雷电脉冲磁场的辐照试验

试验中采用雷击浪涌发生器提供浪涌电流,配合亥姆霍兹线圈(1m × 1m),在亥姆霍兹线圈中央区域产生与冲击电流波形相似的雷电脉冲磁场。采取浸入法进行试验,试验设置和步骤如下:将某型引信安装于弹体上,置于亥姆霍兹线圈中央,弹体平行于线圈法线方向放置;试验所采用的脉冲磁场波形的上升时间约为 8μs,将磁场强度从 100A/m 逐步提高至 3000A/m,每次试验前后均测试引信的参数。分别对处于勤务处理状态的厚膜电路和普通集成电路某型引信开展雷电脉冲磁场辐照效应试验。表 6-12、表 6-13 分别是勤务处理状态下厚膜电路某型引信和普通集成电路某型引信在雷电脉冲磁场辐照前后的 4 个参数测试均值。

表 6-12 厚膜电路某型引信不加电时的雷电脉冲磁场辐照试验结果(样本量:20)

磁场强度/(A/m)	工作电流/mA		检波直流电压/V		工作频率		灵敏度/cm	
	照射前	照射后	照射前	照射后	照射前	照射后	照射前	照射后
1000	31.4 ± 1.2	31.5 ± 1.5	3.4 ± 1.2	3.4 ± 1.4	f_0 +0.0435GHz (±0.0982GHz)	f_0 +0.0437GHz (±0.0935GHz)	42.8 ± 17.9	42.7 ± 17.9
2000	31.7 ± 1.3	31.8 ± 1.3	3.4 ± 1.4	3.4 ± 1.4	f_0 +0.0438GHz (±0.0952GHz)	f_0 +0.0438GHz (±0.0952GHz)	42.8 ± 18.0	42.8 ± 18.0
3000	31.2 ± 1.0	31.3 ± 1.0	3.1 ± 1.3	3.1 ± 1.2	f_0 +0.0304GHz (±0.07364GHz)	f_0 +0.0304GHz (±0.07367GHz)	38.8 ± 16.8	38.9 ± 16.9

表 6-13 普通集成电路某型引信不加电时的雷电脉冲磁场辐照试验结果(样本量:10)

磁场强度/(A/m)	工作电流/mA		检波直流电压/V		工作频率		灵敏度/cm	
	照射前	照射后	照射前	照射后	照射前	照射后	照射前	照射后
1000	37.9 ± 1.3	37.9 ± 1.4	2.1 ± 0.4	2.1 ± 0.4	f_0 +0.0096GHz (±0.0197GHz)	f_0 +0.0104GHz (±0.0201GHz)	26.9 ± 7.5	26.6 ± 7.5
2000	37.9 ± 1.4	37.9 ± 1.3	2.1 ± 0.4	2.1 ± 0.4	f_0 +0.0104GHz (±0.0201GHz)	f_0 +0.0112GHz (±0.0200GHz)	26.6 ± 7.5	26.6 ± 7.8
3000	37.9 ± 1.3	37.9 ± 1.2	2.1 ± 0.4	2.1 ± 0.4	f_0 +0.0112GHz (±0.0200GHz)	f_0 +0.0107GHz (±0.0203GHz)	26.6 ± 7.8	26.4 ± 6.9

试验结果显示,强雷电脉冲磁场不会引起处于勤务处理状态的该型无线电引信性能参数的改变。对于储存状态,由于该引信使用了全封闭的金属包装罐,对电磁场具有 100dB 以上的衰减。因此,雷电电磁脉冲场不会造成处于储存状态的该型引信电子组件出现损坏。

6.3.4 工作状态下引信的辐照试验

雷电电磁脉冲对无线电引信工作状态的影响主要包括两个方面:一是影响引信电路的可靠性,造成引信电路性能改变或硬损伤;二是影响引信的安全性,引起引信早炸。本试验研究的目的是通过雷电电磁脉冲场模拟系统对处于工作状态的无线电引信进行辐照试验,评估雷电电磁脉冲场对处于飞行状态的无线电引信电子组件的影响以及对引信安全性的影响。

6.3.4.1 雷电电磁脉冲场对引信电路性能的影响

某型引信安装于弹体上,为防止电磁场通过电源线耦合进入引信电路,将 27V 蓄电池用金属盒密闭包装,电源线采用高频同轴电缆,连接端使用 N 头。

1) 厚膜电路结构的某型引信

试验中,采用的雷电回击电磁场模拟装置及其波形参数与 6.3.3 节相同。对于雷电首次回击和后续回击电场效应试验,分别取弹体垂直和水平方向放置,电场强度从 120kV/m 逐渐升高至 300kV/m,试验结果见表 6-14 和表 6-15;对于雷电脉冲磁场效应试验,分别取弹体平行和垂直于线圈法线方向放置,磁场强度为 1000~3000A/m,试验结果见表 6-16。

试验中,未发现处于工作状态的厚膜电路结构某型引信电路参数显著变化的情况。

表 6-14 首次回击电场对厚膜电路某型引信加电时的辐照试验结果(样本量:20)

试验条件	工作电流/mA		检波直流电压/V		工作频率		灵敏度/cm	
	照射前	照射后	照射前	照射后	照射前	照射后	照射前	照射后
120kV/m 弹体垂直放置	31.3 ± 1.5	31.0 ± 1.1	3.0 ± 0.8	3.0 ± 0.8	f_0 +0.0172GHz (±0.0214GHz)	f_0 +0.0172GHz (±0.0215GHz)	40.2 ± 11.3	39.9 ± 11.2
120kV/m 弹体水平放置	31.0 ± 1.1	31.2 ± 1.1	3.0 ± 0.8	3.0 ± 0.7	f_0 +0.0172GHz (±0.0215GHz)	f_0 +0.0173GHz (±0.0215GHz)	39.9 ± 11.2	40.0 ± 10.7
200kV/m 弹体垂直放置	31.0 ± 1.1	31.1 ± 1.5	3.0 ± 0.8	3.0 ± 0.7	f_0 +0.0172GHz (±0.0215GHz)	f_0 +0.0171GHz (±0.0214GHz)	39.9 ± 11.2	39.5 ± 10.3
200kV/m 弹体水平放置	31.1 ± 1.5	31.3 ± 1.9	3.0 ± 0.7	3.0 ± 0.7	f_0 +0.0171GHz (±0.0215GHz)	f_0 +0.0172GHz (±0.0214GHz)	39.5 ± 11.3	39.2 ± 10.7
300kV/m 弹体垂直放置	31.3 ± 1.5	31.3 ± 1.9	3.0 ± 0.7	3.0 ± 0.6	f_0 +0.0172GHz (±0.0215GHz)	f_0 +0.0171GHz (±0.0214GHz)	39.5 ± 11.3	38.6 ± 10.6
300kV/m 弹体水平放置	31.3 ± 1.9	31.5 ± 1.5	3.0 ± 0.6	3.0 ± 0.6	f_0 +0.0171GHz (±0.0214GHz)	f_0 +0.0172GHz (±0.0214GHz)	38.6 ± 10.6	38.4 ± 10.3

表 6-15 后续回击电场对厚膜电路某型引信加电时的辐照试验结果(样本量:20)

试验条件	工作电流/mA		检波直流电压/V		工作频率		灵敏度/cm	
	照射前	照射后	照射前	照射后	照射前	照射后	照射前	照射后
120kV/m 弹体垂直放置	31.2 ± 2.0	31.1 ± 3.0	3.2 ± 1.1	3.3 ± 1.1	f_0 +0.0100GHz (±0.0240GHz)	f_0 +0.0101GHz (±0.0248GHz)	39.3 ± 13.0	38.8 ± 12.5
120kV/m 弹体水平放置	31.1 ± 3.0	31.0 ± 2.2	3.3 ± 1.1	3.3 ± 1.1	f_0 +0.0101GHz (±0.0248GHz)	f_0 +0.0102GHz (±0.0214GHz)	38.8 ± 12.5	38.8 ± 12.4
240kV/m 弹体垂直放置	31.1 ± 2.2	31.7 ± 2.5	3.3 ± 1.1	3.3 ± 1.0	f_0 +0.0102GHz (±0.0214GHz)	f_0 +0.0102GHz (±0.0214GHz)	38.8 ± 12.4	38.7 ± 11.8
240kV/m 弹体水平放置	31.7 ± 2.5	31.7 ± 2.5	3.3 ± 1.0	3.3 ± 1.0	f_0 +0.0102GHz (±0.0214GHz)	f_0 +0.0102GHz (±0.0215GHz)	38.7 ± 11.8	38.4 ± 11.4

表 6-16 厚膜电路某型引信加电状态磁场辐照试验结果(样本量:20)

磁场强度/(A/m)	工作电流/mA		检波直流电压/V		工作频率		灵敏度/cm	
	照射前	照射后	照射前	照射后	照射前	照射后	照射前	照射后
1000A/m,弹体平行线圈法线方向	31.3 ± 2.8	31.6 ± 2.6	3.3 ± 1.1	3.3 ± 1.1	f_0 +0.0101GHz (±0.0214GHz)	f_0 +0.0103GHz (±0.0215GHz)	38.9 ± 12.1	38.4 ± 12.5

（续）

磁场强度/(A/m)	工作电流/mA		检波直流电压/V		工作频率		灵敏度/cm	
	照射前	照射后	照射前	照射后	照射前	照射后	照射前	照射后
1000A/m,弹体垂直线圈法线方向	31.6 ± 2.7	31.3 ± 2.6	3.3 ± 1.1	3.28 ± 1.1	f_0 +0.0103GHz (±0.0215GHz)	f_0 +0.0103GHz (±0.0213GHz)	38.5 ± 12.7	38.3 ± 12.8
3000A/m,弹体平行线圈法线方向	31.6 ± 2.7	31.3 ± 2.6	3.3 ± 1.1	3.3 ± 1.1	f_0 +0.0103GHz (±0.0215GHz)	f_0 +0.0104GHz (±0.0213GHz)	38.5 ± 12.7	38.3 ± 12.8
3000A/m,弹体垂直线圈法线方向	31.3 ± 2.6	31.7 ± 2.6	3.3 ± 1.1	3.3 ± 1.1	f_0 +0.0104GHz (±0.0213GHz)	f_0 +0.0104GHz (±0.0213GHz)	38.3 ± 12.8	38.2 ± 12.5

2）普通集成电路结构的某型引信

取10发普通集成电路结构某型引信，依次安装于弹体上，利用电池供电使其处于正常工作状态，同样采用GTEM室模拟首次回击和后续回击电场，弹体垂直放置，与电场极化方向平行。试验结果见表6-17和表6-18。

表6-17　首次回击电场对集成电路引信加电时的辐照试验结果（样本量:10）

试验条件	工作电流/mA		检波直流电压/V		工作频率		灵敏度/cm	
	照射前	照射后	照射前	照射后	照射前	照射后	照射前	照射后
120kV/m 弹体垂直放置	38.5 ± 1.0	38.6 ± 1.2	2.2 ± 0.5	2.2 ± 0.5	f_0 +0.0106GHz (±0.0219GHz)	f_0 +0.0113GHz (±0.0208GHz)	25.6 ± 6.7	25.8 ± 6.8
240kV/m 弹体垂直放置	38.6 ± 1.2	38.7 ± 0.9	2.2 ± 0.5	2.2 ± 0.5	f_0 +0.0113GHz (±0.0208GHz)	f_0 +0.0116GHz (±0.0204GHz)	25.8 ± 6.8	25.2 ± 6.7

表6-18　后续回击电场对集成电路引信加电时的辐照试验结果（样本量:10）

试验条件	工作电流/mA		检波直流电压/V		工作频率		灵敏度/cm	
	照射前	照射后	照射前	照射后	照射前	照射后	照射前	照射后
120kV/m 弹体垂直放置	38.6 ± 1.1	38.6 ± 1.1	2.2 ± 0.5	2.2 ± 0.5	f_0 +0.0085GHz (±0.0260GHz)	f_0 +0.0129GHz (±0.0288GHz)	25.5 ± 7.6	25.6 ± 7.3
200kV/m 弹体垂直放置	38.3 ± 1.3	38.4 ± 1.3	2.2 ± 0.5	2.2 ± 0.5	f_0 +0.0081GHz (±0.0207GHz)	f_0 +0.0081GHz (±0.0203GHz)	25.7 ± 7.6	26.1 ± 7.7

在模拟的雷电首次回击电场辐照试验中，电场强度240kV/m（波形10/350μs）、弹体垂直放置、引信加电工作的条件下，有1发引信电路出现故障，不能正常发火，其辐照前后参数见表6-19。

综合上述试验结果，极强的雷电电磁脉冲场有可能造成处于正常工作状态的某型引信自差机损坏，从而失去正常的近炸功能。

表 6－19　普通集成电路某型引信加电状态辐照试验中损坏的引信参数

试验条件	工作电流/mA		检波直流电压/V		工作频率		灵敏度/cm	
	照射前	照射后	照射前	照射后	照射前	照射后	照射前	照射后
首次回击 240kV/m，弹体垂直放置	38.4	38.1	2.67	0.02	f_0－0.0097GHz	f_0－0.0086GHz	25	不发火

3）雷电电磁脉冲场对引信的作用机理分析

为进一步分析雷电电磁脉冲对处于正常工作状态的引信的影响，分别测量了电磁脉冲作用期间自差机的发射信号和发火信号。用屏蔽线将发火信号和检波直流信号输出至 TEK680B 数字存储示波器，用靠近引信头部的环形天线配合高频计数器，测量引信自差机发射信号。图 6－25 所示为某型无线电引信正常工作时自差机的发射信号和频谱。其中，T 表示自差机发射信号的周期，f_0 表示引信自差机的本振频率。

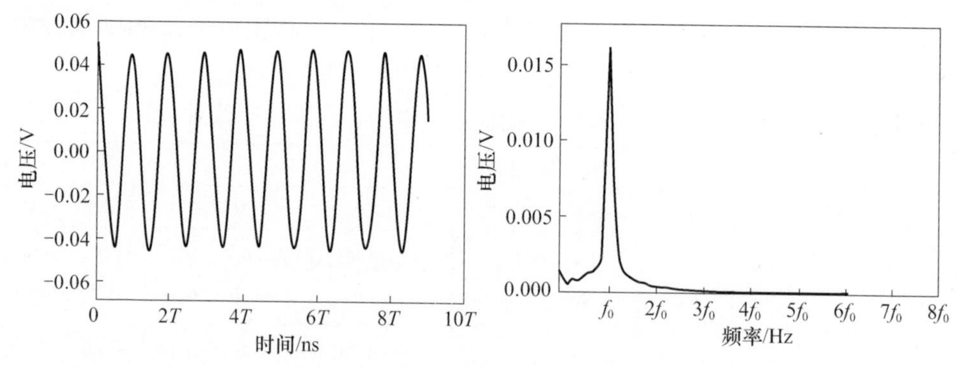

图 6－25　某型无线电引信正常发射信号及其频谱

图 6－26 所示为 240kV/m 雷电电磁脉冲场作用期间自差机的发射信号及其频谱。与图 6－25 对比发现，在雷电电磁脉冲场作用下，高频振荡电路受到了影响，自差机发射信号变成了脉冲杂波。通过频谱分析可知，这些杂波的主要频率成分集中在 0.3f_0 附近，既不同于雷电脉冲电场的主要频率成分（小于 100kHz），也不是引信正常发射信号的频率，说明自差机高频管的瞬间工作状态发生了变化。试验中发现雷电电磁脉冲场强在 40kV/m 以上时，都会对某型引信自差机的振荡功能产生影响。

引信近炸功能的实现依赖于高频发射信号，如果雷电电磁脉冲场作用期间弹体接近目标，该引信高频振荡功能受到干扰，处于非正常状态，就会影响到引信的近炸功能。虽然每次雷电回击持续时间很短（小于 1ms），但雷暴发生时，云地闪电发生的频率很高，且每次闪电通常包括首次回击以及其后间隔几十毫秒的系列后续回击。因此，如果在引信即将飞临起爆高度时发生了闪电回击，就可能影响引信近炸功能的发挥。

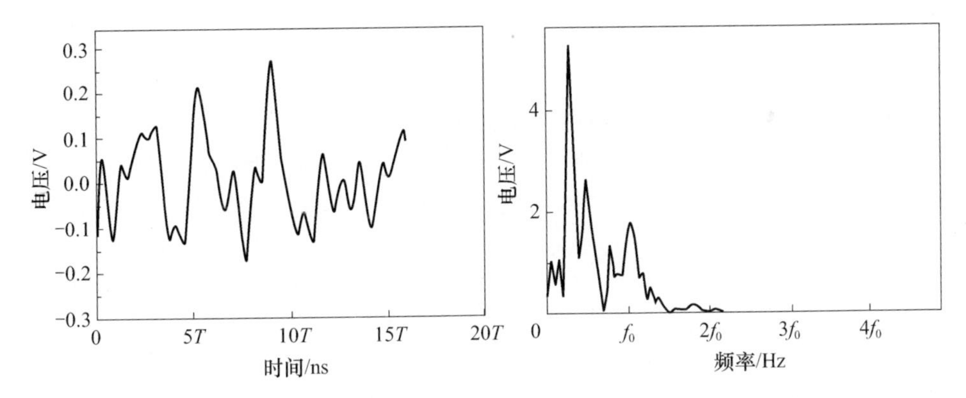

图 6-26　240kV/m 雷电脉冲电场辐照时的引信高频振荡信号及其频谱

分析试验所用的无线电引信的物理结构可知，无线电近炸引信工作原理是利用自身和弹体为天线，收发作为信息载体的电磁波来工作。因而，无线电引信在进行天线设计时，首先要考虑的问题是发射或接收更多的电磁能量，尽可能提高天线效率。所以，无线电引信的天线部分就是雷电电磁脉冲场能量耦合进入引信内部电路最有效的途径，这种通过天线作为耦合途径的能量耦合模式叫作“前门”耦合。

引信的电子系统除天线外，还有高频组件和低频组件。高频组件（自差收发机）由振荡器、混频器和检波器组成，其作用是：产生高频电磁振荡，利用天线发射高频电磁振荡；接收目标的回波信号；把回波信号和发射信号合成，提取差频信号；对差频信号进行检波，输出多普勒信号。低频信号处理电路的作用主要是放大多普勒信号，抑制噪声和干扰信号，并对放大的多普勒信号加以变换处理，得到起爆信号。低频电路分为两个通道：一个是主通道电路，由增幅速率检测电路、带通滤波器、频带放大器、信号整流器、积分器、增幅速率选择比较电路和点火电路组成；另一电路是抗干扰惯性支路，由低压闭锁电路、抗电源波动电路、抗干扰惯性支路和远解控制电路组成。点火电路还与近炸、碰炸、装定开关和电碰炸开关相连。在低频组件中，还包括电源电路，发电机输出的交流电经整流、滤波、稳压后供给电路。引信的高频电路部分是以塑料封装的，因此雷电电磁脉冲场可直接作用于引信的高频电路部分或元器件，造成干扰损伤，这种能量耦合模式叫作“后门”耦合。

受试的某型无线电引信的结构特点是：高频组件采用塑封形式，完全暴露在电磁环境中；低频组件全部封装在金属壳内，电源地线与引信金属壳、弹体相连；涡轮磁电发电机位于引信中央风洞内。因此，雷电电磁脉冲场与受试无线电引信电路之间的能量耦合通道有 3 条：一是通过自差机竖环天线耦合，即“前门”耦合；二是通过引信近炸功能设置环直接耦合到硅闸管控制极上；三是通过弹体构成的等效天线，将干扰加到电源上，即通过“后门”耦合。上述 3 条通道同时存在，共同作用，并且 3 条通道的耦合效率与电磁场的频率有关，因此不同频率成分的电磁脉冲会产生不同程度的效应,对该引信的超宽带、高功率微波辐照试验证实了这一点。由于雷电电磁脉冲场属于低频电磁干扰,因此以第一条耦合通道为主。

6.3.4.2 雷电电磁脉冲场对引信安全性的影响

为全面评估雷电电磁脉冲场能否引起处于工作状态的某型引信意外发火,取20发功能正常的引信,依次安装于弹体,加电工作并在发火端安装电点火具。

在GTEM室内开展雷电脉冲电场辐照试验,为获得不同的耦合效果,分别取弹体垂直和水平方向放置,电场波形分别模拟首次回击和后续回击,电场强度由低到高依次取50kV/m、100kV/m、150kV/m、200 kV/m、300kV/m,上述试验条件下均未发现早炸现象。

脉冲磁场辐照试验的磁场强度依次取200A/m、500A/m、1000A/m、2000A/m和3000A/m,弹体分别取平行于线圈法线和垂直于线圈法线方向放置,试验中未发现早炸现象。

通过雷电首次回击电场、后续回击电场和脉冲磁场对处于工作状态的引信辐照试验结果表明,雷电电磁脉冲场不会导致处于工作状态的某型无线电引信早炸。外界电磁辐照使引信早炸的原因主要有两个:一是外界电磁能量直接耦合到电点火管电点火具上,如果电点火具吸收的电磁能量足够大,可导致发火,造成引信早炸;二是外界电磁辐照导致引信点火控制电路误动作,使引信点火电路中的点火电容器对电点火具放电,使其发火造成引信早炸。

为分析雷电电磁脉冲场与电点火头之间的能量耦合模式,进行了不加电状态下的辐照试验。发现在160~300kV/m的电场辐照及100~3000A/m的磁场辐照试验中均未出现发火现象,说明雷电电磁脉冲场不会导致处于不加电状态的某型引信发火。图6-27是200kV/m电场对处于不加电状态的某型引信辐照时发火线的信号波形及其频谱。其中,发火线上的脉冲电压是电点火具管脚感应出的信号,能量很小,不足以导致电点火具发火。

图6-28是用200kV/m电场对处于工作状态的某型引信辐照时引信发火线信号波形及其频谱。

比较图6-27、图6-28可知:某型引信处于不加电状态和工作状态下,引信发火线信号存在较大差异,工作条件下发火线信号频率明显低于不加电状态,有较大的低频分量,而发火线信号的频谱与外加电磁场频谱是不同的。因此,雷电电磁脉冲场不是直接作用于电点火具,而是通过影响高、低频电路从而间接影响电点火具发火。

由于雷电电磁脉冲场辐照试验中未出现引信发火现象,为进一步证实上述分析结论,使用高频成分丰富的超宽带电磁脉冲源,分别设置其为单次脉冲、20Hz和100Hz脉冲串,对某型引信进行了辐照试验。首先,开展了某型无线电引信未加电情况下的辐照试验,由于超宽带电磁脉冲源是垂直极化,将引信竖直放置,获取耦合最大系数,场强分别取26kV/m和40kV/m,辐照中未发现电点火具发火;而对处于工作

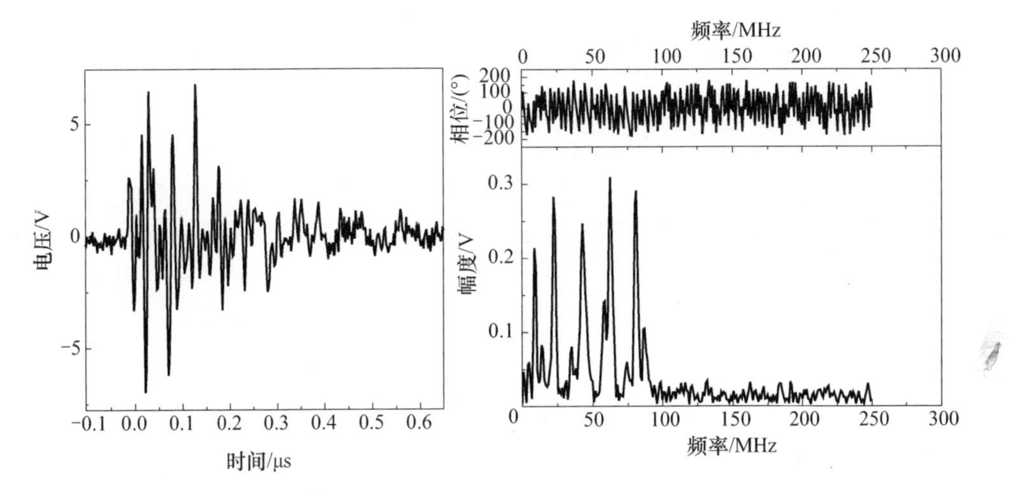

图 6－27　不加电的引信在 200kV/m 电场辐照期间的发火线信号

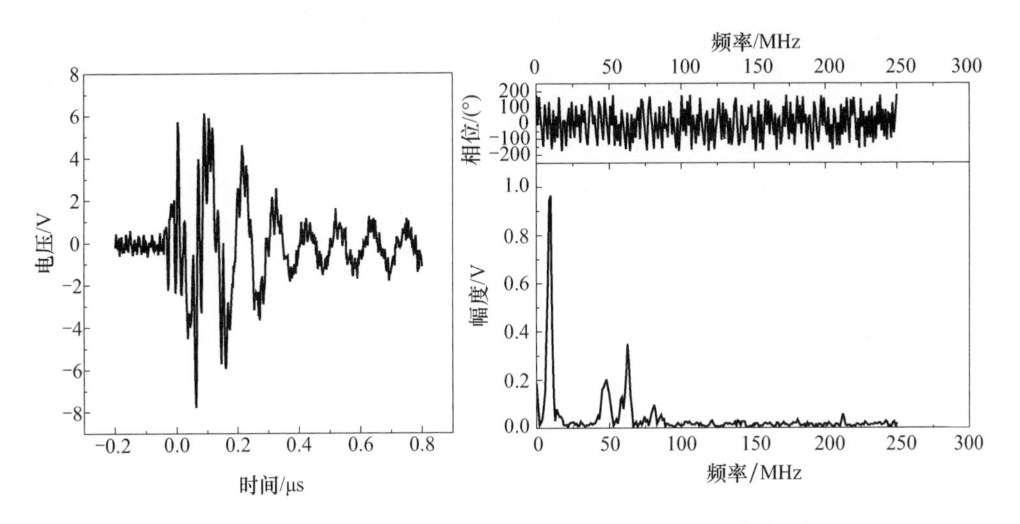

图 6－28　加电的引信在 200kV/m 电场辐照期间的发火线信号

状态的某型引信的超宽带辐照试验表明，场强 38kV/m 的超宽带辐射源能造成 80% 的引信早炸，引起早炸的最低临界场强为 12kV/m。显然，高频成分丰富的超宽带电磁脉冲场能够通过天线和屏蔽不严的引信体将能量耦合到引信电路上，干扰其正常工作并引起早炸。

对比雷电电磁脉冲和超宽带电磁脉冲对某型引信的辐照试验，可以得出这样的结论：电磁脉冲对该引信安全性的影响是通过影响高、低频电路的工作来间接影响其发火电路的，某型引信及其弹体的几何尺寸决定了它对高频干扰较为敏感，而以低频成分为主的雷电电磁脉冲场则不能引起处于工作状态的某型引信早炸。

6.4 某型无人机的雷电电磁脉冲场辐照效应试验

无人机作为高度集成化的信息化装备,因其零伤亡、低损耗、高机动性等特点受到了世界各国的青睐,在军事和民用领域都发挥着重要作用。但是,无人机内部密集分布着诸多电子设备,为了使机体轻盈达到高机动性的目的,无人机机身通常采用复合材料,这都将直接导致无人机内部设备直接暴露在可能的雷电电磁环境中,使其受到可能的电磁干扰。为此,本节将以某型无人机为研究对象,考察其雷电电磁脉冲场辐射效应。

6.4.1 雷电脉冲电场的辐照试验

采用图 6-6 所示的大型有界波模拟系统对某型无人机开展雷电脉冲电场辐射效应试验,试验配置如图 6-29 所示。其中,无人机位于有界波模拟器工作空间内,并置于一个三自由度承载平台上,以便于调整无人机的放置姿态。试验过程中,调节有界波模拟系统的前端负载和终端负载,使其在工作空间内分别产生 1.2/50μs 和 10/700μs 两种脉冲电场波形,研究其对无人机的辐射效应。

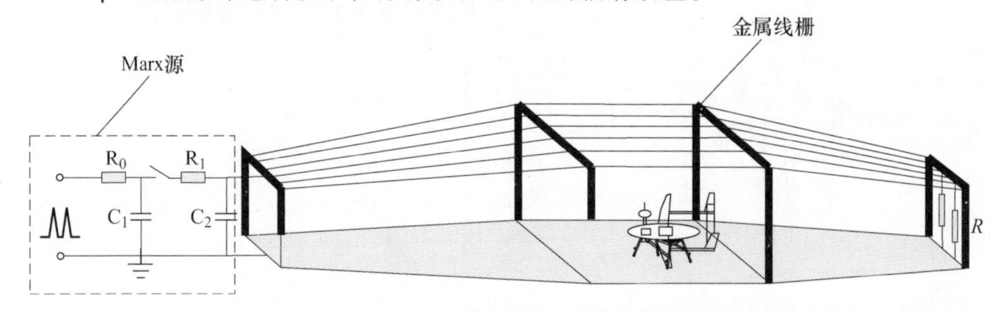

图 6-29 无人机的雷电脉冲电场辐射效应试验

由于工作空间内的电场方向为垂直极化,而测试过程中无人机为水平放置,此时无人机上的多部天线将呈垂直状态。此外,由于舱内线缆纵横交错,在试验中调整不同的飞机放置姿态,检验不同电场极化方向下对无人机系统的影响,试验结果如表 6-20所列。

表 6-20 雷电脉冲电场辐射试验结果

峰值场强/(kV/m)	30	50	70	90
1.2/50μs	均无效应			
10/700μs	均无效应			

从表 6-20 中可以看出,在上述两种雷电脉冲电场辐射场强小于 90kV/m 的情况下,该型无人机均不会出现干扰效应,整机系统工作正常。这主要是因为:①雷电

脉冲电场的频谱能量主要集中在几兆赫以下的频率范围内,远远小于无人机的工作频带,干扰信号容易被滤波器件或脉冲抑制器件消除;②无人机的线度远小于雷电脉冲电场主要频率范围所对应的波长,场线或场路耦合的效率较低,加之雷电脉冲电场的持续时间短,难以形成有效干扰。

6.4.2 雷电脉冲磁场的辐照试验

6.4.2.1 效应试验方法

在本试验中,雷电脉冲磁场模拟器的激励源采用 8/20μs 的脉冲电流,由雷击浪涌发生器产生输出,其激励的磁场波形特征参见 6.2.2 节。

对于无人机系统而言,无人机内部的闭合线缆回路和磁介质电子元器件是磁场潜在的干扰对象。但是,由于无人机内部的线缆回路多采用双绞结构或屏蔽结构,其回路面积近似为零,因此基本上可以忽略线缆回路感应的可能性。而无人机内部包含磁介质的电子元器件或部件主要涉及机载计算机、收发组合以及磁航向传感器,尤其是磁航向传感器,极易受到外界强磁场的干扰[125]。因此,效应试验的重点主要是以上关键部位。

对于本试验中的受试无人机,其机身径向切面近似为椭圆形,长短轴均在 0.5m 左右,机载设备大多沿机体轴线放置;飞机机翼较长但宽度同样小于 0.5m,机翼内放置有中翼转接电缆、舵机以及磁航向传感器,均可能会受到雷电脉冲磁场的干扰。此处,根据无人机机体结构特点和试验需要,采用 6.2.1 节介绍的双圆环共轴型亥姆霍兹线圈作为雷电脉冲磁场模拟设备,选取线圈半径 r 为 0.5m,线圈均为单匝。图 6-30 给出了相应的效应试验配置。其中,无人机受试部分置于亥姆霍兹线圈内,采用 1V:1000A 比值的分流器监测浪涌发生器的输出电流,由式(6-27)即可计算得到轴线中心 O 处的磁场。无人机工作状态监测系统置于距离受试无人机 20m 外,防止其受到试验中产生磁场的干扰。

具体试验步骤如下:

(1) 在图 6-30 所示的试验配置下,将无人机机身呈水平放置,无人机及其工作状态监测系统加电工作。此时,检查核实无人机数据链工作正常,能够执行地面站控制指令,记录此时地面控制站遥测数据显示窗口的参数情况。

(2) 将亥姆霍兹线圈中模拟的雷电脉冲磁场加载于机载计算机位置处,调整放置方式使磁场方向水平且与机身垂直,打开雷电脉冲磁场模拟系统,逐渐增加雷电浪涌发生器输出电流强度,开展雷电脉冲磁场效应试验,在每次脉冲磁场辐照完毕后,均观察并记录下地面控制站遥测数据显示窗口的参数变化。

(3) 改变雷电浪涌发生器输出电流的极性,重复步骤(2)。

(4) 依次改变脉冲磁场的方向为“水平且与机身平行”“与地面垂直”,重复步骤(2)、(3)。

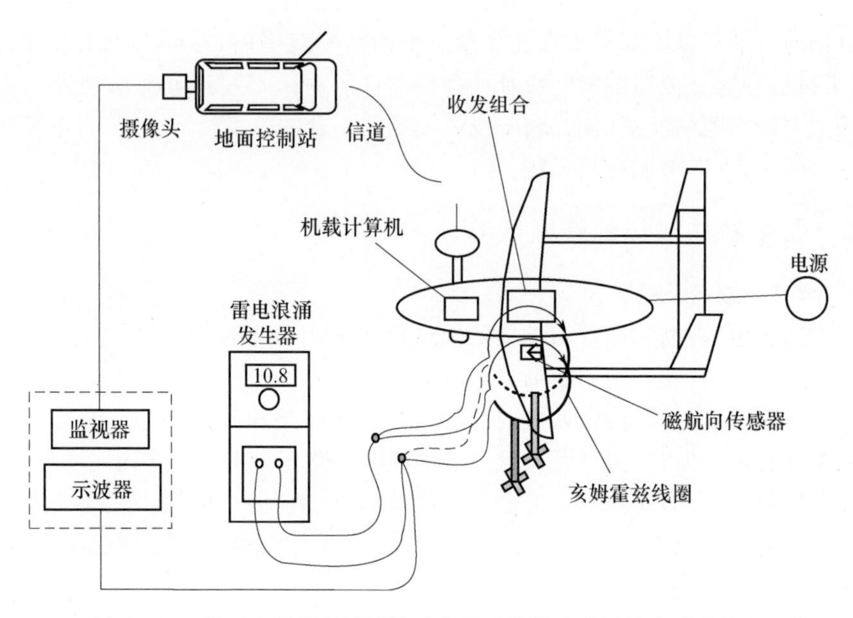

图 6-30　基于亥姆霍兹线圈的无人机系统脉冲磁场效应试验配置

(5) 更换无人机的受试部位,将亥姆霍兹线圈模拟的雷电脉冲磁场依次加载于收发组合和磁航向传感器所在机体结构处,重复步骤(2)~(4)。

6.4.2.2　辐射效应规律

试验结果表明:不同方向、不同幅值的雷电脉冲磁场均不会对无人机机载计算机、收发组合产生足够强的干扰,无人机数据链工作正常;但是,脉冲磁场对磁航向传感器的干扰较为严重,导致固定方向航向角读数变化,且不能自主恢复。表 6-21 给出了雷电脉冲磁感应强度对磁航向角的影响。其中,在效应试验开始之前,航向角的显示值为 20.1°。

表 6-21　雷电脉冲磁感应强度对磁航向角的影响

$B/(10^{-4}\mathrm{T})$	$a/(°)$	$b/(°)$	$c/(°)$	$d/(°)$	$e/(°)$	$f/(°)$
4.68	20.1	29.7	9.7	9.7	10.9	13.4
8.99	20.4	28.3	9.7	9.7	10.9	13.1
13.49	20.6	27.4	9.7	9.7	10.9	12.8
17.98	21.2	26.2	9.8	9.8	10.9	12.5
21.35	22.3	23.9	9.8	9.9	11.1	12.1
26.08	23.1	22.8	9.8	10	11.3	11.8
30.57	23.9	20.7	9.8	10.1	11.5	11.5
34.17	24.8	19.1	9.8	10.3	11.8	11.2
39.56	26.9	17.2	9.8	10.5	12.1	11

（续）

$B/(10^{-4}\text{T})$	$a/(°)$	$b/(°)$	$c/(°)$	$d/(°)$	$e/(°)$	$f/(°)$
42.26	27.2	15.3	9.7	10.7	12.4	10.9
46.76	28.4	13.2	9.7	11	12.8	10.8
50.36	29.7	11.3	9.7	11.2	13.4	10.7
—	—	9.7	—	10.9	—	—

在表6－21中，第一行的符号 $a\sim f$ 分别表示6种不同的磁场加载方向。其中：a 代表磁场从飞机右翼到左翼方向；b 代表磁场从飞机左翼到右翼方向；c 代表磁场从机头到机尾方向；d 代表磁场从机尾到机头方向；e 代表两个线圈分别置于机翼上下侧，磁场竖直向下；f 代表磁场竖直向上。第一列表示亥姆霍兹线圈均匀磁场区的磁感应强度，其余每一列表示同一种磁场方向、不同磁场强度作用下航向角的读数。

从表6－21中可以看出，在雷电脉冲磁场的辐照作用下，除磁场为 c 方向的情况外，磁航向传感器均会受到干扰，导致航向角显示值增大或减小（当磁场为 a、d、e 方向时，航向角显示值逐渐增大；当磁场为 b、f 方向时，航向角显示值逐渐减小），且磁场强度越大，航向角的数值变化也越大。当雷电脉冲磁场为水平穿过无人机左翼和右翼时，雷电脉冲磁场对无人机磁航向角的影响最明显（见 a、b 列数据），其他磁场方向条件下，辐照磁场对磁航向传感器的影响相对较小。此外，试验还发现，同一脉冲磁场强度下多次辐照同样会对航向角显示值产生影响。例如：当磁场从飞机左翼到右翼方向辐照试验后，最终航向角减小为11.3°，继续多次辐照后可减小至9.7°；当磁场从机尾到机头方向辐照试验后，最终航向角变为11.2°，但改变放电极性并多次辐照后航向角又减小到10.9°。

6.4.2.3 辐射效应机理

无人机在飞行过程中依靠携带的传感器判别方位信息，便于导航控制。航向角是无人机水平方向上改变飞行姿态的指标，通过感知地磁场获得。磁场的测量方法很多，其中以磁阻效应原理应用最为普遍，具有测量弱磁场精度高、可靠性好的特点。磁阻效应指的是某种材料的电阻率随着外界磁场的改变发生相应变化的现象，磁阻传感器就是基于这种工作原理制作而成的。此处受试无人机所采用的就是这种弱磁传感器，它通过数据接口输出3个地磁分量的数字信号，再由机载计算机求出当前的磁航向角，测量原理如图6－31所示。

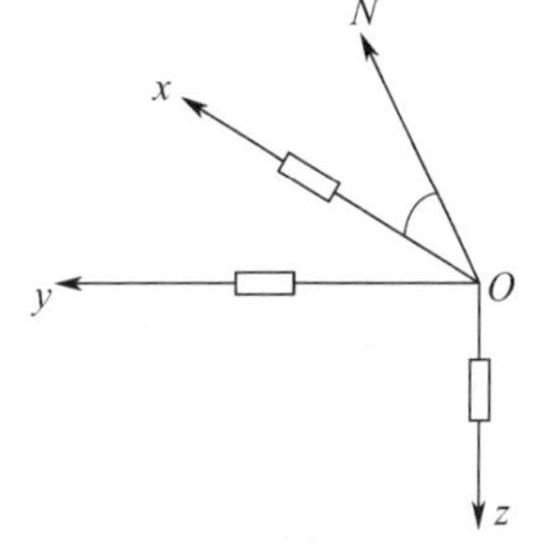

图6－31　磁航向角测量示意图

在受试无人机上，三轴磁航向传感器沿无人机纵轴 Ox、横轴 Oy 和竖轴 Oz 方向分别配置3个地磁敏感元件 S_x、S_y 和 S_z。那么，受试无人机的磁航向角即为飞机纵轴 Ox 在水平面的投影与磁子午线 ON 的夹角。在任意姿态角（θ,γ）条件下可测量地磁场沿无人机机体坐标的3个分

量(T_x, T_y, T_z),且有

$$T_{xo} = T_x \cos\theta + T_y \sin\theta \sin\gamma + T_z \sin\theta \cos\gamma \tag{6-34}$$

$$T_{yo} = T_y \cos\gamma - T_z \sin\gamma \tag{6-35}$$

$$T_{zo} = -T_x \sin\theta + T_y \cos\theta \sin\gamma + T_z \cos\theta \cos\gamma \tag{6-36}$$

式中:T_{xo}、T_{yo}、T_{zo}分别为 3 个地磁分量在水平面和铅垂轴上的投影,则航向角 ψ 可表示为

$$\psi = \arctan\left(-\frac{T_{yo}}{T_{xo}}\right) \tag{6-37}$$

无人机三轴磁航向传感器各轴方向上的弱磁阻敏感元件均利用各向异性磁阻效应原理制成。从微观角度上讲,电阻带是敏感元件的主要构成部分,由镍铁薄膜覆盖在硅片上制成,4 个电阻带构成惠斯通电桥,消除了温度等外界因素对输出的影响。当元件遭受到外加磁场时,其电桥阻值的变化量决定输出电压的大小,如图 6-32 所示。

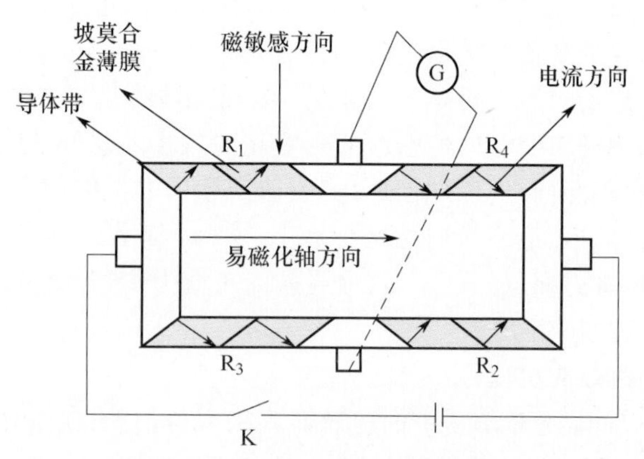

图 6-32　弱磁阻敏感元件结构

电阻带的阻值大小随着带内电流方向与磁化方向夹角 φ 的变化而变化,一般情况下电阻可表示为

$$R = R_{\min} + (R_{\max} - R_{\min})\cos(2\varphi) \tag{6-38}$$

根据式(6-38)可以得到:$\varphi = 0°$时电阻最大,即电流方向与磁化方向一致;$\varphi = 90°$的情况下电阻最小,此时电流方向与磁化方向相互垂直。惠斯通电桥中易磁化轴方向与电流方向夹角成 45°。理论分析和试验表明,沿磁敏感方向施加磁场,在没有进入饱和状态前,电桥输出与外加磁场强度成线性关系,如图6-33所示。

当沿着磁敏感方向施加磁场时,磁化方向的矢量和在易磁化方向的基础上按照顺时针方向旋转,随着夹角 φ 的变化,根据式(6-38)得出左上和右下桥臂电阻

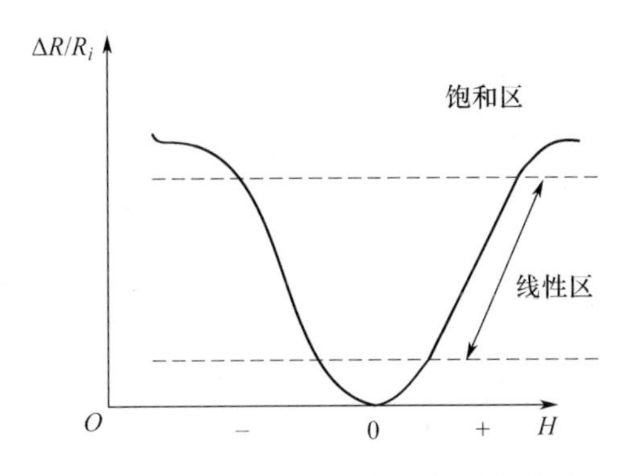

图 6-33　电桥输出与外加磁场强度关系

减小 ΔR,另外两个桥臂电流与磁化方向夹角变小,电阻增大 ΔR。此时输出电压可表示为

$$U = U_b \times \frac{\Delta R}{R} \tag{6-39}$$

式中:U_b 为电桥工作电压;$\Delta R/R$ 为磁阻相对变化率,与外加磁场强度成正比。因此,各向异性磁阻传感器的输出电压也与磁场强度成正比,这就是磁阻传感器测量磁场的理论基础。

正常磁阻效应是电子受磁场洛伦兹力导致载流子运动发生偏转,使得电子碰撞概率增加,电阻增大。正常磁阻效应又分为几何和物理两种磁阻效应,其中:几何磁阻效应指的是物质的电阻值随着几何形状的变化而改变的规律;物理磁阻效应也称为磁电阻率,它的微观解释为,当洛伦兹力和霍尔电场力产生的静电合力作用平衡时电子速度为 v_0,若电子运动速度大于 v_0,则电子沿洛伦兹力作用方向偏转,此时沿着外电场方向的电流密度减小,电阻增大。

需要注意的是,各向异性磁阻传感器的有效测量范围一般在 0.2mT 以内,分辨力为 0.007μT,如果将其置于 1mT 以上磁场中,由于外加磁场远超过传感器的线性工作范围,传感器易被磁化导致磁畴排列紊乱,使传感器的输出特性发生改变,进而导致其测量输出值出现偏差。通过去磁处理可以使传感器的输出特性恢复正常。

由表 6-21 所列的试验数据可知,在试验过程中,雷电脉冲磁场的峰值大部分都大于 0.2mT,超出了磁阻传感器的线性工作区。那么,随着脉冲磁场的不断增强,传感器内磁性材料的磁化/消磁现象将越来越显著。在试验中,当雷电脉冲磁场的方向是从飞机右翼到左翼或从左翼到右翼时(即磁场方向水平且与机身垂直),外加磁场处于磁敏感方向上,因此其干扰效应最明显,加之所加磁场强度超过了磁航向传感器线性工作区范围,导致其磁化严重而引起了零点漂移。当改变浪涌电流的输出极性时(即改变外加磁场的方向),传感器内磁性材料的磁化/消磁过程发生转换,对应的磁航向角的增减规律也发生转换。当外加磁场方向为“水平且与机身平行”或“与地面垂直”时（表 6－21 中的 c、d、e、f 方向），由于未处于传感器的磁敏感方向上，基本不会引起航向角出现明显变化，而试验测得的数据出现小幅度变化主要是试验过程中因线圈摆放位置等原因导致外加磁场在磁敏感方向上存在一定的分量，但其同样符合磁化/消磁过程中磁航向角的增减规律。

参考文献

[1] Golde R H. Lightning [M]. London:Academic Press, 1977.

[2] 陈渭民. 雷电学原理[M]. 北京:气象出版社, 2003.

[3] 虞昊. 现代防雷技术基础[M]. 北京:清华大学出版社, 2005.

[4] 魏光辉, 万浩江, 潘晓东. 雷电放电数值模拟与主动防护[M]. 北京:科学出版社, 2014.

[5] Uman M A, Krider E P. A review of natural lightning:experimental data and modeling [J]. IEEE Transactions on Electromagnetic Compatibility, 1982, 24(2):79 - 112.

[6] Rakov V A, Uman M A. Lightning:Physics and effects [M]. Cambridge:Cambridge University Press, 2003.

[7] Rakov V A, Uman M A, Rambo K J. A review of ten years of triggered - lightning experiments at Camp Blanding [J]. Atmospheric Research, 2005, 76:503 - 517.

[8] Jordan D M, Rakov V A, Beasley W H, et al. Luminosity characteristics of dart leaders and return strokes in natural lightning[J]. Journal of Geophysical Research:Atmospheres, 1997, 102(D18):22025 - 22032.

[9] International Electrotechnical Commission. Protection against lightning - Part 1:General principles:IEC 62305 - 1 [S]. Geneva:IEC, 2006.

[10] 魏明, 田明宏, 周星, 等. 雷电电磁脉冲及其防护[M]. 北京:国防工业出版社, 2009.

[11] Cooray V. A model for subsequent return stroke [J]. Journal of Electrostatics, 1993, 30:343 - 354.

[12] Orville R E, Idone V P. Lightning leader characteristics in the thunderstorm research international program (TRIP) [J]. Journal of Geophysical Research:Oceans, 1982, 87(C13):11177 - 11192.

[13] Orville R E. Spectrum of the lightning stepped leader [J]. Journal of Geophysical Research, 1968, 73(22): 6999 - 7008.

[14] Cabrera V M, Cooray V. On the mechanism of space charge generation and neutralization in a coaxial cylindrical configuration in air [J]. Journal of Electrostatics, 1992, 28(2):187 - 196.

[15] Lin Y T, Uman M A, Tiller J A, et al. Characterization of lightning return stroke electric and magnetic fields from simultaneous two - station measurements [J]. Journal of Geophysical Research, 1979, 84(C10):6307 - 6314.

[16] Maslowski G, Rakov V A. Review of recent developments in lightning channel corona sheath research [J]. Atmospheric Research, 2013, 129:117 - 122.

[17] Berger K, Anderson R B, Kroninger H. Parameters of lightning flashes [J]. Electra, 1975, 80(41):223 - 237.

[18] Rakov V A, Rachidi F. Overview of recent progress in lightning research and lightning protection [J]. IEEE Transactions on Electromagnetic Compatibility, 2009, 51(3):428 - 442.

[19] Visacro S, Soares J A, Schroeder M A O, et al. Statistical analysis of lightning current parameters:measurements at morro do cachimbo station [J]. Journal of Geophysical Research:Atmospheres, 2004, 109(D1):D01105 - 1 - D01105 - 11.

[20] Takami J, Okabe S. Observational results of lightning current on transmission towers [J]. IEEE Transactions on Power Delivery, 2007, 22(1):547 - 556.

[21] Diendorfer G, Pichler H, Mair M. Some parameters of negative upward - initiated lightning to the Gaisberg tower

(2000—2007) [J]. IEEE Transactions on Electromagnetic Compatibility, 2009, 51(3):443 - 452.
[22] Hussein A, Janischewskyj W, Milewski M, et al. Current waveform parameters of CN tower lightning return strokes[J]. Journal of Electrostatics, 2004, 60(2/3/4):149 - 162.
[23] Schoene J, Uman M A, Rakov V A, et al. Characterization of return - stroke currents in rocket - triggered lightning [J]. Journal of Geophysical Research:Atmospheres, 2009, 114(D3):D03106.
[24] 刘欣生. 雷电监测和防护研究的某些新进展[C]. 第三届全国雷电物理、监测和防护科学研讨会, 北戴河,2001.
[25] 郄秀书, 杨静, 蒋如斌, 等. 新型人工引雷专用火箭及其首次引雷实验结果[J]. 大气科学, 2010, 34(5):937 - 946.
[26] Jerauld J, Rakov V A, Uman M A, et al. An evaluation of the performance characteristics of the U.S. National Lightning Detection Network in Florida using rocket - triggered lightning [J]. Journal of Geophysical Research: Atmospheres, 2005, 110(D19):D19106 - 1 - D19106 - 16.
[27] Nag A, Jerauld J, Rakov V A, et al. NLDN responses to rocket - triggered lightning at Camp Blanding, Florida, in 2004, 2005, and 2007[C]. 29th International Conference on Lightning Protection (ICLP), Uppsala, Sweden,2008.
[28] Crawford D E, Rakov V A, Uman M A, et al. The close lightning electromagnetic environment: Dart - leader electric field change versus distance [J]. Journal of Geophysical Research: Atmospheres, 2001, 106(D14): 14909 - 14917.
[29] Jerauld J, Uman M A, Rakov V A, et al. Electric and magnetic fields and field derivatives from lightning stepped leaders and first return strokes measured at distances from 100 to 1000 m [J]. Journal of Geophysical Research: Atmospheres, 2008, 113(D17):D17111.
[30] Nag A, Rakov V A. Electric field pulse trains occurring prior to the first stroke in negative cloud - to - ground lightning [J]. IEEE Transactions on Electromagnetic Compatibility, 2009, 51(1):147 - 150.
[31] Nag A, Rakov V A. Pulse trains that are characteristic of preliminary breakdown in cloud - to - ground lightning but are not followed by return stroke pulses [J]. Journal of Geophysical Research: Atmospheres, 2008, 113(D1):D01102 - 1 - D01102 - 12.
[32] Sharma S R, Cooray V, Fernando M. Isolated breakdown activity in Swedish lightning [J]. Journal of Atmospheric and Solar - Terrestrial Physics, 2008, 70(8/9):1213 - 1221.
[33] Nag A, DeCarlo B A, Rakov V A. Analysis of microsecond - and submicrosecond - scale electric field pulses produced by cloud and ground lightning discharges [J]. Atmospheric Research, 2009, 91(2/3/4):316 - 325.
[34] Makela J S, Porjo N, Makela A, et al. Properties of preliminary breakdown processes in Scandinavian lightning [J]. Journal of Atmospheric and Solar - Terrestrial Physics, 2008, 70(16):2041 - 2052.
[35] Hayakawa M, Iudin D I, Trakhtengerts V Y. Modeling of thundercloud VHF/UHF radiation on the lightning preliminary breakdown stage [J]. Journal of Atmospheric and Solar - Terrestrial Physics, 2008, 70(13): 1660 - 1668.
[36] Gomes C, Cooray V. Radiation field pulses associated with the initiation of positive cloud to ground lightning flashes [J]. Journal of Atmospheric and Solar - Terrestrial Physics, 2004, 66(12):1047 - 1055.
[37] Gomes C, Cooray V, Fernando M, et al. Characteristics of chaotic pulse trains generated by lightning flashes [J]. Journal of Atmospheric and Solar - Terrestrial Physics, 2004, 66(18):1733 - 1743.
[38] Sharma S R, Fernando M, Gomes C. Signatures of electric field pulses generated by cloud flashes[J]. Journal of Atmospheric and Solar - Terrestrial Physics, 2005, 67(4):413 - 422.

[39] Sonnadara U, Cooray V, Fernando M. The lightning radiation field spectra of cloud flashes in the interval from 20 kHz to 20 MHz [J]. IEEE Transactions on Electromagnetic Compatibility, 2006, 48(1):234 - 239.

[40] Villanueva Y, Rakov V A, Uman M A, et al. Microsecond - scale electric field pulses in cloud lightning discharges [J]. Journal of Geophysical Research:Atmospheres, 1994, 99(D7):14353 - 14360.

[41] Smith D A, Shao X M, Holden D N, et al. A distinct class of isolated intracloud lightning discharges and their associated radio emissions [J]. Journal of Geophysical Research:Atmospheres, 1999, 104(D4):4189 - 4212.

[42] Nag A, Rakov V A. Electromagnetic pulses producted by bouncing - wave - type lightning discharge[J]. IEEE Transactions on Electromagnetic Compatibility, 2009, 51(3):466 - 470.

[43] Rison W, Thomas R J, Krehbiel P R, et al. A GPS - based three - dimensional lightning mapping system:Initial observations in central New Mexico [J]. Geophysical Research Letters, 1999, 26(23):3573 - 3576.

[44] Thomas R J, Krehbiel P R, Rison W, et al. Observations of VHF source powers radiated by lightning[J]. Geophysical Research Letters, 2001, 28(1):143 - 146.

[45] Smith D A, Heavner M J, Jacobson A R, et al. A method for determining intracloud lightning and ionospheric heights from VLF/LF electric field records [J]. Radio Science, 2004, 39(1):RS1010.

[46] Sharma S R, Fernando M, Cooray V. Narrow positive bipolar radiation from lightning observed in Sri Lanka [J]. Journal of Atmospheric and Solar - Terrestrial Physics, 2008, 70(10):1251 - 1260.

[47] Cooray V, Fernando M, Gomes C, et al. The fine structure of positive lightning return - stroke radiation fields [J]. IEEE Transactions on Electromagnetic Compatibility, 2004, 46(1):87 - 95.

[48] Murray N D, Krider E P, Willett J C. Multiple pulses in dE/dt and the fine - structure of E during the onset of first return strokes in cloud - to - ocean lightning[J]. Atmospheric Research, 2005, 76(1/2/3/4):455 - 480.

[49] Jerauld J, Uman M A, Rakov V A, et al. Insights into the ground attachment process of natural lightning gained from an unusual triggered - lightning stroke [J]. Journal of Geophysical Research:Atmospheres, 2007, 112 (D13):D13113 - 1 - D13113 - 16.

[50] 王道洪, 郄秀书, 郭昌明. 雷电与人工引雷[M]. 上海:上海交通大学出版社, 2000.

[51] 中华人民共和国住房和城乡建设部. 建筑物防雷设计规范:GB50057 - 2010[S]. 北京:中国计划出版社, 2011.

[52] Bruce C E R, Golde R H. The lightning discharge [J]. Journal of the Institution of Electrical Engineers - Part II:Power Engineering, 1941, 88(6):487 - 505.

[53] Mattos M A D F, Christopoulos C. A nonlinear transmission line model of the lightning return stroke[J]. IEEE Transactions on Electromagnetic Compatibility, 1988, 30(3):401 - 406.

[54] Heidler F. Traveling current source model for LEMP calculation[C]. 6th International Symposium on Electromagnetic Compatibility,Zurich, Switzerland,1985:157 - 162.

[55] Zhang Feizhou, Liu Shanghe. A new function to represent the lightning return - stroke currents [J]. IEEE Transactions on Electromagnetic Compatibility, 2002, 44 (4):595 - 597.

[56] Jones R D. On the use of tailored return - stroke current representations to simplify the analysis of lightning effects on systems [J]. IEEE Transactions on Electromagnetic Compatibility, 1977,19(2):95 - 96.

[57] Gardner R L, Baker L, Baum C E, et al. Comparison of lightning with public domain HEMP waveforms on the surface of an aircraft[C]. 6th International Symposium on Electromagnetic Compatibility,Zurich, Switzerland, 1985:175 - 180.

[58] Amoruso V, Lattarulo F. The electromagnetic field of an improved lightning return - stroke representation [J]. IEEE Transactions on Electromagnetic Compatibility, 1993, 35(3):317 - 328.

[59] Rajičić D. Beeinflussung einer Darstellungweise der atmosphärischen Entladung auf den maximalen Spannungswerten in den einzelnen Punkten der einfacheren Blitzschutzinstallationen[C]. 12th Internationale Blitzschutzkonferenz, Portorož, Slovenia, 1973.

[60] Javor V, Rančić P D. A channel – base current function for lightning return – stroke modeling [J]. IEEE Transactions on Electromagnetic Compatibility, 2010, 53(1):245 – 249.

[61] Javor V. Multi – peaked functions for representation of lightning channel – base currents [C]. 2012 International Conference on Lightning Protection (ICLP), Vienna, Austria, 2012:1 – 4.

[62] Rajičić D, Grčev L. Practical model for return stroke lightning current representation (in Macedonian) [C]. MAKO CIGRE, VIII Meeting, September 22 – 24, 2013, Ohrid, Republic of Macedonia.

[63] Nucci C A, Diendorfer G, Uman M A, et al. Lightning return stroke current models with specified channel – base current: a review and comparison [J]. Journal of Geophysical Research: Atmospheres, 1990, 95(D12):20395 – 20408.

[64] Diendorfer G, Uman M A. An improved return stroke model with specified channel – base current [J]. Journal of Geophysical Research: Atmospheres, 1990, 95(D9):13621 – 13644.

[65] 田明宏，魏光辉，刘尚合. 用击穿电流和电晕电流表示雷电回击标准电流[J]. 高电压技术, 2002, 28(4):33 – 35, 38.

[66] Rakov V A, Uman M A. Review and evaluation of lightning return stroke models including some aspects of their application [J]. IEEE Transactions on Electromagnetic Compatibility, 1998, 40(4):403 – 426.

[67] Drabkina S I. The theory of the development of the spark channel [J]. Journal of Experimental and Theoretical Physics, 1951, 21:473 – 483.

[68] Braginskii S I. Theory of the development of a spark channel [J]. Soviet Physics JETP, 1958, 34:1068 – 1074.

[69] Plooster M N. Numerical model of the return stroke of the lightning discharge [J]. The Physics of Fluids, 1971, 14(10):2124 – 2133.

[70] Hill R D. Channel heating in return – stroke lightning [J]. Journal of Geophysical Research, 1971, 76(3):637 – 645.

[71] Hill R D. Energy dissipation in lightning [J]. Journal of Geophysical Research, 1977, 82(31):4967 – 4968.

[72] Plooster M N. Shock waves from line sources: Numerical solutions and experimental measurements [J]. The Physics of Fluids, 1970, 13(11):2665 – 2675.

[73] Strawe D F. Non – linear modeling of lightning return strokes [C]. FAA – Florida Institute of Technology Workshop on Grounding and Lightning Technology, Melbourne, Florida, 1979:9 – 15.

[74] Paxton A H, Gardner R L, Baker L. Lightning return stroke: A numerical calculation of the optical radiation [J]. The Physics of Fluids, 1986, 29(8):2736 – 2741.

[75] Paxton A H, Gardner R L, Baker L. Lightning return stroke: a numerical calculation of the optical radiation [M]//Gardner R L. Lightning Electromagnetics. New York: Hemisphere, 1990:47 – 61.

[76] Bizjaev A S, Larionov V P, Prokhorov E H. Energetic characteristics of lightning channel [C]. 20th International Conference on Lightning Protection, Interlaken, Switzerland, 1990:1.1/1 – 1.1/3.

[77] Dubovoy E I, Pryazhinsky V I, Bondarenko V E. Numerical modelling of the gasodynamical parameters of a lightning channel and radio – sounding reflection [J]. Izvestiya AN SSSR – Fizika Atmosfery i Okeana, 1991, 27:194 – 203.

[78] Dubovoy E I, Mikhailov M S, Ogonkov A L, et al. Measurement and numerical modeling of radio sounding reflection from a lightning channel [J]. Journal of Geophysical Research: Atmospheres, 1995, 100 (D1):

1497 - 1502.

[79] Krider E P, Dawson G A, Uman M A. The peak power and energy dissipation in a single - stroke lightning flash [J]. Journal of Geophysical Research, 1968, 73(10):3335 - 3339.

[80] Borovsky J E. Lightning energetics: Estimates of energy dissipation in channels, channel radii, and channel - heating risetimes [J]. Journal of Geophysical Research: Atmospheres, 1998, 103(D10):11537 - 11553.

[81] Uman M A. The Lightning Discharge [M]. New York: Dover Publications, 2001.

[82] Podgorski A S, Landt J A. Three dimensional time domain modelling of lightning [J]. IEEE Transactions on Power Delivery, 1987, 2(3):931 - 938.

[83] Moini R, Kordi B, Rafi G. Z, et al. A new lightning return stroke model based on antenna theory [J]. Journal of Geophysical Research: Atmospheres, 2000, 105(D24):29693 - 29702.

[84] Baba Y, Ishii M. Numerical electromagnetic field analysis of lightning current in tall structures [J]. IEEE Transactions on Power Delivery, 2001, 16(2):324 - 328.

[85] Borovsky J E. An electrodynamic description of lightning return strokes and dart leaders: Guided wave propagation along conducting cylindrical channels [J]. Journal of Geophysical Research: Atmospheres, 1995, 100(D2): 2697 - 2726.

[86] Baum C E, Baker L. Analytic return - stroke transmission - line model [M]//Gardner R L. Lightning Electromagnetics. New York: Hemisphere, 1990:17 - 40.

[87] Baum C E. Return - stroke initiation [M]//Gardner R L. Lightning Electromagnetics. New York: Hemisphere, 1990:101 - 114.

[88] Jordan D M, Uman M A. Variation in light intensity with height and time from subsequent lightning return strokes [J]. Journal of Geophysical Research: Oceans, 1983, 88(C11):6555 - 6562.

[89] Visacro S, De Conti A. A distributed - circuit return - stroke model allowing time and height parameter variation to match lightning electromagnetic field waveform signatures [J]. Geophysical Research Letters, 2005, 32(23): 23805.

[90] Gomes C, Cooray V. Concepts of lightning return stroke models [J]. IEEE Transactions on Electromagnetic Compatibility, 2000, 42(1):82 - 96.

[91] Lin Y T, Uman M A, Standler R B. Lightning return stroke models [J]. Journal of Geophysical Research: Oceans, 1980, 85(C3):1571 - 1583.

[92] Uman M A, McLain D K. Magnetic field of lightning return stroke [J]. Journal of Geophysical Research, 1969, 74(28):6899 - 6910.

[93] Rakov V A, Dulzon A A. Calculated electromagnetic fields of lightning return stroke [J]. Tekh. Elektrodinam., 1987, 1:87 - 89.

[94] Nucci C A, Mazzetti C, Rachidi F, et al. On lightning return stroke models for LEMP calculations[C]//19th International Conference on Lightning Protection, Graz, 1988:901 - 905.

[95] Guru B S, Hiziroğlu H R. Electromagnetic field theory fundamentals[M]. 2nd ed. Cambridge: Cambridge University Press, 2004.

[96] 杨世平, 张波, 李敬林, 等. 电动力学[M]. 北京:科学出版社,2010.

[97] 陈亚洲. 雷电电磁脉冲场理论计算及对电引信的辐照效应实验[D]. 石家庄:军械工程学院,2002.

[98] 陈亚洲, 刘尚合, 张飞舟, 等. 用偶极子法对闪电电磁场的计算[J]. 高电压技术, 2001, 27(3):50 - 52.

[99] 陈亚洲, 王晓嘉, 万浩江. 闪电回击工程模型的有效性研究[J]. 高电压技术, 2012, 38(10): 2683 - 2690.

[100] 陈亚洲, 刘尚合, 魏明, 等. 回击参数对闪电电磁场的影响[J]. 高电压技术, 2002, 28(10):28 - 29, 34.

[101] 陈亚洲, 刘尚合, 魏明, 等. 雷电电磁场的空间分布[J]. 高电压技术, 2003, 29(11):1 - 2, 22.

[102] 葛德彪, 闫玉波. 电磁波时域有限差分方法[M]. 2 版. 西安:西安电子科技大学出版社,2005.

[103] Ren Heming, Zhou Bihua, Rakov V A, et al. Analysis of lightning - induced voltages on overhead lines using a 2 - D FDTD method and Agrawal coupling model [J]. IEEE Transactions on Electromagnetic Compatibility, 2008, 50(3):651 - 659.

[104] 宋庭新. 基于网格计算的雷电电磁环境仿真[D]. 武汉:华中科技大学,2005.

[105] Moini R, Sadeghi S H H, Kordi B, et al. An antenna - theory approach for modeling inclined lightning return stroke channels[J]. Electric Power Systems Research, 2006, 76(11):945 - 952.

[106] 陈亚洲, 王晓嘉, 万浩江, 等. 基于斜向放电通道的地表雷电电磁场特性分析[J]. 高电压技术, 2012, 38(11):2805 - 2814.

[107] 王晓嘉, 陈亚洲, 万浩江, 等. 斜向通道地表雷电电磁脉冲场分布规律研究[J]. 电波科学学报, 2014, 29(1):143 - 149.

[108] 王晓嘉, 陈亚洲, 万浩江, 等. 地表垂直分层条件下倾斜通道雷电电磁场特性研究[J]. 电子与信息学报, 2017, 39(2):466 - 473.

[109] Uman M A, Schoene J, Rakov V A, et al. Correlated time derivatives of current, electric field intensity, and magnetic flux density for triggered lightning at 15 m [J]. Journal of Geophysical Research:Atmospheres, 2002, 107(D13):ACL1 - 1 - ACL1 - 11.

[110] Izadi M, Ab Kadir M Z A, Gomes C. Evaluation of electromagnetic fields associated with inclined lightning channel using second order FDTD - hybrid methods [J]. Progress in Electromagnetics Research, 2011, 117: 209 - 236.

[111] Lupò G, Petrarca C, Tucci V, et al. EM fields associated with lightning channels:On the effect of tortuosity and branching [J]. IEEE Transactions on Electromagnetic Compatibility, 2000, 42(4):394 - 404.

[112] Zhao Z, Zhang Q. Influence of channel tortuosity on the lightning return stroke electromagnetic field in the time domain [J]. Atmospheric Research, 2009, 91(2/3/4):404 - 409.

[113] Meredith S L, Earles S K, Kostanic I N, et al. How lightning tortuosity affects the electromagnetic fields by augmenting their effective distance [J]. Progress in Electromagnetics Research B, 2010, 25:155 - 169.

[114] 万浩江,陈亚洲,王晓嘉. 地闪弯曲通道在不同观察尺度下的回击电磁场特征分析[J]. 电波科学学报, 2016,31(3):528 - 536.

[115] 万浩江,陈亚洲,王晓嘉. 回击电流对雷电远区电磁场多重分形特征的影响[J]. 高电压技术,2017,43(3):973 - 979.

[116] Uman M A, McLain D K, Krider E P. The electromagnetic radiation from a finite antenna [J]. American Journal of Physics, 1975, 43(1):33 - 38.

[117] Leteinturier C, Weidman C, Hamelin J. Current and electric field derivatives in triggered lightning return strokes [J]. Journal of Geophysical Research:Atmospheres, 1990, 95(D1):811 - 828.

[118] Uman M A, Rakov V A, Schnetzer G H, et al. Time derivative of the electric field 10, 14, 30m from triggered lightning strokes [J]. Journal of Geophysical Research:Atmospheres, 2000, 105(D12):15577 - 15595.

[119] Bermudez J L , Rachidi F, Rubinstein M, et al. Far - field - current relationship based on the TL model for lightning return strokes to elevated strike objects [J]. IEEE Transactions on Electromagnetic Compatibility, 2005, 47(1):146 - 159.

[120] Chen Y, Wan H, Wang X. On the relationship between the lightning electromagnetic field and the channel - base current based on the TL model [J]. Journal of Electrostatics, 2013, 71(6):1020 - 1028.
[121] Chen Y, Wang X, Rakov V A. Approximate expressions for lightning electromagnetic fields at near and far ranges: Influence of return - stroke speed [J]. Journal of Geophysical Research: Atmospheres, 2015, 120(7): 2855 - 2880.
[122] 陈亚洲, 刘尚合, 魏光辉, 等. LEMP模拟装置的研制[J]. 兵工学报, 2000, 21(1):83 - 86.
[123] Chen Y, Wan H, Zhou X. Simulation of lightning electromagnetic fields and application to immunity testing [J]. IEEE Transactions on Electromagnetic Compatibility, 2015, 57(4):709 - 718.
[124] 陈亚洲, 魏光辉, 刘尚合. 强电磁场对某型无线电引信安全性的影响[J]. 强激光与粒子束, 2005, 17(7):1047 - 1051.
[125] 张冬晓, 陈亚洲, 田庆民, 等. 某型无人机系统雷电脉冲磁场效应[J]. 强激光与粒子束, 2015, 27(10):103236 - 1 - 103236 - 6.

内 容 简 介

本书总结了作者多年来从事雷电回击电磁场理论与试验工作的研究成果,系统阐述了雷电回击电磁场建模计算和模拟相关理论、技术和方法。重点概述了雷电的形成、观测进展及其危害;详细论述了雷电回击过程的建模,垂直和倾斜放电通道下雷电回击电磁场的建模计算方法与影响因素,地表雷电回击电磁场的近似计算方法与近似特性,雷电电磁脉冲场的模拟方法、装置及其在电磁环境效应试验中的典型应用。

本书可供从事雷电电磁脉冲场理论与防护研究的科研和技术人员使用,也可作为高等院校相关专业本科生、研究生和教师的教材或参考书。

This book summarizes the authors' research works on lightning electromagnetic field for years. It systematically discusses the related theory, technology and method on the calculation and simulation of lightning electromagnetic field due to return stroke. It mainly introduces the formation, observations and harm of lightning. It discusses in detail the modeling of lightning return stroke, the calculation and influence factors of lightning electromagnetic field for vertical and inclined discharge channels, the approximate calculation method and approximate characteristics of lightning electromagnetic field on earth surface, the simulation methods, simulation devices of lightning electromagnetic field and their typical applications in the test of lightning electromagnetic environment effect.

This book is suitable for researchers and technicians who are engaged in the research of theory and protection on lightning electromagnetic pulse fields. It can also be used as a teaching material or reference book for the undergraduates, postgraduates, and teachers in related fields.

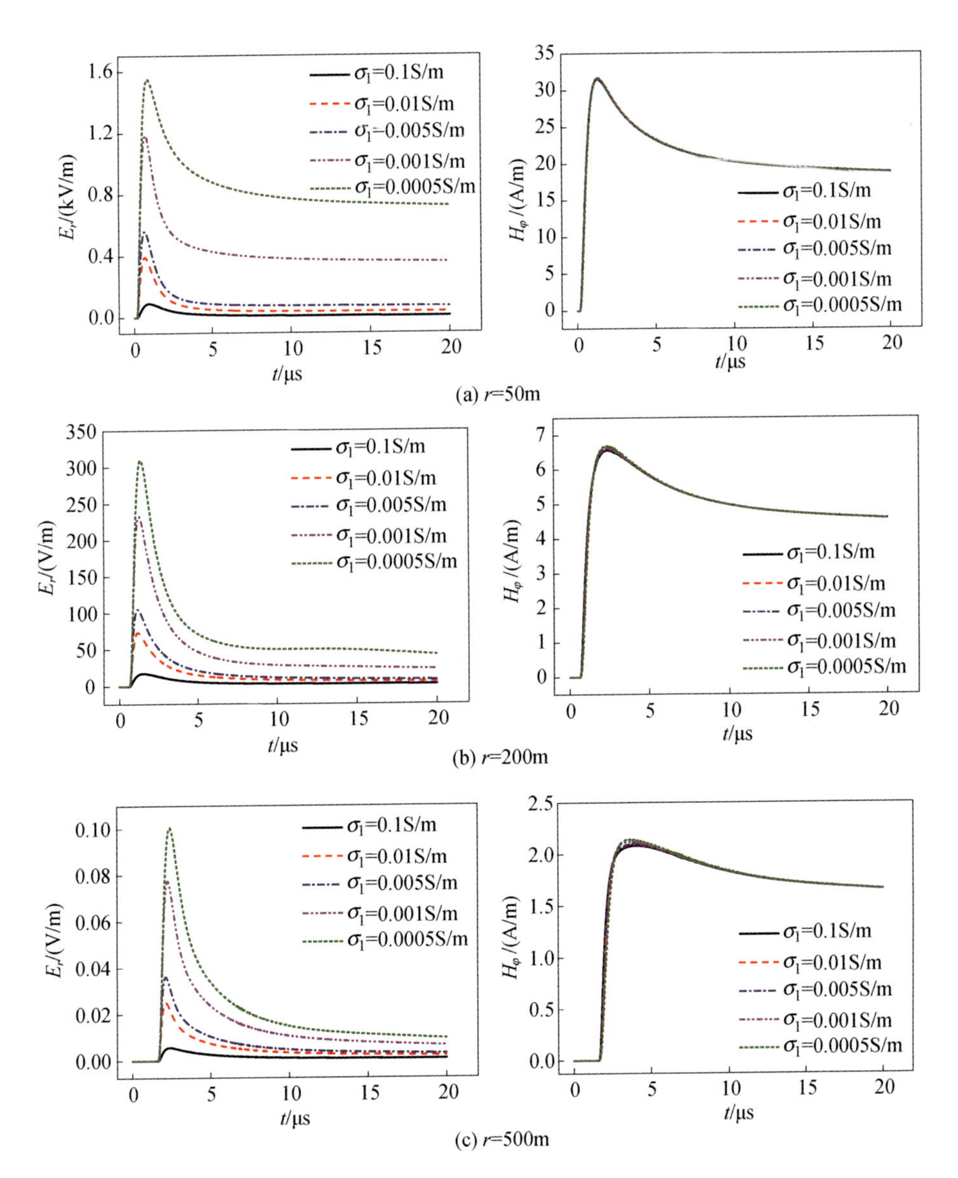

图 3-36　不同大地电导率下地面电磁场的计算结果

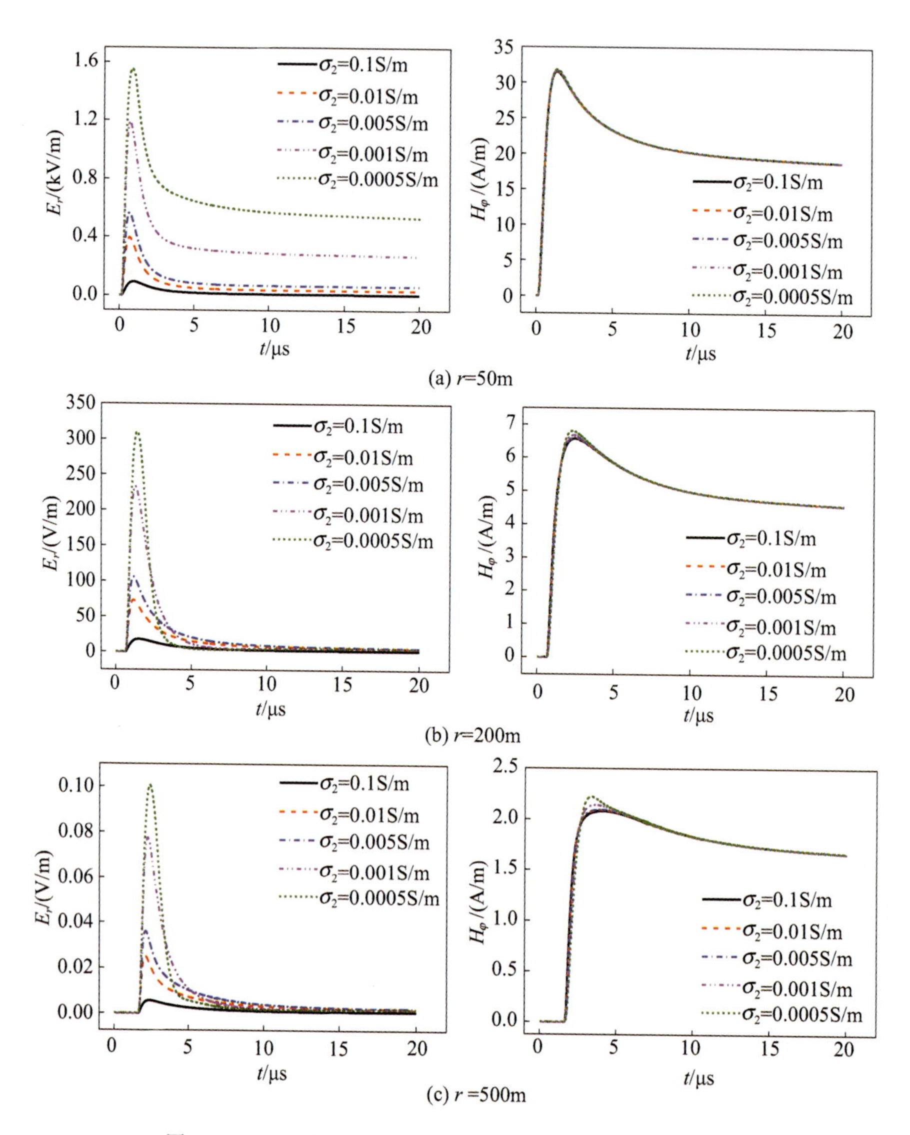

图 3-40　不同上层大地电导率下地面电磁场的计算结果

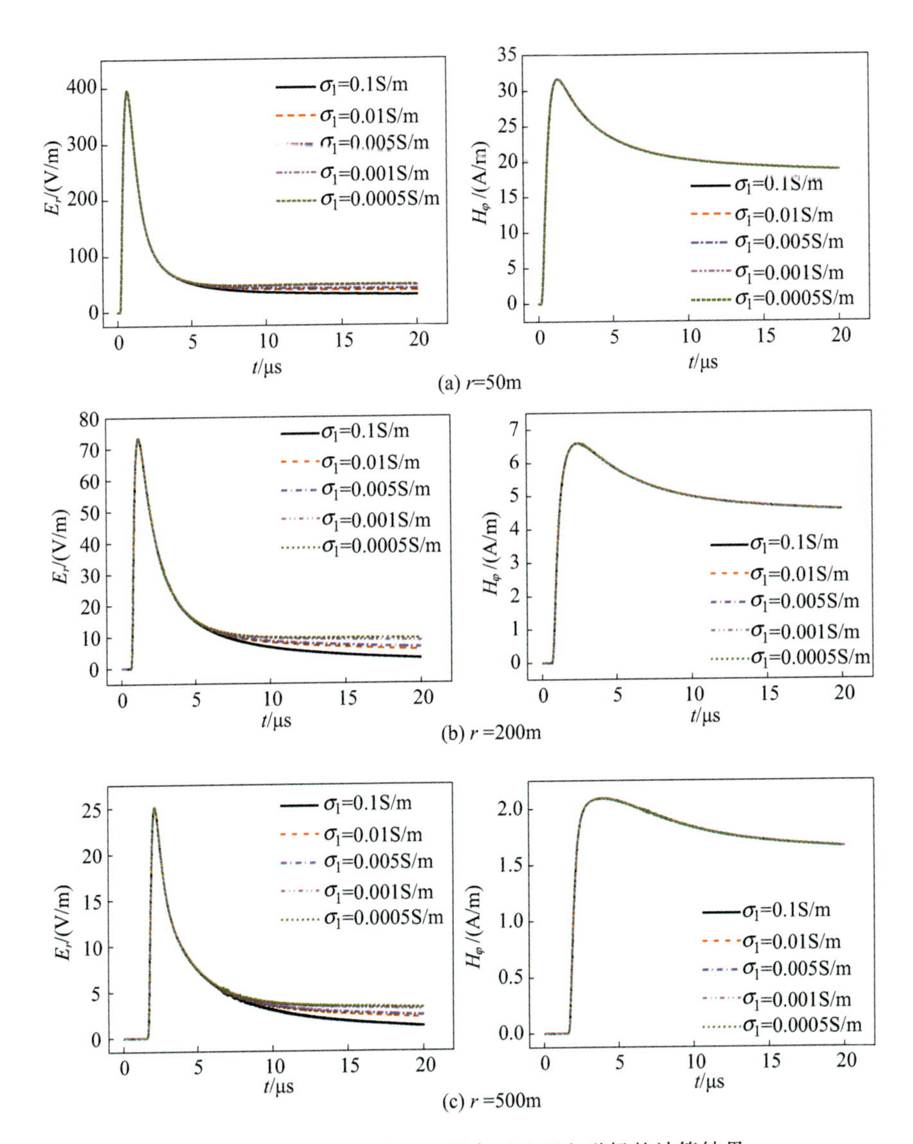

图 3-41　不同下层大地电导率下地面电磁场的计算结果

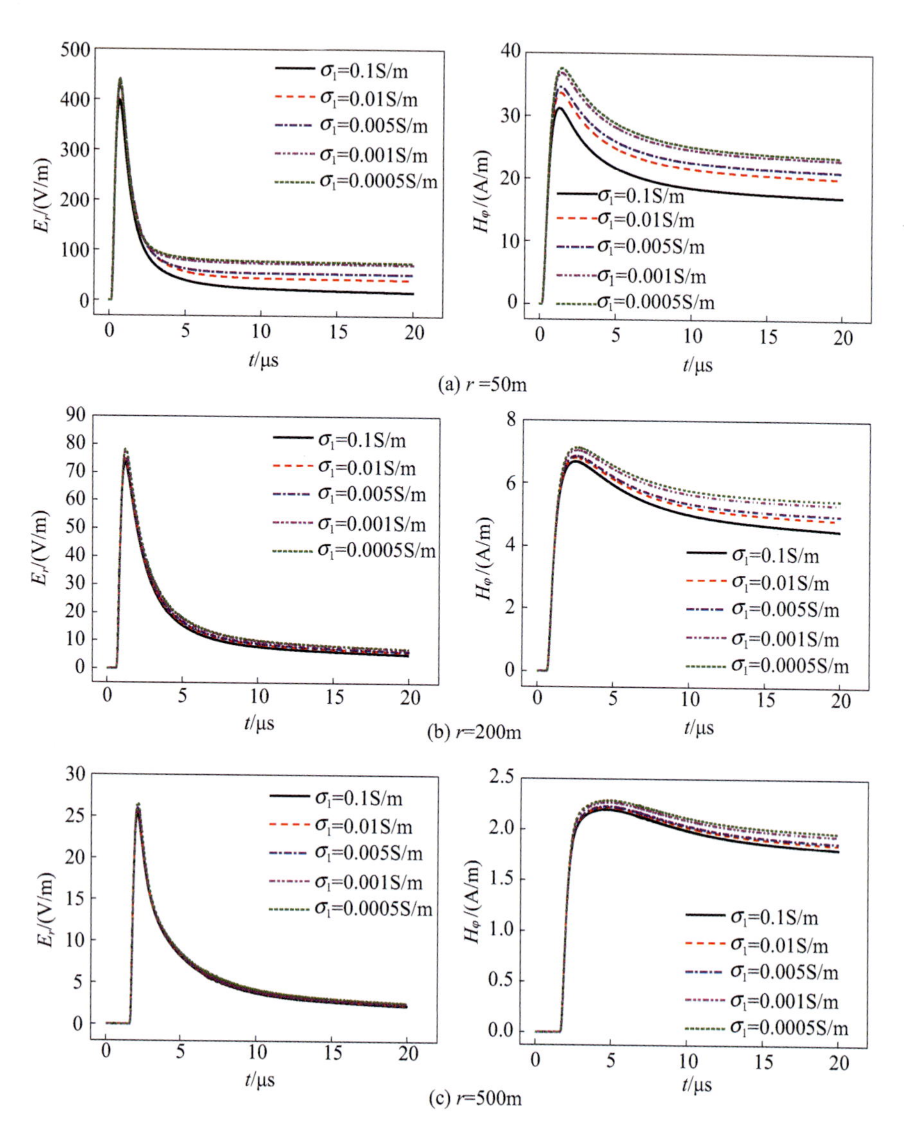

图 3-44　不同左侧大地电导率下地面电磁场的计算结果

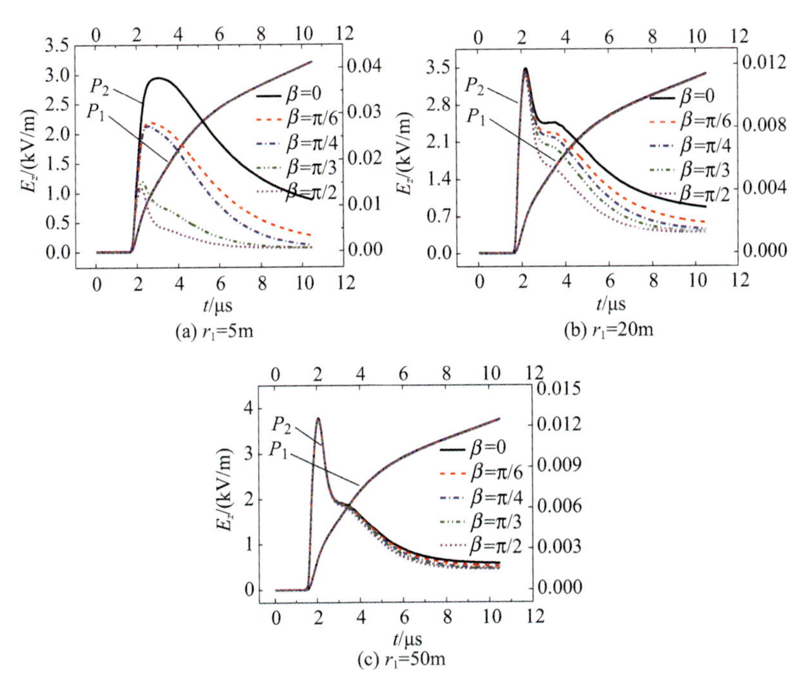

图 4－23　雷击点位于陆地一侧时距海岸线不同距离处的垂直电场波形

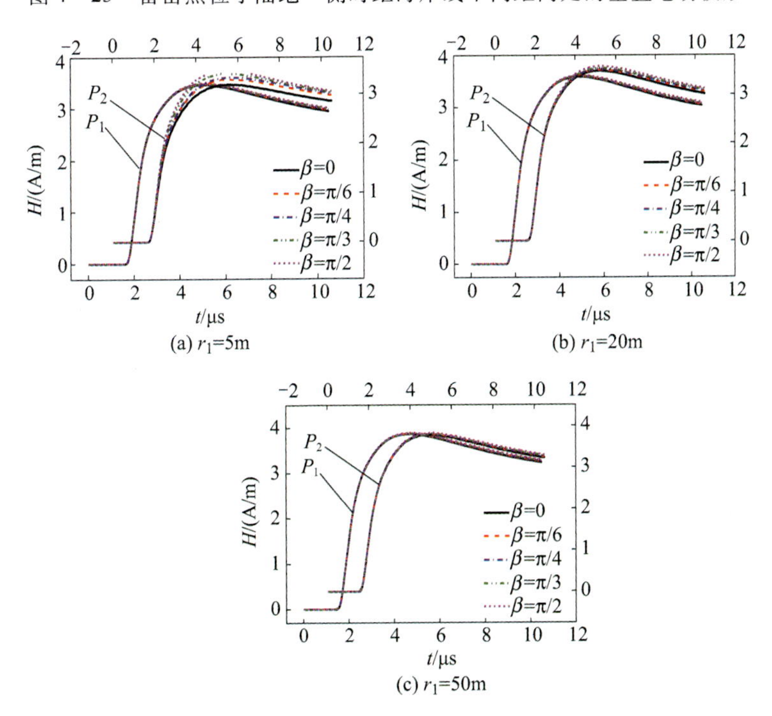

图 4－24　雷击点位于陆地一侧时距海岸线不同距离处的角向磁场波形

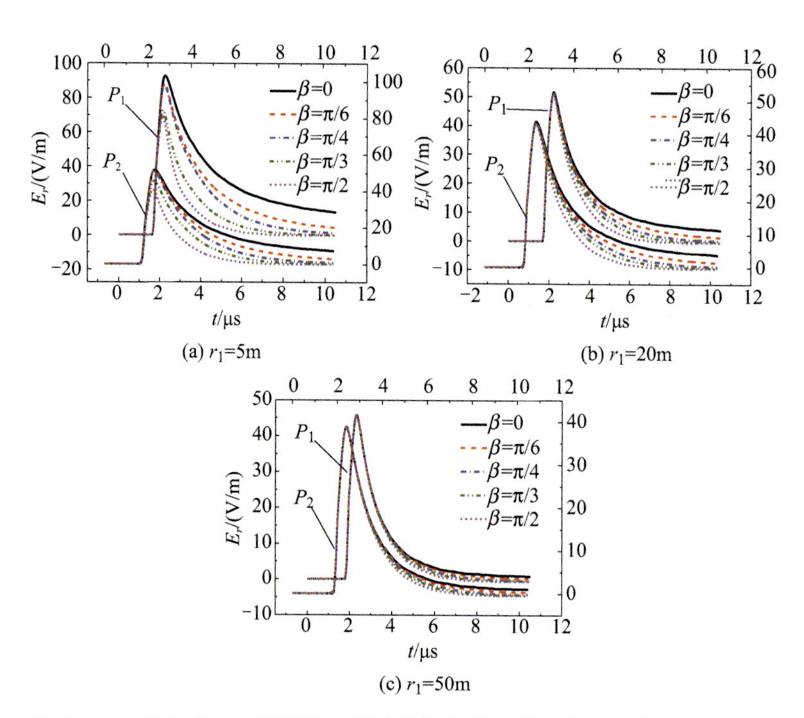

(a) r_1=5m (b) r_1=20m

(c) r_1=50m

图 4-26 雷击点位于海平面一侧时距海岸线不同距离处的水平电场波形

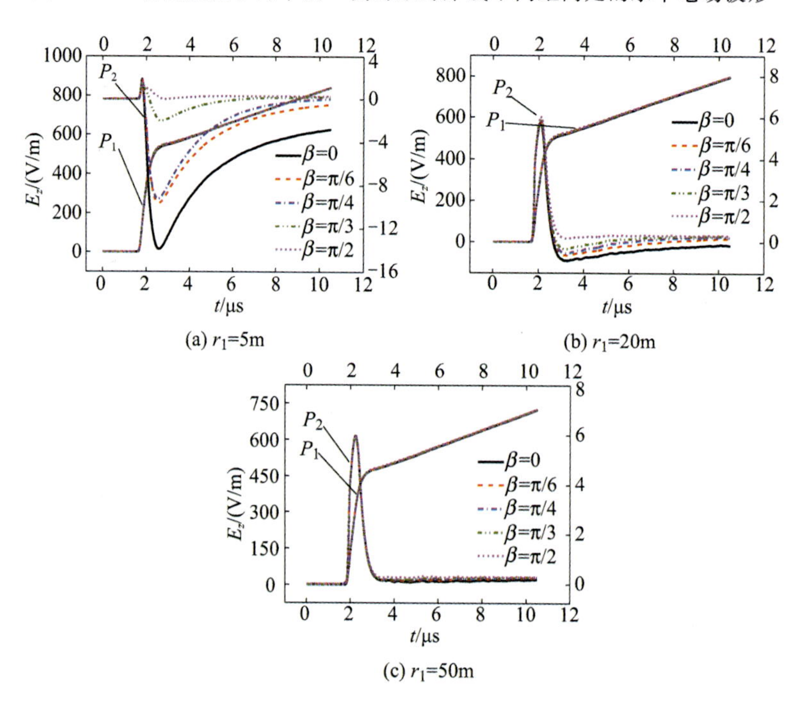

(a) r_1=5m (b) r_1=20m

(c) r_1=50m

图 4-27 雷击点位于海平面一侧时距海岸线不同距离处的垂直电场波形

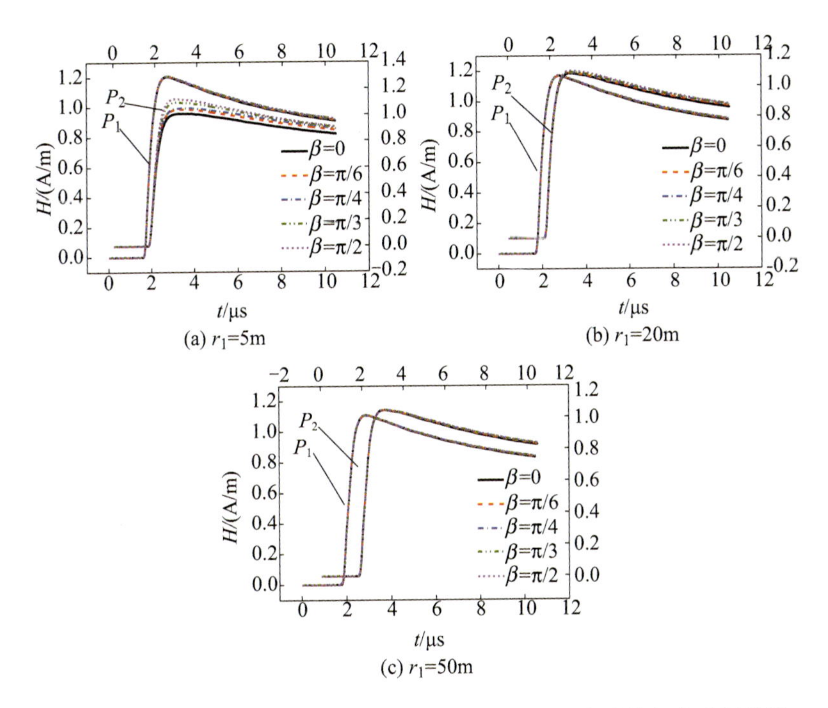

(a) r_1=5m (b) r_1=20m

(c) r_1=50m

图 4－28 雷击点位于海平面一侧时距海岸线不同距离处的角向磁场波形

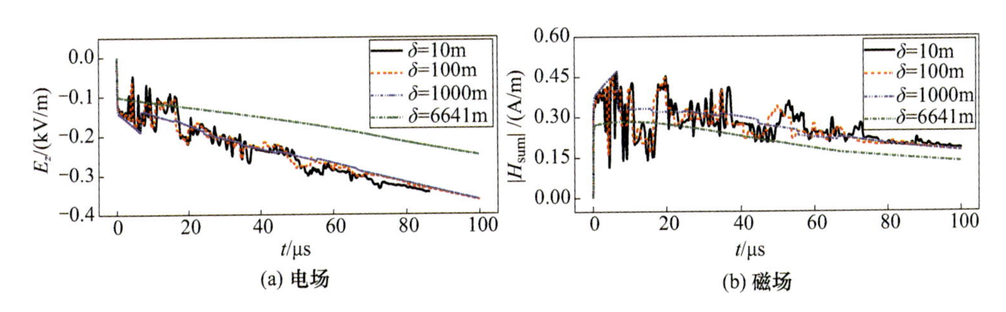

(a) 电场 (b) 磁场

图 4－36 r_0 = 5km 时不同通道观察尺度下的后续回击电磁场

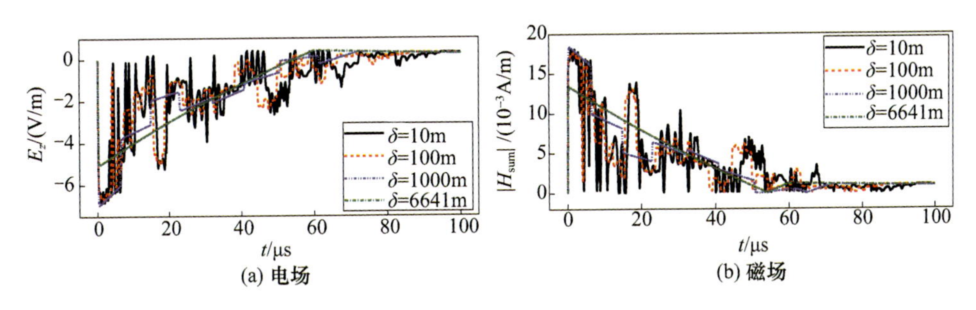

(a) 电场 (b) 磁场

图 4－37 r_0 = 100km 时不同通道观察尺度下的后续回击电磁场

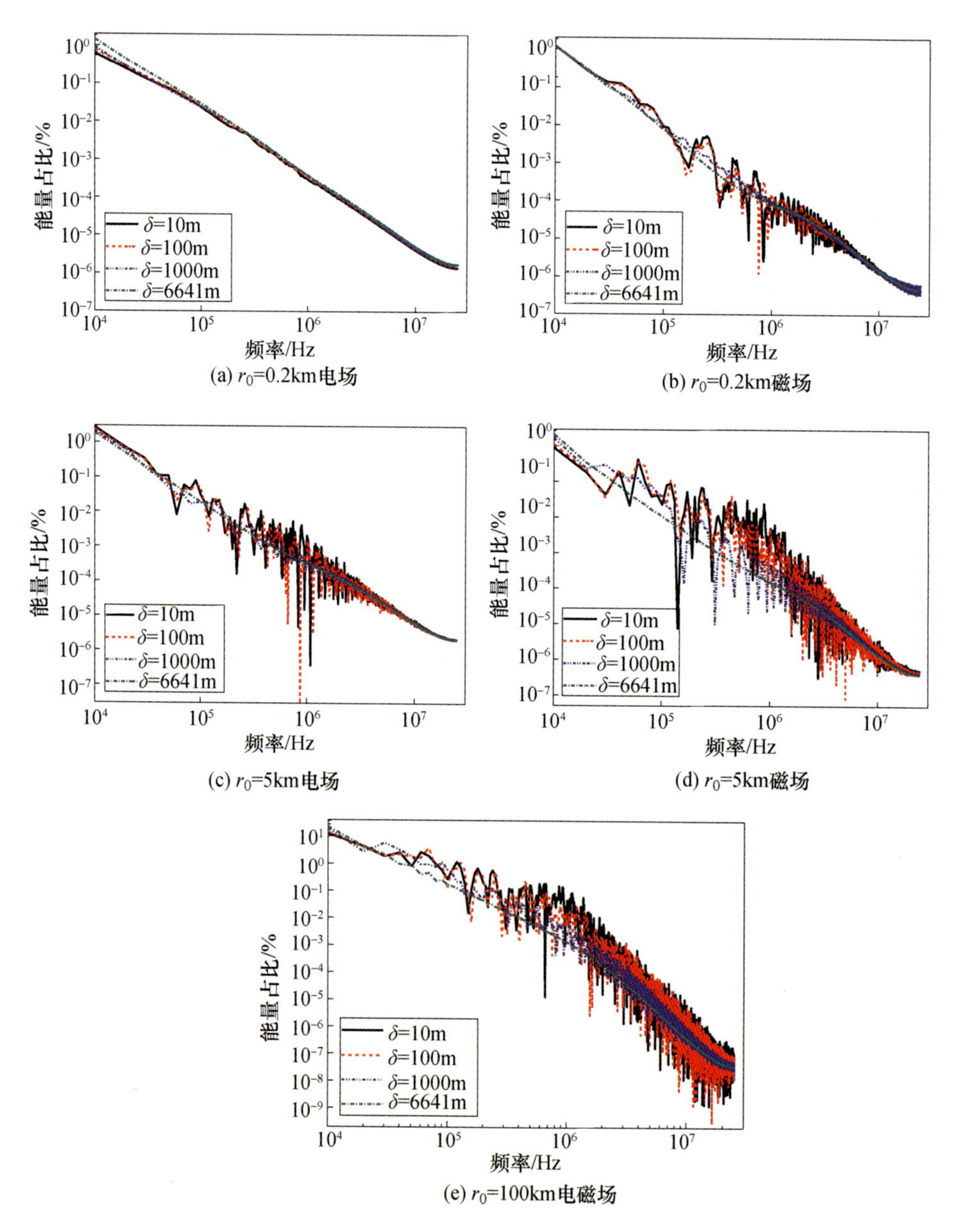

图 4－38　不同通道观察尺度下后续回击电磁场的频谱能量分布